全国高职高专化学课程“十三五”规划教材

分析化学

（第二版）

主　编　梁　冬　钟桂云

副主编　吕方军　陈一虎　王永杰　吕　萍
刘旭峰　邢晓轲　张月花

参　编　芮　闯　徐康宁　曾碧涛　任　洁
刘传银　田建坤　孙彩兰　李清霞
叶国华　由京周　张成芬　张　健
李新民　沈清海　郑　权　秦明利

华中科技大学出版社
中国·武汉

内容简介

本书是全国高职高专化学课程“十三五”规划教材。全书共十七章。主要内容有：分析化学简介；误差分析与数据处理；滴定分析法概论；酸碱滴定法；氧化还原滴定法；配位滴定法；沉淀滴定法；重量分析法；电化学分析法；紫外-可见分光光度法；原子吸收光谱法；原子荧光分光光度法；经典液相色谱法；气相色谱法；高效液相色谱法；其他分析方法简介；样品分析等。每章后都附有小结和检测题，便于学生总结复习。书后附有分析化学模拟试卷及参考答案和分析化学常用的一些参数。全书内容简明扼要，重点突出，理论联系实际，适合高职高专培养应用型人才的需要。

本书可作为高职高专医药、卫生、化工、冶金、环保、高分子材料、染化等类专业教材，也可作为大学专科其他专业及成人高校各相关专业的教材或教学参考书。

图书在版编目(CIP)数据

分析化学/梁冬，钟桂云主编. —2 版. —武汉：华中科技大学出版社，2017.4(2023.8 重印)
全国高职高专化学课程“十三五”规划教材
ISBN 978-7-5680-2627-7

Ⅰ.①分… Ⅱ.①梁… ②钟… Ⅲ.①分析化学-高等职业教育-教材 Ⅳ.①O65

中国版本图书馆 CIP 数据核字(2017)第 052934 号

分析化学(第二版)
Fenxi Huaxue

梁 冬 钟桂云 主编

策划编辑：王新华
责任编辑：王新华
封面设计：刘 卉
责任校对：张 琳
责任监印：周治超
出版发行：华中科技大学出版社(中国·武汉) 电话：(027)81321913
武汉市东湖新技术开发区华工科技园 邮编：430223
录 排：华中科技大学惠友文印中心
印 刷：武汉市首壹印务有限公司
开 本：787mm×1092mm 1/16
印 张：21.75
字 数：512 千字
版 次：2010 年 8 月第 1 版 2023 年 8 月第 2 版第 5 次印刷
定 价：46.00 元

第二版前言

21 世纪人类已经进入崭新的知识经济时代，新的思想、新的理念已经对高等职业教育的课程设置、人才培养模式提出了新的要求，职业岗位对高技能人才应具备的知识、能力、素质等方面也都提出了新的要求。我们在编写高职高专《分析化学》教材时坚持“以能力为目标、以学生为主体、以素质为基础的教学-实践一体化”的“工学结合”模式，力求体现教材的科学性、实用性、可读性和创新性，使教材贴近学生、贴近岗位、贴近社会，切合社会对高技能专业人才的需求，实现学生的能力、知识、方法、情感及心理取向的有效连接，体现开放发展的观念及职业的思维和行为方式。

本教材的宗旨是为高等职业院校与高等专科学校的医药、卫生、化工、冶金、环保、高分子材料、染化等类专业学生提供一个分析化学的知识平台，以便于学生在此基础上进一步学习相关专业知识。

参加本教材编写的人员既有多年从事高等职业院校分析化学教学的教师，又有高等专科学校教授分析化学的教师。

本教材体现以目标教学为主的教学模式，融入知识、能力、素质等要求。在每一章学习内容之后都有小结和检测题，以便于师生在教学活动中检验教学效果。各校在教学过程中可根据各自的条件，结合后续课程的教学内容合理、有序地安排，以达到服务专业教学的目的。

本教材由梁冬、钟桂云主编。参加本教材编写的有广东职业技术学院梁冬、刘旭峰、任洁，江门职业技术学院钟桂云，山东中医药高等专科学校吕方军、叶国华、李新民，苏州市职业大学陈一虎，山东铝业职业学院王永杰，辽宁科技学院吕萍，许昌职业技术学院邢晓轲，德州职业技术学院张月花，上海健康医学院芮闯，河套学院徐康宁，宜宾职业技术学院曾碧涛，湖北文理学院刘传银，信阳职业技术学院田建坤，抚顺职业技术学院孙彩兰，濮阳职业技术学院李清霞,淄博职业学院由京周、张成芬,山东化工技师学院张健,东营科技职业学院沈清海,安庆医药高等专科学校郑权,漯河职业技术学院秦明利。

本教材的编写得到各位编者所在学校的大力支持,第一版作者付出了大量的劳动,打下了良好的基础,抚顺职业技术学院的孙彩兰老师对书中插图作了统一修改,华中科技大学出版社为本教材的编写做了大量工作,在此一并致谢!

由于编者水平有限,教材中一定存在不足之处,恳请读者和同行批评指正。

编　者

目录

第一章 分析化学简介

第一节 分析化学的任务和作用 /1
第二节 分析化学的分析方法分类 /2
一、定性分析、定量分析和结构分析 /2
二、无机分析和有机分析 /2
三、化学分析与仪器分析 /2
四、常量分析、半微量分析、微量分析与超微量分析 /4
五、例行分析和仲裁分析 /4
第三节 分析化学的发展及趋势 /4
第四节 分析化学文献检索方法 /5
一、常用分析化学文献 /6
二、分析化学文献检索方法 /7
本章小结 /7
目标检测 /8

第二章 误差分析与数据处理

第一节 概述 /9
第二节 定量分析误差 /9
一、系统误差和偶然误差 /9
二、准确度和精密度 /11
第三节 有效数字及其运算规则 /16
一、有效数字的意义 /16
二、有效数字的运算规则 /17
三、正确表示分析结果 /18
第四节 实验数据的统计检验 /18
一、逸出值的取舍 /19
二、平均值的精密度和置信区间 /20
三、显著性检验 /21
四、分析结果的表示方法 /24

本章小结 /25
目标检测 /25

第三章 滴定分析法概论

第一节 概述 /27
一、滴定分析的基本概念 /27
二、滴定分析法对化学反应的要求 /27
三、滴定分析法的分类 /28
第二节 滴定方式 /28
一、直接滴定 /29
二、返滴定 /29
三、置换滴定 /29
四、间接滴定 /29
第三节 基准物质与标准溶液 /30
一、基准物质 /30
二、标准溶液 /30
三、标准溶液浓度表示方法 /31
第四节 滴定分析计算 /32
一、计算依据 /32
二、计算应用示例 /33
本章小结 /36
目标检测 /37

第四章 酸碱滴定法

第一节 酸碱平衡的理论基础 /39
一、酸碱理论 /39
二、酸碱的解离平衡 /41
第二节 水溶液中弱酸(碱)各型体分布 /43
一、处理水溶液中酸碱平衡的方法 /43
二、酸度对弱酸(碱)各型体分布的影响 /45
第三节 酸碱溶液中 H^+ 浓度及 pH 值的计算 /48
一、强酸(碱)溶液 H^+ 浓度的计算 /48
二、一元弱酸(碱)溶液 pH 值的计算 /50
三、多元酸(碱)溶液 pH 值的计算 /51
四、两性物质溶液 pH 值的计算 /52
第四节 酸碱指示剂 /53
一、指示剂的作用原理 /53
二、指示剂的变色范围 /54

三、影响指示剂变色范围的因素 /56
四、混合指示剂 /56
第五节　强酸(碱)和一元弱酸(碱)的滴定 /58
一、强碱(酸)滴定强酸(碱) /58
二、强碱(酸)滴定一元弱酸(碱) /60
三、直接准确滴定一元弱酸(碱)的可行性判据 /62
第六节　多元酸(碱)的滴定 /62
一、多元酸(碱)分步滴定的可行性判据 /62
二、多元酸的滴定 /63
三、多元碱的滴定 /63
四、酸碱滴定中 CO_2 的影响 /64
第七节　酸碱滴定法的应用 /64
一、食用醋中总酸度的测定 /65
二、混合碱的分析 /65
三、硼酸的测定 /67
四、铵盐含氮量的测定 /67
第八节　非水滴定简介 /67
本章小结 /68
目标检测 /68

第五章　氧化还原滴定法

第一节　氧化还原平衡 /71
一、标准电极电位和条件电极电位 /71
二、氧化还原反应进行的程度 /73
三、影响反应速率的因素 /74
第二节　氧化还原滴定原理 /75
一、氧化还原滴定指示剂 /75
二、氧化还原滴定曲线 /76
第三节　氧化还原滴定法的应用 /78
一、氧化还原滴定的预处理 /78
二、常用的氧化还原滴定法 /80
本章小结 /85
目标检测 /85

第六章　配位滴定法

第一节　概述 /88
第二节　配位滴定的基本原理 /90
一、配位平衡 /90

二、配位滴定曲线 /94
三、金属指示剂 /95
第三节 滴定条件的选择 /97
一、酸度的选择 /97
二、掩蔽与解蔽 /99
三、配位滴定方式 /100
第四节 配位滴定标准溶液 /102
一、EDTA 标准溶液的配制和标定 /102
二、锌标准溶液的配制和标定 /102
第五节 配位滴定应用示例 /103
一、水的硬度及钙、镁含量测定 /103
二、铝盐的测定 /103
本章小结 /104
目标检测 /104

第七章 沉淀滴定法

第一节 沉淀溶解平衡 /107
一、溶度积与溶解度 /107
二、影响沉淀溶解度的因素 /109
第二节 沉淀滴定法 /112
一、莫尔法 /113
二、佛尔哈德法 /114
三、法扬斯法 /115
四、沉淀滴定法应用示例 /115
本章小结 /116
目标检测 /116

第八章 重量分析法

第一节 概述 /118
第二节 挥发法 /118
一、直接法 /118
二、间接法 /119
第三节 萃取法 /119
第四节 沉淀法 /120
一、样品的称量和溶解 /120
二、沉淀形式与称量形式 /120
三、沉淀的制备 /120
四、沉淀的过滤、洗涤、烘干与灼烧 /121

五、沉淀法的计算 /123
第五节　重量分析法的应用实例 /124
一、药物含量测定 /124
二、药物纯度检查 /124
三、食品中水分的测定 /124
本章小结 /125
目标检测 /125

第九章　电化学分析法

第一节　概述 /127
一、电化学分析法的概念与内容 /127
二、电化学分析法的分类 /127
三、化学电池 /128
四、电极电位与液体接界电位 /129
第二节　参比电极与指示电极 /129
一、参比电极 /129
二、指示电极 /131
第三节　直接电位法及其应用 /141
一、pH 值的测定 /141
二、其他离子浓度的测定 /144
第四节　电位滴定法及其应用 /145
一、电位滴定的装置和方法 /145
二、电位滴定终点的确定方法 /146
三、电位滴定法的应用 /148
本章小结 /149
目标检测 /149

第十章　紫外-可见分光光度法

第一节　概述 /152
一、分光光度法的特点 /152
二、物质的颜色和光的选择性吸收 /153
第二节　光吸收基本定律 /154
一、朗伯-比尔定律 /154
二、偏离朗伯-比尔定律的原因 /157
第三节　光度分析的方法及仪器 /158
一、目视比色法 /158
二、分光光度法 /158
第四节　显色反应及其影响因素 /163

一、显色反应和显色剂 /163
二、影响显色反应的因素 /168
第五节 光度测量误差及测量条件的选择 /172
一、仪器测量误差 /172
二、测量条件的选择 /172
第六节 分光光度法的应用 /173
一、单组分的测定——标准曲线法 /173
二、高含量组分的测定——示差光度法 /174
三、酸碱解离常数的测定 /175
四、配合物组成的测定 /175
五、应用示例 /176
本章小结 /177
目标检测 /177

第十一章 原子吸收光谱法

第一节 原子吸收分光光度计与基本原理 /181
一、原子吸收分光光度计 /181
二、原子吸收基本原理 /185
第二节 定量分析方法及应用 /186
一、测量条件的选择 /186
二、定量分析方法 /189
三、应用 /191
本章小结 /192
目标检测 /193

第十二章 原子荧光分光光度法

第一节 原子荧光分光光度法简介 /196
一、原子荧光的产生及类型 /196
二、原子荧光的猝灭 /197
第二节 原子荧光分光光度法的定性、定量分析及应用 /198
一、原子荧光的定性、定量分析 /198
二、原子荧光分光光度计 /198
三、原子荧光分光光度法的应用 /199
本章小结 /199
目标检测 /200

第十三章 经典液相色谱法

第一节 概述 /201

一、色谱法的产生与发展 /201
二、色谱法的分类 /202
三、色谱法原理 /203
第二节　经典柱色谱法 /205
一、液-固吸附柱色谱法 /205
二、液-液分配柱色谱法 /207
三、离子交换柱色谱法 /209
四、分子排阻柱色谱法 /210
第三节　薄层色谱法 /211
一、操作方法 /212
二、固定相的选择 /215
三、展开剂的选择 /216
四、定性定量分析方法 /217
五、应用示例 /219
第四节　纸色谱法 /220
一、操作方法 /220
二、色谱原理 /221
三、影响 R_f 值的因素 /222
四、应用示例 /223
本章小结 /223
目标检测 /224

第十四章　气相色谱法

第一节　气相色谱仪与色谱过程 /227
一、气相色谱仪 /227
二、色谱过程 /229
三、色谱流出曲线及常用术语 /230
第二节　色谱基本原理 /231
一、塔板理论简介 /231
二、速率理论简介 /232
第三节　气相色谱法的固定相 /233
一、固体固定相 /233
二、液体固定相 /233
第四节　气相色谱检测器 /236
一、质量型检测器 /236
二、浓度型检测器 /237
第五节　分离操作条件的选择 /238
一、进样条件 /238

二、载气条件 /239
三、温度条件 /239
四、检测器条件 /240
第六节 定性、定量分析方法及应用示例 /240
一、定性分析方法 /240
二、定量分析方法 /241
三、应用示例 /242
本章小结 /243
目标检测 /244

第十五章 高效液相色谱法

第一节 概述 /246
第二节 高效液相色谱仪与色谱过程 /248
一、高效液相色谱仪 /248
二、色谱过程 /251
第三节 分离条件的选择 /253
一、色谱柱的选择 /253
二、固定相的选择与分类 /253
三、流动相的选择 /255
四、检测器的选择 /256
五、条件检验 /257
第四节 定性、定量分析方法及应用示例 /260
一、定性分析方法 /260
二、定量分析方法 /261
三、应用示例 /261
本章小结 /261
目标检测 /262

第十六章 其他分析方法简介

第一节 红外吸收光谱法 /264
一、概述 /264
二、红外线及红外吸收光谱 /264
三、红外吸收光谱与紫外吸收光谱的区别 /265
四、基本原理 /266
五、吸收峰的峰位和峰强 /267
六、红外吸收光谱中的重要区域 /268
七、红外分光光度计 /268
第二节 核磁共振波谱法 /269

一、概述 /269
二、基本原理 /270
三、核磁共振波谱仪 /270
四、波谱图与分子结构 /271
第三节　质谱法 /271
一、概述 /271
二、质谱仪及其工作原理 /272
三、质谱图与离子类型 /272
四、质谱图在有机物分析中的应用 /273
本章小结 /273
目标检测 /274

第十七章　样品分析

第一节　取样 /276
一、液体样品的采取 /276
二、气体样品的采取 /276
三、固体样品的采取 /276
第二节　样品的预处理 /278
一、样品的初步处理 /278
二、样品的分解 /279
第三节　干扰物质的分离、掩蔽与测定方法的选择 /280
一、干扰物质的分离和掩蔽 /280
二、测定方法的选择原则 /280
第四节　分析结果的计算与评价 /282
一、实验数据的记录 /282
二、分析数据的处理 /282
三、实验报告 /282
本章小结 /282
目标检测 /282

模拟试题及参考答案

《分析化学》模拟试题(一) /284
《分析化学》模拟试题(二) /288
《分析化学》模拟试题(三) /292
《分析化学》模拟试题(四) /297
《分析化学》模拟试题(一)参考答案 /303
《分析化学》模拟试题(二)参考答案 /304
《分析化学》模拟试题(三)参考答案 /306

《分析化学》模拟试题(四)参考答案 /309

附录

附录 A　常用相对原子质量 /312
附录 B　常用相对分子质量 /313
附录 C　弱酸、弱碱在水中的解离常数 /314
附录 D　配合物的累积稳定常数(18～25 ℃) /318
附录 E　氨羧配位剂类配合物的稳定常数(18～25 ℃) /321
附录 F　标准电极电位(18～25 ℃) /323
附录 G　难溶化合物的溶度积(18～25 ℃) /327
附录 H　HPLC 常用固定相 /330

参考文献 /331

第一章

分析化学简介

第一节　分析化学的任务和作用

分析化学(analytical chemistry)是研究物质化学组成的分析方法、理论和技术的一门科学。分析化学的任务主要有三个方面:一是鉴定物质的化学组成——定性分析;二是测定组分的相对含量——定量分析;三是确定物质的化学结构——结构分析。

分析化学是一门获得物质的组成及相关信息的科学,这些信息对于生命科学、材料科学、环境科学和能源科学都是必不可少的,因此分析化学被称为科学技术的"眼睛",是进行科学研究的基础。在这个意义上说,分析化学的发展水平也是衡量一个国家科技水平的重要标志之一。

国际纯粹与应用化学联合会(IUPAC)关于分析化学的定义

分析化学是"建立和应用各种方法、仪器和策略,获取关于物质在空间和时间方面的组成和性质信息的科学"。

分析化学在国民经济的发展、国防力量的壮大、自然资源的开发、科学研究、医药卫生、环境保护及学校教育等方面都起到非常重要的作用。

1. 国民经济

农业中从土壤成分、化肥、农药、粮食到作物生长全过程的分析,工业生产中的原材料、中间体、成品分析,在资源勘探、油田、煤矿、矿山开发中的分析,刑事犯罪案件的侦破(DNA 检测),环境保护的环境分析与"三废"处理及综合利用,原子能材料、半导体材料、国防新式武器装备的材料分析等,都要应用分析化学的理论知识和技术手段。

2. 科学研究

在化学领域中,若干定理、定律都是用分析化学的方法确证的。在许多自然科学的研究中,分析化学亦起着重要作用。

3. 医药卫生

临床检验、新药研制、药物合成、药品鉴定、药品质量控制、药物有效成分的分离和测定、药物代谢和药物化学动力学的研究、药物稳定性与生物利用度测定、兴奋剂检测、中药复方制剂中物质基础与药效关系的研究、病因调查、药品质量标准的制定、药物分析方法的选择等都需要分析化学的方法、理论知识和技术手段。

4. 学校教育

在高等职业院校的化工、环保、高分子材料、医药相关专业中,分析化学是一门重要的专业基础课程,其分析方法、相关理论知识和分析技术在后续课程中被广泛应用。学习分析化学的目的不仅在于掌握分析方法的理论和技术,初步学会观察问题、分析问题和解决实际问题的方法和技巧,而且要通过分析化学的学习,养成科学认真的工作态度和实事求是的职业精神,以及热爱专业、崇尚实践、不断创新的时代意识,为后续学习专业知识和职业技能,全面提高职业素质,增强适应职业变化和继续学习的能力奠定基础。

第二节　分析化学的分析方法分类

根据不同的分类方法,可将分析化学的分析方法归于不同的类别。根据分析任务的不同,分为定性分析、定量分析和结构分析;根据分析对象的不同,可分为无机分析和有机分析;根据测定原理的不同,可分为化学分析与仪器分析;根据样品用量的不同,可分为常量分析、半微量分析、微量分析和超微量分析等。各类分析方法简要说明如下。

一、定性分析、定量分析和结构分析

定性分析的任务是鉴定样品由哪些元素、原子团或化合物所组成,定量分析的任务是测定样品中成分的含量,结构分析的任务是研究物质的分子结构或晶体结构。

二、无机分析和有机分析

无机分析的对象是无机化合物,有机分析的对象是有机化合物。无机分析中,因组成无机物的元素种类较多,通常要求鉴定物质的组成和测定组分的含量,即进行无机定性分析和无机定量分析;有机分析中,组成有机物的元素种类不多,但有机物的化学结构很复杂,不仅需要鉴定元素组成,更重要的是要进行官能团和结构分析。

三、化学分析与仪器分析

1. 化学分析

化学分析是以物质化学反应为基础的分析方法。可根据试剂与样品所发生化学反应的现象和特征鉴定物质的化学组成(化学定性分析),也可根据样品与试剂的用量测定样品中相关组分的相对含量(化学定量分析)。化学定量分析方法又分为重量分析法和滴定分析法(或称容量分析法)。

例如，某定量化学反应为

$$\begin{matrix} nC + mR = C_nR_m \\ X \quad V \quad W \end{matrix}$$

其中，C 为被测组分，R 为试剂。可根据生成物 C_nR_m 的量(W)，或与组分 C 反应所需的试剂 R 的量(V)，求出被测组分 C 的量(X)。

1）重量分析法

重量分析法是用称量方法得到生成物 C_nR_m 的质量，求算组分 C 含量的分析方法。重量分析法分为挥发法、萃取法和沉淀法。

2）滴定分析法(或称容量分析法)

滴定分析法是依据与被测组分反应的试剂 R(通常称标准溶液)的浓度和体积求得组分 C 含量的分析方法。滴定分析法分为酸碱滴定法、氧化还原滴定法、配位滴定法和沉淀滴定法。

重量分析法和滴定分析法是化学定量分析的两个组成部分。因这两种方法最早应用于定量分析，所以又称为经典分析方法。化学分析法的特点是：所用仪器简单，结果准确，应用范围广。但化学分析法对于样品中微量组分的定性或定量分析往往无能为力，也不能满足快速分析的需要。

2. 仪器分析

仪器分析是以物质的物理性质与组分之间的关系或物质在化学变化过程中物理性质与组分之间的关系为基础的分析方法，又称为物理或物理化学分析法。这类方法大都需要专用的精密仪器。常用的仪器分析法有以下几种。

1）电化学分析法

电化学分析法是依据物质的电化学性质所建立的分析方法，可分为电位分析法、电导分析法、电解分析法及伏安法等。

2）光学分析法

光学分析法是依据物质的光学性质所建立的分析方法，可分为光谱法和一般光学分析法。光谱法又分为吸收光谱法和发射光谱法。吸收光谱法包括紫外-可见分光光度法、红外吸收光谱法、原子吸收光谱法和核磁共振波谱法等。发射光谱法包括原子发射光谱法、荧光分光光度法等。一般光学分析法包括折光分析法和旋光分析法等。

3）色谱分析法

色谱分析法是根据物质分配系数的不同所建立的一系列分离、分析方法，主要包括平面色谱法、气相色谱法、高效液相色谱法等。

4）其他分析方法

其他分析方法包括质谱法、X 射线衍射法、电子显微镜分析法、免疫分析法及热分析法等。

仪器分析法往往是在化学分析法的基础上进行的，如样品的溶解，干扰组分的分离、掩蔽等，都要应用化学分析的基本操作。同时，仪器分析大都需要化学纯品作为标准品，而这些化学纯品大多数须用化学方法来制备。所以化学分析法与仪器分析法是相辅相成、相互补充的。

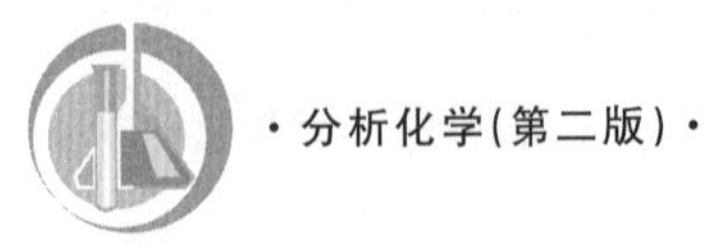

四、常量分析、半微量分析、微量分析与超微量分析

依据分析时样品用量的多少，分析方法可分为常量分析、半微量分析、微量分析和超微量分析，各种分析方法所需样品用量如表1-1所示。

表1-1　分析方法与样品用量

方　法	样品质量	样品体积
常量分析	>0.1 g	>10 mL
半微量分析	0.01~0.1 g	1~10 mL
微量分析	0.1~10 mg	0.01~1 mL
超微量分析	<0.1 mg	<0.01 mL

被测成分含量与分析化学的分析方法

根据被测成分含量的不同，一般可作以下区分。含量大于1%的成分为常量组分，对应的称为常量组分分析；含量在0.01%~1%的成分为微量成分，对应的称为微量组分分析；含量小于0.01%的成分为痕量成分，对应的称为痕量组分分析。痕量组分的分析不一定是微量分析，有时为了测定痕量组分的含量，取样在千克以上。

五、例行分析和仲裁分析

例行分析是指一般化验室在日常工作或生产中的分析检验。仲裁分析是指甲乙双方对同一个产品的分析结果有异议时，要求权威机构(有资质的法定检验单位)对产品进行准确分析，以裁决原分析结果是否正确。

第三节　分析化学的发展及趋势

分析化学的发展取决于实践的需要。在科学发展史上，分析化学来自古代的炼金术，当时人们依靠感官与双手分析判断金的成色，直至16世纪出现了第一个使用天平的试金实验室，才使分析化学有了科学上的意义。炼金术是化学研究的开端，对于现代科学的发展作出了重要贡献。元素的发现、相对原子质量的测定、质量作用定律等化学基本定律的确立，都是利用分析化学的理论和技术手段完成的。

进入20世纪，一些重大的科学发现为新的分析方法的建立提供了良好的技术支持，分析化学学科的发展大致经历了三次飞跃。第一次飞跃在20世纪初，物理化学中溶液理论的发展，为分析化学提供了理论基础，建立了溶液四大平衡理论，使分析化学由一种技术发展成为一门科学。第二次飞跃发生在第二次世界大战结束至20世纪60年代，物理学和电子学的发展，促进了各种仪器分析方法的发展，改变了分析化学以经典化学分析为主的格局。第三次飞跃始于20世纪70年代，信息时代的到来，生命科学、环境科学、材料科学、能源科学等学科发展的需要与相互促进，特别是计算机技术、化学计量学、激光技术和联用技术的发展，使分析化学成为当代最具活力的学科之一。所谓联用技术，就是将两种分析技术联用，解决复杂成分样品的分析技术，如目前常用的色谱-质谱联用仪。现代分析化学完全能够提供各种物质的化学组成、含量、结构、分布、形态等全方位的信息。无损分析、微区分析、在线检测、遥测分析等新技术、新方法的建立和应用，尤其是芯片实验室的建立正使分析化学向更高层次发展，并孕育着一次新的飞跃。

当前，分析化学的发展趋势是：进一步吸收生物学、微电子学、数学、材料科学、信息科学等学科的最新成就，利用物质一切可以利用的性质，建立分析化学的新技术和新方法；向着提高选择性，提高灵敏度，提高准确度，提高分析速度的方向发展；进一步提高分析技术的智能化水平，尽可能地获取复杂体系的多维化学信息。

总之，现代分析化学已经突破了纯化学领域，已经发展成为一门多学科性的综合科学。人们期待现代分析化学对人类的文明进步作出更大贡献。

分析化学与诺贝尔奖

1991年恩斯特（瑞士）因发明傅里叶变换核磁共振分光法和二维核磁共振技术而得奖。

2002年约翰·芬恩（美国）、田中耕一（日本）、库尔特·伍斯里奇（瑞士）因发明了对生物大分子进行确认和结构分析的方法与对生物大分子的质谱分析法而得奖。田中耕一得奖时只有43岁，是诺贝尔化学奖最年轻的得主。

第四节　分析化学文献检索方法

分析化学文献是指在一定载体上用文字、图形、符号、音频、视频等手段对科技信息所作的记录。其形式有以下几种：图书、期刊、科技报告、学位论文、会议资料、专利、技术标准等。大致分四级。

一级文献为原始文献，如期刊上发表的论文、学位论文、会议资料及专利说明书。

二级文献为检索工具，如文摘、题录、索引等，是对原始文献进行收集、摘录、分类并组织、整理、编撰而成的。

三级文献如手册、综述、研究进展报告、指南等，是通过对二级文献或一级文献的内容进行整理并编写而成的。

四级文献是以磁带或光盘为存储载体，把题目、摘要以至全文存储后放在网上（局域网或互联网），供计算机查阅的文献。查阅这种文献便捷、快速。

一、常用分析化学文献

1. 教科书、专著及手册

1）教科书

教科书是专为学习这门课程而编写的书籍，具有科学性、系统性和实用性。其内容为基本知识、基本理论和基本技能。如：

马长华，曾圆儿. 分析化学[M]. 北京：科学出版社，2005.

邓珍灵. 现代分析化学实验[M]. 长沙：中南大学出版社，2002.

2）专著

专著是围绕某一学科或某一专题进行系统而深入论述的著作，学术价值较高。如《分析化学丛书》，它是我国科学出版社组织编辑的一套分析化学丛书，共 6 卷 29 册。

3）手册

手册是某一范围内基础知识和基本数据的汇编，是从事某种专项工作的专业人员的参考性工具书，实用性强。如由化学工业出版社编辑出版的《分析化学手册》，是一部比较全面地反映现代分析技术的专业工具书。该手册第二版经修订扩充为 10 个分册：第一分册介绍基础知识与安全知识；第二分册介绍化学分析；第三分册介绍光谱分析；第四分册介绍电化学分析；第五分册介绍气相色谱分析；第六分册介绍液相色谱分析；第七分册介绍核磁共振波谱分析；第八分册介绍热分析；第九分册介绍质谱分析；第十分册介绍化学计量学。

2. 期刊与文摘

1）期刊

期刊是报道新技术、新方法、新理论等的定期出版物。期刊的特点是出版周期短，刊登近期论文，内容新颖，能及时反映科技水平。我国出版的分析化学期刊主要有以下几种。

(1) 综合性分析化学期刊。常用的综合性分析化学期刊有《分析化学》、《理化检验(化学分册)》、《药物分析杂志》、《分析测试通报》、《中国环境监测》、《冶金分析》、《分析化学译刊》等。

(2) 仪器分析方面的期刊。常用的仪器分析方面的期刊有《分析仪器》、《波谱学杂志》、《色谱》、《光谱学与光谱分析》、《仪器仪表与分析监测》等。

(3) 国外综合性分析化学期刊。如《Analytical Chemistry》(美国，分析化学，英文)，它是分析化学专业中水平较高的刊物，接受各国作者的投稿，主要刊登分析化学理论、技术和应用方面的论文，同时登有新仪器、新试剂等的介绍。

2）文摘

文摘亦称摘要、提要。把每篇论文、专利、图书等缩成摘要，读者可在较短的时间了解原有资料的要点。每条文摘包括题目、作者姓名、文摘出处、主要内容等。文摘有索引，便于检索。

(1)《分析化学文摘》(中国)是分析化学综合性检索刊物，从 1991 年起收录国外期刊 1 600余种，国内期刊 500 余种，年文摘量 10 000 余条。每期内容分为九类：A. 一般问题；

B. 无机化学；C. 有机化学；D. 生物化学；E. 药物化学；F. 食品；G. 农业；H. 环境化学；J. 食品与技术。

(2)《Chemical Abstracts》(美国)简称 CA，创刊于 1907 年，由美国 Chemical Abstracts Service(化学文摘社，简称 CAS)编辑出版。CA 是化学文摘中收录文摘最多的刊物，是化学化工科技人员必须掌握的重要文献检索工具书。

3. 辞典

辞典按收词范围分为综合性和专业性两大类。常用的有《化学化工辞典》、《英汉化学辞典》、《英汉化学化工词汇》、《日英汉分析化学词汇》等。

二、分析化学文献检索方法

由于教学、生产、科研的需要，分析化学工作者常常需要查阅有关资料，查阅的目的不同，检索方法也就有所不同，一般先查阅国内资料，后查阅国外资料。

1. 查阅有关手册

一般是查阅有关化学常数、物理常数、缓冲溶液的配制方法、各类有机试剂的应用等。

2. 查阅有关分析方法

一般是根据被分析样品的性质、组成、含量的高低及对分析结果准确度的要求来选择分析方法。

3. 查阅某一研究课题的有关资料

需要系统地检索近几年甚至十几年来该课题有关的研究成果，常需借助引文、索引和文摘。

4. 利用网络等现代设备检索

利用计算机进行文献检索途径多、速度快，无地理上的障碍，节省时间，可大大提高资料的可获取性。用计算机检索文献光盘数据库时，进入局域网后，按照计算机提示往下进行。如在百度(www. baidu. com)上输入相关文字，即可进行相应信息检索或专业网站检索；中国知网上的信息量也特别大，可检索到所需的最新信息。但多数网站要付费。

本章小结

1. 分析化学是研究物质化学组成的理论、技术和分析方法的一门科学。其主要任务有定性分析、定量分析和结构分析。其发展水平是衡量一个国家科技水平的重要标志之一。

2. 分析化学的主要分析方法有化学分析法和仪器分析法。

3. 分析化学将向着提高选择性、灵敏度、准确度、分析速度和智能化水平的方向发展。

4. 经常进行有关分析化学文献的检索与查阅可极大地丰富自己的专业知识。

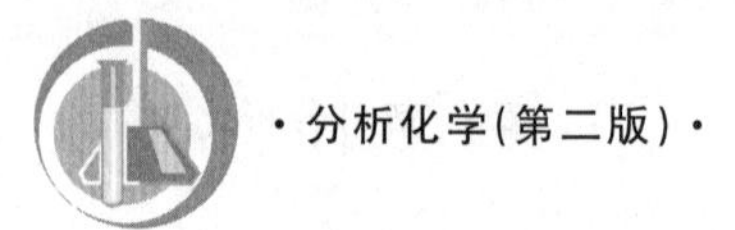

目标检测

一、名词解释

定性分析　　定量分析　　结构分析　　无机分析　　有机分析
化学分析　　仪器分析　　重量分析法　　滴定分析法　　常量分析
微量分析　　例行分析　　仲裁分析

二、简答题

1. 分析化学的主要任务有哪些？
2. 化学分析和仪器分析分别包括哪些主要内容？
3. 分析化学的发展动态有哪些特点？
4. 怎样进行分析化学文献的检索？
5. 试从分析化学的角度分析三聚氰胺事件。

第二章

误差分析与数据处理

第一节 概述

测量是人类认识和改造客观世界的一种必不可少的重要手段。对自然界所发生的量变现象的研究，常常需要借助于各式各样的实验与测量来完成，由于受对所测量体系认识能力的不足，测量方法、测量仪器、试剂和测量工作者主观因素等方面的影响，测量结果不可能与真实值完全一致，这种差别在数值上的表现就是误差。定量分析就是测量者对样品(供试品)的某种性质(如质量、体积、酸碱度、电化学性质、光学性质等)进行测量的方法。无论使用的仪器如何精密，测量方法多么完善，操作技术如何娴熟，就是同一分析工作者重复实验数次，所测的结果总是不能完全一致，而且总是与真实值有差别，这说明客观上存在着难以避免的误差。随着科学技术的进步和人类认识客观世界能力的提高，误差可以被控制得越来越小，但难以降为零。

一次定量分析要经过若干步骤，每一步测量的误差都会影响分析结果的准确性。因此，在进行定量分析时，必须根据对分析结果准确度的要求，合理安排实验，对分析结果的可靠性进行合理评价，并给予正确表达。

本章侧重讨论误差产生的原因、性质、减免方法，有效数字以及应用统计学原理来分析数据的一些基本方法。

第二节 定量分析误差

分析工作中产生误差的原因很多，根据误差产生的原因和性质不同分为两类，即系统误差和偶然误差。它们都不同程度地影响着分析结果的准确度和精密度。所以应设法减免误差以提高分析结果的可靠性。

一、系统误差和偶然误差

按误差的性质，将其分为系统误差和偶然误差两类。

1. 系统误差

系统误差(systematic error)也称可定误差(determinate error),是分析过程中由某些确定原因造成的,服从一定函数规律的误差。根据其产生的原因,可分为以下几种。

1) 方法误差

方法误差是由所选择的分析方法本身不完善而产生的误差。例如,在重量分析中沉淀的溶解或非被测组分的共沉淀和后沉淀现象等,在滴定分析中的滴定误差、副反应及诱导反应等,在比色测定中颜色深度与物质含量失去正比例关系等,都会使测定结果偏高或偏低而产生系统误差。

2) 仪器误差

仪器误差是由所用仪器本身不够准确或未经校准所引起的误差。如天平两臂不等长,滴定管、容量瓶、移液管等刻度不够准确等,在使用过程中会使测定结果产生系统误差。

3) 试剂误差

试剂误差是由所用试剂不纯或蒸馏水中含有微量杂质而引起的误差。如使用的试剂中含有微量的被测组分或存在干扰杂质等。

4) 操作误差

操作误差是由分析者操作不当所造成的误差。例如,滴定管读数偏高或偏低,使用容量瓶时温度差过大,沉淀洗涤不足或过度,对终点颜色判断不当等所造成的误差。

在一次测定中,这四种误差可能都存在。这类误差在进行重复测量时会重复出现,其数值具有恒定单向性,大小、正负都具有一定的规律,即测定结果总是偏高或偏低。故可根据系统误差的具体来源设法加以校正并予以减免,因此亦称为可定误差。

2. 偶然误差

在同一条件下,对同一样品反复进行测量,在尽力消除了系统误差之后,每次测量所得结果仍然会出现一些无规律的随机性变化,这种随机性变化可归咎于随机误差的存在,这种误差表面上似乎毫无规律,纯属偶然,所以称为偶然误差(accidental error)。

偶然误差(或称随机误差)亦称不可定误差(indeterminate error),它是由某些难以觉察的偶然因素(如温度、压力、湿度、仪器的微小波动等)引起的,服从统计规律的误差。任何一次测量中,随机误差都是不可避免的,它们大小和正负都不固定,并且有时无法控制,看似没有什么规律。但如果对样品进行百次或上千次测定,会发现测量值的偶然误差呈正态分布(在数学上称高斯分布)的统计规律:大小相等的正负误差出现的概率相等;大误差出现的概率小,小误差出现的概率大(见图 2-1)。

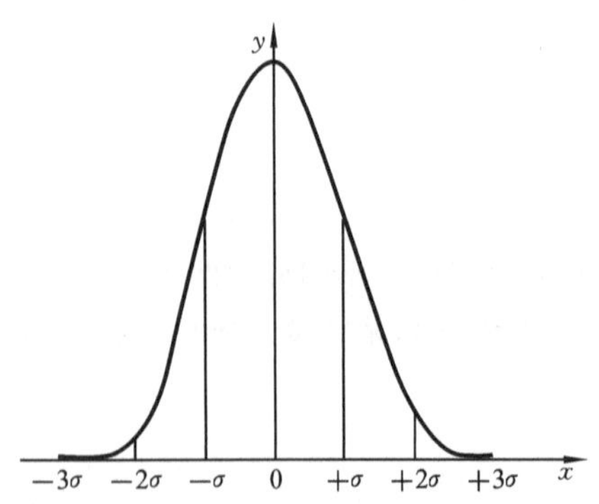

图 2-1　偶然误差的正态分布图

图 2-1 中,y 轴表示概率密度;x 轴表示测量值的随机误差。图 2-1 中曲线以 y 轴对称。对应于曲线最高点的测量值,在没有系统误差时为真值(总体平均值 μ,即无数次测定数据的平均

值）。

曲线与横坐标之间所包含的面积即是全部误差值出现的概率总和（100%），由图 2-1 可以看出，随机误差、测量值出现的区间与相应概率的关系如表 2-1 所示。

表 2-1 随机误差、测量值出现区间与相应概率的关系

随机误差出现的区间	测量值出现的区间	相应概率/(%)
$-\sigma \sim +\sigma$	$\mu-\sigma \sim \mu+\sigma$	68.3
$-2\sigma \sim +2\sigma$	$\mu-2\sigma \sim \mu+2\sigma$	95.4
$-3\sigma \sim +3\sigma$	$\mu-3\sigma \sim \mu+3\sigma$	99.7

通常将误差（或测定值）在某个范围内出现的概率称为置信度或置信概率。

因大小相等的正、负偶然误差出现的概率相等，正、负偶然误差能相互抵消，故可以通过“平行多次测定，取平均值”的方法予以减免。

此外，由分析工作者的过失所产生的差错，如溶液溅失、加错试剂、读错刻度、记录和计算差错等，不属于误差范畴，应弃去相关数据。

应该指出，系统误差和偶然误差的划分并不是绝对的，有时很难区别某种误差是系统误差还是偶然误差。例如，在观察滴定终点颜色改变时，有人总是偏深，产生属于操作误差的系统误差。但在平行多次测定中所确定的终点颜色的深度不一，因此也存在着偶然误差。对于任何一次测定而言，系统误差和偶然误差可能同时存在。

统计描述与统计推断

统计描述是指应用统计指标、统计表、统计图等方法，对资料的数量特征及其分布规律进行测定和描述，是统计分析的基本内容。测量资料的统计描述主要通过编制频数分布表、计算集中趋势指标和离散趋势指标以及统计图表来进行。图 2-1 就是对偶然误差的产生进行统计描述的结果。而统计推断是指通过抽样等方式估计样本总体特征的过程，即在观察资料的基础上进一步分析、研究、推断本身资料以外的情况和数量关系，从而对总体事物作出科学决策。统计推断包括参数（如置信度、抽样原理、相关分析和回归分析）估计和假设检验（如显著性差别）两项内容。

二、准确度和精密度

1. 准确度与误差

准确度（accuracy）是测量值与真实值的接近程度，常用误差（error）来表示。误差越小，测量值与真实值越接近，准确度越高；反之，准确度越低。误差分为绝对误差（absolute error）和相对误差（relative error）。

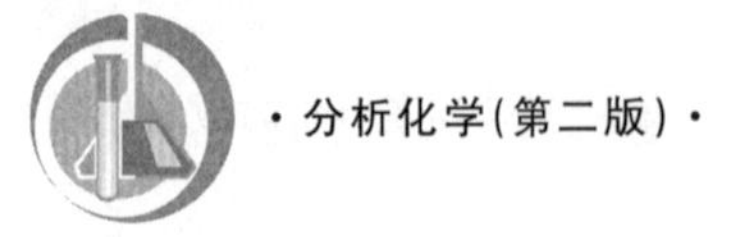

1）绝对误差(δ)

绝对误差是指测量值(x)与真实值(μ)之差。

$$\delta = x - \mu \tag{2-1}$$

2）相对误差

相对误差是指绝对误差在真实值中所占的百分率。

$$相对误差 = \frac{\delta}{\mu} \times 100\% = \frac{x-\mu}{\mu} \times 100\% \tag{2-2}$$

绝对误差和相对误差都有大小、正负之分，正值表示分析结果偏高，负值表示分析结果偏低。

例如，称得某一物品的质量为 1.638 0 g，而该物体的真实质量为 1.638 1 g，则其绝对误差为

$$\delta = 1.638\ 0\ \text{g} - 1.638\ 1\ \text{g} = -0.000\ 1\ \text{g}$$

若有另一物品的真实质量为 0.163 8 g，测得结果为 0.163 7 g，则称量的绝对误差为

$$\delta = 0.163\ 7\ \text{g} - 0.163\ 8\ \text{g} = -0.000\ 1\ \text{g}$$

上例中的相对误差分别为

$$\frac{-0.000\ 1}{1.638\ 1} \times 100\% = -0.006\%$$

$$\frac{-0.000\ 1}{0.163\ 8} \times 100\% = -0.06\%$$

由计算结果可知，测量两物品的绝对误差相等，但相对误差不等。显然当测量的量较大时，相对误差较小，测定的准确度也较高。故常用相对误差来表示分析结果的准确度。对一个样品进行平行多次测量时，以它们的算术平均值占真实值的百分率来判断准确度。在评价一种分析方法的准确度时，常用加样回收率来衡量。加样回收率是在样品中加入标准品，测定回收率。

若知道测量的绝对误差，不知道真实值，也可用测量值 x 代替真实值 μ 来计算相对误差。如已知万分之一天平称量的绝对误差为±0.1 mg，若称取 0.1 g 样品，则称量的相对误差为

$$\begin{aligned}相对误差 &= \frac{\delta}{\mu} \times 100\% \approx \frac{\delta}{x} \times 100\% \\ &= \frac{\pm 0.000\ 1}{0.1} \times 100\% = \pm 0.1\%\end{aligned}$$

3）真实值与标准样品

真实值简称真值，严格地说是不知道的，通常都是相对的或约定的。一般分为约定真值、相对真值。

约定真值是由国际计量大会定义的单位(国际单位)及我国的法定计量单位，如物质的摩尔质量或某一产品的法定规格值等；相对真值是标准样品证书上所给出的含量值。

标准样品是经公认的权威机构鉴定，并具有法定意义的标准参考物质，如标准品或对照品等。

若上述几种真值都不知道，可把技术高超并富有经验的人用最可靠的方法、仪器，对

标准样品进行多次测量所得结果的平均值作为真实值的替代值。其实，约定真值和相对真值都是由实验测定得到的数值，都有一定的误差存在。

2. 精密度和偏差

精密度(precision)是在相同条件下对同一样品多次平行测量所得的各测量值彼此间的相互接近程度。各测量值彼此间越接近，精密度越高；反之，精密度越低。精密度可用偏差、平均偏差、相对平均偏差、标准偏差与相对标准偏差来表示。实际工作中，常用相对平均偏差或标准偏差与相对标准偏差来表示。其数值越小，说明测定结果的精密度越高，测量的重复性或重现性(又称再现性)越好。

1) 偏差(d)

偏差为测量值(x_i)与平均值($\overline{x}$)之差。

$$d=x_i-\overline{x} \tag{2-3}$$

2) 平均偏差($\overline{d}$)

平均偏差为各单个偏差绝对值的平均值。

$$\overline{d}=\frac{\sum_{i=1}^{n}|x_i-\overline{x}|}{n} \tag{2-4}$$

式中：n——测定次数。

注意，平均偏差无正、负号。

3) 相对平均偏差($\overline{d}_r$)

相对平均偏差为平均偏差占测量平均值的百分率。

$$\overline{d}_r=\frac{\overline{d}}{\overline{x}}\times 100\% \tag{2-5}$$

有时亦用‰值表示。

4) 标准偏差(S)

标准偏差是衡量测量值分散程度的一个参数。使用标准偏差是为了突出较大偏差对测定结果的影响。其数学表达式为

$$S=\sqrt{\frac{\sum_{i=1}^{n}(x_i-\overline{x})^2}{n-1}}=\sqrt{\frac{\sum_{i=1}^{n}x_i^2-n\overline{x}^2}{n-1}} \tag{2-6}$$

例如，对某一样品进行甲、乙两组平行测定，结果如表2-2所示。

表2-2 某样品平行测定结果

组别	测量数据					平均值	平均偏差	标准偏差
甲	10.3	9.8	9.6	10.2	10.1	10.0	0.24	0.28
	10.4	10.0	9.7	10.2	9.7			
乙	10.0	10.1	9.3	10.2	9.9	10.0	0.24	0.33
	9.8	10.5	9.8	10.3	10.1			

可以明显地看出乙组数据中有两个较大的偏差，数据较为分散，但两组的平均偏差一

样,未能辨出精密度的差异,而标准偏差则可反映出甲组的精密度好于乙组。

5)相对标准偏差(RSD)

相对标准偏差或称变异系数(CV)是指标准偏差占平均值的百分率。

$$RSD=\frac{S}{\bar{x}}\times 100\% \tag{2-7}$$

有重要意义的实验须用标准偏差与相对标准偏差来表示分析结果的精密度。

[例 2-1] 标定某溶液的浓度,四次结果分别为 0.204 1 mol/L、0.204 9 mol/L、0.203 9 mol/L和 0.204 3 mol/L。试计算标定结果的平均值、平均偏差、相对平均偏差、标准偏差及相对标准偏差。

解 平均值: $\bar{x}=\frac{0.2041+0.2049+0.2039+0.2043}{4}\ \text{mol/L}=0.2043\ \text{mol/L}$

平均偏差: $\bar{d}=\frac{0.0002+0.0006+0.0004+0.0000}{4}\ \text{mol/L}=0.0003\ \text{mol/L}$

相对平均偏差: $\bar{d}_r=\frac{\bar{d}}{\bar{x}}\times 100\%=\frac{0.0003}{0.2043}\times 100\%=0.15\%$

标准偏差:

$$S=\sqrt{\frac{\sum_{i=1}^{n}(x_i-\bar{x})^2}{n-1}}=\sqrt{\frac{0.0002^2+0.0006^2+0.0004^2+0.0000^2}{4-1}}\ \text{mol/L}$$

$$=0.0004\ \text{mol/L}$$

相对标准偏差: $RSD=\frac{S}{\bar{x}}\times 100\%=\frac{0.0004}{0.2043}\times 100\%=0.2\%$

3. 准确度与精密度的关系

由以上讨论可知,系统误差影响分析结果的准确度,偶然误差影响分析结果的精密度。测量值的准确度表示测量结果的可靠性,测量值的精密度表示测量结果的重复性与重现性。故测定结果的好坏应从精密度和准确度两个方面来衡量。例如甲、乙、丙、丁四人用各自的分析方法测量同一个样品,每人测定 4 次,所得结果如图 2-2 所示。甲所得结果准确度与精密度均好,结果可靠;乙的精密度很高,但准确度太低,说明测量存在系统误差;丙的准确度与精密度均很差,无人敢相信这样的结果;丁的平均值虽接近真实值,但几个数值彼此相差甚远,而仅由于正、负误差相互抵消才使结果接近真实值,这纯属巧合,其结果是不可靠的,不能认为准确度高。

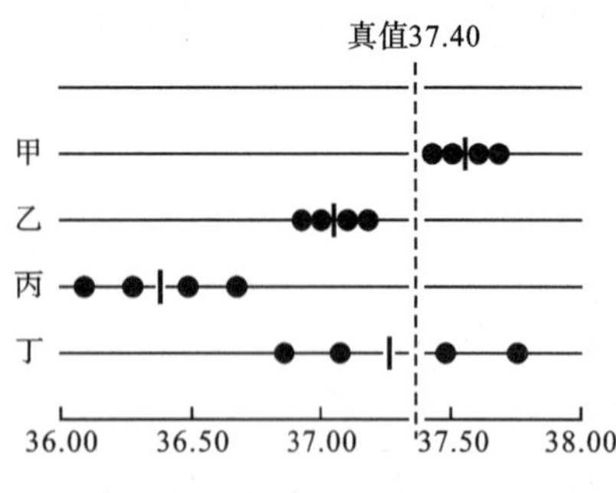

图 2-2 定量分析中准确度与精密度的关系

综上所述,得出以下结论:

(1) 精密度好,不一定准确度高。只有在消除了系统误差的前提下,精密度好,准确度才会高。

(2) 精密度差,说明结果不可靠,失去了衡量准确度的前提。故精密度好是准确度高的先决条件。

4. 提高分析结果准确度的方法

分析结果的准确度直接受到各种误差的制约，系统误差是造成平均值偏离真实值的主要原因。欲提高准确度，必须设法减免在分析过程中带来的各种误差。根据误差的来源和性质的不同，可采用以下方法来检验和减免误差，提高分析结果的准确度。

(1) 减小偶然误差。

根据偶然误差的统计规律，增加平行测定次数，取平均值是减小偶然误差最有效的方法。这也是对一个样品不能只测定一次的原因所在。

(2) 选择适当的分析方法。

要减小方法误差，首先要了解不同分析方法的准确度和灵敏度，其次还要了解分析方法的选择性和可行性。被测组分的含量不同，对测定的准确度和灵敏度的要求亦不同。常量组分的测定一般要求相对误差在1%以下，测量主要用化学分析法；微量组分的测定相对误差一般要求在1%～5%，测量主要用仪器分析法。总之，选择分析方法不仅要考虑被测组分的含量，还要考虑与被测组分共存的其他组分的干扰问题以及对分析结果准确度的要求等情况。

(3) 校准仪器。

仪器不准确引起的系统误差，可以通过校准仪器加以消除。如砝码、移液管和滴定管等，在精确的分析中，必须进行校准，并在计算结果时采用校正值，以减免仪器误差。

(4) 空白实验。

所谓空白实验，是指在只有试剂而无样品的情况下，按照测定样品的方法、步骤所进行的实验测定，所得结果为空白值，从样品的分析结果中扣除。这样可以消除或减小由于试剂或蒸馏水中含有微量的被测组分而引起的系统误差。

(5) 规范操作。

按照分析程序规范操作，可以减免操作误差。规范操作既能减小系统误差，亦能减小偶然误差。

(6) 对照实验。

对照实验是综合检验系统误差的有效方法，有标准样品对照法和标准方法对照法。标准样品对照法是对已知含量的标准样品用同一方法(测样品的方法)测定，将测定所得结果与已知含量对照，以检验分析结果的准确度；标准方法对照法是用可靠的(法定)分析方法与选定方法对同一样品进行对照实验，以检验所选分析方法的可靠性(一般用 t 检验法)。

(7) 回收实验。

若对样品的组成不完全清楚，可采用回收实验，此实验是自我检验准确度的一种实用方法。所谓回收实验，就是在已知被测组分含量(A)的样品中准确加入一定量(B)的被测组分纯品，依法测定得总量(C)。总量测定值应在线性范围内，计算回收率。

$$回收率=\frac{C-A}{B}\times 100\% \tag{2-8}$$

式中：A——供试品所含被测组分量；

B——加入对照品量；

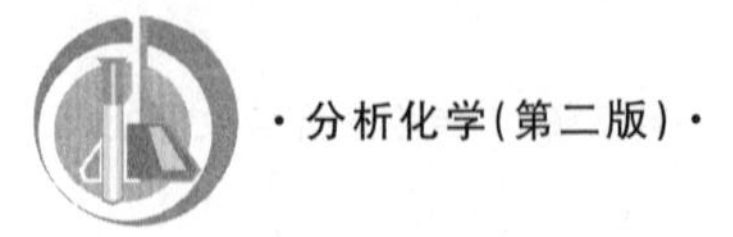

C——实测值。

若测得回收率为 102.1%,则说明对样品的测定结果偏高。

除此之外,还要对测量数据进行必要的统计处理。

为保证分析结果的准确度,须尽量减小各步测量误差。如称样量大一点,滴定液消耗的体积多一点。例如,万分之一分析天平的称量误差为±0.000 1 g,减重法两次称量的最大误差为±0.000 2 g,为了使称量相对误差小于 0.1%,称样量应不小于 0.2 g;在滴定分析中,常量滴定管每次的读数误差为±0.01 mL,如滴定管两次读数的最大误差为±0.02 mL,为使滴定的相对误差≤0.1%,消耗滴定液的体积应该不小于 20 mL。计算如下:

$$\text{相对误差}=\frac{\pm 0.02}{20}\times 100\%=\pm 0.1\%$$

第三节 有效数字及其运算规则

科学实验中,测量数据的记录究竟应该保留到几位,才能客观地反映出测量的准确度?在处理数据时,对于多个测量准确度不同的数据,应该遵循何种计算规则,才能客观地反映测量准确度的实际情况?这些将是本节介绍的内容。

一、有效数字的意义

有效数字(significant figure)是指在分析工作中实际上能够测量到的数字。记录测量数据时究竟应保留几位数字,须根据测量方法和使用仪器的精确程度来决定,即有效数字能反映测量准确到什么程度。

在记录测量数据时,只保留一位可疑数字(末位数字)。即数字的末位数是欠准的,其误差为末位数的±1 个单位。例如,坩埚质量为 18.573 4 g,该数据有六位有效数字,最后一位数字"4"欠准,有±0.000 1 g 的误差,故上述坩埚质量应是(18.573 4±0.000 1) g;标准溶液体积为24.42 mL,该数据有四位有效数字,最后一位数字"2"欠准,有±0.01 mL 的误差,故标准溶液的体积应是(24.42±0.01) mL。

有效数字的位数,直接与测量的相对误差有关。例如,称得某物质量为 0.518 0 g,它表示该物实际质量是(0.518 0±0.000 1) g,其相对误差为

$$\frac{\pm 0.000\,1}{0.518\,0}\times 100\%=\pm 0.02\%$$

如果少取一位有效数字,则表示该物实际质量是(0.518±0.001) g,其相对误差为

$$\frac{\pm 0.001}{0.518}\times 100\%=\pm 0.2\%$$

计算表明,前者测量的准确度是后者的 10 倍。所以在测量准确度的范围内,有效数字位数越多,测量也越准确。但超过测量准确度的范围,过多的位数是毫无意义的。

在判断数据的有效数字的位数时,须注意以下几点。

(1) 数据中有“0”时，应分析具体情况，然后才能确定哪些数据中的“0”是有效数字，哪些数据中的“0”不是有效数字。

例如：

1.000 5 g	五位有效数字
0.400 0 g、31.05%、6.024×10^{2}	四位有效数字
0.032 0 g、1.76×10^{-5}	三位有效数字
0.005 4 g、0.40%	两位有效数字
0.3 g、0.002%	一位有效数字

(2) 在遇到像 pH 值、pM、lg$K$ 等数值，其有效数字的位数应与真数有效数字的位数相等。即仅取对数小数点后面数字的位数，因整数部分只说明该数的次方。例如 pH=12.68，即$[H^{+}]=2.1\times10^{-13}$ mol/L 实为两位有效数字，而不是四位。

(3) 在变换单位时，有效数字的位数不变。例如：10.00 mL 应写成 0.010 00 L；10.5 L 应写成 1.05×10^{4} mL。

(4) 常数 π、e 的数值以及乘除因子如$\sqrt{2}$、1/2 等有效数字的位数，在计算过程中，可根据需要确定。

二、有效数字的运算规则

1. 数字修约规则

在处理数据时，常遇到一些有效数字位数不相同的数据。对于这些数据，在计算前应先对数据进行修约处理，以舍去多余的尾数。这样不仅可以节省计算时间，而且可以避免误差累积。其基本原则如下。

(1) 有效数字的修约，按“四舍六入五留双”规则进行。

即当有效数字位数确定后，其余数字(尾数)应一律弃去。舍弃办法：当被修约数≤4时，舍弃；当被修约数≥6 时，进位；当被修约数等于 5 时，若进位后末位数变成偶数，则进位，若进位后末位数变成奇数，则舍弃。若 5 后面还有不为 0 的数，则 5 一律进位。

如将下列测量值 4.155、4.145、4.105、4.125 1 都修约成三位数，修约后分别为 4.16、4.14、4.10、4.13。

(2) 修约要一次到位，不得分次修约。

例如，将 4.134 9 修约为三位数字时应为 4.13。若分次修约：4.134 9→4.135→4.14，则是错误的。

(3) 修约表示准确度和精密度的数值时，在多数情况下，只保留一位有效数字即可，最多保留两位。但后面一位数要进位。

例如，标准偏差 $S=0.213$，宜修约为 0.22。

2. 运算规则

在做数学运算时，加减运算和乘除运算的规则不同。

1) 加减法

当几个测量值相加减时，其和或差的误差是各个测量值绝对误差的传递结果。所以计算结果的绝对误差必须与数据中绝对误差最大的数据相当。即几个数据的和或差的有

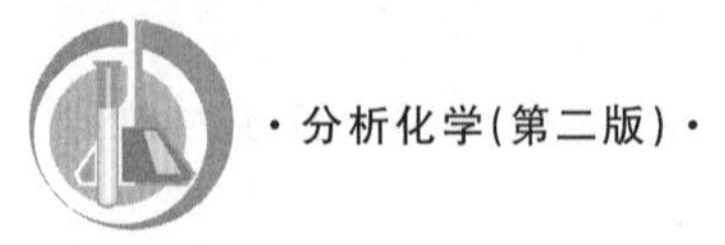

效数字的保留位数，应以其中小数点后位数最少(即绝对误差最大)的数据为依据。

例如：0.012 1+25.64+1.057 82=0.01+25.64+1.06=26.71

2) 乘除法

几个数据相乘除时，其积或商的误差是各个测量值相对误差的传递结果。所以计算结果的相对误差必须与数据中相对误差最大的数据相当。即几个数据的积或商的有效数字的保留位数，应以其中有效数字位数最少(相对误差最大)的那个数据为依据。

三、正确表示分析结果

分析结果的准确度应与测量的准确度相一致。如分析煤中含硫量时，称样量为 3.5 g，两次测得结果(w_S)甲报告为 0.042%和 0.041%，乙报告为 0.042 01%和 0.041 99%，可作如下推断：

$$\frac{\pm 0.001}{0.042}\times 100\% = \pm 2\% \quad \text{(甲的准确度)}$$

$$\frac{\pm 0.000\ 01}{0.042\ 01}\times 100\% = \pm 0.02\% \quad \text{(乙的准确度)}$$

$$\frac{\pm 0.1}{3.5}\times 100\% = \pm 3\% \quad \text{(称样的准确度)}$$

甲报告的准确度与称样的准确度基本是一致的，而乙报告的准确度大大超过了称样的准确度，没有意义。因此，应采用甲报告的结果。

通常填报分析结果时：对于高含量组分(例如含量>10%)的测定，一般要求分析结果报告四位有效数字；对于中含量组分(例如含量为 1%～10%)的测定，一般要求报告三位有效数字；对于微量组分(例如含量<1%)，一般只要求报告两位有效数字。

第四节　实验数据的统计检验

在统计学中，所研究的对象的全体称为总体(population)，总体可看成无限次测量数据之集合；供分析的样品是从分析对象的全体中随机抽出的一部分，将其所测得的一组数据称为样本(sample)；样本中所含测量值的数目，称为样本的大小(或称样本容量)，用 n 表示。

在分析化学中，统计检验的任务大致上可以分为两类：一类是通过样本值(测定值)估计总体的置信区间；另一类是判断统计假设是否正确。定量分析是一个复杂过程，其中存在着多种因素的影响，使得一组测定值各数据之间或各组测定值之间存在着差异，这种差异究竟是由不可避免的偶然因素的影响还是系统误差引起的呢？若是前者，只能反映实验结果的精度；若是后者，则意味着实验条件的改变对测定结果有影响。但是，这两种误差经常纠缠在一起，除了极为明显的情况外，一般难以直观地分辨。统计检验却能在这方面发挥它应有的作用。

统计检验是用样本的测定值来推断总体的特征，既然是推断，当然不可能有 100%的把握，因此作统计推断时，应指明统计推断的可靠程度(即置信度)，分析化学中常选择95%的置信度作为统计推断的标准，但这并不是一成不变的，而要根据具体情况来灵活掌握。在实验测定中，只能从有限次实验测量数据(称为样本)来推断总体的真实值。下面介绍处理实验数据的一些方法。

一、逸出值的取舍

在对一个样品的多次平行测定所得的一组数值中，有时会出现过高或过低的数值，称为逸出值或离群值(outlier)。如果该数值系实验过失所为，应当舍弃。否则就需用统计检验方法，确定该数值与其他数据是否来源于同一总体，以决定取舍。常用的方法有 Q 检验法与 G 检验法。

1. Q 检验法

该方法比较简单，适用于3～10次的实验测定。按下列公式计算 Q 值($Q_{计}$)：

$$Q_{计}=\frac{|x_{逸出}-x_{相邻}|}{x_{max}-x_{min}} \tag{2-9}$$

具体检验方法是：①将各数据按递增顺序排列；②计算最大值与最小值之差；③计算逸出值与相邻值之差；④计算 Q 值($Q_{计}$)；⑤根据测定次数和要求的置信度(常取95%)查表2-3，得到 $Q_{表}$ 值。若 $Q_{计} \geqslant Q_{表}$，则该逸出值应予舍弃；否则保留。

表 2-3 不同置信度下的 Q 值表

P \ Q \ n	3	4	5	6	7	8	9	10
90%	0.94	0.76	0.64	0.56	0.51	0.47	0.44	0.41
95%	0.97	0.84	0.73	0.64	0.59	0.54	0.51	0.49
99%	0.99	0.93	0.82	0.74	0.68	0.63	0.60	0.57

[例 2-2] 用基准物质无水 Na_2CO_3 标定 HCl 溶液浓度时，平行测定了4次，其结果分别为0.101 6 mol/L、0.101 2 mol/L、0.101 4 mol/L 和 0.102 0 mol/L，试用 Q 检验法确定数据 0.102 0 mol/L 是否应舍弃。

解
$$Q_{计}=\frac{x_{逸出}-x_{相邻}}{x_{max}-x_{min}}=\frac{0.102\,0-0.101\,6}{0.102\,0-0.101\,2}=0.50$$

查表2-3，$n=4$ 时 $Q_{表}=0.84$

因为 $Q_{计}<Q_{表}$，所以 0.102 0 mol/L 不能舍弃。

2. G 检验法

G 检验法的计算公式如下：

$$G_{计}=\frac{|x_{逸出}-\bar{x}|}{S} \tag{2-10}$$

计算出 $G_{计}$ 值后，与表2-4中 $G_{表}$ 比较，若 $G_{计} \geqslant G_{表}$，则该逸出值舍弃；否则保留。

表 2-4　不同置信度下的 G 值表

P \ G \ n	3	4	5	6	7	8	9	10
90%	1.15	1.46	1.67	1.82	1.94	2.03	2.11	2.18
95%	1.15	1.48	1.71	1.89	2.02	2.13	2.21	2.29
99%	1.15	1.50	1.76	1.97	2.14	2.27	2.39	2.48

二、平均值的精密度和置信区间

统计学理论已经证明样本的平均值 $\overline{x}$ 和标准偏差 S 是总体真实值的最佳估计值。

1. 平均值的精密度

平均值的精密度可用平均值的标准偏差来表示。统计学已证明，平均值的标准偏差与测量次数的平方根成反比，即

$$S_{\overline{x}}=\frac{S}{\sqrt{n}} \tag{2-11}$$

此式表明，增加测量次数可以提高测量的精密度，但过多地增加测量次数，并不能过多地提高精密度，故实际定量分析中，一般平行测量 3～4 次即可。

2. 平均值的置信区间

分析工作中，有时需要根据样本的平均值 $\overline{x}$ 及精密度 S 对真实值 μ 作出估计，对 μ 作出估计不是指某个定值，而是 μ 的可能取值范围(区间)。在对 μ 的取值范围(区间)作出估计时，还须指明这种估计的可靠性(置信度)。所谓置信区间，就是在一定置信度下，以测定结果为中心，包括真实值在内的可信范围。

用少量测定值的平均值 $\overline{x}$ 估计 μ 的范围(即置信区间)的公式为

$$\mu=\overline{x}\pm t_{P,f}S_{\overline{x}}=\overline{x}\pm t_{P,f}\frac{S}{\sqrt{n}} \tag{2-12}$$

式中：n——测定次数；

$\overline{x}$——n 次测定的平均值；

$t_{P,f}$——置信度为 P，自由度为 $f(f=n-1)$的置信系数。

$t_{P,f}$值见表 2-5。

置信区间的上限为 $\overline{x}+t_{P,f}S/\sqrt{n}$，下限为 $\overline{x}-t_{P,f}S/\sqrt{n}$。

表 2-5　不同置信度下的 t 值表

f \ t \ P	90%	95%	99%
1	6.31	12.71	63.66
2	2.92	4.30	9.92

续表

P t f	90%	95%	99%
3	2.35	3.18	5.84
4	2.13	2.78	4.60
5	2.02	2.57	4.03
6	1.94	2.45	3.71
7	1.90	2.36	3.50
8	1.86	2.31	3.36
9	1.83	2.26	3.25
10	1.81	2.23	3.17
20	1.72	2.09	2.84
∞	1.64	1.96	2.58

[例 2-3] 某药物中铁的含量经 5 次测定结果分别是 1.12%、1.15%、1.16%、1.11%及 1.12%，求置信度为 95%时的置信区间。

解 $\bar{x}=1.13\%$， $S=0.022\%$， $f=5-1=4$

查表 2-5，当置信度为 95%，$f=4$ 时 $t_{95\%,4}=2.78$

故 $$\mu=\bar{x}\pm t_{P,f}\frac{S}{\sqrt{n}}=1.13\%\pm 2.78\times\frac{0.022\%}{\sqrt{5}}=1.13\%\pm 0.027\%$$

三、显著性检验

定量分析中，常常需要对两份样品的分析结果，或两个分析方法的分析结果的平均值与精密度等是否存在着显著性差异作出判断，这些都属于统计检验的内容，称为显著性检验或差异检验。统计检验的方法很多，在定量分析中常用 t 检验法与 F 检验法，用于检验两个分析结果是否存在着显著的系统误差或偶然误差。

1. t 检验法

t 检验法主要用于判断两组测量数据（如样本的测定平均值 $\bar{x}$ 与真实值 μ，或两个样本的平均值）之间是否存在着显著性差异。

1）样本平均值与真实值的比较（t 检验法）

具体做法是用标准样品做 n 次测定，用测定的平均值 $\bar{x}$ 与标准样品的真实值（约定真值）μ 进行比较，以检验两者之间是否存在着显著性差异。实际工作中，常用于检验某一分析方法（或操作）是否可行。

做 t 检验时，先按下式计算测定的 t 值（$t_{计}$）：

$$t_{计}=\frac{|\bar{x}-\mu|}{S}\sqrt{n} \tag{2-13}$$

再根据置信度和自由度在表 2-5 中查得相应 $t_{表}$ 值,进行比较。若 $t_{计} \geq t_{表}$,说明 $\bar{x}$ 与 μ 之间存在着显著性差异,即表示该分析方法存在着显著的系统误差;若 $t_{计} < t_{表}$,则说明两者不存在显著性差异,即表示该分析方法不存在显著的系统误差,是可行的分析方法。

[例 2-4] 有人拟定了一种新的测定基准明矾中铝含量(明矾中铝含量的理论值 μ=10.77%)的方法,用新方法测定时得到 9 个结果,分别为10.74%、10.77%、10.77%、10.77%、10.81%、10.82%、10.73%、10.86%和 10.81%,新方法测定铝的含量是否可靠(即有无系统误差)?

解 $\bar{x}=10.79\%,\quad S=0.042\%,\quad n=9$

故
$$t_{计}=\frac{|\bar{x}-\mu|}{S}\sqrt{n}=\frac{|10.79-10.77|}{0.042}\times\sqrt{9}=1.43$$

查表 2-5,$t_{95\%,8}=2.31$,因为 $t_{计}<t_{95\%,8}$,所以 $\bar{x}$ 与 μ 不存在显著性差异,即新方法不会引起系统误差,是可行的分析方法。

[例 2-5] 某药业公司生产维生素丸,规定每 50 g 维生素中含铁 2 400 mg,从一生产过程中,随机抽出部分样品进行 5 次测定,得每 50 g 维生素中的铁含量分别为 2 409 mg、2 372 mg、2 395 mg、2 399 mg、2 411 mg。这批产品的铁含量是否合格?

解
$$\bar{x}=\frac{\sum_{i=1}^{n}x_i}{n}=\frac{2\,409+2\,372+2\,395+2\,399+2\,411}{5}\text{ mg}=2\,397.2\text{ mg}$$

$$S=\sqrt{\frac{\sum_{i=1}^{n}(x_i-\bar{x})^2}{n-1}}=\sqrt{\frac{975}{4}}\text{ mg}=15.6\text{ mg}$$

$$t_{计}=\frac{|\bar{x}-\mu|}{S}\sqrt{n}=\frac{|2\,397.2-2\,400|}{15.6}\times\sqrt{5}=\frac{2.8}{15.6}\times 2.2=0.39$$

查表 2-5,$t_{95\%,4}=2.78$,因为 $t_{计}<t_{表}$,所以这批产品的铁含量是合格的。

2) 两组数据平均值的比较(t 检验法)

此检验用于判断:①一个样品由不同分析人员或同一分析人员用不同方法测定同一样品,所得的两组数据之间是否存在显著性差异;②两个样品,用相同分析方法测得的两组数据的均值之间,是否有显著性差异。

将式(2-13)中的 $|\bar{x}-\mu|$ 换成 $|\bar{x}_1-\bar{x}_2|$,将 S 换成 S_R(合并标准偏差),将$\sqrt{n}$换成 $\sqrt{\frac{n_1 n_2}{n_1+n_2}}$,则式(2-13)就变成下面的式子,可用于两组数据的平均值的 t 检验。

$$t_{计}=\frac{|\bar{x}_1-\bar{x}_2|}{S_R}\sqrt{\frac{n_1 n_2}{n_1+n_2}} \tag{2-14}$$

式中:$\bar{x}_1$、$\bar{x}_2$——两组数据的平均值;

n_1、n_2——两组数据的测量次数,n_1 与 n_2 可以不等,但不能悬殊;

S_R——合并标准偏差或组合标准偏差。

若已知 S_1 和 S_2 之间无显著性差异,可由下式计算 S_R:

$$S_R=\sqrt{\frac{(n_1-1)S_1^2+(n_2-1)S_2^2}{n_1+n_2-2}} \tag{2-15}$$

也可由两组数据的平均值求 S_R：

$$S_R=\sqrt{\frac{\sum_{i=1}^{n}(x_{1i}-\bar{x}_1)^2+\sum_{i=1}^{n}(x_{2i}-\bar{x}_2)^2}{(n_1-1)+(n_2-1)}} \tag{2-16}$$

若 $t_{计}<t_{95\%,(n_1+n_2-2)}$，说明两组数据的平均值不存在显著性差异，即可以认为两个平均值属于同一总体；若 $t_{计}\geqslant t_{95\%,(n_1+n_2-2)}$，则结论相反，说明两个平均值之间存在着显著性差异。

[例 2-6] 用两种方法测定同一样品中 Na_2CO_3 的含量，分析结果如下。

方法一：$n_1=4$，$\bar{x}_1=23.40\%$，$S_1=0.038\%$

方法二：$n_2=5$，$\bar{x}_2=23.35\%$，$S_2=0.061\%$

两种方法之间是否存在显著性差异(置信度为 95%)？

解 $$S_R=\sqrt{\frac{(5-1)\times(0.061\%)^2+(4-1)\times(0.038\%)^2}{5+4-2}}=0.05\%$$

$$t_{计}=\frac{|23.35\%-23.40\%|}{0.05\%}\times\sqrt{\frac{5\times4}{5+4}}=1.49$$

$f=5+4-2=7$，由表 2-5 查得，$t_{表}=2.36$。因为 $t_{计}<t_{表}$，所以以上两种分析方法测得的含量平均值不存在显著性差异，即两种分析方法可以相互替代。

2. F 检验法

F 检验法是对精密度显著性的检验，该检验法是通过比较两组数据的方差 S^2(标准偏差的平方)，以确定两组数据的精密度是否有显著性差异，亦即两组数据的偶然误差是否显著不同。

先计算两组数据的方差，而后计算方差比，用 F 表示。

$$F_{计}=\frac{S_1^2}{S_2^2}\qquad(S_1>S_2) \tag{2-17}$$

若 $F_{计}<F_{P,f_1,f_2}$，说明两组数据的精密度无显著性差异。

95%置信度时的 F 分布值表如表 2-6 所示。

表 2-6 95%置信度时的 F 分布值表

		f_1($S_{大}^2$ 的 $n-1$)									
		2	3	4	5	6	7	8	9	10	20
f_2($S_{小}^2$ 的 $n-1$)	2	19.00	19.16	19.25	19.30	19.33	19.35	19.37	19.38	19.40	19.46
	3	9.55	9.28	9.12	9.01	8.94	8.89	8.85	8.81	8.79	8.66
	4	6.94	6.59	6.39	6.26	6.16	6.09	6.04	6.00	5.96	5.80
	5	5.79	5.41	5.19	5.05	4.95	4.88	4.82	4.77	4.74	4.56
	6	5.14	4.76	4.53	4.39	4.28	4.21	4.15	4.10	4.06	3.87
	7	4.74	4.35	4.12	3.97	3.87	3.79	3.73	3.68	3.64	3.44
	8	4.46	4.07	3.84	3.69	3.58	3.50	3.44	3.39	3.35	3.15
	9	4.26	3.86	3.63	3.48	3.37	3.29	3.23	3.18	3.14	2.94
	10	4.10	3.71	3.38	3.33	3.22	3.14	3.07	3.02	2.98	2.77
	20	3.49	3.10	2.87	2.71	2.60	2.52	2.45	2.40	2.35	2.12

[**例 2-7**] 用两种分析方法测定样品中某组分的含量,方法一测定了 6 次,$S_1=0.055\%$;方法二测定了 4 次,$S_2=0.022\%$。两种方法测定结果的精密度有无显著性差异?

解 $f_1=6-1=5$,$f_2=4-1=3$。查表 2-6 得 $F_{表}=9.01$。

$$F_{计}=\frac{(0.055\%)^2}{(0.022\%)^2}=6.25$$

因为 $F_{计}<F_{表}$,所以 S_1 和 S_2 无显著性差异,即两种方法的精密度相当,或者说两组数据的偶然误差处在同一水平。

显著性检验的顺序是:先逸出值检验,再 F 检验,最后 t 检验。

四、分析结果的表示方法

实验室进行一般定量分析时,在系统误差可忽略的情况下,一般对样品平行测定 3~4 次,取平均值并计算相对平均偏差($\overline{d}_r$)。在实验报告中必须报告:测定次数(n)、平均值($\overline{x}$)和相对平均偏差($\overline{d}_r$)。一般滴定分析的相对平均偏差≤0.2%,才合要求。

如果是制定分析标准、涉及重大问题的样品分析、科研成果等所需要的精确数据,就不能这样简单地处理。需要多次对样品进行平行测定直到获得足够的数据,经用统计方法进行处理后写出分析报告。提出报告时,需要报告的参数有平均值($\overline{x}$)、测定次数(n)、标准偏差(S)及相对标准偏差(RSD)。必要时还需报告置信度为 95%时的置信区间等参数。

在讨论平均值的置信区间时,实际上是对偶然误差作统计处理。但这种统计处理必须在消除或校正系统误差的前提下,才有实际意义。

相关与回归

1. 相关系数 r 用于衡量两个变量之间是否呈线性关系即相关性。

设两个变量 x 和 y 的 n 次测量值为(x_1,y_1),(x_2,y_2),(x_3,y_3),…,可按下式计算相关系数 r 值。

$$r=\frac{n\sum_{i=1}^{n}x_iy_i-\sum_{i=1}^{n}x_i\sum_{i=1}^{n}y_i}{n\sum_{i=1}^{n}x_i^2-(\sum_{i=1}^{n}x_i)^2}$$

2. 回归分析用于找出 $\overline{y}$ 与 x 之间的关系。

若 $\overline{y}$ 与 x 之间呈线性函数关系,则可以简化为线性回归,用最小二乘法求出回归系数 a(截距)和 b(斜率),以确定回归方程 $y=a+bx$。

$$a=\frac{\sum_{i=1}^{n}y_i-b\sum_{i=1}^{n}x_i}{n},\quad b=\frac{n\sum_{i=1}^{n}x_iy_i-\sum_{i=1}^{n}x_i\sum_{i=1}^{n}y_i}{n\sum_{i=1}^{n}x_i^2-(\sum_{i=1}^{n}x_i)^2}$$

本章小结

1. 系统误差和偶然误差。

(1) 系统误差：具有单向性。

来源四个方面：方法、试剂、仪器及操作。减免系统误差的方法：选择适当分析方法；空白实验；校准仪器；规范操作；对照实验；回收实验等。

(2) 偶然误差：大小、方向不定，但服从统计规律，呈正态分布。

大小相等的正、负误差出现的概率相等。减免偶然误差的方法：平行多次测定，取平均值。

2. 准确度与精密度。

(1) 准确度：分析结果与真实值的接近程度，用相对误差来表示。

在真实值未知的情况下，用回收率表示。

(2) 精密度：一组平行测量值彼此间的相互吻合程度，用相对平均偏差或标准偏差与相对标准偏差来表示。

(3) 准确度与精密度的关系：精密度好是准确度高的先决条件；只有在消除了系统误差的条件下，精密度好测定结果才可靠。

精密度差，测定结果不可靠。

3. 有效数字。

有效数字是分析工作中能够测量到的有实际意义的数字。实验中要正确记录测量数据，并对数据进行修约(四舍六入五留双)、取舍(Q 检验法或 G 检验法)、计算等处理。

4. F 检验法与 t 检验法。

衡量两组测量数据的精密度有无显著性差异时，用 F 检验法；衡量两组数据有无显著性差异时，用 t 检验法。

一、选择题

1. 下列措施属于减免偶然误差的是(　　)。

A. 空白实验　　B. 对照实验　　C. 增加平行测定次数　　D. 校正仪器

2. 有两组数据，要比较它们的精密度有无显著性差异，则应用(　　)。

A. Q 检验法　　B. G 检验法　　C. t 检验法　　D. F 检验法

3. 空白实验的作用主要是消除(　　)。

A. 方法误差　　B. 试剂误差　　C. 仪器误差　　D. 操作误差

4. 若 HCl 溶液的浓度偏低，测定硼砂的含量时会出现(　　)。

A. 正误差　　B. 负误差　　C. 正偏差　　D. 负偏差

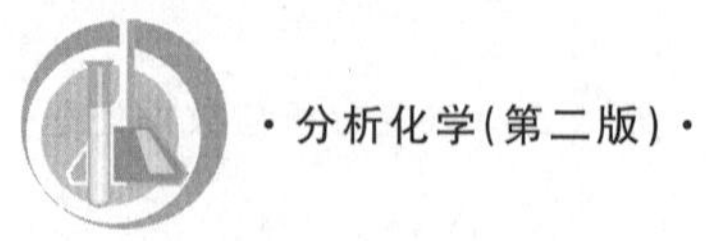

5. 精密度常用(　　)来表示。

A. 相对误差　　B. 偶然误差　　C. 标准偏差　　D. 平均偏差

6. 准确度常用(　　)来表示。

A. 相对误差　　B. 偶然误差　　C. 标准偏差　　D. 平均偏差

7. 下列测量值中,不是四位有效数字的是(　　)。

A. 10.00 mL　　B. 0.215 0 g　　C. 80.00%　　D. pH=10.00

8. 滴定管的读数误差为±0.02 mL,若滴定时用去滴定液 20.00 mL,则相对误差是(　　)。

A. ±0.1%　　B. ±0.2%　　C. ±1.0%　　D. ±0.01%

二、名词解释

准确度　　精密度　　离群值　　有效数字　　置信区间　　空白实验　　对照实验

三、填空题

1. 分析过程中,下列情况会造成不同的误差:①天平的砝码受腐蚀则________;②样品在称量过程中吸潮则________;③指示剂的变色范围没有跨过计量点则________;④用含量为 98%的 Na_2CO_3 作为基准物质标定 HCl 溶液的浓度则________;⑤pH 值测定中,所用的基准物质不纯净则________;⑥重量分析中非被测组分被共沉淀则________;⑦样品未混合均匀则________。

2. 报告分析结果时,常用的三个参数分别是________、________、________。

四、简答题

1. 进行显著性检验时,为什么先进行 F 检验,后进行 t 检验?

2. 提高分析结果准确度的方法有哪些?

五、计算题

1. 测定某样品中 Cl^- 的含量,得到下列结果:10.48%、10.37%、10.47%、10.43%、10.40%。计算测定结果的平均值、平均偏差、相对平均偏差、标准偏差和相对标准偏差。

(10.43%,0.036%,0.35%,0.046%,0.44%)

2. 用 $K_2Cr_2O_7$ 作基准物质,对 $Na_2S_2O_3$ 溶液进行标定,共标定了 6 次,测得其物质的量浓度为 0.102 9 mol/L、0.106 0 mol/L、0.103 6 mol/L、0.103 2 mol/L、0.101 8 mol/L 和 0.103 4 mol/L。上述 6 个测定值中,是否有可疑数值(用 G 检验法)?试计算平均值、标准偏差和置信度为 95%的置信区间。

(无可疑值,0.103 5 mol/L,0.001 4 mol/L,(0.103 5±0.001 5) mol/L)

第三章

滴定分析法概论

第一节 概述

一、滴定分析的基本概念

滴定分析(titrimetric analysis)是将已知准确浓度的试剂滴加到被测物质的溶液中，直到化学反应完全时为止，然后根据所加试剂的浓度和用量，计算被测物质的含量，因其主要操作是滴定故而得名。本法是以测量溶液体积为基础的分析方法，使用一些容量器皿(滴定管、移液管、容量瓶等)，因此又称为容量分析(volumetric analysis)。

所用的已知准确浓度的试剂称为标准溶液(standard solution)、滴定液或滴定剂(titrant)。将标准溶液从滴定管滴加到被测物质溶液中的操作过程称为滴定(titration)。滴入的标准溶液与被测组分按化学计量关系恰好完全反应时称为化学计量点(stoichiometric point)，简称计量点(sp)。许多滴定反应在到达计量点时，试液的外观并无明显变化，因此，还需加入适当的辅助试剂，借助其颜色变化，作为判断计量点到达而终止滴定的信号，这种辅助试剂称为指示剂(indicator)。滴定终点还可以通过仪器(利用溶液的电位、电导、电流、吸光度等的变化)来确定。滴定过程中，指示剂颜色发生变化的转变点称为滴定终点(titration end point)，简称终点(ep)。计量点是根据化学反应的计量关系计算所得的理论值，而滴定终点是实际测定所得值，指示剂不一定恰好在化学计量点时变色，即两者不一定相符，由此引起测定结果的误差称为滴定误差(titration error)，又称终点误差(end point error)，用 TE 表示。为了减小滴定误差，应选择合适的指示剂，使滴定终点尽可能接近化学计量点。

二、滴定分析法对化学反应的要求

滴定分析法是化学分析中很重要的一类分析方法。滴定分析法使用的仪器简单、价廉；操作简便，测定快速，主要用于含量在 1%以上的常量组分的测定。分析结果的准确度比较高，相对误差一般小于 0.1%，广泛地应用在工农业生产和科学实验中。不是所有的化学反应都能用于滴定分析，用于滴定分析的化学反应须满足以下条件：

(1) 反应定量地完成,即反应按一定的化学反应式进行,无副反应发生,反应完成程度达到 99.9%以上,即反应具有确定的化学计量关系,这是定量计算的基础。

(2) 反应速率快,要求瞬间完成。对于速率较慢的反应,有时可通过加热或加入催化剂等措施来加快反应。

(3) 有适当的方法确定滴定的终点。

(4) 被测物质中的杂质不干扰主反应。

三、滴定分析法的分类

根据标准溶液和被测组分间的反应类型的不同,将滴定分析法分为四类。

1. 酸碱滴定法

酸碱滴定法是以质子传递反应为基础的一类滴定分析方法。利用酸或碱作标准溶液测定酸性或碱性物质的含量。滴定反应的实质为

$$H_3O^+ + OH^- \xlongequal{} 2H_2O$$

$$H_3O^+ + A^- \xlongequal{} HA + H_2O$$

$$HA + OH^- \xlongequal{} A^- + H_2O$$

2. 配位滴定法

配位滴定法是以配位反应为基础的一类滴定分析方法,通常是用 EDTA 作标准溶液测定各种金属离子的浓度和含量。

$$M + Y \xlongequal{} MY$$

其中 M 代表金属离子,Y 代表 EDTA 阴离子。

3. 氧化还原滴定法

氧化还原滴定法是以氧化还原反应为基础的一类滴定分析方法,可用于测定各种氧化剂或还原剂,以及能与氧化剂或还原剂定量反应的物质。根据标准溶液的不同,可分为碘量法、高锰酸钾法、亚硝酸钠法、重铬酸钾法、铈量法等。例如:

$$Cr_2O_7^{2-} + 6Fe^{2+} + 14H^+ \xlongequal{} 2Cr^{3+} + 6Fe^{3+} + 7H_2O$$

$$I_2 + 2S_2O_3^{2-} \xlongequal{} 2I^- + S_4O_6^{2-}$$

4. 沉淀滴定法

沉淀滴定法是以沉淀反应为基础的一类滴定分析方法,其中应用最广泛的是银量法,以硝酸银为标准溶液测定卤化物和硫氰酸盐等物质含量。

$$Ag^+ + X^- \xlongequal{} AgX\downarrow$$

其中 X^- 代表 Cl^-、Br^-、I^- 及 SCN^- 等离子。

第二节 滴定方式

常用的滴定方式主要有四种。

一、直接滴定

凡能满足滴定分析要求的反应，都可用标准溶液直接滴定被测物质。直接滴定(direct titration)是滴定分析中最常用和最基本的滴定方式。例如，用 HCl 标准溶液滴定 NaOH，用 $KMnO_4$ 标准溶液滴定 Fe^{2+}，用 EDTA 标准溶液滴定 Ca^{2+}、Mg^{2+}，等等。

二、返滴定

返滴定(back titration)主要用于被测物质是难溶于水的固体或反应速率较慢，加入标准溶液后反应不能立即完成的情况，也可用于没有合适指示剂的情况。在被测物质中加入准确过量的标准溶液，待反应完全后，再用另一种标准溶液返滴剩余的第一种标准溶液，这种滴定方式称为返滴定，也称为剩余滴定或回滴定。例如，蛋壳中碳酸钙的含量测定，先加入准确过量的 HCl 标准溶液，使之完全溶解，再用 NaOH 标准溶液返滴定剩余的 HCl 标准溶液，即可测定出碳酸钙的含量。反应式如下：

$$CaCO_3 + 2HCl(\text{过量}) = CaCl_2 + H_2O + CO_2\uparrow$$

$$NaOH + HCl(\text{剩余}) = NaCl + H_2O$$

返滴定需要使用两种标准溶液。

三、置换滴定

置换滴定(displaced titration)适用于不能按确定的化学反应式进行的反应，或伴随有副反应发生，使标准溶液与被测物质之间的定量关系难以确定的情形。当有些物质不能直接滴定时，先用适当试剂与被测物质反应，使其定量置换出另一生成物，再用标准溶液直接滴定此生成物，这种滴定方式称为置换滴定。

例如，硫代硫酸钠溶液不能直接滴定重铬酸钾及其他氧化剂，因为在酸性条件下，$K_2Cr_2O_7$ 等氧化剂将 $S_2O_3^{2-}$ 氧化，产物有 $S_4O_6^{2-}$，还有 SO_4^{2-}，没有确定的化学计量关系。但是，在酸性 $K_2Cr_2O_7$ 溶液中加入过量 KI，置换出一定量的 I_2，就可以用 $Na_2S_2O_3$ 标准溶液进行滴定。反应式如下。

先置换： $$Cr_2O_7^{2-} + 6I^- + 14H^+ = 2Cr^{3+} + 3I_2 + 7H_2O$$

再滴定： $$2S_2O_3^{2-} + I_2 = S_4O_6^{2-} + 2I^-$$

置换滴定需要使用一种标准溶液，以及一种置换反应试剂。

四、间接滴定

不能与滴定剂直接反应的某些物质，有时可利用其他化学反应使其生成能被滴定的物质，间接地进行测定，称为间接滴定(indirect titration)。

例如，用 $KMnO_4$ 标准溶液测定 Ca^{2+} 的含量，而 Ca^{2+} 不与 $KMnO_4$ 反应，可使 Ca^{2+} 与 $C_2O_4^{2-}$ 反应，定量沉淀为 CaC_2O_4 后，用 H_2SO_4 溶解，再用 $KMnO_4$ 标准溶液滴定 $C_2O_4^{2-}$，从而可以间接测出 Ca^{2+} 的含量。反应式如下：

$$Ca^{2+} + C_2O_4^{2-} = CaC_2O_4\downarrow$$

$$CaC_2O_4 + H_2SO_4 = CaSO_4 + H_2C_2O_4$$

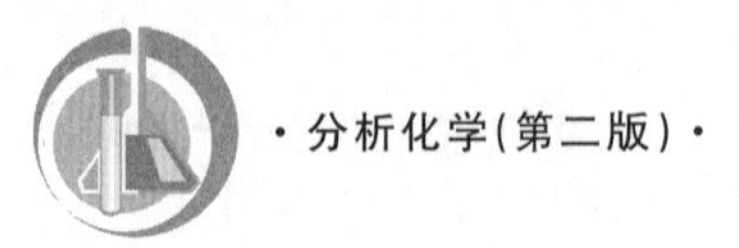

$$2MnO_4^- + 5C_2O_4^{2-} + 16H^+ \longrightarrow 2Mn^{2+} + 10CO_2\uparrow + 8H_2O$$

在滴定分析中，通过采用返滴定、置换滴定、间接滴定等多种滴定方式，扩大了滴定分析的应用范围。

第三节 基准物质与标准溶液

一、基准物质

在滴定分析中，不论采用何种滴定方式都离不开标准溶液，否则无法计算分析结果。不是任何试剂都可用来直接配制标准溶液，能用于直接配制或标定标准溶液的物质称为基准物质(standard substance)或基准试剂(standard reagent)。基准物质须具备以下条件：

(1) 物质的组成与化学式完全符合。对含结晶水的物质，如 $H_2C_2O_4 \cdot 2H_2O$、$Na_2B_4O_7 \cdot 10H_2O$ 等，其结晶水的量也应与化学式符合。

(2) 物质的纯度足够高(达 99.9%以上)。所含杂质不影响分析的准确度。

(3) 物质的性质稳定。保存或称量过程中不分解、不风化、不潮解、不易吸收空气中的水分和 CO_2，不易被空气所氧化。

(4) 使用条件下易溶于水(或稀酸、稀碱等溶剂)。

(5) 最好有较大的摩尔质量。这样可以增大称样量，减少称量的相对误差。

通用化学试剂的等级

市售的通用化学试剂，分为四个等级。

优级纯(一级)：GR，绿色标签，用于精密的科学研究和分析实验。

分析纯(二级)：AR，红色标签，用于一般科学研究和分析实验。

化学纯(三级)：CP，蓝色标签，适用于工矿日常生产分析。

实验试剂(四级)：LR，棕黄色标签，用于一般要求的化学实验。

此外，目前市场上尚有光谱纯试剂(SP)、基准试剂(PT)、生化试剂(BC)等。

二、标准溶液

1. 标准溶液的配制

标准溶液通常有两种配制方法。

1）直接法

用分析天平准确称取一定质量的基准物质，溶解后定量转移到容量瓶中，稀释至刻度，摇匀。根据称取基准物质的质量和容量瓶的体积，即可算出该标准溶液的准确浓度。凡是符合基准物质条件的物质，均可用直接法配制标准溶液。例如，称取 16.987 0 g 基准物质 $AgNO_3$，溶解后置于 1 L 容量瓶中，加水稀释至刻度，摇匀即得到 0.100 0 mol/L 的 $AgNO_3$ 标准溶液。

2）间接法

很多物质（如 NaOH、HCl 等）不符合基准物质的条件，不能直接用来配制标准溶液。这类物质只能用间接法（或标定法）配制，可先用台秤、烧杯、量筒等粗略地称取一定量固体物质或量取一定体积的溶液，配制成接近所需浓度的溶液，然后用基准物质或另一种标准溶液确定它的准确浓度，这种测定标准溶液准确浓度的操作过程称为标定（standardization）。

2. 标准溶液的标定

1）基准物质标定法

（1）多次称量法：称取 2～3 份基准物质，溶解后用待标定的标准溶液滴定，根据基准物质的质量和所消耗的待标定溶液的体积，即可计算出准确浓度，最后取其平均值作为该标准溶液的浓度。

（2）移液管法：称取一份基准物质，溶解后定量转移到容量瓶中，稀释至一定体积，摇匀。用移液管取出几份该溶液，用待标定的标准溶液滴定，最后取其平均值。

2）比较标定法

准确移取一定体积的待标定溶液，用已知准确浓度的标准溶液滴定，或者用待标定溶液滴定准确移取的标准溶液。根据两种溶液消耗的体积及标准溶液的浓度可计算出待标定溶液的准确浓度。这种用标准溶液滴定来测定待标定溶液准确浓度的方法称为比较标定法。此法不如基准物质标定法精确，但较简便。

标定完毕，贴上标签备用。

三、标准溶液浓度表示方法

标准溶液浓度的表示方法，常用以下两种。

1. 物质的量浓度

物质的量浓度（molarity）表示单位体积的溶液中所含溶质的物质的量。它用符号 c 表示，单位为 mol/L，数学表达式如下：

$$c=\frac{n}{V} \tag{3-1}$$

$$n=\frac{m}{M} \tag{3-2}$$

$$c=\frac{m}{MV} \tag{3-3}$$

［例 3-1］ 计算质量分数为 37%，密度为 1.18 g/mL 的 HCl 溶液的物质的量

浓度。

解 $$c_{HCl}=\frac{m_{HCl}}{M_{HCl}V_{HCl}}=\frac{1\,000\times1.18\times37\%}{36.46\times1}\ \text{mol/L}=12\ \text{mol/L}$$

2. 滴定度

在实际分析工作中，特别是在生产部门，为了计算方便，常用滴定度(titer)表示标准溶液的浓度，滴定度有两种表示方法。

(1) 以每毫升标准溶液所含溶质的质量表示，用符号 T_T 表示，单位为 g/mL。

例如，$T_{HCl}=0.003\,646$ g/mL，表示每毫升 HCl 溶液中含有 HCl 的质量为 0.003 646 g。

(2) 以每毫升标准溶液相当于被测物质的质量表示，用符号 $T_{T/A}$ 表示。下标 T 表示滴定剂(标准溶液)，下标 A 表示被测物质。

例如，$T_{HCl/NaOH}=0.004\,001$ g/mL，表示每毫升 HCl 标准溶液恰能与 0.004 001 g NaOH 反应完全。在实际生产中，常需用同一种标准溶液测定大批样品中同一组分的含量，若已知滴定度，乘以消耗的标准溶液的体积，即可计算出被测组分的质量，相关公式为

$$m_A=T_{T/A}V_T \tag{3-4}$$

[例 3-2] 用 $T_{HCl/NaOH}=0.004\,001$ g/mL HCl 标准溶液滴定 NaOH 溶液，消耗 HCl 标准溶液 20.90 mL，计算样品中氢氧化钠的质量。

解 $$m_{NaOH}=T_{HCl/NaOH}V_{HCl}=0.004\,001\times20.90\ \text{g}=0.083\,62\ \text{g}$$

第四节 滴定分析计算

滴定分析的计算包括标准溶液的配制与浓度标定、标准溶液与被滴定物质之间的换算及分析结果的计算等。

一、计算依据

当两反应物完全作用时，它们的物质的量之间的关系恰好符合其化学反应方程式所表示的化学计量关系，这就是滴定分析计算的依据。

在直接滴定法中，设滴定剂 T 与被测物质 A 之间的反应为

$$\underset{(滴定剂)}{t\text{T}} + \underset{(被测物质)}{a\text{A}} = \underset{(生成物)}{\text{P}}$$

当滴定达到化学计量点时，t mol T 恰好与 a mol A 完全反应，即

$$n_A : n_T = a : t$$

$$n_A=\frac{a}{t}n_T \tag{3-5}$$

式(3-5)为滴定分析计算的基本公式。

(1) 求被测溶液浓度 c_A。若被测溶液的体积 V_A、标准溶液的浓度 c_T 和体积 V_T 已知，即可求 c_A，有

$$c_A=\frac{a}{t}\frac{c_TV_T}{V_A} \tag{3-6}$$

另外
$$c_A=\frac{n_A}{V_A}=\frac{m_A}{M_AV_A}$$

（2）求被测组分的质量。

$$m_A=n_AM_A=c_AV_AM_A=\frac{a}{t}c_TV_TM_A \tag{3-7}$$

另外
$$m_A=T_{T/A}V_T$$

（3）求样品中被测组分的质量分数。

当样品的质量为 m_s 时，则被测组分的质量分数 w_A 可由下式求得：

$$w_A=\frac{m_A}{m_s}\times100\%=\frac{n_AM_A}{m_s}\times100\%$$

$$=\frac{\frac{a}{t}c_TV_TM_A}{m_s}\times100\%=\frac{T_{T/A}V_T}{m_s}\times100\% \tag{3-8}$$

二、计算应用示例

1. $c_AV_A=\frac{a}{t}c_TV_T$ 的应用

此式既适用于标定溶液的浓度计算，也适用于溶液的稀释或增浓的计算。

［例 3-3］ 用 NaOH 标准溶液（0.100 8 mol/L）滴定未知浓度的 HCl 溶液 20.00 mL，终点时消耗 21.05 mL，计算 HCl 溶液的浓度。

解 HCl 与 NaOH 的滴定反应为

$$HCl+NaOH═NaCl+H_2O$$

因为
$$n_{HCl}=n_{NaOH}$$

故
$$c_{HCl}V_{HCl}=c_{NaOH}V_{NaOH}$$

$$c_{HCl}=\frac{c_{NaOH}V_{NaOH}}{V_{HCl}}=\frac{0.1008\times21.05}{20.00}\ mol/L=0.1061\ mol/L$$

2. $m=cVM$ 的应用

1）由基准物质配制一定浓度的标准溶液

［例 3-4］ 欲配制 0.100 0 mol/L $K_2Cr_2O_7$ 标准溶液 200 mL，应称取基准物质 $K_2Cr_2O_7$ 多少克？

解
$$m_{K_2Cr_2O_7}=c_{K_2Cr_2O_7}V_{K_2Cr_2O_7}M_{K_2Cr_2O_7}$$
$$=0.1000\times200\times10^{-3}\times294.2\ g=5.88\ g$$

2）标定溶液的浓度

［例 3-5］ 称取基准物质二水合草酸（$H_2C_2O_4\cdot2H_2O$）0.152 0 g，标定 NaOH 溶液时用去此溶液 23.10 mL，求 NaOH 溶液的浓度。

解 根据标定时反应 $H_2C_2O_4+2NaOH═Na_2C_2O_4+2H_2O$

可知，计量点时
$$n_{NaOH}=2n_{H_2C_2O_4\cdot2H_2O}$$

故
$$c_{NaOH}V_{NaOH}=2\frac{m_{H_2C_2O_4\cdot 2H_2O}}{M_{H_2C_2O_4\cdot 2H_2O}}$$

$$c_{NaOH}=\frac{2\times 0.152\ 0}{126.07\times 23.10}\times 10^3\ mol/L=0.1040\ mol/L$$

3）估算应称取基准物质或被测样品的质量

［例 3-6］ 用 Na_2CO_3 标定 HCl 溶液时，欲使滴定时用去 0.1 mol/L HCl 溶液 20～25 mL，应称取分析纯 Na_2CO_3 多少克？

解 根据标定时的反应 $Na_2CO_3+2HCl=\!=\!=2NaCl+H_2O+CO_2\uparrow$

可知，计量点时
$$m_{Na_2CO_3}=\frac{1}{2}c_{HCl}V_{HCl}M_{Na_2CO_3}$$

设 m 为应称取的 Na_2CO_3 质量，则

$$m_1=\frac{1}{2}\times 0.1\times 20\times 10^{-3}\times 105.99\ g\approx 0.11\ g$$

$$m_2=\frac{1}{2}\times 0.1\times 25\times 10^{-3}\times 105.99\ g\approx 0.13\ g$$

故应称取分析纯 Na_2CO_3 0.11～0.13 g。实际操作时，用大份称量法，扩大 10 倍称量。

4）估算消耗标准溶液的体积

［例 3-7］ 在上例中若称取的基准物质 Na_2CO_3 为 0.120 5 g，大约消耗 0.1 mol/L HCl 溶液多少毫升？

解 由于
$$n_{HCl}=2n_{Na_2CO_3}$$

得
$$c_{HCl}V_{HCl}=2\frac{m_{Na_2CO_3}}{M_{Na_2CO_3}}$$

即
$$0.1V_{HCl}=2\times\frac{0.120\ 5}{105.99}$$

故
$$V_{HCl}=2\times\frac{0.120\ 5}{105.99\times 0.1}\ L\approx 23\ mL$$

5）求被测物质的质量

［例 3-8］ 将工业纯邻苯二甲酸氢钾(KHP)溶于适量水后，用 0.100 2 mol/L NaOH 标准溶液滴定，至化学计量点时用去 NaOH 溶液 22.60 mL，KHP 的质量为多少克？

解 由滴定反应 $KHP+NaOH=\!=\!=KNaP+H_2O$

可知，在计量点时，有

$$c_{NaOH}V_{NaOH}=\frac{m_{KHP}}{M_{KHP}}$$

已知 $M_{KHP}=204.22$ g/mol，$c_{NaOH}=0.100\ 2$ mol/L，$V_{NaOH}=22.60$ mL，代入数据，得

$$m_{KHP}=0.100\ 2\times 22.60\times 10^{-3}\times 204.22\ g=0.462\ 5\ g$$

3. 物质的量浓度与滴定度间的换算

滴定度 $T_T\times 1\ 000$ 即为 1 L 标准溶液中所含溶质 T 的质量(m_T)，$T_T\times 1\ 000$ 除以溶质 T 的摩尔质量 M_T，即得溶质 T 的物质的量浓度 c_T，即

$$c_T=\frac{T_T\times 1\,000}{M_T}, \quad T_T=\frac{c_T M_T}{1\,000} \tag{3-9}$$

$T_{T/A}$表示每毫升标准溶液相当于被测物质的质量，$V_T=1\ mL=\frac{1}{1\,000}\ L$时，有

$$T_{T/A}=m_A=\frac{a}{t}c_T V_T M_A$$

即

$$T_{T/A}=\frac{a}{t}\frac{c_T M_A}{1\,000} \tag{3-10}$$

［例 3-9］ 若 HCl 标准溶液的滴定度为 $T_{HCl}=0.004\ 0\ g/mL$，则 c_{HCl} 为多少？

解 $$c_{HCl}=\frac{T_{HCl}\times 1\,000}{M_{HCl}}=\frac{0.004\ 0\times 1\,000}{36.46}\ mol/L=0.109\ 7\ mol/L$$

［例 3-10］ 已知某 HCl 标准溶液的滴定度 $T_{HCl}=0.004\ 374\ g/mL$，试计算：

（1）相当于 NaOH 的滴定度，即 $T_{HCl/NaOH}$；

（2）相当于 CaO 的滴定度，即 $T_{HCl/CaO}$。

解 有关化学反应方程式如下：

$$HCl+NaOH = NaCl+H_2O$$

$$2HCl+CaO = CaCl_2+H_2O$$

（1）$$c_{HCl}=\frac{T_{HCl}}{M_{HCl}}\times 1\,000=\frac{0.004\ 374}{36.46}\times 1\,000\ mol/L=0.120\ 0\ mol/L$$

$$T_{HCl/NaOH}=\frac{c_{HCl}M_{NaOH}}{1\,000}=\frac{0.120\ 0\times 40.00}{1\,000}\ g/mL=0.004\ 800\ g/mL$$

（2）$$T_{HCl/CaO}=\frac{1}{2}\frac{c_{HCl}M_{CaO}}{1\,000}=\frac{0.120\ 0\times 56.08}{2\times 1\,000}\ g/mL=0.003\ 365\ g/mL$$

4. 被测物质含量（质量分数）的计算

［例 3-11］ 为了分析食醋中 HAc 的含量，移取样品 5.00 mL，用 0.119 6 mol/L NaOH 标准溶液滴定，用去 23.17 mL。已知食醋的相对密度为 1.055，计算样品中 HAc 的含量。

解 有关化学反应方程式如下：

$$HAc+NaOH = NaAc+H_2O$$

$$w_{HAc}=\frac{c_{NaOH}V_{NaOH}M_{HAc}}{\rho_{HAc}V_{HAc}}\times 100\%$$

$$=\frac{0.119\ 6\times 23.17\times 10^{-3}\times 60.05}{1.055\times 5.00}\times 100\%=3.16\%$$

5. 不同滴定方式的计算

不同的滴定方式中，计算公式略有差异。

［例 3-12］ 0.250 0 g 不纯 $CaCO_3$ 样品中不含干扰测定的组分。加入 25.00 mL 0.260 0 mol/L HCl 溶液溶解，煮沸除去 CO_2，用 0.245 0 mol/L NaOH 溶液返滴过量酸，消耗 6.50 mL。计算样品中 $CaCO_3$ 的质量分数。

解 滴定反应为

$$CaCO_3+2HCl(过量) = CaCl_2+CO_2+H_2O$$

$$NaOH+HCl(剩余) = NaCl+H_2O$$

$$n_{CaCO_3}=\frac{1}{2}n_{HCl}=\frac{1}{2}(c_{HCl}V_{HCl}-c_{NaOH}V_{NaOH})$$

$$w_{CaCO_3}=\frac{\frac{1}{2}(c_{HCl}V_{HCl}-c_{NaOH}V_{NaOH})M_{CaCO_3}}{m_s}\times 100\%$$

$$=\frac{1}{2}\times\frac{(0.2600\times 25.00-0.2450\times 6.50)\times 10^{-3}\times 100.09}{0.2500}\times 100\%$$

$$=98.24\%$$

[**例 3-13**] 某样品含 NaOH 和 $NaHCO_3$,称取 0.263 9 g 溶解后,以酚酞为指示剂,用0.104 2 mol/L HCl 溶液滴定,耗去 11.68 mL,继而以甲基橙为指示剂,共用去21.50 mL HCl 溶液,求样品中 NaOH 和 $NaHCO_3$的质量分数。

解 滴定反应为

$$NaOH+HCl=\!=\!=NaCl+H_2O \quad (\text{酚酞为指示剂})$$

$$NaHCO_3+HCl=\!=\!=NaCl+CO_2+H_2O \quad (\text{甲基橙为指示剂})$$

$$n_{NaHCO_3}=n_{HCl,1}$$

$$w_{NaOH}=\frac{c_{HCl}V_{HCl,1}M_{NaOH}}{m_s}\times 100\%$$

$$=\frac{0.1042\times 11.68\times 40.00}{0.2639\times 1000}\times 100\%=18.45\%$$

$$w_{NaHCO_3}=\frac{c_{HCl}V_{HCl,2}M_{NaHCO_3}}{m_s}\times 100\%$$

$$=\frac{0.1042\times(21.50-11.68)\times 84.01}{0.2639\times 1000}\times 100\%=32.57\%$$

本章小结

1. 滴定分析常用术语。

滴定分析法 滴定 标准溶液 化学计量点 滴定终点 滴定误差 指示剂 基准物质

2. 方法分类。

酸碱滴定法 配位滴定法 氧化还原滴定法 沉淀滴定法

3. 滴定分析对化学反应的要求。

①反应定量完成;②无副反应;③反应完全;④反应速率快;⑤有比较简便的方法确定反应终点。

4. 滴定方式。

①直接滴定;②返滴定(又称回滴定、剩余滴定);③置换滴定;④间接滴定。

5. 标准溶液的配制方法。

①直接法;②间接法(标定法)。

6. 标准溶液的标定方法。

①基准物质标定法;②比较标定法。

7. 标准溶液浓度的表示方法。

①物质的量浓度;②滴定度。

8. 滴定分析计算的依据。当两反应物完全作用时,它们的物质的量之间的关系恰好符合其化学反应方程式所表示的化学计量关系。

目标检测

一、选择题

1. 滴定分析中,对化学反应的主要要求是(　　)。

A. 反应必须定量完成　　B. 反应必须有颜色变化

C. 滴定剂必须是基准物质　　D. 滴定剂与被测物质必须是 1∶1 的计量关系

2. 滴定分析中,指示剂变色这一点称为(　　)。

A. 化学计量点　　B. 变色点　　C. 滴定终点　　D. 等当点

3. 欲配制 500 mL 0.1 mol/LHCl 溶液,应量取浓盐酸(12 mol/L)的体积为(　　)mL。

A. 0.83　　B. 4.2　　C. 8.3　　D. 12.6

4. 已知碳酸钠的摩尔质量为 106.0 g/mol,用它来标定 0.1 mol/L HCl 溶液 20.00 mL,宜称取碳酸钠(　　)g。

A. 0.21　　B. 0.32　　C. 0.11　　D. 0.42

5. 0.200 0 mol/L NaOH 溶液对 H_2SO_4 溶液的滴定度为(　　)g/mL。

A. 0.000 49　　B. 0.004 9　　C. 0.000 98　　D. 0.009 8

6. 已知 $T_{NaOH/H_2SO_4}=0.010\ 00$ g/mL,则 c_{NaOH} 应为(　　)mol/L。

A. 0.102 0　　B. 0.203 9　　C. 0.051 00　　D. 0.10

7. 滴定分析相对误差一般要求达到 0.1%,使用常量滴定管滴定时,耗用标准溶液的体积控制在(　　)。

A. 10 mL 以下　　B. 10～15 mL　　C. 15～20 mL　　D. 20～25 mL

二、名词解释

标准溶液　　化学计量点　　滴定终点　　滴定误差　　基准物质　　滴定

三、填空题

1. 滴定分析法是依据________来计算被测物质含量的方法。

2. 标准溶液的浓度通常要求用________位有效数字表示。

3. 滴定分析中常用的容量仪器有________、________、________等。

4. 基准物质的用途有:①____________;②____________。

5. 向被测试液中加入已知量过量的标准溶液,待反应完全后,用另一种标准溶液滴定剩余的第一种标准溶液,这种滴定方式称为________。

6. 以 HCl 溶液为滴定剂测定样品中 K_2CO_3 含量,若其中含有少量 Na_2CO_3,测定结

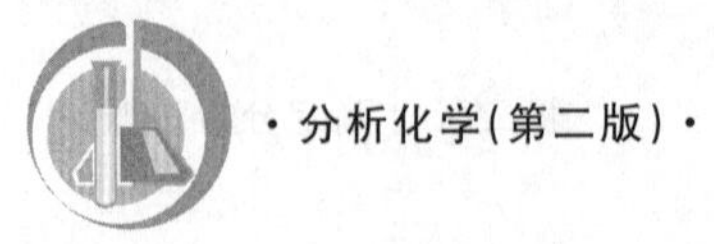

果将________。(填“偏高”、“偏低”或“无影响”)

四、简答题

1. 滴定分析的主要方法有哪些?滴定方式有哪几种?

2. 基准物质必须具备哪些条件?滴定与标定有什么异同?

3. 配制标准溶液的方法有几种?标定标准溶液的方法有几种?

五、计算题

1. 欲配制 0.100 0 mol/L Na_2CO_3标准溶液 500.0 mL,应称取基准物质多少克?
(5.300 g)

2. 市售盐酸的密度为 1.18 g/mL,HCl 的含量为 37%,欲用此盐酸配制 500 mL 0.1 mol/L HCl 溶液,应量取多少? (4.14 mL)

3. 称取基准物质 $Na_2C_2O_4$ 0.201 0 g,在酸性介质中,用 $KMnO_4$标准溶液滴定至终点,消耗溶液体积为 30.00 mL,计算 $KMnO_4$标准溶液的浓度。 (0.020 00 mol/L)

4. 称取 Na_2CO_3样品 0.260 0 g,溶于水后,用 $T_{HCl/Na_2CO_3}=0.003\ 686$ g/mL 的 HCl 标准溶液滴定,共用去 22.50 mL,求 Na_2CO_3的质量分数。 (45.36%)

5. 选用邻苯二甲酸氢钾($KHC_8H_4O_4$)为基准物质,标定浓度约为 0.1 mol/L 的 NaOH 溶液,应称取 $KHC_8H_4O_4$多少克?若称取 $KHC_8H_4O_4$ 0.550 4 g,用去 NaOH 溶液 24.62 mL,求 NaOH 溶液的浓度。
($KHC_8H_4O_4$的称量范围为 0.4~0.6 g;0.109 5 mol/L)

6. 准确称取 1.169 2 g 基准物质 Na_2CO_3,配制成溶液并定容至 200 mL,移取该标准溶液 20.00 mL 标定某 HCl 溶液,滴定中用去 HCl 溶液 21.96 mL,计算该 HCl 溶液的浓度。 (0.100 5 mol/L)

7. 称取分析纯试剂 $K_2Cr_2O_7$ 14.709 g,配成 500 mL 溶液,试计算 $K_2Cr_2O_7$溶液对 Fe_2O_3和 Fe_3O_4的滴定度。 (0.047 9 g/mL,0.046 31 g/mL)

第四章

酸碱滴定法

第一节　酸碱平衡的理论基础

酸碱滴定法是以质子传递反应为基础的滴定分析方法。一般的酸、碱以及能与酸、碱直接或间接发生质子传递反应的物质几乎都可以利用酸碱滴定法进行测定。因此，酸碱滴定法是应用广泛的基本分析方法之一。

一、酸碱理论

1. 酸碱电离理论

众所周知，根据酸碱电离理论，电解质解离时所生成的阳离子全部是 H^+ 的是酸，解离时所生成的阴离子全部是 OH^- 的是碱。如以下反应：

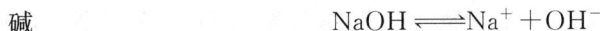

酸　$$HAc \rightleftharpoons H^+ + Ac^-$$

碱　$$NaOH \rightleftharpoons Na^+ + OH^-$$

酸碱中和反应生成盐和水：

$$NaOH + HAc \rightleftharpoons NaAc + H_2O$$

但酸碱电离理论有一定的局限性，它只适用于水溶液，不适用于非水溶液，而且不能解释有的物质(如 NH_3 等)不含有 OH^-，但具有碱性的事实。为了进一步认识酸碱反应的本质和便于对水溶液和非水溶液中的酸碱平衡问题统一加以考虑，需进一步了解酸碱质子理论。

2. 酸碱质子理论

1923 年，布朗斯特和劳莱同时提出了酸碱质子理论。酸碱质子理论指出：酸是能给出质子(H^+)的物质，碱是能够接受质子的物质。一种碱 B 接受质子后其生成物(HB^+)便成为酸；同理，一种酸给出质子后剩余的部分便成为碱。酸与碱的这种关系可表示如下：

$$\underset{(碱)}{B} + H^+ \rightleftharpoons \underset{(酸)}{HB^+}$$

可见，酸与碱彼此是不可分的，处于一种相互依存的关系，即 HB^+ 与 B 是共轭的，HB^+ 是 B 的共轭酸，B 是 HB^+ 的共轭碱，HB^+-B 称为共轭酸碱对。

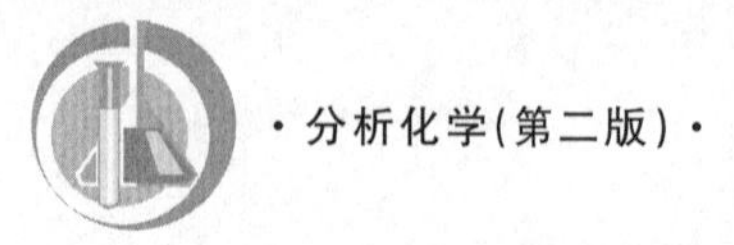

酸给出质子形成共轭碱，或碱接受质子形成共轭酸的反应称为酸碱半反应。下面是一些酸或碱的半反应：

$$NH_4^+ \rightleftharpoons H^+ + NH_3$$

$$H_2CO_3 \rightleftharpoons H^+ + HCO_3^-$$

$$[Fe(H_2O)_6]^{3+} \rightleftharpoons H^+ + [Fe(H_2O)_5(OH)]^{2+}$$

$$HAc \rightleftharpoons H^+ + Ac^-$$

$$HCO_3^- \rightleftharpoons H^+ + CO_3^{2-}$$

（酸）　（质子）（碱）

从上述酸碱半反应可知，酸碱质子理论的酸碱概念较酸碱电离理论的酸碱概念具有更为广泛的含义，即酸或碱可以是中性分子，也可以是阳离子或阴离子。另外，酸碱质子理论的酸碱概念还具有相对性。

例如下列两个酸碱半反应：

$$H^+ + HPO_4^{2-} \rightleftharpoons H_2PO_4^-$$

$$HPO_4^{2-} \rightleftharpoons H^+ + PO_4^{3-}$$

HPO_4^{2-} 在 $H_2PO_4^-$-HPO_4^{2-} 共轭酸碱对中为碱，而在 HPO_4^{2-}-PO_4^{3-} 共轭酸碱对中为酸，这类物质为酸或为碱，取决于它们对质子的亲和力的相对大小和存在的条件。因此，同一物质在不同的环境(介质或溶剂)中，其酸碱性常会改变。如 HNO_3 在水中为强酸，在冰乙酸中其酸性大大减弱，而在浓硫酸中它就表现为碱性了。

酸碱反应的实质是酸与碱之间的质子转移作用，是两个共轭酸碱对共同作用的结果。例如 HCl 在水中的解离，便是 HCl 分子与水分子之间的质子转移作用，是 HCl-Cl^- 与 H_3O^+-H_2O 两个共轭酸碱对共同作用的结果。即

$$HCl + H_2O = H_3O^+ + Cl^-$$

作为溶剂的水分子同时起着碱的作用，否则 HCl 就无法实现其在水中的解离。质子(H^+)在水中不能单独存在，而是以水合质子状态存在，常写为 H_3O^+。为了书写方便，通常将 H_3O^+ 简写成 H^+。于是上述反应式可写成如下形式：

$$HCl = H^+ + Cl^-$$

上述反应式虽经简化，但不可忘记溶剂水分子所起的作用，它所代表的仍是一个完整的酸碱反应。

NH_3 与水的反应也是一种酸碱反应，不同的是作为溶剂的水分子起着酸的作用。NH_3 与 HCl 的反应，质子的转移是通过水合质子实现的。

$$HCl + H_2O = H_3O^+ + Cl^-$$

$$NH_3 + H_3O^+ = NH_4^+ + H_2O$$

$$HCl + NH_3 = NH_4^+ + Cl^-$$

其他酸碱反应以此类推。

在水分子之间，也可以发生质子的转移作用：

$$H_2O + H_2O = H_3O^+ + OH^-$$

这种仅在溶剂分子之间发生的质子传递作用，称为溶剂的质子自递反应。

盐的水解反应也是质子转移反应：

$$A^- + H_2O \rightleftharpoons HA + OH^-$$
$$HB^+ + H_2O \rightleftharpoons B + H_3O^+$$

二、酸碱的解离平衡

1. 酸碱平衡常数

酸碱反应进行的程度可以用相应平衡常数的大小来衡量。如弱酸及弱碱在水溶液中的反应为

$$HA + H_2O \rightleftharpoons H_3O^+ + A^-$$
$$A^- + H_2O \rightleftharpoons HA + OH^-$$

反应的平衡常数分别为

$$K_a = \frac{[H_3O^+][A^-]}{[HA]}$$
$$K_b = \frac{[HA][OH^-]}{[A^-]}$$

式中：K_a——酸的解离常数；

K_b——HA 共轭碱的解离常数。

在溶剂的质子自递反应中，反应的平衡常数称为溶剂的质子自递常数(K_s)。水的质子自递常数又称为水的离子积(K_w)，在 25℃时，有

$$[H_3O^+][OH^-] = K_w = 1.0 \times 10^{-14}, \quad pK_w = 14.00$$

2. 酸碱的强度

酸碱的强弱取决于物质给出质子或接受质子能力的强弱。给出质子能力越强，酸性就越强；反之就越弱。同样接受质子的能力越强，碱性就越强；反之就越弱。

在共轭酸碱对中，如果酸越易给出质子，酸性越强，则其共轭碱对质子的亲和力就弱，就越不容易接受质子，碱性就越弱。例如，HCl、HNO_3 都是强酸，它们的共轭碱 Cl^-、NO_3^- 都是弱碱。反之，酸越弱，给出质子能力越弱，则其共轭碱就越容易接受质子，因而碱性就越强。例如，NH_4^+、HS^- 等是弱酸，它们的共轭碱 NH_3、S^{2-} 则是强碱。

各种酸碱的解离常数的大小，定量地说明各种酸碱的强弱程度。

3. 共轭酸碱对 K_a 与 K_b 的关系

如果酸与碱是共轭的，K_a 与 K_b 之间必然有一定的关系，现以 NH_4^+-NH_3 为例说明它们之间存在的关系。

$$NH_3 + H_2O \rightleftharpoons NH_4^+ + OH^-$$
$$K_b = \frac{[NH_4^+][OH^-]}{[NH_3]}$$
$$NH_4^+ + H_2O \rightleftharpoons NH_3 + H_3O^+$$
$$K_a = \frac{[NH_3][H_3O^+]}{[NH_4^+]}$$

于是

$$K_b = \frac{[NH_4^+][H_3O^+][OH^-]}{[NH_3][H_3O^+]} = \frac{K_w}{K_a}$$

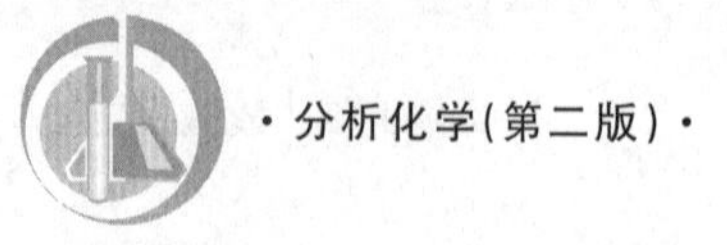

或 $$pK_a + pK_b = pK_w$$

对于其他溶剂,有 $$K_a K_b = K_s$$

上面讨论的是一元共轭酸碱对的 K_a 与 K_b 之间的关系。对于多元酸(碱),由于其在水溶液中是分级解离,存在着多个共轭酸碱对,这些共轭酸碱对的 K_a 和 K_b 之间也存在一定的关系,但情况较一元酸碱复杂些。

例如,H_3PO_4 共有三个共轭酸碱对:

$$H_3PO_4\text{-}H_2PO_4^-;H_2PO_4^-\text{-}HPO_4^{2-};HPO_4^{2-}\text{-}PO_4^{3-}$$

于是 $$K_{a1}K_{b3} = K_{a2}K_{b2} = K_{a3}K_{b1} = K_w$$

需要注意以下几点:

(1) 只有共轭酸碱对之间的 K_a 与 K_b 才有关系。

(2) 对一元弱酸碱共轭酸碱对,K_a 与 K_b 之间的关系为

$$pK_a + pK_b = pK_w$$

(3) 对二元弱酸碱共轭酸碱对,K_a 与 K_b 之间的关系为

$$pK_{a1} + pK_{b2} = pK_{a2} + pK_{b1} = pK_w$$

(4) 对三元弱酸碱共轭酸碱对,K_a 与 K_b 之间的关系为

$$pK_{a1} + pK_{b3} = pK_{a2} + pK_{b2} = pK_{a3} + pK_{b1} = pK_w$$

(5) 对 n 元弱酸碱共轭酸碱对,K_a 与 K_b 之间的关系为

$$pK_{a1} + pK_{bn} = pK_{a2} + pK_{b(n-1)} = pK_{a3} + pK_{b(n-2)} = \cdots = pK_{an} + pK_{b1} = pK_w$$

[例 4-1] 已知 HAc 的 $K_a = 1.8\times10^{-5}$,求 HAc 的共轭碱 Ac^- 的 K_b。

解 HAc 的共轭碱为 Ac^-,它与 H_2O 的反应为

$$HAc + H_2O \rightleftharpoons H_3O^+ + Ac^-$$

$$K_b = \frac{K_w}{K_a} = \frac{1.0\times10^{-14}}{1.8\times10^{-5}} = 5.6\times10^{-10}$$

[例 4-2] S^{2-} 与 H_2O 的反应为

$$S^{2-} + H_2O \rightleftharpoons HS^- + OH^-$$

已知 $K_{b1} = 1.4$,求 S^{2-} 的共轭酸的解离常数 K_{a2}。

解 S^{2-} 的共轭酸为 HS^-,则

$$K_{a2} = \frac{K_w}{K_{b1}} = \frac{1.0\times10^{-14}}{1.4} = 7.1\times10^{-15}$$

[例 4-3] 比较相同浓度的 HAc、$H_2PO_4^-$、NH_4^+ 和 HS^- 的酸性强弱及它们的共轭碱的碱性强弱。

解 已知 HAc、$H_2PO_4^-$、NH_4^+ 和 HS^- 的共轭酸碱对的 K_a 与 K_b 如本例附表所示。

例 4-3 附表

共轭酸碱对	K_a	K_b
$HAc\text{-}Ac^-$	1.8×10^{-5}	5.6×10^{-10}
$H_2PO_4^-\text{-}HPO_4^{2-}$	6.3×10^{-8}	1.6×10^{-7}
$NH_4^+\text{-}NH_3$	5.6×10^{-10}	1.8×10^{-5}
$HS^-\text{-}S^{2-}$	7.1×10^{-15}	1.4

从以上数据可以看出，这四种酸的强度顺序为

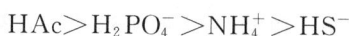

$$HAc > H_2PO_4^- > NH_4^+ > HS^-$$

而它们对应的共轭碱的强度为

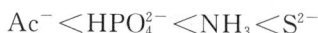

$$Ac^- < HPO_4^{2-} < NH_3 < S^{2-}$$

这定量说明了，酸越强，其共轭碱越弱，而酸越弱，它的共轭碱越强。

食物的酸碱性

食物有酸性、碱性之分。营养学上所说的食物的酸碱性是指食物经消化、吸收，进入人体体液的最终形成物是酸性还是碱性。例如，虽然有些水果口感呈酸性，但实属于碱性食物，那是因为这些水果中含有机酸，入口时给人一种酸性感觉，但这样的酸性物质进入人体后，彻底地被氧化成二氧化碳和水而排出体外，在体内剩下的最终生成物是钠、钾、钙、镁等金属阳离子形成的碱性化合物。一般水果、绝大多数蔬菜，以及牛奶、乳制品、黄豆及其制品等都是碱性食物。肉类、蛋类、鱼虾、谷物、花生、豌豆、核桃等则都是酸性食物，它们在体内经消化、吸收后，进入人体体液的最终生成物是磷、硫、氯等非金属元素构成的酸根阴离子。

第二节 水溶液中弱酸(碱)各型体分布

一、处理水溶液中酸碱平衡的方法

1. 分析浓度与平衡浓度

分析浓度是指在一定体积(或质量)的溶液中所含溶质的量，也称总浓度或物质的量浓度，通常以摩尔/升(mol/L 或 mol/dm^3)为单位，用 c 表示。平衡浓度是指平衡状态时，在溶液中存在的每种型体的浓度，用符号“[ ]”表示，其单位同上。

2. 物料平衡

在反应前后，某物质在溶液中可能解离成多种型体，或者因化学反应而生成多种型体的生成物。在平衡状态时，物质各型体的平衡浓度之和，必然等于其分析浓度。物质在化学反应中所遵守的这一规律，称为物料平衡(或质量平衡)，它的数学表达式称为物料平衡式或质量平衡式(MBE)。

例如，$NaHCO_3$(0.10 mol/L)在溶液中存在如下的平衡关系：

$$NaHCO_3 = Na^+ + HCO_3^-$$

$$HCO_3^- \rightleftharpoons H^+ + CO_3^{2-}$$

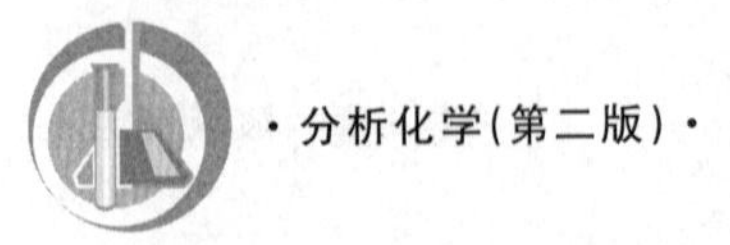

$$HCO_3^- + H_2O \rightleftharpoons H_2CO_3 + OH^-$$

可见,溶质在溶液中除以 Na^+ 和 HCO_3^- 两种型体存在外,还有 H_2CO_3、CO_3^{2-} 两种型体存在,根据物料平衡规律,平衡时则有如下关系:

$$[Na^+]=0.10\ mol/L$$

$$[HCO_3^-]+[H_2CO_3]+[CO_3^{2-}]=0.10\ mol/L$$

3. 电荷平衡

化合物溶于水时,产生带正电荷的离子和负电荷的离子。不论这些离子是否发生化学反应而生成另外的离子或分子,当反应处于平衡状态时,溶液中正电荷的总浓度必等于负电荷的总浓度,即溶液总是电中性的。这一规律称为电荷平衡,它的数学表达式称为电荷平衡式(CBE)。

现以 HAc 溶液为例予以说明,在溶液中存在如下解离平衡:

$$HAc + H_2O \rightleftharpoons H_3O^+ + Ac^-$$

$$H_2O + H_2O \rightleftharpoons H_3O^+ + OH^-$$

溶液中带正电荷的离子只有 H_3O^+,电荷数为 1,带负电荷的离子有 OH^- 和 Ac^-,它们的电荷数均为 1。设平衡时这三种离子的浓度分别为$[H_3O^+]$、$[OH^-]$、$[Ac^-]$,根据电荷平衡规律,则 HAc 溶液的电荷平衡式为

$$[H_3O^+]=[OH^-]+[Ac^-]$$

又如,在溶液中存在如下解离平衡:

$$Na_2CO_3 = 2Na^+ + CO_3^{2-}$$

$$CO_3^{2-} + H_2O \rightleftharpoons HCO_3^- + OH^-$$

$$HCO_3^- + H_2O \rightleftharpoons H_2CO_3 + OH^-$$

$$H_2O + H_2O \rightleftharpoons H_3O^+ + OH^-$$

根据电荷平衡规律,电荷平衡式为

$$[Na^+]+[H^+]=[OH^-]+[HCO_3^-]+2[CO_3^{2-}]$$

若 Na_2CO_3 的浓度为 c,则上式可写成如下形式:

$$2c+[H^+]=[OH^-]+[HCO_3^-]+2[CO_3^{2-}]$$

由上述举例可知,中性分子不包含在电荷平衡式中。一个体系的物料平衡和电荷平衡是在反应达到平衡时,同时存在的。利用这两个关系式,进一步采用代入法或加减法消去与质子转移无关的各项,即可导出质子平衡式。

4. 质子平衡

简单酸碱平衡体系,如 HAc 溶液等,其电荷平衡式就是质子平衡式(PBE)。复杂酸碱平衡体系的质子平衡式,可通过其电荷平衡式和物料平衡式而求得。

$$[H_3O^+]=[OH^-]+[Ac^-] \quad 或 \quad [H^+]=[OH^-]+[Ac^-]$$

此式为 HAc 溶液的质子平衡式,它表明平衡时溶液中$[H^+]$等于$[OH^-]$和$[Ac^-]$之和。该式既考虑了 HAc 的解离,又考虑了水的解离。可见,质子平衡式反映了酸碱平衡体系中最严密的数量关系,它是定量处理酸碱平衡的依据。

质子平衡式也可根据酸碱平衡体系的组成直接书写出来,这种方法的要点如下:

(1) 在酸碱平衡体系中选取质子基准态物质,这种物质是参与质子转移有关的酸碱组分、起始物或反应的生成物。

(2) 以质子基准态物质为基准，将体系中其他酸或碱与之比较，哪些是得质子的，哪些是失质子的，然后绘出得失质子示意图。

(3) 根据得失质子平衡原理写出质子平衡式。

[例 4-4] 列出 HCN 溶液的质子平衡式。

解 在 HCN 溶液中，大量存在并参与质子转移的物质是 HCN、H_2O，用图示法表示如下：

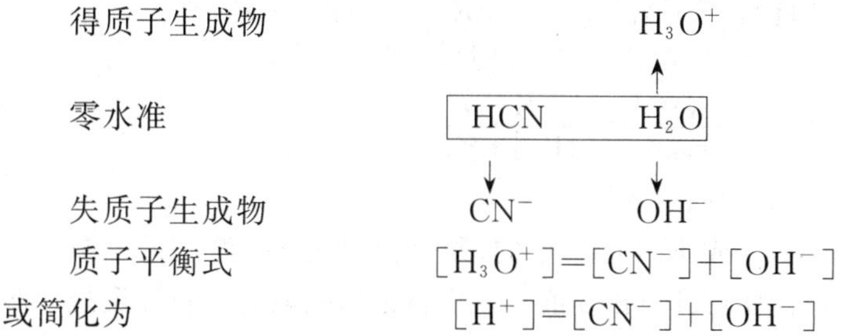

质子平衡式 $[H_3O^+]=[CN^-]+[OH^-]$

或简化为 $[H^+]=[CN^-]+[OH^-]$

[例 4-5] 写出 H_3PO_4 溶液的质子平衡式。

解 在 H_3PO_4 溶液中，大量存在并参与质子转移的物质是 H_3PO_4、H_2O，用图示法表示如下：

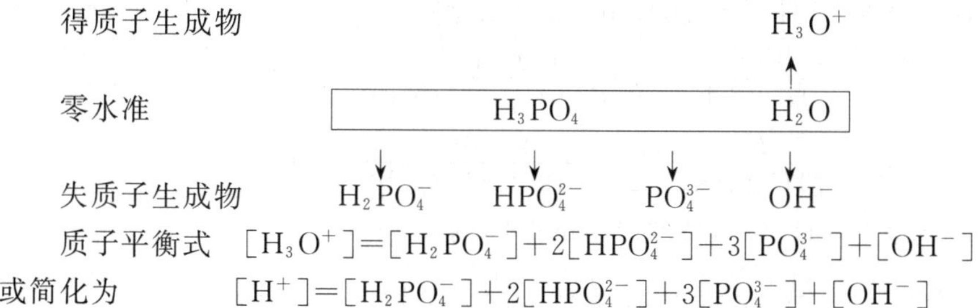

质子平衡式 $[H_3O^+]=[H_2PO_4^-]+2[HPO_4^{2-}]+3[PO_4^{3-}]+[OH^-]$

或简化为 $[H^+]=[H_2PO_4^-]+2[HPO_4^{2-}]+3[PO_4^{3-}]+[OH^-]$

注意浓度前面的系数。HPO_4^{2-} 为失 2 个质子的生成物，故$[HPO_4^{2-}]$乘以 2；PO_4^{3-} 为失 3 个质子的生成物，故$[PO_4^{3-}]$乘以 3。

[例 4-6] 写出 NH_4Ac 溶液的质子平衡式。

解 在 NH_4Ac 溶液中，大量存在并参与质子转移的物质是 NH_4^+、Ac^-、H_2O，用图示法表示如下：

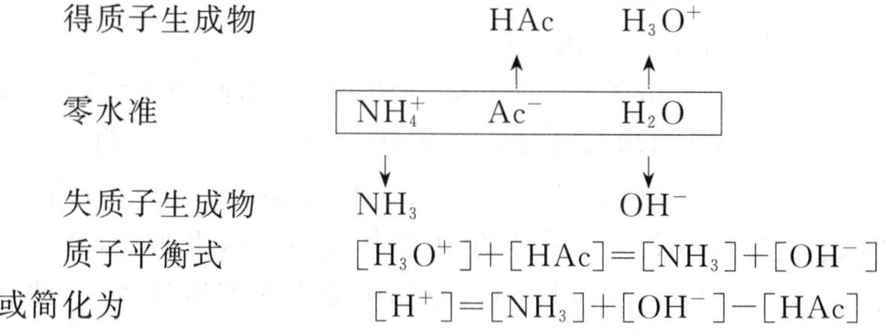

质子平衡式 $[H_3O^+]+[HAc]=[NH_3]+[OH^-]$

或简化为 $[H^+]=[NH_3]+[OH^-]-[HAc]$

二、酸度对弱酸(碱)各型体分布的影响

在弱酸(或弱碱)溶液中，酸(碱)以各种形式(型体)存在的平衡浓度与其分析浓度的

比例称为分布系数,通常以 δ 表示。酸(或碱)各型体的分布系数取决于酸(或碱)的性质,它只是溶液酸度(或碱度)的函数,而与分析浓度的大小无关;酸(或碱)溶液中各种存在型体的分布系数之和等于 1。

1. 一元弱酸(碱)的分布系数

例如一元弱酸 HAc,它在溶液中只能以 HAc 和 Ac^- 两种型体存在。设其总浓度为 c,则

$$\delta_{HAc}=\frac{[HAc]}{c_{HAc}}=\frac{[HAc]}{[HAc]+[Ac^-]}=\frac{1}{1+\frac{K_a}{[H^+]}}=\frac{[H^+]}{[H^+]+K_a}$$

同理
$$\delta_{Ac^-}=\frac{[Ac^-]}{c_{HAc}}=\frac{K_a}{[H^+]+K_a}$$

显然
$$\delta_{HAc}+\delta_{Ac^-}=1$$

可以看出,对于某种酸(碱),K_a(或 K_b)是一定的,则 δ 值只是 H^+ 浓度的函数。因此,当已知酸或碱溶液的 pH 值后,便可计算出 δ 值。之后再根据酸碱的分析浓度进一步求得酸碱溶液中各种存在型体的平衡浓度。

[例 4-7] 计算 pH=4.0 和 pH=8.0 时,HAc 溶液中 HAc 和 Ac^- 的分布系数。

解 查附录得 $K_a=1.8\times10^{-5}$

(1) 当 pH=4.0 时,$[H^+]=1.0\times10^{-4}$ mol/L,则

$$\delta_{HAc}=\frac{[H^+]}{[H^+]+K_a}=\frac{1.0\times10^{-4}}{1.0\times10^{-4}+1.8\times10^{-5}}=0.85$$

$$\delta_{Ac^-}=\frac{K_a}{[H^+]+K_a}=\frac{1.8\times10^{-5}}{1.0\times10^{-4}+1.8\times10^{-5}}=0.15$$

(2) 当 pH=8.0 时,$[H^+]=1.0\times10^{-8}$ mol/L,则

$$\delta_{HAc}=\frac{[H^+]}{[H^+]+K_a}=\frac{1.0\times10^{-8}}{1.0\times10^{-8}+1.8\times10^{-5}}=5.6\times10^{-4}$$

$$\delta_{Ac^-}=1-\delta_{HAc}=1-5.6\times10^{-4}\approx1$$

由计算可看出:δ_{HAc}随 pH 值增大而减小(由 0.85 减至 5.6×10^{-4}),δ_{Ac^-} 随 pH 值增大而升高(由 0.15 增至约 1.0)。

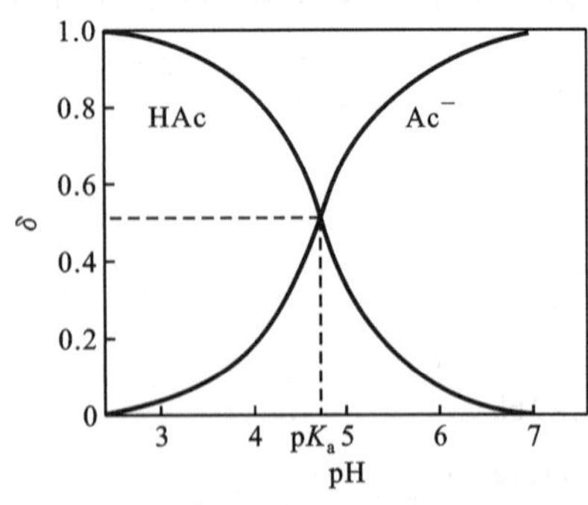

图 4-1 HAc 各型体的 δ-pH 曲线

同理可以计算不同 pH 值时的 δ_{HAc}和 δ_{Ac^-} 的值。若以 pH 值为横坐标,以 δ 为纵坐标,可以绘出 δ-pH 曲线图,见图 4-1。

由图 4-1 看出,δ_{Ac^-} 随 pH 值增高而增大,δ_{HAc}随 pH 值增高而减小。当 pH=pK_a(4.74)时,两曲线交于一点,$\delta_{HAc}=\delta_{Ac^-}=0.5$,即$[HAc]=[Ac^-]$;当 pH$<pK_a$ 时,主要存在型体是 HAc,此时$[HAc]>[Ac^-]$;当 pH$>$pK_a 时,主要存在型体是 Ac^-,此时$[HAc]<[Ac^-]$。

[例 4-8] 计算 pH=10.0 时,NH_3 水溶液中各型体的分布系数。

解 查附录得 $K_b=1.8\times10^{-5}$

当 pH=10.0 时，pOH=4.0，$[OH^-]=1.0\times10^{-4}$ mol/L，则

$$\delta_{NH_3}=\frac{[OH^-]}{[OH^-]+K_b}=\frac{1.0\times10^{-4}}{1.0\times10^{-4}+1.8\times10^{-5}}=0.85$$

$$\delta_{NH_4^+}=\frac{K_b}{[OH^-]+K_b}=\frac{1.8\times10^{-5}}{1.0\times10^{-4}+1.8\times10^{-5}}=0.15$$

2. 多元弱酸(或碱)溶液的分布系数

先以二元弱酸 $H_2C_2O_4$ 为例予以讨论。

在 $H_2C_2O_4$ 溶液中存在 $H_2C_2O_4$、$HC_2O_4^-$ 和 $C_2O_4^{2-}$ 三种型体，设其总浓度为 c，则

$$[H_2C_2O_4]+[HC_2O_4^-]+[C_2O_4^{2-}]=c$$

三种型体的分布系数分别为

$$\delta_{H_2C_2O_4}=\frac{[H_2C_2O_4]}{c}=\frac{1}{1+\frac{[HC_2O_4^-]}{[H_2C_2O_4]}+\frac{[C_2O_4^{2-}]}{[H_2C_2O_4]}}$$

由平衡常数关系式：

$$\frac{[HC_2O_4^-]}{[H_2C_2O_4]}=\frac{K_{a1}}{[H^+]}$$

$$\frac{[C_2O_4^{2-}]}{[H_2C_2O_4]}=\frac{K_{a1}K_{a2}}{[H^+]^2}$$

得
$$\delta_{H_2C_2O_4}=\frac{[H^+]^2}{[H^+]^2+[H^+]K_{a1}+K_{a1}K_{a2}}$$

同理求得

$$\delta_{HC_2O_4^-}=\frac{[H^+]K_{a1}}{[H^+]^2+[H^+]K_{a1}+K_{a1}K_{a2}}$$

$$\delta_{C_2O_4^{2-}}=\frac{K_{a1}K_{a2}}{[H^+]^2+[H^+]K_{a1}+K_{a1}K_{a2}}$$

且
$$\delta_{H_2C_2O_4}+\delta_{HC_2O_4^-}+\delta_{C_2O_4^{2-}}=1$$

可以看出多元酸的 δ 值也只是溶液酸度的函数，也就是说，δ 值的大小与溶液的酸度有关。因此，也可以像 HAc 那样求算出不同 pH 值时的 δ 值，即可得出 $H_2C_2O_4$、$HC_2O_4^-$ 和 $C_2O_4^{2-}$ 三种型体的分布曲线，见图 4-2。

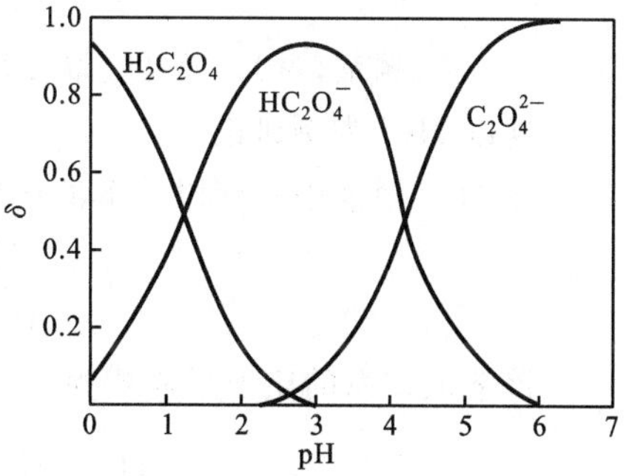

图 4-2 $H_2C_2O_4$ **各型体的** δ**-pH 曲线**

又如，二元碱 Na_2CO_3 溶液，可采用类似的方法得到各型体的 δ 值。

[例 4-9] 计算 pH=5.00 时，$H_2C_2O_4$ 溶液中的 $C_2O_4^{2-}$ 分布系数。

解 当 pH=5.00 时，$[H^+]=1.0\times10^{-5}$ mol/L。

查附录得 $K_{a1}=5.9\times10^{-2}$，$K_{a2}=6.4\times10^{-5}$，则

$$\delta_{C_2O_4^{2-}}=\frac{K_{a1}K_{a2}}{[H^+]^2+[H^+]K_{a1}+K_{a1}K_{a2}}=0.86$$

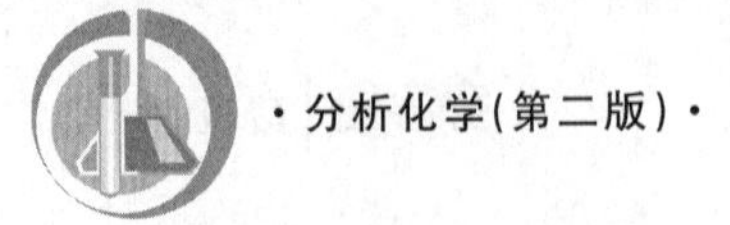

对于其他多元弱酸(碱),溶液中存在 $n+1$ 种型体,也可采用类似的办法推导。

[例 4-10] 计算 pH=7.00 时,0.10 mol/L H_3PO_4 溶液中各型体的平衡浓度,并判断主要以哪种型体存在。

解 H_3PO_4 溶液中存在四种型体:H_3PO_4、$H_2PO_4^-$、HPO_4^{2-}、PO_4^{3-}。

查附录得 $K_{a1}=7.6\times10^{-3}$,$K_{a2}=6.3\times10^{-8}$,$K_{a3}=4.4\times10^{-13}$。

先计算各型体的分布系数:

$$\delta_{H_3PO_4}=\frac{[H^+]^3}{[H^+]^3+[H^+]^2K_{a1}+[H^+]K_{a1}K_{a2}+K_{a1}K_{a2}K_{a3}}=\frac{10^{-21}}{1.23\times10^{-16}}=8.1\times10^{-6}$$

$$\delta_{H_2PO_4^-}=\frac{[H^+]^2K_{a1}}{[H^+]^3+[H^+]^2K_{a1}+[H^+]K_{a1}K_{a2}+K_{a1}K_{a2}K_{a3}}=6.1\times10^{-1}$$

$$\delta_{HPO_4^{2-}}=\frac{[H^+]K_{a1}K_{a2}}{[H^+]^3+[H^+]^2K_{a1}+[H^+]K_{a1}K_{a2}+K_{a1}K_{a2}K_{a3}}=3.9\times10^{-1}$$

$$\delta_{PO_4^{3-}}=\frac{K_{a1}K_{a2}K_{a3}}{[H^+]^3+[H^+]^2K_{a1}+[H^+]K_{a1}K_{a2}+K_{a1}K_{a2}K_{a3}}=1.7\times10^{-6}$$

$$[H_3PO_4]=c\delta_{H_3PO_4}=0.10\times8.1\times10^{-6}\ \text{mol/L}=8.1\times10^{-7}\ \text{mol/L}$$

$$[H_2PO_4^-]=c\delta_{H_2PO_4^-}=0.10\times6.1\times10^{-1}\ \text{mol/L}=6.1\times10^{-2}\ \text{mol/L}$$

$$[HPO_4^{2-}]=c\delta_{HPO_4^{2-}}=0.10\times3.9\times10^{-1}\ \text{mol/L}=3.9\times10^{-2}\ \text{mol/L}$$

$$[PO_4^{3-}]=c\delta_{PO_4^{3-}}=0.10\times1.7\times10^{-6}\ \text{mol/L}=1.7\times10^{-7}\ \text{mol/L}$$

计算结果表明,在 pH=7.00 条件下,H_3PO_4 溶液中主要存在的型体是 $H_2PO_4^-$ 和 HPO_4^{2-},而 H_3PO_4、PO_4^{3-} 两种型体存在量是很少的。

第三节 酸碱溶液中 H^+ 浓度及 pH 值的计算

一、强酸(碱)溶液 H^+ 浓度的计算

1. 一元强酸(碱)溶液 H^+ 浓度的计算

现以 HCl 为例讨论。

在 HCl 溶液中存在以下解离作用:

$$HCl = H^+ + Cl^-$$

$$H_2O \rightleftharpoons H^+ + OH^-$$

该溶液体系的质子平衡式为

$$[H^+]=[OH^-]+[Cl^-]=c+\frac{K_w}{[H^+]}$$

$$[H^+]=\frac{c+\sqrt{c^2+4K_w}}{2}$$

一般只要 HCl 溶液的浓度 $c\geqslant10^{-6}$ mol/L,可近似求解。

$$[H^+]=[OH^-]+[Cl^-]\approx[Cl^-]=c$$

$$pH=-\lg c$$

同样一元强碱溶液 pH 值的计算，如对于 NaOH 溶液也按上述方法处理。即

当 $c \geqslant 10^{-6}$ mol/L 时

$$[OH^-] \approx c$$

$$pOH=-\lg c$$

当 $c<10^{-6}$ mol/L 时

$$[OH^-]=\frac{c+\sqrt{c^2+4K_w}}{2}$$

［例 4-11］ 计算 0.10 mol/L HCl 溶液的 pH 值。

解 由于 $c_{HCl}=0.10$ mol/L$>10^{-6}$ mol/L，故采用最简式计算，即

$$[H^+]=0.10\ \text{mol/L}$$

$$pH=1.00$$

［例 4-12］ 计算 1.0×10^{-8} mol/LHCl 溶液的 pH 值。

解 由于 $c_{HCl}=1.0\times10^{-8}$ mol/L$<10^{-6}$ mol/L，故采用精确式计算，即

$$[H^+]=\frac{c+\sqrt{c^2+4K_w}}{2}=1.05\times10^{-7}\ \text{mol/L}$$

$$pH=6.98$$

2. 二元强酸溶液 pH 值的计算

下面讨论 H_2SO_4 溶液酸度的计算，在 H_2SO_4 溶液中存在如下解离平衡：

$$H_2SO_4 = H^+ + HSO_4^-,\quad K_{a1}\gg1$$

$$HSO_4^- \rightleftharpoons H^+ + SO_4^{2-},\quad K_{a2}=1.0\times10^{-2}$$

由硫酸的解离常数可知，其第一级解离很完全，第二级解离不甚完全，因此其酸度的计算不能简单地按一元强酸来处理。其质子平衡式为

$$[H^+]=[OH^-]+[HSO_4^-]+2[SO_4^{2-}]$$

忽略水的解离时 $$[H^+]=c+[SO_4^{2-}]$$

即 $$[SO_4^{2-}]=[H^+]-c$$

又由物料平衡得

$$c=[HSO_4^-]+[SO_4^{2-}]$$

即 $$[HSO_4^-]=c-[SO_4^{2-}]=2c-[H^+]$$

又因 $K_{a2}=\frac{[H^+][SO_4^{2-}]}{[HSO_4^-]}$，得

$$[H^+]^2-(c-K_{a2})[H^+]-2cK_{a2}=0$$

解方程得

$$[H^+]=\frac{(c-K_{a2})+\sqrt{(c-K_{a2})^2+8cK_{a2}}}{2}$$

一般只要 H_2SO_4 溶液的浓度 $c\geqslant10^{-6}$ mol/L，可近似求解。

$$[H^+]=2c$$

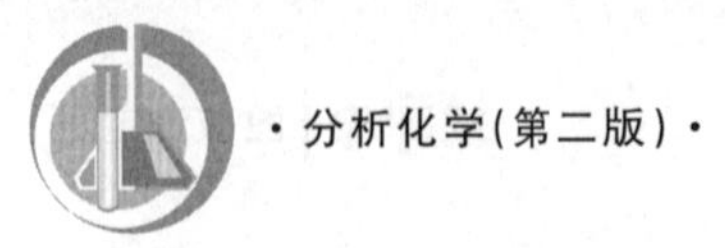

二、一元弱酸(碱)溶液 pH 值的计算

1. 一元弱酸溶液

一元弱酸 HA 的质子平衡式为

$$[H^+]=[A^-]+[OH^-]=\frac{cK_a}{[H^+]+K_a}+[OH^-]$$

或
$$[H^+]^2=\frac{[H^+]cK_a}{[H^+]+K_a}+K_w$$

或由物料平衡式
$$c_a=[HA]+[A^-]$$

$$[A^-]=[H^+]-[OH^-]=[H^+]-\frac{K_w}{[H^+]}$$

$$[HA]=c_a-[A^-]=c_a-[H^+]+\frac{K_w}{[H^+]}$$

又有
$$[HA]K_a=[H^+][A^-]$$

则
$$K_a(c_a-[H^+])=[H^+]([H^+]-\frac{K_w}{[H^+]})$$

即
$$[H^+]^3+K_a[H^+]^2+(K_wc_a+K_w)[H^+]-K_aK_w=0$$

此式为考虑水的解离时,计算一元弱酸 HA 的精确公式。解这种方程较麻烦。在分析化学中为了计算的方便,根据酸碱平衡的具体情况作近似处理。具体如下:

(1) 当 K_a 和 c_a 不是很小,即一元弱酸溶液的浓度不是很稀时,在这种情况下,弱酸的解离是溶液中 H^+ 的主要来源,水解离的影响较小。

$$\frac{K_w}{[H^+]}\approx 0$$

即当 $c_aK_a\geqslant 20K_w$,$c_a/K_a<400$ 时

$$[H^+]=\frac{-K_a+\sqrt{K_a^2+4c_aK_a}}{2}$$

(2) 当 K_a 和 c_a 不是很小,且 $c_a\gg K_a$ 时,不仅水的解离可以忽略,而且弱酸的解离对其总浓度的影响可以忽略。

$$\frac{K_w}{[H^+]}\approx 0,\quad c_a-[H^+]\approx 0$$

即当 $c_aK_a\geqslant 20K_w$,$c_a/K_a\geqslant 400$ 时

$$[H^+]=\sqrt{c_aK_a}$$

(3) 当酸极弱或溶液极稀时,水的解离不能忽略。

$$c_aK_a\approx K_w,\quad c_a-([H^+]-[OH^-])\approx c_a$$

即当 $c_aK_a<20K_w$,$c_a/K_a\geqslant 400$ 时

$$[H^+]=\sqrt{c_aK_a+K_w}$$

[例 4-13] 计算 0.10 mol/LHAc 溶液的 pH 值。

解 已知 $K_a=1.8\times 10^{-5}$,$0.10\times 1.8\times 10^{-5}>20K_w$,且 $\frac{c_a}{K_a}=\frac{0.10}{1.8\times 10^{-5}}>400$,故选

用最简式，即

$$[H^+]=\sqrt{c_aK_a}=\sqrt{0.10\times1.8\times10^{-5}}\ \text{mol/L}=1.3\times10^{-3}\ \text{mol/L}$$

故

$$pH=2.89$$

2. 一元弱碱溶液

一元弱碱(B)溶液的质子平衡式为

$$[HB^+]+[H^+]=[OH^-]$$

（1）当 $c_bK_b\geqslant20K_w$，$\dfrac{c_b}{K_b}<400$ 时

$$[OH^-]=\frac{-K_b+\sqrt{K_b^2+4c_bK_b}}{2}$$

（2）当 $c_bK_b\geqslant20K_w$，$\dfrac{c_b}{K_b}\geqslant400$ 时

$$[OH^-]=\sqrt{c_bK_b}$$

（3）当 $c_bK_b<20K_w$，$\dfrac{c_b}{K_b}\geqslant400$ 时

$$[OH^-]=\sqrt{c_bK_b+K_w}$$

［例 4-14］ 计算 0.10 mol/L NH_3 溶液的 pH 值。

解 已知 NH_3 的 $K_b=1.8\times10^{-5}$，$0.10\times1.8\times10^{-5}>20K_w$，且 $\dfrac{c_b}{K_b}=\dfrac{0.10}{1.8\times10^{-5}}>400$，故选用最简式，即

$$[OH^-]=\sqrt{c_bK_b}=\sqrt{0.10\times1.8\times10^{-5}}\ \text{mol/L}=1.3\times10^{-3}\ \text{mol/L}$$

即

$$pOH=2.89$$

三、多元酸(碱)溶液 pH 值的计算

1. 多元弱酸溶液

以二元弱酸(H_2A)为例。

该溶液的质子平衡式为

$$[H^+]=[OH^-]+[HA^-]+2[A^{2-}]$$

由于溶液为酸性，所以$[OH^-]$可忽略不计，由平衡关系有

$$[H^+]=\frac{K_{a1}[H_2A]}{[H^+]}+\frac{2K_{a1}K_{a2}[H_2A]}{[H^+]^2}$$

或

$$[H^+]=\frac{K_{a1}[H_2A]}{[H^+]}(1+\frac{2K_{a2}}{[H^+]})$$

通常二元弱酸 $K_{a1}\gg K_{a2}$，即第二步解离可忽略，而且$[H_2A]=c_a-[H^+]$，于是上式可以写为

$$[H^+]^2+K_{a1}[H^+]-K_{a1}c_a=0$$

求解得$[H^+]=\dfrac{-K_{a1}+\sqrt{K_{a1}^2+4K_{a1}c_a}}{2}$，与一元弱酸相似。

（1）当 $c_aK_{a1}\geqslant20K_w$，$\dfrac{c_a}{K_{a1}}<400$ 时

$$[H^+]=\frac{-K_{a1}+\sqrt{K_{a1}^2+4K_{a1}c_a}}{2}$$

(2) 当 $c_a K_{a1} \geqslant 20K_w$，$\dfrac{c_a}{K_{a1}} \geqslant 400$ 时

$$[H^+]=\sqrt{K_{a1} c_a}$$

[例 4-15] 计算 0.10 mol/L $H_2C_2O_4$ 溶液的 pH 值。

解 已知 $K_{a1}=5.9\times10^{-2}$，$K_{a2}=6.4\times10^{-5}$，$0.10\times5.9\times10^{-2}>20K_w$，且$\dfrac{c_a}{K_{a1}}<400$，故选用$[H^+]=\dfrac{-K_{a1}+\sqrt{K_{a1}^2+4K_{a1}c_a}}{2}$计算式，得

$$[H^+]=5.3\times10^{-2}\ \text{mol/L}$$

则

$$pH=1.28$$

2. 多元弱碱溶液

与多元弱酸相似，有以下情况：

(1) 当 $c_b K_{b1} \geqslant 20K_w$，$\dfrac{c_b}{K_{b1}} < 400$ 时

$$[OH^-]=\frac{-K_{b1}+\sqrt{K_{b1}^2+4c_b K_{b1}}}{2}$$

(2) 当 $c_b K_{b1} \geqslant 20K_w$，$\dfrac{c_b}{K_{b1}} \geqslant 400$ 时

$$[OH^-]=\sqrt{c_b K_{b1}}$$

四、两性物质溶液 pH 值的计算

1. 多元弱酸式盐

以酸式盐 NaHA 为例。设其溶液的浓度为 c，则质子平衡式为

$$[H^+]=[A^{2-}]-[H_2A]+[OH^-]$$

由平衡关系有

$$[H^+]=\frac{K_{a2}[HA^-]}{[H^+]}-\frac{[H^+][HA^-]}{K_{a1}}+\frac{K_w}{[H^+]}$$

求解得

$$[H^+]=\sqrt{\frac{K_{a1}(K_{a2}[HA^-]+K_w)}{K_{a1}+[HA^-]}}$$

由于通常 K_{a1}、K_{a2} 都较小，故溶液中$[HA^-]\approx c$。

(1) 当 $cK_{a2}<20K_w$，$c<20K_{a1}$ 时

$$[H^+]=\sqrt{\frac{K_{a1}(K_{a2}c+K_w)}{K_{a1}+c}}$$

(2) 当 $cK_{a2}\geqslant 20K_w$，$c<20K_{a1}$，即水的解离可忽略时

$$[H^+]=\sqrt{\frac{K_{a1}K_{a2}c}{K_{a1}+c}}$$

(3) 当 $cK_{a2}\geqslant 20K_w$，$c\geqslant 20K_{a1}$ 时

$$[H^+]=\sqrt{K_{a1}K_{a2}}$$

[例 4-16] 计算 0.10 mol/L $NaHCO_3$ 溶液的 pH 值。

解 已知 $K_{a1}=4.2\times10^{-7}$，$K_{a2}=5.6\times10^{-11}$，$c=0.10$ mol/L

$cK_{a2}\geqslant20K_w$，$c\geqslant20K_{a1}$，故选用$[H^+]=\sqrt{K_{a1}K_{a2}}$计算，得

$$[H^+]=4.8\times10^{-9}\ \text{mol/L}$$

则

$$pH=8.32$$

2. 弱酸弱碱盐

以 NH_4Ac 为例，其质子平衡式为

$$[H^+]=[NH_3]+[OH^-]-[HAc]$$

根据平衡关系有

$$[H^+]=\frac{K_a'[NH_4^+]}{[H^+]}+\frac{K_w}{[H^+]}-\frac{[H^+][Ac^-]}{K_a}$$

求解得

$$[H^+]=\sqrt{\frac{K_aK_a'[NH_4^+]+K_w}{K_a+[Ac^-]}}$$

式中：K_a'、K_b'——NH_4^+、Ac^- 的解离常数；

K_a、K_b——HAc、NH_3 的解离常数。

由于 K_a'、K_b'都较小，可认为$[NH_4^+]\approx c$，$[Ac^-]\approx c$，即

$$[H^+]=\sqrt{\frac{K_aK_a'c+K_w}{K_a+c}}$$

(1) 当 $K_a'c>20K_w$ 时

$$[H^+]=\sqrt{\frac{K_aK_a'c}{K_a+c}}$$

(2) 当 $c>20K_a$ 时

$$[H^+]=\sqrt{K_aK_a'}$$

对于多元弱酸弱碱盐如$(NH_4)_2S$，其质子平衡式为

$$[H^+]+[HS^-]+2[H_2S]=[NH_3]+[OH^-]$$

$$NH_4^++H_2O \rightleftharpoons NH_3+H_3O^+ \qquad K_a=5.6\times10^{-10}$$

$$S^{2-}+H_2O \rightleftharpoons HS^-+OH^- \qquad K_{b1}=1.4$$

$$HS^-+H_2O \rightleftharpoons H_2S+OH^- \qquad K_{b2}=7.7\times10^{-7}$$

$$H_2O+H_2O \rightleftharpoons H_3O^++OH^- \qquad K_w=1.0\times10^{-14}$$

比较各解离平衡常数可以看出，S^{2-} 的第一级碱式解离是最主要的，S^{2-} 的第二级解离和水的解离可以忽略。故上式可简化为$[HS^-]\approx[NH_3]$。

第四节 酸碱指示剂

一、指示剂的作用原理

酸碱滴定过程本身不发生任何外观的变化，故常借助酸碱指示剂的颜色变化来指示

滴定的计量点。酸碱指示剂自身是弱的有机酸或有机碱，其共轭酸、碱具有不同的结构，且颜色不同。当溶液的 pH 值改变时，共轭酸、碱相互发生转变，从而引起溶液的颜色发生变化。

例如，酚酞指示剂是弱的有机酸，它在水溶液中发生解离作用和颜色变化。

当溶液酸性减小，平衡向右移动，由无色变成红色；反之在酸性溶液中，由红色转变成无色。酚酞的碱型是不稳定的，在浓碱溶液中它会转变成羧酸盐式的无色三价离子。

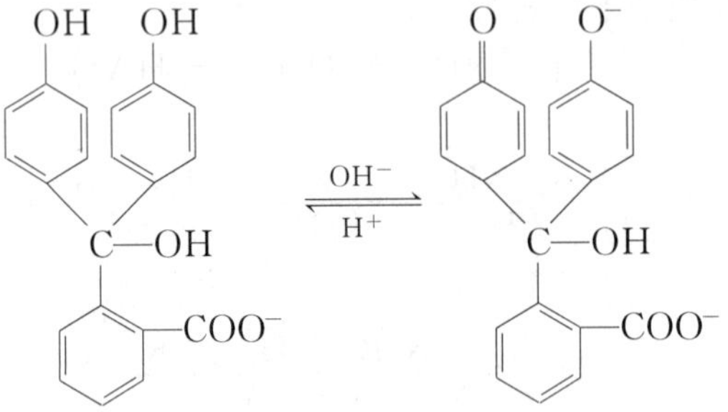

（酸型，无色）　　$\underset{H^+}{\overset{OH^-}{\rightleftharpoons}}$　　（碱型，红色）

使用时，酚酞一般配成乙醇溶液。

又如，甲基橙是一种双色指示剂，它在溶液中发生如下的解离，在碱性溶液中，平衡向左移动，由红色转变成黄色；反之，由黄色转变成红色。

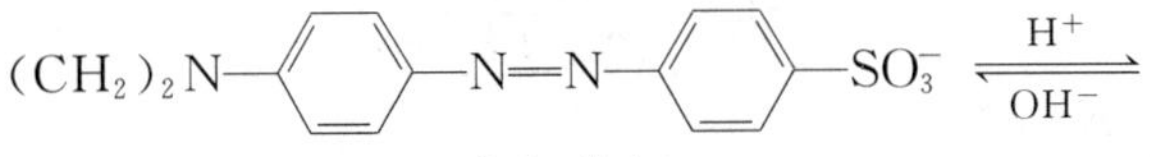

$(CH_2)_2N-C_6H_4-N{=}N-C_6H_4-SO_3^- \underset{OH^-}{\overset{H^+}{\rightleftharpoons}}$

（碱型，黄色）

$(CH_2)_2\overset{+}{N}{=}C_6H_4{=}N-NH-C_6H_4-SO_3^-$

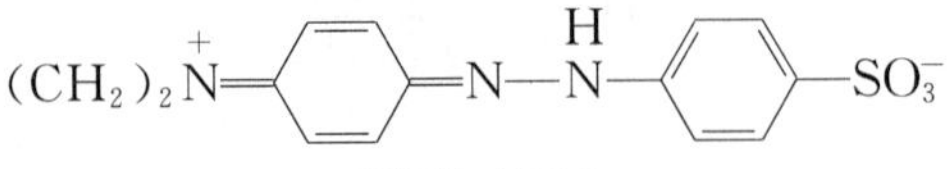

（酸型，红色）

使用时，甲基橙常配成 0.1 mol/L 的水溶液。

综上所述，指示剂颜色的改变，是由于在不同 pH 值的溶液中，指示剂的分子结构发生了变化，因而显示出不同的颜色。但是否溶液的 pH 值稍有改变我们就能看到它的颜色变化呢？事实并不是这样，必须是溶液的 pH 值改变到一定的范围，才能看得出指示剂的颜色变化。也就是说，指示剂的变色，其 pH 值是有一定范围的，只有超过这个范围，我们才能明显地观察到指示剂的颜色变化。

二、指示剂的变色范围

指示剂的变色范围可由指示剂在溶液中的解离平衡过程来解释。现以弱酸型指示剂(HIn)为例来讨论。HIn 在溶液中的解离平衡为

$$\underset{\text{(酸式色)}}{HIn} \rightleftharpoons H^+ + \underset{\text{(碱式色)}}{In^-}$$

$$K_{HIn}=\frac{[H^+][In^-]}{[HIn]}$$

式中：K_{HIn}——指示剂的解离常数；

$[In^-]$、$[HIn]$——指示剂的碱型和酸型的浓度。

由上式可知，溶液的颜色是由$\frac{[In^-]}{[HIn]}$的值来决定的，而此比值又与$[H^+]$及K_{HIn}有关。在一定温度下，K_{HIn}是一个常数，$\frac{[In^-]}{[HIn]}$仅为$[H^+]$的函数，当$[H^+]$发生改变，$\frac{[In^-]}{[HIn]}$值随之发生改变，溶液的颜色也逐渐发生改变。需要指出的是，不是$\frac{[In^-]}{[HIn]}$值任何微小的改变都能使人观察到溶液颜色的变化，因为人眼辨别颜色的能力是有限的。当$\frac{[In^-]}{[HIn]}\leqslant\frac{1}{10}$时，只能观察出酸式色；当$\frac{[In^-]}{[HIn]}\geqslant 10$时，观察到的是指示剂的碱式色；当$10>\frac{[In^-]}{[HIn]}>\frac{1}{10}$时，观察到的是混合色，人眼一般难以辨别。

当指示剂的$[HIn]=[In^-]$时，则$pH=pK_{HIn}$，称此 pH 值为指示剂的理论变色点。理想的情况是滴定的终点与指示剂的变色点 pH 值完全一致，实际上这是有困难的。

根据上述理论推算，指示剂的变色范围应是 2 个 pH 单位。但实际测得的各种指示剂的变色范围并不一致，而是略有上下。这是因为人眼对各种颜色的敏感程度不同，以及指示剂的两种颜色之间互相掩盖所致。

例如，甲基橙的$pK_{HIn}=3.4$，理论变色范围应为 2.4～4.4，而实测变色范围是 3.1～4.4。这说明甲基橙要由红色变成黄色，碱型浓度（$[In^-]$）应是酸型浓度（$[HIn]$）的 10 倍，而酸型浓度只要大于碱型浓度的 2 倍，就能观察出酸式色（红色）。产生这种差异的原因，是人眼对红色较之于黄色更为敏感，所以甲基橙的变色范围在 pH 值小的一端就短一些（对理论变色范围而言）。虽然指示剂变色范围的实验结果与理论推算之间存在着差别，但理论推算对粗略估计指示剂的变色范围仍有一定的指导意义。指示剂的变色范围越窄越好，因为 pH 值稍有改变，指示剂就可立即由一种颜色变成另一种颜色，即指示剂变色敏锐，有利于提高测定结果的准确度。人们观察指示剂颜色的变化为 0.2～0.5 个 pH 单位的误差。各种无机分析、有机分析常用酸碱指示剂的变色范围见表4-1。

表 4-1　常用酸碱指示剂的变色范围

指示剂（HIn）	颜色			pK_{HIn}	变色范围	每 10 mL 被滴定溶液中指示剂用量
	酸式色	过渡色	碱式色			
百里酚蓝（第一步解离）	红色	橙色	黄色	1.7	1.2～2.8	1～2 滴 0.1%水溶液
甲基黄	红色	橙黄色	黄色	3.3	2.9～4.0	1 滴 0.1%乙醇溶液
溴酚蓝	黄色	蓝紫色	紫色	4.1	3.0～4.4	1 滴 0.1%水溶液
甲基橙	红色	橙色	黄色	3.4	3.1～4.4	1 滴 0.1%水溶液
溴甲酚绿	黄色	绿色	蓝色	4.9	3.8～5.4	1 滴 0.1%水溶液
甲基红	红色	橙色	黄色	5.0	4.4～6.2	1 滴 0.1%水溶液
溴百里酚蓝	黄色	绿色	蓝色	7.3	6.0～7.6	1 滴 0.1%水溶液
酚红	黄色	橙色	红色	8.0	6.4～8.0	1 滴 0.1%水溶液

续表

指示剂(HIn)	颜色			pK_{HIn}	变色范围	每10 mL被滴定溶液中指示剂用量
	酸式色	过渡色	碱式色			
酚酞	无色	粉红色	红色	9.1	8.0～9.8	1～2滴0.1%乙醇溶液
百里酚酞	无色	淡蓝色	蓝色	10.0	9.4～10.6	1滴0.1%乙醇溶液

三、影响指示剂变色范围的因素

1. 指示剂的用量

指示剂用量的影响也可分为两个方面。一是指示剂用量过多(或浓度过大)会使终点颜色变化不明显,且指示剂本身也会多消耗一些滴定剂,从而带来误差。这种影响无论是对单色指示剂还是对双色指示剂都是共同的。因此在不影响指示剂变色灵敏度的条件下,一般以用量少一点为佳。二是指示剂用量的改变,会引起单色指示剂变色范围的移动。下面以酚酞为例来说明。酚酞在溶液中存在如下解离平衡:

$$\underset{(无色)}{HIn} \rightleftharpoons \underset{(红色)}{In^-} + H^+$$

在一定体积的溶液中,人眼感觉到酚酞的碱式色(In^-颜色)的最低浓度为一定值。设酚酞浓度为c_{HIn},In^-的最低值为$[In^-]$,则

$$[In^-]=\delta_{In^-}c_{HIn}=\frac{K_{HIn}c_{HIn}}{[H^+]+K_{HIn}}$$

由上式可知,这时若将HIn滴定至In^-的最低浓度$[In^-]$,则δ_{In^-}就得减小,K_{HIn}是个常数,δ_{In^-}减小,即意味着$[H^+]$要增大,指示剂将在pH值较低时变色。也就是说,单色指示剂用量过多时,其变色范围向pH值低的方向发生移动。例如,在50～100 mL溶液中加入2～3滴0.1 mol/L酚酞,pH=9时出现红色,而在相同条件下加入10～15滴酚酞,则在pH=8时出现红色。

2. 温度

温度的变化会引起指示剂解离常数的变化,因此指示剂的变色范围也随之变动。例如,18 ℃时,甲基橙的变色范围为3.1～4.4;100 ℃时,则为2.5～3.7。

3. 中性电解质

盐类的存在对指示剂的影响有两个方面:一是影响指示剂颜色的深度,这是由盐类具有吸收不同波长光波的性质所引起的,指示剂颜色深度的改变,势必影响指示剂变色的敏锐性;二是影响指示剂的解离常数,从而使指示剂的变色范围发生移动。

4. 溶剂

指示剂在不同的溶剂中,其pK_{HIn}值是不同的。例如,甲基橙在水溶液中$pK_{HIn}=3.4$,在甲醇中$pK_{HIn}=3.8$。因此,指示剂在不同的溶剂中具有不同的变色范围。

四、混合指示剂

在酸碱滴定中常用的单一指示剂的变色范围一般较宽,其中有些指示剂,如甲基橙,

变色过程中还有过渡颜色，不易于辨别颜色的变化。此时可采用混合指示剂。混合指示剂具有变色范围窄、变色明显等优点。

混合指示剂是由人工配制而成的。配制方法有两种：一是用一种不随 H^+ 浓度变化而改变颜色的染料和一种指示剂混合而成；二是由两种不同的指示剂混合而成。混合指示剂变色敏锐的原理可用下面的例子来说明。

例如，甲基橙和靛蓝（染料）组成的混合指示剂，靛蓝在滴定过程中不变色，只作为甲基橙变色的背景，它和甲基橙的酸式色（红色）加和为紫色，和甲基橙的碱式色（黄色）加和为绿色。在滴定过程中该混合指示剂随 H^+ 的浓度变化而发生如表 4-2 所示的颜色变化。

表 4-2　甲基橙和靛蓝混合指示剂颜色变化

溶液的酸度	甲基橙的颜色	甲基橙加靛蓝的颜色
pH＞4.4	黄色	绿色
pH＝4.1	橙色	浅灰色
pH＜3.1	红色	紫色

可见，单一的甲基橙由黄色（或红色）变到红色（或黄色），中间有一过渡的橙色，不容易辨别；混合指示剂由绿色（或紫色）变化到紫色（或绿色），不仅中间是几乎无色的浅灰色，而且绿色与紫色明显不同，所以变色非常敏锐，容易辨别。

又如溴甲酚绿和甲基红两种指示剂所组成的混合指示剂，滴定过程中随溶液 H^+ 浓度变化而发生如表 4-3 所示的颜色变化。

表 4-3　溴甲酚绿和甲基红混合指示剂颜色变化

溶液的酸度	溴甲酚绿的颜色	甲基红的颜色	溴甲酚绿加甲基红的颜色
pH＜4.0	黄色	红色	酒红色
pH＝5.1	绿色	橙色	灰色
pH＞6.2	蓝色	黄色	绿色

显然该混合指示剂较两种单一指示剂具有变色敏锐的优点。

常用混合指示剂列于表 4-4 中。

表 4-4　常用混合指示剂

指示剂组成	变色点（pH 值）	酸式色	碱式色	备　注
1 份 0.1%甲基橙水溶液 1 份 0.25%靛蓝磺酸钠水溶液	4.1	紫色	黄绿色	pH＝4.1 灰色
3 份 0.1%溴甲酚绿乙醇溶液 1 份 0.2%甲基红乙醇溶液	5.1	酒红色	绿色	pH＝5.1 灰色
1 份 0.1%溴甲酚绿钠盐水溶液 1 份 0.1%氯酚红钠盐水溶液	6.1	黄绿色	蓝紫色	
1 份 0.1%中性红乙醇溶液 1 份 0.1%亚甲基蓝乙醇溶液	7.0	蓝绿色	绿色	

续表

指示剂组成	变色点(pH 值)	酸式色	碱式色	备　注
1 份 0.1%甲酚红钠盐水溶液 3 份 0.1%百里酚蓝钠盐水溶液	8.3	黄色	紫色	
1 份 0.1%百里酚蓝的 50%乙醇溶液 3 份 0.1%酚酞的 50%乙醇溶液	9.0	黄色	紫色	黄色-绿色-紫色

混合指示剂颜色变化明显与否,还与两者的混合比例有关,这是在配制混合指示剂时要加以注意的。

第五节　强酸(碱)和一元弱酸(碱)的滴定

酸碱指示剂只是在一定的 pH 值范围内才发生颜色的变化,为了在某一酸碱滴定中选择一种适宜的指示剂,就必须了解滴定过程中,尤其是化学计量点前后±0.1%相对误差范围内溶液 pH 值的变化情况。下面分别讨论强酸(碱)和一元弱酸(碱)的滴定及其指示剂的选择。

一、强碱(酸)滴定强酸(碱)

这一类型滴定的基本反应为

$$H^{+}+OH^{-}=\!=\!=H_2O$$

现以强碱(NaOH 溶液)滴定强酸(HCl 溶液)为例来讨论。设 HCl 溶液的浓度为 c_a(0.100 0 mol/L),体积为 V_a(20.00 mL);NaOH 溶液的浓度为 c_b(0.100 0 mol/L),滴定时加入的体积为 V_b,整个滴定过程可分为四个阶段来考虑:①滴定前;②滴定开始至计量点前;③计量点时;④计量点后。

(1) 滴定前($V_b=0$)。

$$[H^{+}]=c_a=0.100\,0\ \text{mol/L},\quad pH=1.00$$

(2) 滴定开始至计量点前($V_a>V_b$)。

$$[H^{+}]=\frac{(V_a-V_b)c_a}{V_a+V_b}$$

若　　$V_b=19.98$ mL　　(−0.1%相对误差)

$$[H^{+}]=5.0\times10^{-5}\ \text{mol/L},\quad pH=4.30$$

(3) 计量点时($V_a=V_b$)。

$$[H^{+}]=1.0\times10^{-7}\ \text{mol/L},\quad pH=7.00$$

(4) 计量点后($V_b>V_a$)。

计量点之后,NaOH 溶液再继续滴入便过量了,溶液的酸度取决于过量的 NaOH 溶液的浓度。

$$[OH^{-}]=\frac{(V_b-V_a)c_b}{V_a+V_b}$$

若 $V_b = 20.02\ mL$ （+0.1%相对误差）

$[OH^-] = 5.0 \times 10^{-5}\ mol/L$， $pH = 9.70$

用 NaOH 溶液滴定 HCl 溶液的 pH 值见表 4-5，NaOH 溶液滴定 HCl 溶液的滴定曲线见图4-3，计量点前后±0.1%相对误差范围内溶液 pH 值的变化，在分析化学中称为滴定的 pH 突跃范围，简称突跃范围。指示剂的选择以此突跃范围作为依据。

表 4-5 NaOH **溶液滴定** HCl **溶液的** pH **值**

加入 NaOH 溶液体积/mL	剩余 HCl 溶液体积/mL	剩余 NaOH 溶液体积/mL	pH 值
0.00	20.00		1.00
18.00	2.00		2.28
19.80	0.20		3.30
19.96	0.04		4.00
19.98	0.02		4.30
20.00	0.00		7.00
20.02		0.02	9.70
20.04		0.04	10.00
20.20		0.20	10.70
22.00		2.00	11.70
40.00		20.00	12.50

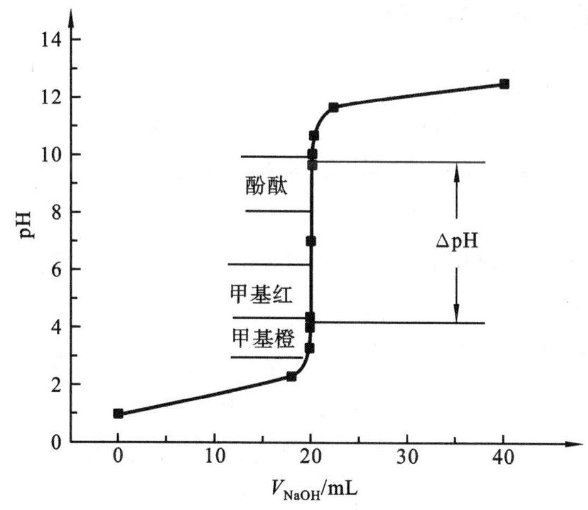

图 4-3 NaOH **溶液滴定** HCl **溶液的滴定曲线**

对于 0.100 0 mol/LNaOH 溶液滴定 20.00 mL0.100 0 mol/LHCl 溶液来说，凡在突跃范围（4.3～9.7）以内能引起变色的指示剂（即指示剂的变色范围全部或一部分落在滴定的突跃范围之内），都可作为该滴定的指示剂，如酚酞（8.0～9.8）、甲基橙（3.1～4.4）和甲基红（4.4～6.2）等。在突跃范围内停止滴定，则测定结果具有足够的准确度。

反之，若用 HCl 溶液滴定 NaOH 溶液(条件与前相同)，滴定曲线正好相反。滴定的突跃范围是 4.3～9.7，可选择酚酞和甲基红作指示剂。如果用甲基橙作指示剂，只应滴至橙色(pH＝4.0)，若滴至红色(pH＝3.1)，将产生±0.2%以上的误差。为消除这种误差，可进行指示剂校正，即取 40 mL 0.05 mol/LNaCl 溶液，加入与滴定时相同量的甲基橙，再以 0.100 0 mol/LHCl 溶液滴定至溶液的颜色恰好与被滴定溶液颜色相同为止，记下 HCl 溶液的用量(称为校正值)。滴定 NaOH 溶液所消耗的 HCl 溶液用量减去此校正值即 HCl 溶液真正的用量。

滴定的突跃范围，随滴定剂和被滴定物浓度的改变而改变，指示剂的选择也应视具体情况而定。浓度对滴定突跃的影响见图 4-4。

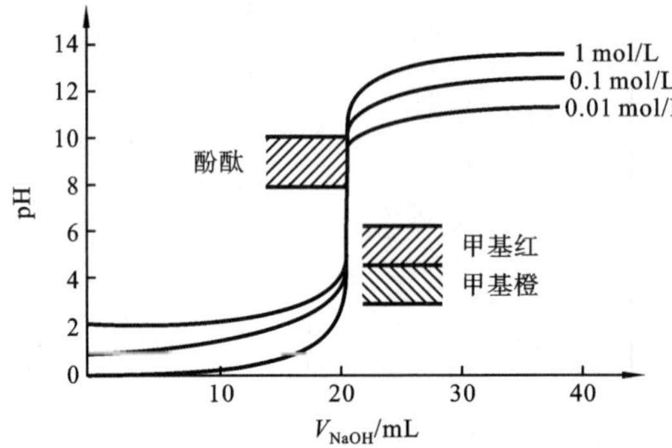

图 4-4　浓度对滴定突跃的影响

注：$c_{NaOH}=c_{HCl}$

二、强碱(酸)滴定一元弱酸(碱)

强碱滴定弱酸的基本反应为

$$OH^- + HA \longrightarrow H_2O + A^-$$

现以 NaOH 溶液滴定 HAc 溶液为例来讨论。$c_a = c_b = 0.100\ 0$ mol/L，$V_a = 20.00$ mL。

同前例分四个阶段进行讨论。

1. 滴定前($V_b=0$)

当 $c_aK_a \geqslant 20K_w$，$c_a/K_a \geqslant 400$ 时，则

$$[H^+] = \sqrt{c_aK_a}$$

$$[H^+] = \sqrt{1.8\times10^{-5}\times0.100\ 0}\ \text{mol/L} = 1.3\times10^{-3}\ \text{mol/L}$$

$$pH = 2.89$$

2. 滴定开始至计量点前

因 NaOH 的滴入溶液为缓冲体系，其 pH 值可按下式计算：

$$pH = pK_a + \lg\frac{c_b}{c_a}$$

即

$$pH = pK_a + \lg\frac{[Ac^-]}{[HAc]}$$

求[Ac^-]及[HAc]。由

$$OH^- + HAc \longrightarrow H_2O + Ac^-$$

$$[Ac^-] = \frac{c_b V_b}{V_a + V_b}$$

$$[HAc] = \frac{c_a V_a - c_b V_b}{V_a + V_b}$$

若 $V_b = 19.98$ mL(−0.1%相对误差),则

$$pH = 7.72$$

3. 计量点时

NaOH 与 HAc 反应生成 NaAc,即一元弱碱的溶液。

$$[NaAc] = 0.05000 \text{ mol/L}$$

由于 $c_b K_b > 20K_w$,$c_b/K_b > 400$,则

$$[OH^-] = \sqrt{c_b K_b} = 5.3 \times 10^{-6} \text{ mol/L}$$

$$pH = 8.72$$

4. 计量点后

因 NaOH 溶液滴入过量,抑制了 Ac^- 的水解,溶液的酸度取决于过量的 NaOH 溶液用量,其计算方法与强碱滴定强酸相同。

用 NaOH 溶液滴定 HAc 溶液的 pH 值见表4-6,NaOH 溶液滴定 HAc 溶液的滴定曲线见图 4-5。

表 4-6 NaOH 溶液滴定 HAc 溶液的 pH 值

加入 NaOH 溶液体积/mL	剩余 HAc 溶液体积/mL	剩余 NaOH 溶液体积/mL	pH 值
0.00	20.00		2.89
10.00	10.00		4.70
18.00	2.00		5.70
19.80	0.20		6.74
19.98	0.02		7.72
20.00	0.00		8.72
20.02		0.02	9.70
20.20		0.20	10.70
22.00		2.00	11.70
40.00		20.00	12.50

NaOH-HAc 滴定曲线具有以下几个特点:

(1) NaOH-HAc 滴定曲线起点的 pH 值比 NaOH-HCl 滴定曲线约高 2 个 pH 单位。这是因为 HAc 的强度较 HCl 弱。

(2) 滴定开始至约 10% HAc(HCl)被滴定和 90% HAc(HCl)被滴定以后,NaOH-HAc 滴定曲线的斜率比 NaOH-HCl 滴定曲线的大。而在上述范围之间滴定曲线上升缓慢,这是因为滴定开始后有 NaAc 的生成,抑制了 HAc 的解离。

(3) 在计量点时,由于滴定生成物的解离作用,溶液已呈碱性,pH=8.72。

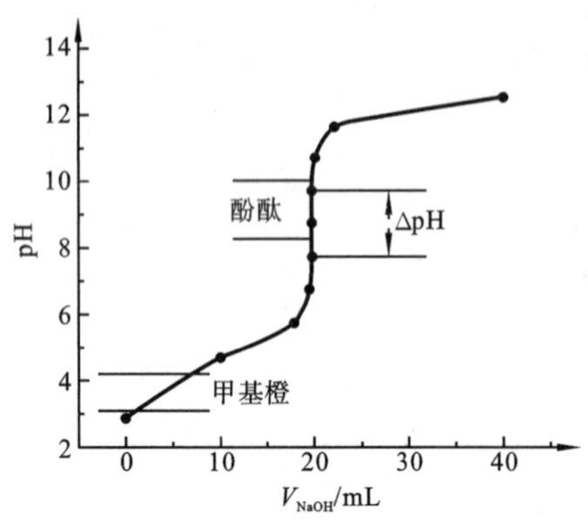

图 4-5 NaOH 溶液滴定 HAc 溶液的滴定曲线

(4) NaOH-HAc 滴定曲线的突跃范围(7.72～9.70)较 NaOH-HCl 滴定曲线的小得多，这与反应的完全程度较低是一致的。而且突跃在碱性范围内，所以只有酚酞、百里酚酞等指示剂才可用于该滴定。而在酸性范围内变色的指示剂，如甲基橙和甲基红等已不能使用。

(5) 计量点后为 NaAc 和 NaOH 的混合溶液，由于 Ac^- 的水解受到过量滴定剂 OH^- 的抑制，故滴定曲线的变化趋势与 NaOH 溶液滴定 HCl 溶液时基本相同。

三、直接准确滴定一元弱酸(碱)的可行性判据

滴定反应的完全程度是能否准确滴定的首要条件。HAc 溶液浓度对滴定突跃的影响见图 4-6。当浓度一定时，K_a 值愈大，突跃范围愈大。当浓度为 0.1 mol/L，$K_a \leqslant 10^{-9}$ 时已无明显的突跃。滴定突跃与 K_a 的关系曲线见图 4-7。

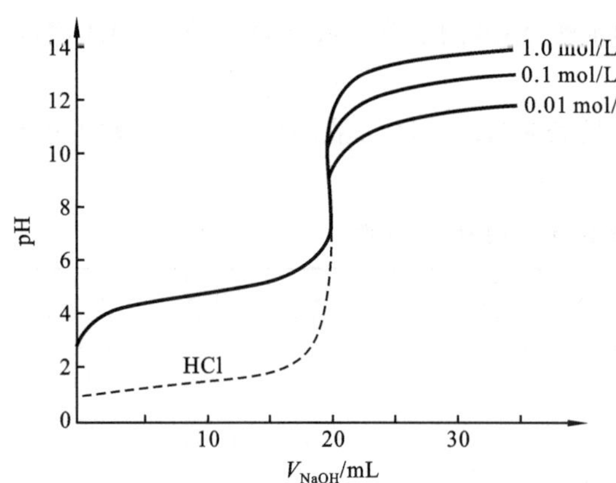

图 4-6 HAc 溶液浓度对滴定突跃的影响

注：$c_{NaOH}=c_{HAc}$

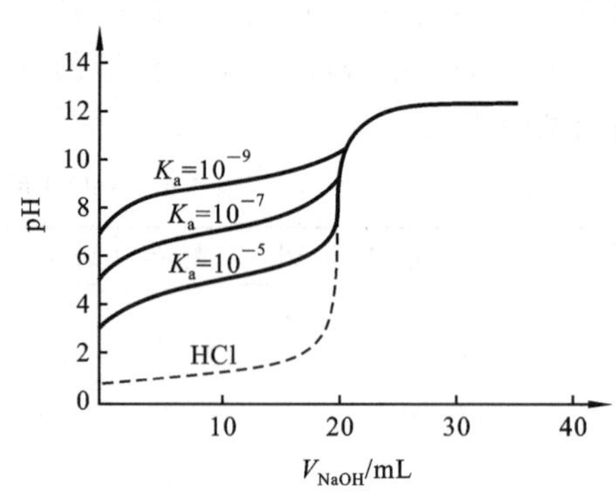

图 4-7 滴定突跃与 K_a 的关系

实践证明，人眼借助指示剂准确判断终点，滴定的 pH 突跃必须在 0.2 个单位以上。在这个条件下，分析结果的相对误差小于±0.1%。只有弱酸的 $c_aK_a \geqslant 10^{-8}$ 才能满足这一要求。因此，通常以 $c_aK_a \geqslant 10^{-8}$ 作为判断弱酸能否滴定的依据。

第六节 多元酸(碱)的滴定

一、多元酸(碱)分步滴定的可行性判据

由一元弱酸准确滴定的条件，即 $c_aK_a \geqslant 10^{-8}$ 可知，只要 $c_{sp1}K_{a1} \geqslant 10^{-8}$、$c_{sp2}K_{a2} \geqslant 10^{-8}$、

$c_{sp3}K_{a3} \geqslant 10^{-8}$，多元弱酸分步解离的 H^+ 均可测定。

当 $c_{sp3}K_{a3} \geqslant 10^{-8}$，$H^+$ 均可被准确滴定，是分步滴定还是一次滴定取决于 K_{a1}/K_{a2} 值，以及对准确度的要求。一般来说，滴定突跃不小于 0.4 个 pH 单位，则要求 $K_{a1}/K_{a2} \geqslant 10^4$ 才能满足分步滴定的要求。

(1) $K_{a1}/K_{a2} \geqslant 10^4$，且 $c_{sp1}K_{a1} \geqslant 10^{-8}$，$c_{sp2}K_{a2} \geqslant 10^{-8}$，则二元酸可分步滴定，即形成 2 个 pH 突跃，可分别选择指示剂指示终点。

(2) $K_{a1}/K_{a2} \geqslant 10^4$，且 $c_{sp1}K_{a1} \geqslant 10^{-8}$，$c_{sp2}K_{a2} < 10^{-8}$，第一级解离的 H^+ 可单独滴定，按第一计量点的 pH 值选择指示剂。

(3) $K_{a1}/K_{a2} < 10^4$，$c_{sp1}K_{a1} \geqslant 10^{-8}$，$c_{sp2}K_{a2} \geqslant 10^{-8}$，不能分步滴定，只能按二元酸一次被滴定。

(4) $K_{a1}/K_{a2} < 10^4$，$c_{sp1}K_{a1} \geqslant 10^{-8}$，$c_{sp2}K_{a2} < 10^{-8}$，该二元酸不能被滴定。

多元碱分步滴定的可行性判据可参照上文推导。

二、多元酸的滴定

1. 磷酸的滴定

用 0.100 0 mol/LNaOH 标准溶液滴定 0.10 mol/LH_3PO_4 溶液。

$$K_{a1}=7.6\times10^{-3},\quad K_{a2}=6.3\times10^{-8},\quad K_{a3}=4.4\times10^{-13}$$

第一计量点时：

$$c=\frac{0.10}{2}\ \text{mol/L}=0.050\ \text{mol/L}$$

$$\text{pH}=4.70$$

选择甲基橙作指示剂，并采用同浓度的 NaH_2PO_4 溶液作参比。

第二计量点时：

$$c=\frac{0.10}{3}\ \text{mol/L}=0.033\ \text{mol/L}$$

$$\text{pH}=9.66$$

若用酚酞作指示剂，终点出现过早，有较大的误差。选用百里酚酞作指示剂时，误差约为±0.5%。NaOH 溶液滴定 H_3PO_4 溶液的滴定曲线见图 4-8。

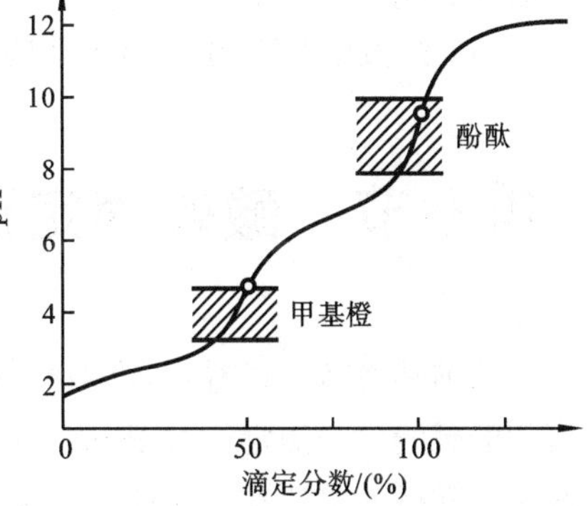

图 4-8 NaOH 溶液滴定 H_3PO_4 溶液的滴定曲线

2. 有机酸的滴定

用 0.100 0 mol/LNaOH 标准溶液滴定 0.10 mol/L$H_2C_2O_4$ 溶液。$K_{a1}=5.9\times10^{-3}$，$K_{a2}=6.4\times10^{-5}$。按照多元酸一次被滴定，若选用酚酞作指示剂，终点误差约为±0.1%。

三、多元碱的滴定

以 Na_2CO_3 溶液的滴定为例。

用 0.10 mol/LHCl 溶液滴定 0.10 mol/L

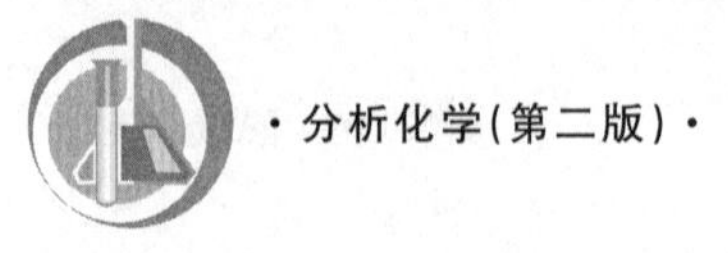

Na_2CO_3 溶液。

$$c_{sp1}K_{b1}=0.050\times1.8\times10^{-4}>10^{-8}$$

$$c_{sp2}K_{b2}=0.033\times2.4\times10^{-8}=0.08\times10^{-8}$$

$$K_{b1}/K_{b2}\approx10^{4}$$

第一级解离的 OH^- 不能准确滴定。

第一化学计量点时：

$$[OH^-]=\sqrt{K_{b1}K_{b2}},\quad pOH=5.68,\quad pH=8.32$$

可用酚酞作指示剂,并采用同浓度的 $NaHCO_3$ 溶液作参比。

第二化学计量点时,溶液为 CO_2 的饱和溶液,H_2CO_3 的浓度为 0.040 mol/L,且

$$[H^+]=\sqrt{cK_{a1}}=1.3\times10^{-4}\ mol/L$$

$$pH=3.89$$

可选用甲基橙作指示剂。HCl 溶液滴定 Na_2CO_3 溶液的滴定曲线见图 4-9。

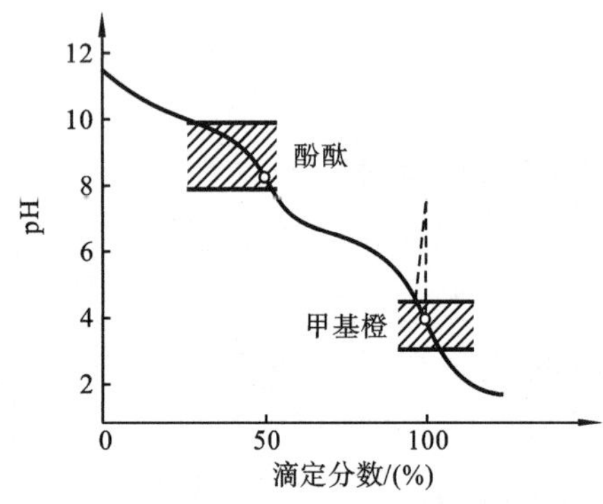

图 4-9　HCl 溶液滴定 Na_2CO_3 溶液的滴定曲线

注：$c_{HCl}=c_{Na_2CO_3}$

四、酸碱滴定中 CO_2 的影响

市售的 NaOH 试剂中常含有 1%～2% 的 Na_2CO_3,且碱溶液易吸收空气中的 CO_2,蒸馏水中也常含有 CO_2,它们参与酸碱滴定反应之后,将产生多方面不可忽视的影响。

(1) 若在标定 NaOH 溶液之前的溶液中含有 Na_2CO_3,用基准物质草酸标定(酚酞指示剂)后,用此 NaOH 溶液滴定其他物质时,必然产生误差。

(2) 若配制了不含 CO_3^{2-} 的溶液,如保存不当还会从空气中吸收 CO_2。用这样的碱液作滴定剂(酚酞指示剂)测得的浓度与真实浓度不符。

(3) 对于 NaOH 标准溶液来说,无论 CO_2 的影响发生在浓度标定之前还是之后,只要采用甲基橙为指示剂进行标定和测定,其浓度都不会受影响。

(4) 溶液中 CO_2 还会影响某些指示剂终点颜色的稳定性。

第七节　酸碱滴定法的应用

从前述各节可以看出,许多酸、碱物质可以用酸碱滴定法直接滴定,一些有机酸、碱也可用酸碱滴定法测定。对于 pK_a 小的极弱酸或 pK_b 小的极弱碱,有的则可在非水溶液中测定。酸碱滴定法在工农业生产和医药卫生等方面都有非常重要的意义。如在测定制造肥皂所用油脂的皂化值时,先用氢氧化钾的乙醇溶液与油脂反应,然后用 HCl 溶液返滴过量的氢氧化钾,从而计算出每克油脂消耗的氢氧化钾的质量,作为制造肥皂时所需碱量

的依据。又如测定油脂的酸值时，可用氢氧化钾溶液滴定油脂中的游离酸，得到每克油脂消耗的氢氧化钾的质量。酸值说明油脂的新鲜程度。粮食中蛋白质的含量可用凯氏定氮法测定。很多药品是很弱的有机碱，可以在冰乙酸介质中用高氯酸滴定。因此酸碱滴定法的应用非常广泛。

一、食用醋中总酸度的测定

乙酸（又叫醋酸）是一种重要的农业加工产品和工业原料。食醋的主要成分是乙酸，也有少量的其他弱酸，如乳酸等。

在测定中，将食醋用不含二氧化碳的蒸馏水适当稀释后，用 NaOH 标准溶液滴定，反应后的生成物为乙酸钠，化学计量点为 pH＝8.7 左右，选用酚酞为指示剂，滴定至呈现粉红色即为终点。

二、混合碱的分析

1. 烧碱中 NaOH 和 Na_2CO_3 含量的测定

烧碱（氢氧化钠）在生产和储藏过程中，因吸收空气中的 CO_2 而产生部分 Na_2CO_3。在测定烧碱中 NaOH 含量时，常常要同时测定 Na_2CO_3 的含量，故称为混合碱的分析。分析方法有两种。

1）双指示剂法

所谓双指示剂法，就是利用两种指示剂在不同计量点的颜色变化，得到两个终点，分别根据各终点时所消耗的酸标准溶液的体积，计算各成分的含量。

烧碱中 NaOH 和 Na_2CO_3 含量的测定，可用甲基橙和酚酞两种指示剂，以酸标准溶液连续滴定。具体做法如下：在烧碱溶液中，先加酚酞指示剂，用酸（如 HCl）标准溶液滴定至酚酞红色刚好褪去。此时，溶液中 NaOH 已全部被滴定，Na_2CO_3 只被滴定成 $NaHCO_3$（即恰好滴定了一半），设消耗 HCl 标准溶液的体积为 V_1。然后加入甲基橙指示剂，继续以 HCl 标准溶液滴定至溶液由黄色变成橙色，这时 $NaHCO_3$ 已全部被滴定，记下 HCl 标准溶液的用量，设为 V_2。整个滴定过程所消耗 HCl 标准溶液的体积关系如图 4-10 所示。

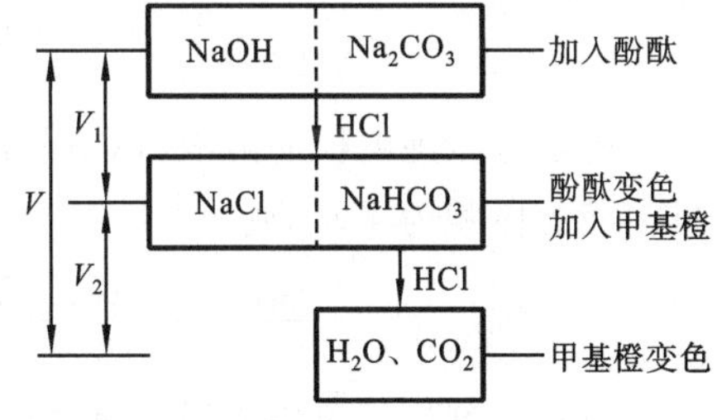

图 4-10　滴定过程中所消耗 HCl 标准溶液的体积关系

计算公式为

$$w_{NaOH}=\frac{c_{HCl}(V_1-V_2)\times 40.00\ g/mol}{m_s}\times 100\%$$

$$w_{Na_2CO_3}=\frac{c_{HCl}V_2\times 105.99\ g/mol}{m_s}\times 100\%$$

双指示剂法操作简单，但因滴定至第一计量点时，终点观察不明显，有 1%左右的误差。若要求测定结果较准确，可用氯化钡法测定。

2）氯化钡法

先取1份样品溶液，以甲基橙作指示剂，用HCl标准溶液滴定至橙色。此时混合碱中NaOH和Na_2CO_3均被滴定，设消耗HCl标准溶液的体积为V_1。

另取等量样品溶液，加入过量$BaCl_2$溶液，使其中的Na_2CO_3变成$BaCO_3$沉淀析出。然后以酚酞作指示剂，用HCl标准溶液滴定至红色刚好褪去，设消耗HCl标准溶液的体积为V_2。此法用于滴定混合碱中的NaOH。于是

$$w_{Na_2CO_3}=\frac{c_{HCl}(V_1-V_2)\times 105.99\ g/mol}{m_s}\times 100\%$$

$$w_{NaOH}=\frac{c_{HCl}V_2\times 40.00\ g/mol}{m_s}\times 100\%$$

2. 纯碱中Na_2CO_3和$NaHCO_3$含量的测定

其测定方法与烧碱相类似。用双指示剂法测定时，仅滴定体积关系与前述有所不同，根据滴定的体积关系，有

$$w_{Na_2CO_3}=\frac{c_{HCl}V_1\times 105.99\ g/mol}{m_s}\times 100\%$$

$$w_{NaHCO_3}=\frac{c_{HCl}(V_2-V_1)\times 84.01\ g/mol}{m_s}\times 100\%$$

用氯化钡法测定时，操作与烧碱的分析稍有变更，即往试液中加入$BaCl_2$之前，加入过量NaOH标准溶液，将试液中$NaHCO_3$转变成Na_2CO_3。然后用$BaCl_2$沉淀Na_2CO_3，再以酚酞作指示剂，用HCl标准溶液滴定过量的NaOH。

设c_{HCl}、V_{HCl}和c_{NaOH}、V_{NaOH}分别为HCl标准溶液和NaOH溶液的浓度及体积，则

$$w_{NaHCO_3}=\frac{(c_{NaOH}V_{NaOH}-c_{HCl}V_{HCl})\times 84.01\ g/mol}{m_s}\times 100\%$$

另取等量纯碱样品溶液，以甲基橙作指示剂，用HCl标准溶液滴定。设消耗HCl标准溶液的体积为V'_{HCl}，则

$$w_{Na_2CO_3}=\frac{[c_{HCl}V'_{HCl}-(c_{NaOH}V_{NaOH}-c_{HCl}V_{HCl})]\times 105.99\ g/mol}{m_s}\times 100\%$$

双指示剂法不仅用于混合碱的定量分析，还可用于未知样品(碱)的定性分析。双指示剂法测定时标准溶液体积变化与样品组成的关系见表4-7。

表4-7 双指示剂法测定时标准溶液体积变化与样品组成

V_1和V_2的变化	样品组成
$V_1\neq 0, V_2=0$	OH^-
$V_1=0, V_2\neq 0$	HCO_3^-
$V_1=V_2\neq 0$	CO_3^{2-}
$V_1>V_2>0$	$OH^-+CO_3^{2-}$
$V_2>V_1>0$	$HCO_3^-+CO_3^{2-}$

三、硼酸的测定

硼酸是极弱酸($pK_a=9.24$),不能用标准碱溶液直接滴定,但能与多元醇作用生成酸性较强的配合酸($pK_a=4.26$)。该配合酸可用标准碱溶液直接滴定,化学计量点的 pH 值在 9 左右。用酚酞等碱性指示剂指示终点。相关反应如下:

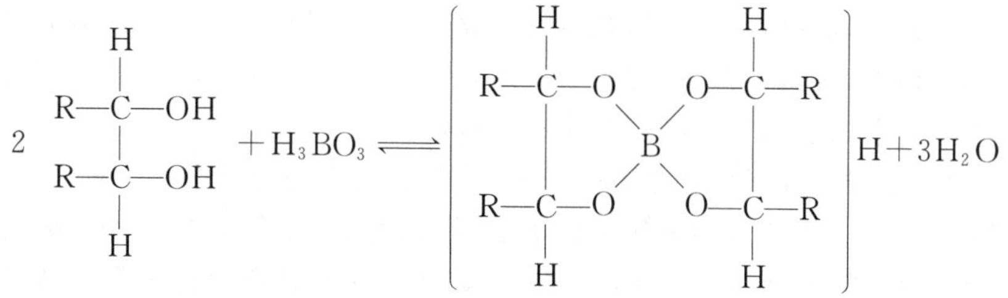

$$2\ \begin{matrix} H \\ | \\ R-C-OH \\ | \\ R-C-OH \\ | \\ H \end{matrix} + H_3BO_3 \rightleftharpoons \left[\begin{matrix} H & & H \\ | & & | \\ R-C-O & & O-C-R \\ | \quad \diagdown & & \diagup \quad | \\ | & B & | \\ | \quad \diagup & & \diagdown \quad | \\ R-C-O & & O-C-R \\ | & & | \\ H & & H \end{matrix} \right] H + 3H_2O$$

四、铵盐含氮量的测定

由于铵盐中 NH_4^+ 的 $K_a'=5.6\times10^{-10}$ 很小,$cK_a'<10^{-8}$,不可直接滴定。利用甲醛与铵盐反应:

$$4NH_4^+ + 6HCOH = (CH_2)_6N_4H^+ + 3H^+ + 6H_2O$$

以酚酞为指示剂,滴至微红色,则

$$w_N=\frac{c_{NaOH}V_{NaOH}\times 14.01\ g/mol}{m_s}\times100\%$$

第八节 非水滴定简介

在水以外的溶剂中进行的滴定,称为非水滴定,又称非水溶液滴定。非水滴定法现多指在非水溶液中的酸碱滴定法,主要用于有机化合物的分析。使用非水溶剂,可以增大样品的溶解度,同时可增强其酸碱性,使在水中不能进行完全的滴定反应顺利进行,对有机弱酸、弱碱可以得到明显的终点突跃。水中只能滴定 pK(K 为解离常数)小于 8 的化合物,在非水溶液中则可滴定 pK 小于 13 的物质,因此,此法已广泛应用于有机酸碱的测定中。

溶液中酸、碱性的强弱除由其本身的性质决定外,还受溶剂的影响。根据布朗斯特酸碱理论,在溶液中能释放出质子的为酸,能接受质子的为碱。游离的质子不能单独存在于溶液中,必须同时有接受质子的碱存在。在一个体系中,给出质子能力较强的为酸,给出质子能力较弱的为碱。

以酸 HA 为例,在水溶液中,酸释放出的质子和能接受质子的溶剂水分子结合形成水合质子。如果 HA 是酸性较水强得多的酸,此反应可进行完全。各种强酸在水中均形成 H_3O^+,因此不论该强酸的酸性多强,在水溶液中其固有的酸强度已不能表现出来,而被溶剂水均化到水合质子的强度水平,结果这些酸的强度相等。溶剂的这种作用称为调平效应。

水对各种强酸有调平效应，但对弱酸则无此效应，因水本身的碱性很弱，质子转移反应很不完全，如乙酸与水反应只进行到一定程度，溶液中尚存在大量乙酸分子，水合质子则很少。因此，乙酸和强酸在水中的酸强度有所区别。这种效应称为区分效应。$pK>8$ 的酸在水溶液中很少有 H_3O^+ 存在，不能被碱滴定。

在非水的碱性溶剂中，由于溶剂本身有一定碱性，可以促使上述质子转移反应进行得趋于完全，即弱酸在碱性溶剂中的酸强度可均化至溶剂合质子的水平，而溶剂合质子是在该溶剂中能存在的最强酸。此时弱酸也可被碱滴定。有机弱碱的情况与弱酸相仿，同理可在酸性溶剂中用酸滴定，它们的盐类也都可以滴定。

根据可释放或接受质子的性质，非水滴定常用的溶剂可分为酸性、碱性、两性及惰性四种，也可混合使用。滴定酸时多用碱性溶剂，如胺类、酰胺等，滴定用的标准溶液多用甲醇钠的苯-甲醇溶液或碱金属氢氧化物的醇溶液，以百里酚蓝等为指示剂。滴定弱碱时多用酸性溶剂，如乙酸、乙酸酐等，标准溶液多用高氯酸的冰乙酸溶液，常用甲基紫作指示剂。

进行非水滴定时，操作与一般滴定相同，除指示剂外，也可用电位法指示终点。溶剂或试剂中的水分多用与乙酸酐或金属钠反应等办法除去。由于制取标准溶液用的有机溶剂的温度系数一般较大，应注意标定时与测定样品时的温差不宜过大，否则应进行温度校正。

本章小结

1. 酸碱质子理论、酸碱平衡常数的概念，分析浓度和平衡浓度的差别。

2. 各种溶液酸度的计算：欲计算一种溶液的酸度，首先要确定溶液的种类，然后根据不同种类溶液酸度的计算方法，计算溶液的酸度。

3. 指示剂的选择：选择酸碱指示剂的依据是滴定体系的突跃范围或化学计量点的 pH 值。由于滴定体系不同，指示剂的选择方法也有所不同。

4. 各类酸碱直接滴定的条件。

5. 酸碱滴定法的应用。

目标检测

一、选择题

1. 在浓度相同的情况下，下面物质酸性最强的是(　　)。

A. HAc　　B. NH_4^+　　C. HCO_3^-　　D. HS^-

2. 在纯水中加入一些酸，则溶液中$[H^+]$与$[OH^-]$的乘积会(　　)。

A. 增大　　B. 减少　　C. 不变　　D. 无法判断

3. 在 pH=5.0、0.10 mol/L 草酸溶液中主要以(　　)型体存在。

A. $H_2C_2O_4$　　B. $HC_2O_4^-$　　C. $C_2O_4^{2-}$　　D. 以上三种均是

4. 下面(　　)不是共轭酸碱对关系。

A. H_2CO_3-HCO_3^-　　B. HAc-Ac^-　　C. NH_4^+-NH_3　　D. H_3O^+-OH^-

5. $c=1.0\times10^{-8}$ mol/LHCl 溶液的 pH 值为(　　)。

A. 9.0　　B. 8.0　　C. 7.0　　D. 4.0

6. 下列物质中能用强碱溶液直接滴定的是(　　)。

A. 0.1 mol/L NH_4Cl 溶液

B. 0.1 mol/L HAc 溶液

C. 0.1 mol/L $NH_3\cdot H_2O$ 溶液

D. 0.1 mol/L H_3BO_3 溶液

7. 用 0.1 mol/LNaOH 溶液滴定 0.1 mol/LHAc($pK_a=4.7$)溶液的 pH 突跃范围为(　　)。

A. 6.7～8.7　　B. 6.7～9.7　　C. 7.7～8.7　　D. 7.7～9.7

8. 用双指示剂法进行混合碱(可能含有 NaOH、Na_2CO_3)分析,若 $V_1\neq0$,$V_2=0$,说明体系中含有(　　)。

A. NaOH　　B. Na_2CO_3　　C. NaOH+Na_2CO_3　　D. 两样都没有

二、名词解释

酸碱质子理论　　质子条件　　共轭酸碱对　　平衡浓度　　分析浓度

缓冲溶液　　缓冲容量　　滴定突跃

三、填空题

1. 根据酸碱质子理论,凡是能给出质子的物质是________,凡是能接受质子的物质是________。

2. 写出下列物质的共轭酸:HCO_3^- ________;NH_3 ________;HPO_4^{2-} ________;Ac^- ________。

3. 写出下列物质的共轭碱:H_2O ________;H_3PO_4 ________;$H_2C_2O_4$ ________;HCN ________。

4. H_3PO_4 在水溶液中存在________、________、________、________四种型体。

5. 酸碱溶液中存在的三大平衡是________、________、________。

6. 指示剂颜色变化的 pH 值区间称为________。

7. 常用的甲基橙、酚酞、溴甲酚绿的变色范围分别在________、________、________。

8. 弱酸能被强碱直接目视准确滴定的条件是__________。

9. 标定 HCl 标准溶液一般用________为基准物质,标定 NaOH 标准溶液时一般用________作基准物质。

四、简答题

1. 为什么不能用直接法配制 HCl 标准溶液?

2. 双指示剂法测定混合碱含量的原理是什么?

3. 用邻苯二甲酸氢钾标定 NaOH 标准溶液时,指示剂为什么用酚酞而不用甲基橙?

4. 以 HAc-NaAc 和 NH_3-NH_4Cl 溶液为例,说明为什么弱酸(碱)和弱酸盐(弱碱盐)

所组成的混合溶液具有在一定范围内稳定溶液 pH 值的能力。

五、计算题

1. 已知甲酸的 $K_a=1.8\times10^{-4}$,其共轭碱 $HCOO^-$ 的 K_b 为多少? (5.56×10^{-11})

2. 计算 pH=5.0 时,0.1 mol/LH_2CO_3 溶液中 CO_3^{2-} 的浓度。 (0)

3. 计算下列各溶液的 pH 值:

(1) 0.01 mol/L HCl 溶液; (2.0)

(2) 0.02 mol/L NaOH 溶液; (12.3)

(3) 0.1 mol/L NaAc 溶液; (8.9)

(4) 0.05 mol/L HCN 溶液; (5.2)

(5) 0.1 mol/L $NaHCO_3$ 溶液。 (8.3)

4. 用基准无水 Na_2CO_3标定 HCl 溶液时,称取 1.223 0 g Na_2CO_3,用 HCl 溶液滴定到甲基橙指示剂由黄色变为橙色即为终点,消耗 HCl 溶液 24.35 mL,计算 HCl 溶液的浓度(mol/L)。 (0.9477 mol/L)

5. 称取纯 $NaHCO_3$ 1.008 g,溶于适量水中,然后往此溶液中加入纯固体 NaOH 0.320 0 g,最后将溶液移入 250 mL 容量瓶中。移取上述溶液 50.0 mL,以 0.1000 mol/L HCl 溶液滴定。

(1) 以酚酞为指示剂滴定至终点时,消耗 HCl 溶液多少毫升?

(2) 继续加入甲基橙指示剂滴定至终点时,又消耗 HCl 溶液多少毫升?

(16.00 mL,24.00 mL)

第五章

氧化还原滴定法

氧化还原滴定法是以氧化还原反应为基础的滴定分析方法。氧化还原滴定法应用较为广泛，不仅可以直接测定氧化剂和还原剂，也可以间接测定一些能与氧化剂或还原剂发生定量反应的物质。氧化还原反应速率一般具有较慢的特点，对氧化还原滴定法影响较大。氧化还原反应是基于电子转移的反应，比较复杂，反应常分步进行，需要一定时间才能完成，因此必须注意反应速率，注意滴定速率要与反应速率相适应。另外，氧化还原反应的机理往往比较复杂。氧化还原滴定受介质影响大，容易引起诱导反应，有时需要加热或加催化剂来加速，否则会影响滴定的定量关系。因此，需要选择适当的条件，使它符合滴定分析的基本要求。

氧化还原滴定法按其所应用的氧化剂或还原剂不同可分为多种滴定方法。通常以氧化剂来命名，主要有高锰酸钾法、重铬酸钾法、碘量法、铈量法等。

第一节　氧化还原平衡

一、标准电极电位和条件电极电位

氧化还原反应的本质是电子的转移或共用电子对的偏移。在氧化还原反应中，氧化剂和还原剂的强弱可以用有关电对的电极电位（简称电位）来衡量。电对的电极电位越高，其氧化态（用 Ox 表示）的氧化能力越强；电极电位越低，其还原态（用 Red 表示）的还原能力越强。氧化剂可以氧化电极电位比它低的还原剂，还原剂可以还原电极电位比它高的氧化剂。氧化还原电对的电极电位可用 Nernst（能斯特）方程求得。

例如，Ox/Red 电对（其中省略了离子的电荷）的半反应：

$$\mathrm{Ox}+n\mathrm{e}^{-} \rightleftharpoons \mathrm{Red}$$

Nernst 方程的表达式为

$$\varphi_{\mathrm{Ox/Red}}=\varphi^{\ominus}_{\mathrm{Ox/Red}}+\frac{RT}{nF}\ln\frac{a_{\mathrm{Ox}}}{a_{\mathrm{Red}}} \tag{5-1}$$

式中：$\varphi_{\mathrm{Ox/Red}}$——Ox/Red 电对的电极电位；

$\varphi^{\ominus}_{Ox/Red}$——标准电极电位；

a_{Ox}、a_{Red}——氧化态(Ox)及还原态(Red)的活度；

R——摩尔气体常数，8.314 J/(mol·K)；

T——热力学温度；

F——法拉第常数，96 485 C/mol；

n——半反应中电子的转移数。

将以上数据代入式(5-1)中，在 298 K 时可得

$$\varphi_{Ox/Red}=\varphi^{\ominus}_{Ox/Red}+\frac{0.059}{n}\lg\frac{a_{Ox}}{a_{Red}} \tag{5-2}$$

从式(5-2)可见，电对的电极电位与存在于溶液中氧化态和还原态的活度是有关的。当 $a_{Ox}=a_{Red}=1$ 时，$\varphi_{Ox/Red}=\varphi^{\ominus}_{Ox/Red}$，这时的电极电位等于标准电极电位。所谓标准电极电位，是指在一定温度下(通常为 298 K)，氧化还原半反应中各组分的活度等于 1 时的电极电位。常见电对的标准电极电位值参见附录。

在稀溶液中，离子强度较小，通常就以浓度代替活度进行计算。但在浓溶液中，溶液的离子强度的影响是不能忽视的，更重要的是当溶液组成改变时，电对的氧化态和还原态的存在形式也随之改变，因而引起电极电位的变化，在这种情况下，用浓度代替活度代入 Nernst 方程计算有关电对的电极电位时，其计算结果与实际情况相差很大。现以 HCl 溶液中 Fe(Ⅲ)/Fe(Ⅱ)体系的电极电位计算为例，由 Nernst 方程得

$$\varphi_{Fe^{3+}/Fe^{2+}}=\varphi^{\ominus}_{Fe^{3+}/Fe^{2+}}+0.059\lg\frac{a_{Fe^{3+}}}{a_{Fe^{2+}}} \tag{5-3}$$

活度等于浓度与活度系数的乘积，则

$$\varphi_{Fe^{3+}/Fe^{2+}}=\varphi^{\ominus}_{Fe^{3+}/Fe^{2+}}+0.059\lg\frac{\gamma_{Fe^{3+}}[Fe^{3+}]}{\gamma_{Fe^{2+}}[Fe^{2+}]} \tag{5-4}$$

但是，在 HCl 溶液中除 Fe^{3+}、Fe^{2+} 外，还存在$[FeCl]^{2+}$、$[FeCl_2]^{+}$、$[FeCl_4]^{-}$、$[FeCl_6]^{3-}$、$[FeCl]^{+}$、$[FeCl_3]^{-}$、$[FeCl_4]^{2-}$等型体。若用 $c_{Fe(Ⅲ)}$、$c_{Fe(Ⅱ)}$ 表示溶液中 Fe(Ⅲ)及 Fe(Ⅱ)的总浓度，则

$$\alpha_{Fe^{3+}}=\frac{c_{Fe(Ⅲ)}}{[Fe^{3+}]}$$

$$\alpha_{Fe^{2+}}=\frac{c_{Fe(Ⅱ)}}{[Fe^{2+}]}$$

$\alpha_{Fe^{3+}}$ 及 $\alpha_{Fe^{2+}}$ 在 HCl 溶液中分别为 Fe^{3+} 和 Fe^{2+} 的副反应系数。代入式(5-4)得

$$\varphi_{Fe^{3+}/Fe^{2+}}=\varphi^{\ominus}_{Fe^{3+}/Fe^{2+}}+0.059\lg\frac{\gamma_{Fe^{3+}}\alpha_{Fe^{2+}}c_{Fe(Ⅲ)}}{\gamma_{Fe^{2+}}\alpha_{Fe^{3+}}c_{Fe(Ⅱ)}} \tag{5-5}$$

因为 Fe(Ⅲ)及 Fe(Ⅱ)的分析浓度 $c_{Fe(Ⅲ)}$、$c_{Fe(Ⅱ)}$ 是很容易知道的，α 和 γ 在一定条件下都是常数，可并入常数项中，可将式(5-5)改写为

$$\varphi_{Fe^{3+}/Fe^{2+}}=\varphi^{\ominus}_{Fe^{3+}/Fe^{2+}}+0.059\lg\frac{\gamma_{Fe^{3+}}\alpha_{Fe^{2+}}}{\gamma_{Fe^{2+}}\alpha_{Fe^{3+}}}+0.059\lg\frac{c_{Fe(Ⅲ)}}{c_{Fe(Ⅱ)}} \tag{5-6}$$

当 $c_{Fe(Ⅲ)}=c_{Fe(Ⅱ)}=1$ mol/L 时，得

$$\varphi_{Fe^{3+}/Fe^{2+}}=\varphi^{\ominus}_{Fe^{3+}/Fe^{2+}}+0.059\lg\frac{\gamma_{Fe^{3+}}\alpha_{Fe^{2+}}}{\gamma_{Fe^{2+}}\alpha_{Fe^{3+}}}=\varphi^{\ominus\prime}_{Fe^{3+}/Fe^{2+}} \tag{5-7}$$

式中：$\varphi^{\ominus\prime}_{Fe^{3+}/Fe^{2+}}$——条件电极电位。

引入了条件电极电位之后，式(5-6)可写为

$$\varphi_{Fe^{3+}/Fe^{2+}}=\varphi^{\ominus\prime}_{Fe^{3+}/Fe^{2+}}+0.059\lg\frac{c_{Fe(Ⅲ)}}{c_{Fe(Ⅱ)}} \tag{5-8}$$

条件电极电位表示在一定介质条件下氧化态和还原态的分析浓度都为 1 mol/L 时校正了各种外界因素影响后的实际电位，在一定条件下为常数，当条件改变时也将随着改变。在处理有关氧化还原反应的电极电位计算时，通常采用条件电极电位。对于没有相应条件电极电位数据的氧化还原电对，则采用条件相近的条件电极电位或标准电极电位数据。

一般通式为

$$\varphi_{Ox/Red}=\varphi^{\ominus\prime}_{Ox/Red}+\frac{0.059}{n}\lg\frac{c_{Ox}}{c_{Red}} \tag{5-9}$$

$$\varphi^{\ominus\prime}_{Ox/Red}=\varphi^{\ominus}_{Ox/Red}+\frac{0.059}{n}\lg\frac{\gamma_{Ox}\alpha_{Red}}{\gamma_{Red}\alpha_{Ox}}$$

[例 5-1] 计算 1.0 mol/LH_2SO_4溶液中 $c_{Ce^{4+}}=0.001$ mol/L，$c_{Ce^{3+}}=0.01$ mol/L 时 Ce^{4+}/Ce^{3+}电对的电极电位。已知在 1.0 mol/L H_2SO_4溶液中，$\varphi^{\ominus\prime}_{Ce^{4+}/Ce^{3+}}=1.44$ V。

解 在 1.0 mol/LH_2SO_4介质中，$\varphi^{\ominus\prime}_{Ce^{4+}/Ce^{3+}}=1.44$ V，则

$$\varphi_{Ce^{4+}/Ce^{3+}}=\varphi^{\ominus\prime}_{Ce^{4+}/Ce^{3+}}+0.059\lg\frac{c_{Ce^{4+}}}{c_{Ce^{3+}}}=(1.44+0.059\lg\frac{0.001}{0.01})\ \text{V}=1.38\ \text{V}$$

二、氧化还原反应进行的程度

氧化还原反应进行的程度，由反应的平衡常数 K 或条件平衡常数 K'(其意义与条件稳定常数相同)来衡量。平衡常数越大，反应越彻底。氧化还原反应的平衡常数，可以用有关电对的标准电极电位或条件电极电位求得，推导过程见后。

$$n_2O_1+n_1R_2 \rightleftharpoons n_1O_2+n_2R_1$$

$$\lg K=\lg\frac{[R_1]^{n_2}[O_2]^{n_1}}{[R_2]^{n_1}[O_1]^{n_2}}=\frac{(\varphi_1^{\ominus}-\varphi_2^{\ominus})n}{0.059} \tag{5-10}$$

$$\lg K'=\lg\frac{a_{R_1}^{n_2}a_{O_2}^{n_1}}{a_{R_2}^{n_1}a_{O_1}^{n_2}}=\frac{(\varphi_1^{\ominus\prime}-\varphi_2^{\ominus\prime})n}{0.059} \tag{5-11}$$

式中：n——两电对电子转移数的最小公倍数。

到达化学计量点时，反应进行的程度可由氧化态和还原态浓度的比值来表示，由该比值可求得平衡常数，进而求得反应中两相关电对条件电极电位的差值。

[例 5-2] 对于反应： $n_2O_1+n_1R_2 \rightleftharpoons n_1O_2+n_2R_1$

当 $n_1=n_2=1$ 时，要使化学计量点时反应的完全程度达 99.9%以上，则 $\lg K'$至少应为多少？$\varphi_1^{\ominus\prime}-\varphi_2^{\ominus}$又至少应为多少？

解 要使反应程度达 99.9%以上，当 $n_1=n_2=1$ 时，即要求

$$\frac{a_{R_1}}{a_{R_2}}\geqslant 10^3,\quad \frac{a_{O_2}}{a_{O_1}}\geqslant 10^3$$

则

$$\lg K'=\lg\frac{a_{O_2}a_{R_1}}{a_{O_1}a_{R_2}}\geqslant 6$$

$$\varphi_1^{\ominus\prime}-\varphi_2^{\ominus\prime}=\frac{0.059}{n}\lg K'\geqslant 0.059\times 6\ \mathrm{V}=0.35\ \mathrm{V}$$

氧化还原反应理论上是可逆反应，可逆反应必然趋向于平衡。反应的平衡常数可以由两电对的电极电位来计算。平衡常数的大小可以衡量反应完成的程度。

例如，在 1 mol/L H_2SO_4 溶液中，用硫酸铈滴定硫酸亚铁：

$$Ce^{4+}+Fe^{2+}\rightleftharpoons Ce^{3+}+Fe^{3+}$$

两电对的电极电位分别是

$$\varphi_{Ce^{4+}/Ce^{3+}}=\varphi^{\ominus}_{Ce^{4+}/Ce^{3+}}+0.059\lg\frac{[Ce^{4+}]}{[Ce^{3+}]} \tag{5-12}$$

$$\varphi_{Fe^{3+}/Fe^{2+}}=\varphi^{\ominus}_{Fe^{3+}/Fe^{2+}}+0.059\lg\frac{[Fe^{3+}]}{[Fe^{2+}]} \tag{5-13}$$

在反应过程中，$[Ce^{4+}]$不断减小，$[Ce^{3+}]$不断增加，即 $\varphi_{Ce^{4+}/Ce^{3+}}$ 逐渐减小。同时，$[Fe^{2+}]$不断减小，$[Fe^{3+}]$不断增加，即 $\varphi_{Fe^{3+}/Fe^{2+}}$ 逐渐增大，最后

$$\varphi_{Ce^{4+}/Ce^{3+}}=\varphi_{Fe^{3+}/Fe^{2+}} \tag{5-14}$$

上述反应达到了平衡。将式(5-12)和式(5-13)代入式(5-14)，整理后得

$$\lg\frac{[Ce^{3+}][Fe^{3+}]}{[Ce^{4+}][Fe^{2+}]}=\frac{\varphi^{\ominus}_{Ce^{4+}/Ce^{3+}}-\varphi^{\ominus}_{Fe^{3+}/Fe^{2+}}}{0.059} \tag{5-15}$$

而$\frac{[Ce^{3+}][Fe^{3+}]}{[Ce^{4+}][Fe^{2+}]}=K$（平衡常数），将标准电极电位数值代入，则得

$$\lg K=\frac{1.61-0.771}{0.059}\approx 14$$

因此 $K\approx 10^{14}$

从平衡常数 K 值可以看出，反应达到平衡时，生成物浓度的乘积约为反应物浓度的乘积的 10^{14} 倍。这说明氧化还原反应进行得很完全。

把式(5-15)推广到一般氧化还原反应：

$$\text{氧化态 1}+\text{还原态 2}=\!=\!=\text{还原态 1}+\text{氧化态 2}$$

$$\lg K=\lg\frac{[\text{还原态 1}][\text{氧化态 2}]}{[\text{氧化态 1}][\text{还原态 2}]}=\frac{(\varphi_1^{\ominus}-\varphi_2^{\ominus})n}{0.059} \tag{5-16}$$

式中：$\varphi_1^{\ominus}$——氧化剂电对的标准电极电位；

$\varphi_2^{\ominus}$——还原剂电对的标准电极电位。

从式(5-16)可以看出，氧化还原反应的平衡常数 K 值的大小是直接由两电对的标准电极电位之差决定的。$\varphi_1^{\ominus}$ 和 $\varphi_2^{\ominus}$ 相差越大，平衡常数 K 也越大，反应进行得越完全。实际上，由于滴定分析的允许误差为 0.1%，当外界条件（如介质浓度、酸度等）改变时，电对的电极电位是要改变的，因此只要有适当的外界条件，使两电对的电极电位差超过 0.4 V，这样的氧化还原反应也就能用于滴定分析测定。

三、影响反应速率的因素

平衡常数的大小，表示反应进行的程度，而不能表明反应速率的大小。有些反应理论

上可以进行完全，但实际反应速率太小而觉察不到反应的进行。很多因素会影响氧化还原反应的速率。而滴定分析要求反应定量、迅速地进行，因此对于氧化还原反应除考虑反应进行的程度外，还要考虑反应速率。下面讨论影响氧化还原反应速率的因素。

1. 反应物的浓度

一般来说，反应物的浓度越大，反应速率越大。例如：

$$Cr_2O_7^{2-}+6I^-+14H^+ = 2Cr^{3+}+7H_2O+3I_2$$

$$2S_2O_3^{2-}+I_2 = 2I^-+S_4O_6^{2-}$$

实验结果表明，KI 过量 5 倍，HCl 溶液浓度在 0.8～1 mol/L 才能反应完全。

2. 温度

升高温度一般可增大反应速率，通常溶液的温度每增高 10 ℃，反应速率可增大 2～4 倍。例如，高锰酸钾与草酸的反应，在加热时，紫色褪去非常明显。

$$2MnO_4^-+5C_2O_4^{2-}+16H^+ = 2Mn^{2+}+10CO_2+8H_2O$$

3. 催化反应

催化剂有正、负之分，正催化剂能增大反应速率，负催化剂可减小反应速率。

4. 诱导反应

$KMnO_4$ 氧化 Cl^- 的反应速率很小，但当溶液中同时存在 Fe^{2+} 时，$KMnO_4$ 与 Fe^{2+} 的反应可以加速 $KMnO_4$ 与 Cl^- 的反应。像这样由于一个反应的发生，促进另一个反应进行的现象，称为诱导反应。

第二节 氧化还原滴定原理

一、氧化还原滴定指示剂

氧化还原滴定的化学计量点可借助仪器（如电位分析法）来确定，但一般借助指示剂的颜色变化来判断。

1. 自身指示剂

在氧化还原滴定中，标准溶液或被滴定的物质本身有颜色，那么滴定时就不必另加指示剂，其自身起着指示剂的作用，这称为自身指示剂。例如，用高锰酸钾法滴定，当 $KMnO_4$ 的浓度约为 2×10^{-6} mol/L 时，就可以看到溶液呈粉红色。

2. 特殊指示剂

有些物质能与氧化剂或还原剂产生特殊的颜色，因而可以指示滴定终点。例如，可溶性淀粉与碘溶液反应，生成深蓝色的化合物，当 I_2 被还原为 I^- 时，深蓝色消失，因此，在碘量法中，可用淀粉溶液作指示剂，这称为特殊指示剂。

3. 氧化还原指示剂

这类指示剂是本身具有氧化还原性质的有机化合物，其氧化态和还原态具有不同的颜色,在滴定过程中,指示剂由氧化态变为还原态,或由还原态变为氧化态,根据颜色的突变来指示终点。

氧化还原指示剂也有其变色的电位范围,若以 In_{Ox} 和 In_{Red} 表示指示剂的氧化态和还原态,其半反应为

$$In_{Ox}+ne^{-}═══In_{Red}$$

$$\varphi_{In}=\varphi_{In}^{\ominus\prime}+\frac{0.059}{n}\lg\frac{c_{In_{Ox}}}{c_{In_{Red}}}$$

随着滴定体系电极电位的改变,指示剂的氧化态与还原态的浓度比也发生变化,从而使溶液的颜色发生变化,其变色的电位范围是 $\varphi_{In}^{\ominus\prime}\pm\frac{0.059}{n}$ V。

表 5-1 列出了一些重要的氧化还原指示剂的条件电极电位。在选择指示剂时,应使指示剂的条件电极电位尽量与反应的化学计量点的电极电位一致,以减小终点误差。注意指示剂空白值的影响。

表 5-1　一些重要的氧化还原指示剂的 $\varphi_{In}^{\ominus\prime}$ 及颜色变化

指示剂	$\varphi_{In}^{\ominus\prime}$/V ($[H^{+}]$=1 mol/L)	颜色变化	
		氧化态	还原态
亚甲基蓝	0.36	蓝色	无色
二苯胺	0.76	紫色	无色
二苯胺磺酸钠	0.84	紫红色	无色
邻苯氨基苯甲酸	0.89	紫红色	无色
邻二氮菲-亚铁	1.06	浅蓝色	红色
硝基邻二氮菲-亚铁	1.25	浅蓝色	紫红色

例如,用 $K_2Cr_2O_7$ 溶液滴定 Fe^{2+},用二苯胺磺酸钠作指示剂。其还原态无色,氧化态为紫红色,计量点时,由还原态变为氧化态,溶液显紫红色,因而可以指示滴定终点。

二、氧化还原滴定曲线

在氧化还原滴定过程中,随着滴定剂的加入,溶液中各电对的电极电位不断地发生变化。当滴定到达化学计量点附近时,与其他滴定一样,溶液的电极电位会发生突跃,若用曲线表示其关系,即得到氧化还原滴定曲线。氧化还原滴定曲线可由实验数据描出,也可由 Nernst 方程计算溶液电极电位后描出。

现以在 1 mol/L H_2SO_4 溶液介质中,用 0.100 0 mol/L $Ce(SO_4)_2$ 标准溶液滴定 20.00 mL 0.100 0 mol/L $FeSO_4$ 溶液为例,说明滴定曲线的绘制。

滴定反应为

$$Ce^{4+}+Fe^{2+}═══Ce^{3+}+Fe^{3+}$$

$$\varphi^{\ominus\prime}_{Fe^{3+}/Fe^{2+}}=0.68\ V,\quad \varphi^{\ominus\prime}_{Ce^{4+}/Ce^{3+}}=1.44\ V$$

滴定开始后，溶液中同时存在两个电对，滴定过程中，每滴加一定量的滴定剂，反应达到新的平衡后，每个电对的电极电位相等，因此在滴定的不同阶段可用便于计算的电对，由 Nernst 方程计算电极电位值。

1. 化学计量点前

在化学计量点前，溶液中存在过量的 Fe^{2+}，故溶液的电极电位可由 Fe^{3+}/Fe^{2+} 电对计算。例如，当滴定了 99.9%的 Fe^{2+} 时，则溶液的电极电位为

$$\varphi=\varphi^{\ominus\prime}_{Fe^{3+}/Fe^{2+}}+0.059\lg\frac{c_{Fe^{3+}}}{c_{Fe^{2+}}}=(0.68+0.059\lg999)\ V=0.86\ V$$

化学计量点前的任意一点的电极电位均可由上述方法求得。

2. 化学计量点时

此时反应定量完成，Ce^{4+} 与 Fe^{2+} 几乎完全地转化为 Ce^{3+} 与 Fe^{3+}，Ce^{4+} 与 Fe^{2+} 的浓度极小，可由两电对的 Nernst 方程联立求溶液的电极电位。

设化学计量点的电极电位为 φ_{sp}，则

$$\varphi_{sp}=\varphi^{\ominus\prime}_{Fe^{3+}/Fe^{2+}}+0.059\lg\frac{c_{Fe^{3+}}}{c_{Fe^{2+}}} \tag{5-17}$$

$$\varphi_{sp}=\varphi^{\ominus\prime}_{Ce^{4+}/Ce^{3+}}+0.059\lg\frac{c_{Ce^{4+}}}{c_{Ce^{3+}}} \tag{5-18}$$

式(5-17)和式(5-18)相加得

$$2\varphi_{sp}=\varphi^{\ominus\prime}_{Ce^{4+}/Ce^{3+}}+\varphi^{\ominus\prime}_{Fe^{3+}/Fe^{2+}}+0.059\lg\frac{c_{Ce^{4+}}\,c_{Fe^{3+}}}{c_{Ce^{3+}}\,c_{Fe^{2+}}}$$

化学计量点时，加入的 Ce^{4+} 与 Fe^{2+} 的量相等，故两者剩余的浓度相等，同时生成 Ce^{3+} 与 Fe^{3+} 的浓度也相等，上式中对数值为零，故有

$$\varphi_{sp}=\frac{\varphi^{\ominus\prime}_{Ce^{4+}/Ce^{3+}}+\varphi^{\ominus\prime}_{Fe^{3+}/Fe^{2+}}}{2}$$

$$\varphi_{sp}=\frac{1.44+0.68}{2}\ V=1.06\ V$$

对于一般的可逆、对称氧化还原滴定反应，其化学计量点的电极电位计算通式为

$$E_{sp}=\frac{n_1E_1^{\ominus\prime}+n_2E_2^{\ominus\prime}}{n_1+n_2}$$

3. 化学计量点后

在化学计量点后，溶液中存在过量的 Ce^{4+}，故溶液的电极电位可由 Ce^{4+}/Ce^{3+} 电对计算。例如，当滴定加入过量 0.1%的 Ce^{4+} 时，则溶液的电极电位为

$$\varphi=\varphi^{\ominus}_{Ce^{4+}/Ce^{3+}}+0.059\lg\frac{c_{Ce^{4+}}}{c_{Ce^{3+}}}=\left(1.44+0.059\lg\frac{0.1}{100}\right)\ V=1.26\ V$$

化学计量点后的任意一点的电极电位均可由上述方法求得。

按上述方法将不同滴定点所计算的电极电位列于表 5-2 中并绘制滴定曲线，如图 5-1 所示。

表 5-2　在 1 mol/LH_2SO_4介质中，用 0.100 0 mol/L$Ce(SO_4)_2$标准溶液滴定 20.00 mL 0.100 0 mol/L $FeSO_4$溶液时不同滴定点的电极电位

加入 Ce^{4+}溶液		电极电位/V
V/mL	滴定分数/(%)	
1.00	5.0	0.60
2.00	10.0	0.62
4.00	20.0	0.64
8.00	40.0	0.67
12.00	60.0	0.69
18.00	90.0	0.74
19.80	99.0	0.80
19.98	99.9	0.86
20.00	100.0	1.06
20.02	100.1	1.26
22.00	110.0	1.38
30.00	150.0	1.42
40.00	200.0	1.44

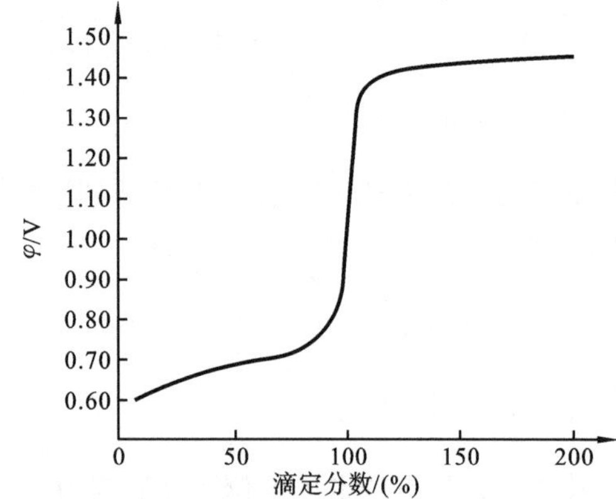

图 5-1　0.100 0 mol/LCe^{4+}滴定 0.100 0 mol/L Fe^{2+}的滴定曲线(1 mol/LH_2SO_4)

从图 5-1 中可以看出，化学计量点附近的电位突跃为 0.86～1.26 V，它是选取氧化还原指示剂的依据；由于 Ce^{4+}滴定 Fe^{2+}的反应中，两电对的电子转移数均为 1，化学计量点的电极电位(1.06 V)正好在突跃电极电位(0.86～1.26 V)的中间，滴定曲线基本对称。氧化还原滴定曲线的突跃与两电对的条件电极电位之差有关，两电对的条件电极电位相差越大，滴定突跃就较长，反之就较短。

第三节　氧化还原滴定法的应用

一、氧化还原滴定的预处理

1. 预处理的必要性

在氧化还原滴定中，往往需要在滴定之前，先将被测组分氧化或还原到一定的价态，

然后进行滴定，这一步骤称为预处理。一般要求预处理时所用的氧化剂或还原剂与被测物质的反应进行完全，且过量的试剂容易除去，还要求反应具有一定的选择性。对某些标准电极电位较高的电对的还原剂，直接用氧化滴定剂测定比较困难，在进行氧化还原滴定前必须使被测定组分处于高价态，如 Mn^{2+}、Ce^{3+}、Cr^{3+} 等的测定。

预处理时所用的氧化剂或还原剂必须符合下列条件：

(1) 预氧化或预还原反应必须将被测组分定量地氧化或还原成一定的价态，且反应速率要大。

(2) 氧化还原反应的选择性要好，以避免样品中其他组分的干扰。

(3) 过量的氧化剂或还原剂要易于完全除去。

在氧化还原滴定法中，根据各种氧化剂、还原剂的性质特点，常用的过量氧化剂或还原剂的去除方法有以下几种。

① 加热分解去除：如 $(NH_4)_2S_2O_8$、H_2O_2 可通过加热煮沸分解除去。

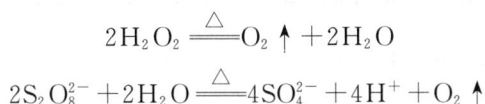

$$2H_2O_2 \xlongequal{\triangle} O_2\uparrow + 2H_2O$$

$$2S_2O_8^{2-} + 2H_2O \xlongequal{\triangle} 4SO_4^{2-} + 4H^+ + O_2\uparrow$$

② 过滤去除：如固体 $NaBiO_3$ 不溶于水，可借过滤除去。

③ 利用化学反应去除：如在铁矿中 Fe 含量的测定中，使用 $SnCl_2$ 将 Fe^{3+} 还原为 Fe^{2+} 后，过量的 $SnCl_2$ 可加入 $HgCl_2$ 除去。

$$SnCl_2 + 2HgCl_2 \rightleftharpoons SnCl_4 + Hg_2Cl_2\downarrow$$

少量 Hg_2Cl_2 沉淀不被 $KMnO_4$ 或 $K_2Cr_2O_7$ 滴定剂氧化，不必过滤除去。

2. 常见的预处理试剂

在氧化还原滴定中，进行预处理时常用的氧化剂及还原剂分别见表 5-3、表 5-4。

表 5-3 预处理时常用的氧化剂

氧化剂	反应条件	主要反应	除去方法
$NaBiO_3$	室温，HNO_3 介质 H_2SO_4 介质	$Mn^{2+} \longrightarrow MnO_4^-$ Ce(Ⅲ)⟶Ce(Ⅳ)	过滤
$(NH_4)_2S_2O_8$	酸性 Ag^+ 作催化剂	Ce(Ⅲ)⟶Ce(Ⅳ) $Mn^{2+} \longrightarrow MnO_4^-$ $Cr^{3+} \longrightarrow Cr_2O_7^{2-}$ $VO^{2+} \longrightarrow VO_3^-$	煮沸分解
H_2O_2	NaOH 介质 HCO_3^- 介质 碱性介质	$Cr^{3+} \longrightarrow CrO_4^{2-}$ Co(Ⅱ)⟶Co(Ⅲ) Mn(Ⅱ)⟶Mn(Ⅳ)	煮沸分解，加少量 Ni^{2+} 或 I^- 作催化剂，加速 H_2O_2 的分解
$KMnO_4$	焦磷酸盐和氟化物，Cr(Ⅲ)存在时	Ce(Ⅲ)⟶Ce(Ⅳ) V(Ⅳ)⟶V(Ⅴ)	亚硝酸钠和尿素
高氯酸	热、浓 $HClO_4$ 介质	V(Ⅳ)⟶V(Ⅴ) Cr(Ⅲ)⟶Cr(Ⅵ)	迅速冷却至室温，用水稀释

表 5-4　预处理时常用的还原剂

还　原　剂	反应条件	主要反应	除去方法
SO_2	1 mol/L H_2SO_4 介质	Fe(Ⅲ)⟶Fe(Ⅱ) As(Ⅴ)⟶As(Ⅲ) Sb(Ⅴ)⟶Sb(Ⅲ) Cu(Ⅱ)⟶Cu(Ⅰ)	煮沸，通 CO_2
$SnCl_2$	酸性，加热	Fe(Ⅲ)⟶Fe(Ⅱ) Mo(Ⅵ)⟶Mo(Ⅴ) As(Ⅴ)⟶As(Ⅲ)	快速加入过量的 $HgCl_2$
汞阴极	恒定电位下	Fe(Ⅲ)⟶Fe(Ⅱ) Cr(Ⅲ)⟶Cr(Ⅱ)	

二、常用的氧化还原滴定法

1. 高锰酸钾法

1）概述

高锰酸钾法是以高锰酸钾为滴定剂的氧化还原滴定方法。高锰酸钾是强氧化剂。它的氧化能力及还原产物与溶液酸度有关。

在强酸性溶液中，$KMnO_4$ 被还原剂还原为 Mn^{2+}：

$$MnO_4^- + 8H^+ + 5e^- = Mn^{2+} + 4H_2O \qquad \varphi^\ominus = 1.51\ V$$

在中性或碱性溶液中，被还原为 MnO_2：

$$MnO_4^- + 2H_2O + 3e^- = MnO_2 + 4OH^- \qquad \varphi^\ominus = 0.588\ V$$

在强碱性溶液中，被还原为 MnO_4^{2-}：

$$MnO_4^- + e^- = MnO_4^{2-} \qquad \varphi^\ominus = 0.564\ V$$

由此可见，高锰酸钾法既可在酸性条件下使用，也可在中性或碱性条件下使用。由于在强酸性溶液中 $KMnO_4$ 有更强的氧化能力，因此一般在强酸条件下使用，为避免其氧化 Cl^-，一般采用 1～2 mol/L H_2SO_4 介质。但 $KMnO_4$ 氧化有机物的反应速率在碱性条件下比在酸性条件下大，所以常用 $KMnO_4$ 在碱性溶液中测定有机物。

高锰酸钾法的特点是氧化能力强，可以直接滴定还原性物质（如 Fe(Ⅱ)、$C_2O_4^{2-}$、H_2O_2、As(Ⅲ)、Sb(Ⅲ)等），对于有机物及氧化物可用返滴定法测定，像 Ca^{2+}、Ba^{2+} 等不具有氧化还原性的物质可间接地测定。Mn^{2+} 近于无色，一般无须另加指示剂。但标准溶液不稳定，反应历程比较复杂，易发生副反应，滴定的选择性较差，需严格控制滴定条件。

2）$KMnO_4$ 溶液的配制

$KMnO_4$ 标准溶液不能用直接法配制，因为高锰酸钾试剂中常含有少量二氧化锰和其他杂质，蒸馏水中也含有少量的还原性杂质，$KMnO_4$ 与还原性物质会发生缓慢的反应，生成 $MnO(OH)_2$ 沉淀，且二氧化锰和 $MnO(OH)_2$ 还能促进 $KMnO_4$ 分解，故要配制多于理论用量的 $KMnO_4$ 溶液后再进行标定。要配制较稳定的 $KMnO_4$ 溶液，可采用以下措施：

称取稍多于理论质量的 $KMnO_4$，溶解在一定体积的蒸馏水中；将配好的 $KMnO_4$ 溶液加热沸腾，并保持微沸约 1 h，然后放置 2～3 天，使溶液中可能存在的还原性物质完全氧化；用微孔玻璃漏斗过滤，除去析出的沉淀；将过滤后的 $KMnO_4$ 溶液储存在棕色瓶中，并存放在暗处，以待标定。

3）$KMnO_4$ 溶液的标定

标定 $KMnO_4$ 溶液的基准物质有 $Na_2C_2O_4$、$(NH_4)_2Fe(SO_4)_2\cdot 6H_2O$、$As_2O_3$、$FeSO_4$ 等，最常用的是 $Na_2C_2O_4$，因其易于提纯、性质稳定。使用前须将 $Na_2C_2O_4$ 在 105～110 ℃条件下烘干约 2 h，冷却后即可使用。在 H_2SO_4 溶液中，$KMnO_4$ 和 $Na_2C_2O_4$ 会发生如下反应：

$$2MnO_4^- + 5C_2O_4^{2-} + 16H^+ = 2Mn^{2+} + 10CO_2\uparrow + 8H_2O$$

滴定时要求温度在 70～85 ℃，若温度高于 90 ℃，草酸会发生分解。酸度控制在 0.5～1 mol/L，开始滴定时的速度不宜太快。可以考虑滴定前加入几滴 Mn^{2+} 溶液作催化剂，因 $KMnO_4$ 是自身指示剂，因此滴定至粉红色且在 0.5～1 min 内不褪色即为滴定终点。

标定后的 $KMnO_4$ 溶液储存时应注意避光避热，如有 $Mn(OH)_2$ 沉淀析出，应重新过滤后标定。

4）高锰酸钾法应用示例

（1）过氧化氢含量测定。

在室温及酸性介质中，H_2O_2 可与 $KMnO_4$ 发生如下反应：

$$2MnO_4^- + 5H_2O_2 + 6H^+ = 2Mn^{2+} + 5O_2\uparrow + 8H_2O$$

因此可用 $KMnO_4$ 直接滴定 H_2O_2。其反应特性与用 $Na_2C_2O_4$ 标定时一致，故应注意滴定速度。

（2）软锰矿中 MnO_2 含量测定。

软锰矿中 MnO_2 含量测定宜用返滴定法。样品称量后，加入 H_2SO_4 溶液和准确过量的 $Na_2C_2O_4$ 标准溶液，待与 MnO_2 反应完毕后，用 $KMnO_4$ 标准溶液滴定过量的 $C_2O_4{}^{2-}$。

$$MnO_2 + C_2O_4^{2-} + 4H^+ = Mn^{2+} + 2CO_2\uparrow + 2H_2O$$

$$2MnO_4^- + 5C_2O_4^{2-} + 16H^+ = 2Mn^{2+} + 10CO_2\uparrow + 8H_2O$$

本法属返滴定法，除应用于氧化物测定外，还可应用于酒石酸、柠檬酸、水杨酸、甲醛、葡萄糖等有机物的测定。地表水、饮用水、生活污水的化学需氧量测定也用此方法。

（3）钙含量测定。

Ca^{2+} 不具氧化还原性，其含量测定采用间接滴定法。含钙样品准确称量后，用适当溶剂溶解，将 Ca^{2+} 沉淀为 CaC_2O_4，过滤，再用稀硫酸将所得沉淀溶解，用 $KMnO_4$ 标准溶液滴定溶液中的 $H_2C_2O_4$，间接求得 Ca^{2+} 含量。

$$CaC_2O_4 + 2H^+ = H_2C_2O_4 + Ca^{2+}$$

$$2MnO_4^- + 5H_2C_2O_4 + 6H^+ = 2Mn^{2+} + 10CO_2\uparrow + 8H_2O$$

能与 $C_2O_4{}^{2-}$ 生成沉淀的稀土元素也可用此法测定。

［例 5-3］ 用 25.00 mL$KMnO_4$ 溶液恰能氧化 0.466 3 g 的 $Na_2C_2O_4$，求该 $KMnO_4$ 溶液的浓度。

解 由氧化还原反应方程式

$$2MnO_4^- + 5C_2O_4^{2-} + 16H^+ \xlongequal{} 2Mn^{2+} + 10CO_2\uparrow + 8H_2O$$

可知,其化学计量关系为

$$n_{\frac{1}{5}KMnO_4} = n_{\frac{1}{2}Na_2C_2O_4}$$

即

$$V_{KMnO_4} c_{\frac{1}{5}KMnO_4} = \frac{m_{Na_2C_2O_4}}{M_{\frac{1}{2}Na_2C_2O_4}}$$

$$c_{\frac{1}{5}KMnO_4} = \frac{m_{Na_2C_2O_4}}{M_{\frac{1}{2}Na_2C_2O_4} V_{KMnO_4}} = \frac{0.4663}{67.00 \times 25.00 \times 10^{-3}}\ \text{mol/L} = 0.2784\ \text{mol/L}$$

$$c_{KMnO_4} = \frac{1}{5} c_{\frac{1}{5}KMnO_4} = \frac{1}{5} \times 0.2784\ \text{mol/L} = 0.05568\ \text{mol/L}$$

2. 重铬酸钾法

1)概述

重铬酸钾法是以 $K_2Cr_2O_7$ 标准溶液为滴定剂的氧化还原滴定方法。$K_2Cr_2O_7$ 是一种常用的氧化滴定剂,在酸性溶液中,其半反应为

$$Cr_2O_7^{2-} + 14H^+ + 6e^- \xlongequal{} 2Cr^{3+} + 7H_2O \qquad \varphi^{\ominus} = 1.33\ \text{V}$$

与高锰酸钾法相比,重铬酸钾法有以下特点:重铬酸钾容易提纯,在 140~250 ℃干燥后,可以直接称量配制标准溶液;$K_2Cr_2O_7$ 标准溶液非常稳定,可以长期保存;反应快;$K_2Cr_2O_7$ 的氧化能力没有 $KMnO_4$ 强,在 1 mol/LHCl 溶液中,室温下不与 Cl 作用,受其他还原性物质的干扰也较高锰酸钾法小。但是,在重铬酸钾滴定时,由于 $Cr_2O_7{}^{2-}$ 橙色不深,Cr^{3+} 是绿色,必须外加氧化还原指示剂指示滴定终点。

2)重铬酸钾法应用示例

(1)铁矿石中全铁含量的测定(无汞定铁法)。

重铬酸钾法测定全铁含量是基于下列反应:

$$Cr_2O_7^{2-} + 14H^+ + 6Fe^{2+} \xlongequal{} 2Cr^{3+} + 6Fe^{3+} + 7H_2O$$

Fe^{2+} 是测定的形式,所以样品在测定前应先制备成 Fe^{2+} 试液。准确称量铁矿石样品,加浓盐酸加热溶解,趁热加 $SnCl_2$,将其中大部分 Fe(Ⅲ)还原,以 Na_2WO_4 为指示剂,用 $TiCl_3$ 还原剩余的 Fe(Ⅲ)至蓝色的 Na_3WO_4(俗称钨蓝)出现,表明 Fe(Ⅲ)已全部被还原。稍过量的 $TiCl_3$ 在 Cu^{2+} 催化下加水稀释,滴加稀 $K_2Cr_2O_7$ 溶液或振荡使空气中氧气溶入至蓝色刚好褪去,以除去过量的 $TiCl_3$。然后在 H_2SO_4-H_3PO_4 介质中,以二苯胺磺酸钠为指示剂,用 $K_2Cr_2O_7$ 标准溶液滴定全部 Fe(Ⅱ)。H_2SO_4-H_3PO_4 的作用如下:提供滴定所需的酸度条件;H_3PO_4 与 Fe^{3+} 生成无色、稳定的 $[Fe(HPO_4)_2]^-$,降低了 Fe^{3+}/Fe^{2+} 电对的电极电位,使指示剂的变色范围落在突跃范围之内;生成无色 $[Fe(HPO_4)_2]^-$,消除了 Fe(Ⅲ)的黄色干扰,使终点时溶液颜色变化更加敏锐。

(2)水样中的化学需氧量(COD)的测定。

在酸性介质中以 $K_2Cr_2O_7$ 为氧化剂,测定水样中化学需氧量的方法记为 COD_{Cr},这是目前应用最广泛的方法,它是衡量水体被还原性物质污染的主要指标之一。测定时,于水样中加入 $HgSO_4$ 以消除 Cl^- 的干扰,再加入准确过量的 $K_2Cr_2O_7$ 标准溶液,在强酸介质中,以 Ag_2SO_4 为催化剂,加热回流,待水样中还原性物质被氧化完全后,以邻二氮菲-亚铁为指示剂,用亚铁盐标准溶液滴定过量的 $K_2Cr_2O_7$。

［例 5-4］ 有一 $K_2Cr_2O_7$ 标准溶液，已知其浓度为 0.020 00 mol/L，称取铁矿石样品 0.280 1 g，溶解后，将溶液中的 Fe^{3+} 处理成 Fe^{2+}。用 $K_2Cr_2O_7$ 标准溶液滴定，用去 25.60 mL，则 Fe 和 Fe_2O_3 的质量分数分别为多少？

解 用 $K_2Cr_2O_7$ 滴定 Fe^{2+} 的反应式为

$$Cr_2O_7^{2-}+14H^++6Fe^{2+}=\!=\!=2Cr^{3+}+6Fe^{3+}+7H_2O$$

可知其化学计量关系为

$$n_{\frac{1}{6}K_2Cr_2O_7}=n_{Fe^{2+}}=n_{\frac{1}{2}Fe_2O_3}$$

即

$$V_{K_2Cr_2O_7}c_{\frac{1}{6}K_2Cr_2O_7}=n_{Fe^{2+}}=n_{\frac{1}{2}Fe_2O_3}$$

$$n_{Fe^{2+}}=n_{\frac{1}{2}Fe_2O_3}=25.60\times10^{-3}\times6\times0.020\ 00\ \text{mol}=0.003\ 072\ \text{mol}$$

$$w_{Fe}=\frac{n_{Fe^{2+}}M_{Fe}}{m_s}\times100\%=\frac{0.003\ 072\times55.845}{0.280\ 1}\times100\%=61.25\%$$

$$w_{Fe_2O_3}=\frac{n_{\frac{1}{2}Fe_2O_3}M_{\frac{1}{2}Fe_2O_3}}{m_s}\times100\%=\frac{0.003\ 072\times79.845}{0.280\ 1}\times100\%=87.57\%$$

3. 碘量法

1）概述

碘量法是利用 I_2 的氧化性或 I^- 的还原性进行测定的氧化还原滴定法。电极电位比 φ_{I_2/I^-} 小的还原性物质，可直接用 I_2 标准溶液滴定，这种方法称为直接碘量法。用淀粉作指示剂，可以测 As_2O_3、Sb(Ⅲ)、Sn(Ⅱ)、S^{2-}、$SO_3{}^{2-}$、$S_2O_3{}^{2-}$ 等还原性物质。

例如，钢铁中硫的测定，样品在近 1 300 ℃的燃烧管中通 O_2 燃烧，使钢铁中的硫转化为 SO_2，被吸收后再用 I_2 滴定，其反应式为

$$I_2+SO_2+2H_2O=\!=\!=2I^-+SO_4^{2-}+4H^+$$

电极电位比 φ_{I_2/I^-} 大的氧化性物质，在一定条件下用 I^- 还原后，定量析出的 I_2 可用 $Na_2S_2O_3$ 溶液进行滴定，称为间接碘量法。

碘量法测量误差较大，误差的主要来源，一方面是 I_2 的挥发，另一方面是 I^- 被氧化。防止 I_2 挥发的措施是保持室温和加入过量 I^- 使 I_2 生成 I_3^-，增大其溶解度，同时使用碘量瓶。防止 I^- 被氧化的措施是避光，生成 I_2 后立即用 $Na_2S_2O_3$ 滴定，滴定速度要快。

2）标准溶液的配制和标定

碘量法用的标准溶液主要有硫代硫酸钠标准溶液和碘标准溶液两种。

硫代硫酸钠（$Na_2S_2O_3\cdot5H_2O$）一般含有少量杂质，同时还容易潮解，因此不能直接配制成准确浓度的溶液，只能先配制成近似浓度的溶液，然后再标定。

硫代硫酸钠溶液不稳定，原因有：CO_2 溶入后 pH<4.6，会促进 $Na_2S_2O_3$ 分解；空气的氧化作用、微生物等，更会加快 $Na_2S_2O_3$ 的分解。

$$Na_2S_2O_3\xlongequal{\text{微生物}}Na_2SO_3+S\downarrow$$

$$S_2O_3^{2-}+CO_2+H_2O=\!=\!=HSO_3^-+HCO_3^-+S\downarrow$$

$$S_2O_3^{2-}+\frac{1}{2}O_2=\!=\!=SO_4^{2-}+S\downarrow$$

为了避免微生物的分解作用，可加入少量浓度为 10 mg/L 的 HgI_2 溶液。为了减少

溶解在水中的CO_2和杀死水中微生物，应用新煮沸过的冷蒸馏水配制溶液，并加入少量Na_2CO_3，使其浓度约为0.02%，以防止$Na_2S_2O_3$分解。

日光能促进$Na_2S_2O_3$溶液分解，所以$Na_2S_2O_3$溶液应储存于棕色瓶中，放置于暗处，经8～14天再标定。长期保存的溶液，每隔一定时期，应重新加以标定。

配制0.1 mol/L$Na_2S_2O_3$标准溶液：称取25 g$Na_2S_2O_3 \cdot 5H_2O$于500 mL烧杯中，加入300 mL新煮沸过的冷蒸馏水，待完全溶解后，加入0.2 gNa_2CO_3，然后用新煮沸过的冷蒸馏水稀释至1 L，保存于棕色瓶中，在暗处放置7～14天后标定。

$Na_2S_2O_3$标准溶液的标定：标定$Na_2S_2O_3$溶液的基准物质有纯I_2、KIO_3、$KBrO_3$、$K_2Cr_2O_7$、纯Cu等。这些物质除纯I_2外，都能与KI反应而析出I_2，用$Na_2S_2O_3$标准溶液滴定。这些标定方法是间接碘量法的应用。在上述几种基准物质中，使用$K_2Cr_2O_7$最方便，结果也相当准确。

I_2标准溶液的配制和标定：用升华法可制得纯I_2，纯I_2可作为基准物质。用纯I_2配制标准溶液时可用直接法配制而不必标定。如用普通的I_2配制标准溶液，则应先配成近似浓度，然后再标定。

I_2微溶于水而易溶于KI溶液，但在稀的KI溶液中溶解得很慢，所以配制I_2溶液时不能过早加水稀释。

配制0.1 mol/L I_2标准溶液：称取13 g I_2和25 g KI，置于小研钵或小烧杯中，加水少许，研磨或搅拌至全部溶解后，转移至棕色瓶中，加水稀释至1 L，塞紧、摇匀后放置过夜，再进行标定。

配制好的I_2溶液也可用已标定好的$Na_2S_2O_3$标准溶液或As_2O_3标定。

$$As_2O_3+6OH^- = 2AsO_3^{3-}+3H_2O$$

$$AsO_3^{3-}+I_2+H_2O \rightleftharpoons AsO_4^{3-}+2I^-+2H^+$$

这是一个可逆的反应。在中性或微碱性溶液(pH值约为8)中，反应能定量地向右进行；在酸性溶液中，则AsO_4^{3-}氧化I^-而析出I_2。

3）应用示例

碘量法常用于S^{2-}或H_2S的测定，在酸性溶液中，I_2氧化H_2S的反应式为

$$H_2S+I_2 = S\downarrow+2I^-+2H^+$$

例如，铜合金中铜的测定，所发生的反应有

$$Cu+2HCl+H_2O_2 = CuCl_2+2H_2O$$

$$2Cu^{2+}+4I^- = 2CuI\downarrow+I_2\downarrow$$

$$CuI+SCN^- = CuSCN\downarrow+I^-$$

$$2Fe^{3+}+2I^- = 2Fe^{2+}+I_2\downarrow$$

其中，KI既是还原剂、沉淀剂，又是配位剂。加入NH_4SCN，减少CuI对I_2的吸附，可以减少误差。NH_4HF_2使Fe^{3+}生成$[FeF_6]^{3-}$，降低Fe^{3+}/Fe^{2+}电对的电极电位。

另外，碘量法还应用于漂白粉中有效氯的测定，以及维生素C、甲醛、丙酮等有机物的测定。

本章小结

1. 氧化还原滴定法是以氧化还原反应为基础的滴定分析方法。

氧化还原电对是由物质的氧化型和与其对应的还原型构成的整体。氧化还原电对Ox/Red的电极电位,要考虑盐效应、酸效应、配位效应和生成沉淀四个方面的影响。

2. 氧化还原反应进行的程度,用相关反应的条件平衡常数 K'来衡量:

$$\lg K'=\lg\frac{c_{R_1}^{n_2}c_{O_2}^{n_1}}{c_{R_2}^{n_1}c_{O_1}^{n_2}}=\frac{(\varphi_1^{\ominus\prime}-\varphi_2^{\ominus\prime})n}{0.059}$$

K'越大,反应越完全。一般条件电极电位差≥0.35 V,反应可完全进行。

3. 高锰酸钾法是在酸性条件下测定还原剂或氧化剂含量的分析方法,可根据被测组分的性质,选择不同的酸度条件和不同的滴定方法。

在酸性溶液中,$KMnO_4$ 表现出较强的氧化能力。Mn^{2+} 具有催化作用(称自动催化),$KMnO_4$ 自身可作为指示剂(称自身指示剂法)。

4. 碘量法是以 I_2 为氧化剂或以 I^- 为还原剂的氧化还原滴定法。

碘量法分为直接碘量法和间接碘量法。间接碘量法应用最多,滴定条件是在中性或弱酸性条件下,用淀粉作指示剂。直接碘量法和间接碘量法虽都用淀粉作指示剂,但加入指示剂的时间不同,终点的颜色也不同。

5. 重铬酸钾法是以 $K_2Cr_2O_7$ 标准溶液为滴定剂的氧化还原滴定方法。

$K_2Cr_2O_7$ 在酸性条件下具有较强的氧化能力。

一、选择题

1. 氧化还原滴定法中使用的下列标准溶液,可采用直接法配制的是(　　)。

A. $KMnO_4$溶液　　B. $K_2Cr_2O_7$溶液　　C. $Na_2S_2O_3$溶液　　D. I_2 溶液

2. 对于 $KMnO_4$与 $H_2C_2O_4$的反应,随着反应的进行,反应速率越来越大,随后,由于反应物浓度越来越低,反应速率又逐渐减小,这是因为(　　)起催化作用。

A. MnO_4^-　　B. Mn^{2+}　　C. CO_2　　D. K^+

3. $K_2Cr_2O_7$是一种强氧化剂,将它作为氧化还原滴定剂的酸度条件是(　　)。

A. 碱性　　B. 中性　　C. 酸性　　D. 任何条件均可

4. $KMnO_4$所用的酸性介质最好是(　　)。

A. 硫酸　　B. 盐酸　　C. 磷酸　　D. 硝酸

5. 高锰酸钾法可用来测定(　　)。

A. 氧化性物质　　B. 还原性物质

C. 非氧化还原性物质　　D. 以上所有物质

6. 间接碘量法可以测定(　　)。

A. 电极电位比 φ_{I_2/I^-} 大的氧化性物质　　B. 电极电位比 φ_{I_2/I^-} 大的还原性物质

C. 电极电位比 φ_{I_2/I^-} 小的氧化性物质　　D. 电极电位比 φ_{I_2/I^-} 小的还原性物质

二、填空题

1. 氧化还原滴定法习惯上分为高锰酸钾法、________法、碘量法等滴定方法,其中碘量法一般采用外加________作为指示剂。

2. 某同学配制 0.02 mol/L $KMnO_4$ 溶液的方法如下:准确称取 3.161 g 固体 $KMnO_4$,用蒸馏水溶解后,转移至 1 000 mL 容量瓶中,稀释至刻度,然后用干燥的滤纸过滤。其操作错误是________________、________________、________________。

三、计算题

1. 计算下列氧化还原反应的标准平衡常数:

(1) $Fe+2Fe^{3+} \rightleftharpoons 3Fe^{2+}$　　(1.1×10^{41})

(2) $3Cu+2NO_3^-+8H^+ \rightleftharpoons 3Cu^{2+}+2NO+4H_2O$　　(4.4×10^{62})

2. 称取基准物质 $Na_2C_2O_4$ 0.150 0 g,溶解在强酸性溶液中,用 $KMnO_4$ 标准溶液滴定,到达终点时消耗 20.00 mL,计算 $KMnO_4$ 标准溶液的浓度。　　(0.022 39 mol/L)

3. 称取含有 MnO_2 的样品 1.000 g,在酸性溶液中加入 $Na_2C_2O_4$ 0.402 0 g,过量的 $Na_2C_2O_4$ 用 0.020 00 mol/L $KMnO_4$ 溶液滴定,到达终点时消耗 20.00 mL,计算样品中 MnO_2 的质量分数。　　(17.39%)

4. 已知 $K_2Cr_2O_7$ 标准溶液的浓度为 0.016 67 mol/L。计算它对 Fe、$FeSO_4\cdot7H_2O$、Fe_2O_3 的滴定度。　　(0.005 586 g/mL,0.027 81 g/mL,0.007 986 g/mL)

5. 称取铁矿样品 0.302 9 g,溶解并将 Fe^{3+} 还原成 Fe^{2+},以 0.016 43 mol/L $K_2Cr_2O_7$ 标准溶液滴定至终点时共消耗 35.14 mL,计算样品中 Fe 的质量分数和 Fe_3O_4 的质量分数。　　(63.87%,88.27%)

6. 称取 0.108 2 g $K_2Cr_2O_7$,溶解后,酸化并加入过量 KI,生成的 I_2 需用 21.98 mL $Na_2S_2O_3$ 溶液滴定。该 $Na_2S_2O_3$ 溶液的浓度为多少?　　(0.100 4 mol/L)

7. 分析铜矿样品 0.600 0 g,滴定时用去 $Na_2S_2O_3$ 溶液 20.00 mL。已知 1 mL$Na_2S_2O_3$ 溶液相当于 0.000 417 5 g $KBrO_3$。计算铜的质量分数。　　(36.16%)

8. 称取油状联氨(N_2H_4)样品(剧毒!)1.458 3 g,溶于水并稀释至 1 L,吸取该溶液 50.00 mL,用 I_2 标准溶液滴定至终点,消耗 I_2 标准溶液 43.56 mL。I_2 标准溶液用 0.453 2 g As_2O_3 基准物质标定,用去 40.56 mL。计算联氨的质量分数。主要反应为

$$AsO_3^{3-}+I_2+H_2O = AsO_4^{3-}+2I^-+2H^+$$

$$N_2H_4+2I_2 = 4I^-+4H^++N_2\uparrow$$

(87.22%)

9. 称取含有丙酮的样品 0.200 0 g,放入盛有 NaOH 溶液的碘量瓶中振荡,准确加入 50.00 mL0.054 38 mol/L I_2 标准溶液,放置后调节溶液为微酸性,立即用 0.103 6 mol/L $Na_2S_2O_3$ 溶液滴定到终点,消耗 12.00 mL。计算样品中丙酮的质量分数。丙酮与 I_2 的反应式为

$CH_3COCH_3+I_2+2NaOH$ ══ $CH_3COONa+NaI+H_2O+CH_3I$ (20.30%)

10.今有只含 As_2O_3 和 As_2O_5 及惰性杂质的混合物 0.350 0 g,将其溶于碱液后再调节成中性,此溶液需用 0.020 00 mol/L I_2 溶液 20.00 mL 滴定至终点。然后将所得溶液酸化,加入过量 KI,析出的 I_2 需用 0.070 00 mol/L $Na_2S_2O_3$ 溶液 30.00 mL 才能反应完全。求混合物中 As_2O_3 和 As_2O_5 的质量分数。 (63.87%,91.31%)

第六章

配位滴定法

第一节 概述

配位滴定法(coordinate titration)是以配位反应为基础的滴定分析方法,也称配合滴定法。应用于配位滴定的反应必须具备下列条件:

(1) 配位反应速率足够大;

(2) 配位反应按一定的反应计量关系进行,这是定量计算的基础;

(3) 配位反应生成的配位化合物稳定且是可溶的;

(4) 有适当的方法指示化学计量点。

在化学反应中,配位反应是非常普遍的,但在 1945 年氨羧配位剂开始应用于分析化学以前,配位滴定法的应用非常有限,这是因为许多无机配合物稳定性不高(配合物的稳定常数较小),或在配位过程中有逐级配位现象,各级配位常数相差不大,以至于滴定终点不明显,所以不符合滴定分析的要求。滴定分析中引入氨羧配位剂以后,配位滴定法才得以迅速发展。

氨羧配位剂是以氨基二乙酸基团[—N$(CH_2COOH)_2$]为基体的一类有机配位剂的总称,其中含有配位能力很强的氨基氮(N—)和羧基氧(—C—O—)两种配位原子,能与多数金属离子形成稳定的可溶性配合物。利用氨羧配位剂与金属离子的配位反应来进行的滴定分析方法称为氨羧配位滴定法,目前研究过的氨羧配位剂有几十种,应用最多的配位滴定剂是乙二胺四乙酸(EDTA)。因此,"配位滴定法"常指乙二胺四乙酸配位滴定法,简称 EDTA 滴定法。

1. 乙二胺四乙酸的结构与性质

EDTA 是四元有机弱酸,其结构式为

$$\begin{array}{ccccc} HOOCH_2C & & & & CH_2COOH \\ & \diagdown & & \diagup & \\ & & N—CH_2—CH_2—N & & \\ & \diagup & & \diagdown & \\ HOOCH_2C & & & & CH_2COOH \end{array}$$

为书写方便,用 H_4Y 表示其分子式。EDTA 为白色粉末状结晶,熔点为 241.5 ℃,

微溶于水，22 ℃时每 100 mL 水中仅能溶解 0.02 g，饱和水溶液的浓度很小（约为 7×10^{-4} mol/L），不宜作为配位滴定剂。H_4Y 难溶于酸和一般有机溶剂，易溶于氨水和氢氧化钠溶液，形成相应的盐。在配位滴定中通常使用的是水溶性较好的乙二胺四乙酸二钠盐（$Na_2H_2Y\cdot 2H_2O$），一般也称其为 EDTA，22 ℃时每 100 mL 水中可溶解 11.1 g，该饱和溶液的浓度约为 0.3 mol/L，pH 值约为 4.7。

2. 乙二胺四乙酸的解离平衡

在水溶液中，EDTA 两个羧基上的 H 原子可转移至 N 原子上形成双偶极离子：

$$\begin{array}{ccccc} HOOCH_2C & & & & CH_2COO^- \\ & \diagdown & & \diagup & \\ & \overset{+}{N}H-CH_2-CH_2-\overset{+}{N}H & & & \\ & \diagup & & \diagdown & \\ {}^-OOCH_2C & & & & CH_2COOH \end{array}$$

在水溶液中，两个羧酸根离子还可以接受质子，当酸度高时，EDTA 就相当于六元酸 H_6Y^{2+}，在水溶液中有六级解离平衡：

$$H_6Y^{2+} \rightleftharpoons H_5Y^+ + H^+ \qquad K_{a1}=\frac{[H^+][H_5Y^+]}{[H_6Y^{2+}]}=10^{-0.9}$$

$$H_5Y^+ \rightleftharpoons H_4Y + H^+ \qquad K_{a2}=\frac{[H^+][H_4Y]}{[H_5Y^+]}=10^{-1.6}$$

$$H_4Y \rightleftharpoons H_3Y^- + H^+ \qquad K_{a3}=\frac{[H^+][H_3Y^-]}{[H_4Y]}=10^{-2.0}$$

$$H_3Y^- \rightleftharpoons H_2Y^{2-} + H^+ \qquad K_{a4}=\frac{[H^+][H_2Y^{2-}]}{[H_3Y^-]}=10^{-2.67}$$

$$H_2Y^{2-} \rightleftharpoons HY^{3-} + H^+ \qquad K_{a5}=\frac{[H^+][HY^{3-}]}{[H_2Y^{2-}]}=10^{-6.16}$$

$$HY^{3-} \rightleftharpoons Y^{4-} + H^+ \qquad K_{a6}=\frac{[H^+][Y^{4-}]}{[HY^{3-}]}=10^{-10.26}$$

这种六级分步解离关系，可用下列简式表示：

$$H_6Y^{2+} \overset{H^+}{\rightleftharpoons} H_5Y^+ \overset{H^+}{\rightleftharpoons} H_4Y \overset{H^+}{\rightleftharpoons} H_3Y^- \overset{H^+}{\rightleftharpoons} H_2Y^{2-} \overset{H^+}{\rightleftharpoons} HY^{3-} \overset{H^+}{\rightleftharpoons} Y^{4-}$$

由此可见，EDTA 在水溶液中总是以 H_6Y^{2+}、H_5Y^+、H_4Y、H_3Y^-、H_2Y^{2-}、HY^{3-} 和 Y^{4-} 7 种型体存在，各种型体的分布受溶液 pH 值的影响。在不同的酸度下，溶液中 EDTA 主要存在的型体不同，如表 6-1 所示。

表 6-1　不同 pH 值溶液中 EDTA 主要存在型体

pH 值范围	<1	1～1.6	1.6～2	2～2.7	2.7～6.2	6.2～10.3	>10.3
主要存在型体	H_6Y^{2+}	H_5Y^+	H_4Y	H_3Y^-	H_2Y^{2-}	HY^{3-}	Y^{4-}

在 EDTA 7 种型体中，只有 Y^{4-} 才能与金属离子直接配位，所以溶液的酸度越低，Y^{4-} 的浓度越大，EDTA 的配位能力越强。

3. 乙二胺四乙酸与金属离子形成配合物的特点

EDTA 分子中有 2 个氨基氮和 4 个羧基氧，即有六个可与金属离子形成配位键的原子，在形成的 EDTA 配合物中能形成多个五元环，这种具有环状结构的配合物又称螯合物，具有很高的稳定性。因此，EDTA 能与许多金属离子形成稳定的螯合物。EDTA 螯合物的立体结构见图 6-1。

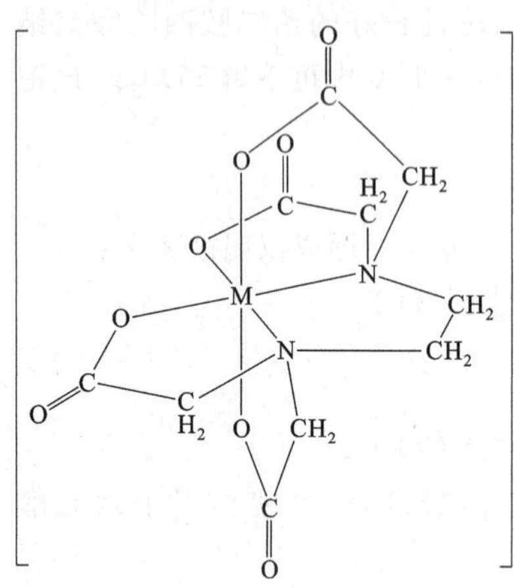

图 6-1 EDTA-M **螯合物的立体结构**

(1) 配位比简单。

一般情况下 EDTA(以 Y^{4-} 表示)与大多数金属离子(以 M^{n+} 表示)反应的配位比为 1∶1，与金属离子的价态无关，即 $n_Y = n_M$，这是配位滴定计算的依据。略去电荷，反应式可简写成通式：

$$M + Y \rightleftharpoons MY$$

(2) 配位面广。

除一价碱金属离子外，大多数金属离子与 EDTA 形成的配合物都是非常稳定的。

(3) 配位反应速率大。

除少数金属离子外，一般能迅速地完成反应。

(4) 大多数配合物稳定且水溶性好。

EDTA 与许多金属离子能够形成稳定的水溶性好的配合物，使配位滴定可以在水溶液中进行。

(5) 配合物 MY 的颜色。

若金属离子 M 无色，则形成配合物 MY 仍为无色，如 $[ZnY]^{2-}$、$[CaY]^{2-}$、$[MgY]^{2-}$ 等；若金属离子 M 有色，则形成的配合物 MY 颜色加深，如 $[CoY]^{2-}$ 为玫瑰色，$[NiY]^{2-}$ 为蓝色，$[CuY]^{2-}$ 为深蓝色，$[FeY]^{-}$ 为黄色、$[MnY]^{2-}$ 为紫红色等。

以上特点说明 EDTA 与金属离子的配位反应符合滴定分析的要求，所以 EDTA 是一种较好的配位滴定剂。但也有一定的不足之处，比如方法的选择性较差；有时生成的配合物颜色太深，使目测终点困难等。

第二节　配位滴定的基本原理

一、配位平衡

1. EDTA 与金属离子 M 的主反应及配合物的稳定常数

金属离子与 EDTA 配合物的稳定性用稳定常数 K_{MY}(通常采用其对数形式 $\lg K_{MY}$)来表示。K_{MY} 越大，表示形成配合物的倾向越大，配合物越稳定。

EDTA 与金属离子大多形成 1∶1 型的配合物，在 EDTA 滴定中，把待测金属离子 M 与滴定剂 Y 生成配合物 MY 的反应称为 EDTA 滴定的主反应。略去电荷，反应通式可表示为

$$M + Y \rightleftharpoons MY$$

反应的平衡常数表达式为

$$K_{MY}=\frac{[MY]}{[M][Y]} \tag{6-1}$$

或

$$\lg K_{MY}=\lg\frac{[MY]}{[M][Y]} \tag{6-2}$$

表 6-2 列举了一些常见金属离子与 EDTA 形成配合物的 $\lg K_{MY}$ 值。

表 6-2　EDTA 与金属离子形成的配离子 $\lg K_{MY}$ 值

金属离子	配离子	$\lg K_{MY}$	金属离子	配离子	$\lg K_{MY}$	金属离子	配离子	$\lg K_{MY}$
Na^+	$[NaY]^{3-}$	1.66	Fe^{2+}	$[FeY]^{2-}$	14.33	Cu^{2+}	$[CuY]^{2-}$	18.80
Li^+	$[LiY]^{3-}$	2.79	Al^{3+}	$[AlY]^-$	16.30	Hg^{2+}	$[HgY]^{2-}$	21.80
Ag^+	$[AgY]^{3-}$	7.32	Co^{2+}	$[CoY]^{2-}$	16.31	Sn^{2+}	$[SnY]^{2-}$	22.11
Ba^{2+}	$[BaY]^{2-}$	7.86	Cd^{2+}	$[CdY]^{2-}$	16.46	Cr^{3+}	$[CrY]^-$	23.40
Mg^{2+}	$[MgY]^{2-}$	8.69	Zn^{2+}	$[ZnY]^{2-}$	16.50	Fe^{3+}	$[FeY]^-$	25.10
Ca^{2+}	$[CaY]^{2-}$	10.69	Pb^{2+}	$[PbY]^{2-}$	18.04	Bi^{3+}	$[BiY]^-$	27.94
Mn^{2+}	$[MnY]^{2-}$	13.87	Ni^{2+}	$[NiY]^{2-}$	18.60	Co^{3+}	$[CoY]^-$	36.00

从表 6-2 可看出，金属离子与 EDTA 配合物的稳定性随金属离子的不同有较大差异。碱金属配合物的稳定性最差，碱土金属 $\lg K_{MY}$ 为 8～11，而三价、四价金属离子及 Hg^{2+} 的 $\lg K_{MY}>20$。这种差异主要取决于金属离子的电荷数、离子半径和电子层结构。金属离子电荷数越高，半径越大，电子层结构越复杂，配合物的稳定常数就越大。这些是金属离子影响配合物稳定性的本质原因。另外，溶液的酸度、温度和其他配位体等外界条件也影响配合物的稳定性。

需要注意的是，式(6-1)中的[Y]是指平衡时的$[Y^{4-}]$，不包括 EDTA 其他存在形式，故 K_{MY}也称为配合物的绝对稳定常数，它与溶液的酸度无关。

2. 副反应及副反应系数

在实际分析工作中，影响配位平衡的因素很多，涉及的平衡关系较为复杂。在 EDTA 滴定中，除了 M 和 Y 的主反应以外，还可能发生一些副反应。溶液中反应物 M、Y 及反应生成物 MY 受到其他因素(如 pH 值、其他配位剂、共存离子等)的影响，而发生的有关反应称为副反应。配位滴定中存在的副反应如下所示：

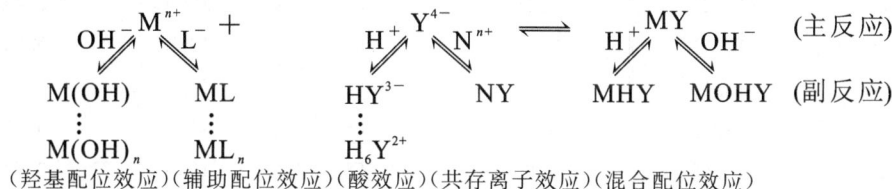

$$M^{n+} + Y^{4-} \rightleftharpoons MY \quad \text{(主反应)}$$

OH^-，L^- | H^+，N^{n+} | H^+，OH^-

$M(OH)$ … $M(OH)_n$　ML … ML_n　HY^{3-} … H_6Y^{2+}　NY　MHY　$MOHY$　(副反应)

(羟基配位效应)(辅助配位效应)(酸效应)(共存离子效应)(混合配位效应)

其中：L 为辅助配位体；N 为干扰离子。

反应物 M 或 Y 发生副反应，不利于主反应的进行。反应生成物 MY 发生副反应，则有利于主反应的进行，但这些混合配合物大多不太稳定，可以忽略不计。下面主要讨论对配位平衡影响较大的酸效应和配位效应。

1）酸效应及酸效应系数

当金属离子M与滴定剂Y反应时，若有H^+存在，H^+会与Y发生副反应，未与金属离子M配位的配位体除了游离的Y外，还有HY，H_2Y，…，H_6Y等，以[Y′]表示未与M配位的EDTA的浓度，它应等于以上形式浓度的总和，则

$$[Y']=[Y]+[HY]+[H_2Y]+\cdots+[H_6Y] \quad (略去电荷) \tag{6-3}$$

这种由于溶液中H^+的存在，使EDTA参加主反应能力降低的现象称为酸效应。其影响程度的大小，可用酸效应系数$\alpha_{Y(H)}$来衡量：

$$\alpha_{Y(H)}=\frac{[Y]'}{[Y]} \tag{6-4}$$

$\alpha_{Y(H)}$表示在一定的pH值下未与M配位的EDTA的总浓度[Y]′是游离的Y的浓度[Y]的倍数。$\alpha_{Y(H)}$越大，表示平衡浓度[Y]越小，酸效应越严重。如果EDTA未发生副反应，即未参加配位的EDTA全部以Y形式存在，则$\alpha_{Y(H)}=1$。

$\alpha_{Y(H)}$随酸度的增大而增大，可以从EDTA的各级解离常数和溶液中$[H^+]$计算出来：

$$\begin{aligned}\alpha_{Y(H)}&=\frac{[Y]'}{[Y]}\\&=\frac{[Y^{4-}]+[HY^{3-}]+[H_2Y^{2-}]+[H_3Y^-]+[H_4Y]+[H_5Y^+]+[H_6Y^{2+}]}{[Y^{4-}]}\\&=1+\frac{[H^+]}{K_{a6}}+\frac{[H^+]^2}{K_{a6}K_{a5}}+\frac{[H^+]^3}{K_{a6}K_{a5}K_{a4}}+\frac{[H^+]^4}{K_{a6}K_{a5}K_{a4}K_{a3}}+\frac{[H^+]^5}{K_{a6}K_{a5}K_{a4}K_{a3}K_{a2}}\\&\quad+\frac{[H^+]^6}{K_{a6}K_{a5}K_{a4}K_{a3}K_{a2}K_{a1}}\end{aligned} \tag{6-5}$$

不同pH值时EDTA的$\lg\alpha_{Y(H)}$见表6-3。

表6-3　不同pH值时EDTA的$\lg\alpha_{Y(H)}$

pH值	$\lg\alpha_{Y(H)}$	pH值	$\lg\alpha_{Y(H)}$	pH值	$\lg\alpha_{Y(H)}$
0.0	23.64	3.8	8.85	7.5	2.78
0.4	21.32	4.0	8.44	8.0	2.27
0.8	19.08	4.4	7.64	8.5	1.77
1.0	18.01	4.8	6.84	9.0	1.28
1.4	16.02	5.0	6.45	9.5	0.83
1.8	14.27	5.4	5.69	10.0	0.45
2.0	13.51	5.8	4.98	10.5	0.20
2.4	12.19	6.0	4.65	11.0	0.07
2.8	11.09	6.4	4.06	11.5	0.02
3.0	10.60	6.8	3.55	12.0	0.01
3.4	9.70	7.0	3.32	13.0	0.00

2）金属离子的配位效应及配位效应系数

金属离子M的配位效应是指溶液中其他配位体(辅助配位体、缓冲溶液中的配位体或掩蔽剂等)与金属离子M配位所产生的副反应，使金属离子参加主反应能力降低的现

象。当有配位效应存在时，未与 Y 配位的金属离子，除游离的 M 外，还有 ML，ML_2，…，ML_n等，以$[M]'$表示未与 Y 配位的金属离子总浓度，则

$$[M]'=[M]+[ML]+[ML_2]+\cdots+[ML_n] \tag{6-6}$$

配位效应系数 $\alpha_{M(L)}$：

$$\alpha_{M(L)}=\frac{[M]'}{[M]} \tag{6-7}$$

3. 配合物的条件稳定常数

在没有任何副反应存在时，配合物的稳定常数用 K_{MY}表示，为绝对稳定常数，K_{MY}值越大，配合物越稳定。但在实际滴定条件下，因有其他副反应发生，K_{MY}就不能真正反映主反应进行的程度，稳定常数的表达式中的平衡浓度$[Y]$、$[M]$就分别以$[Y]'$、$[M]'$替换，平衡常数 K_{MY}则以 K'_{MY}表示。

$$M+Y \rightleftharpoons MY$$

$$K'_{MY}=\frac{[MY]}{[M]'[Y]'} \tag{6-8}$$

将 $[M]'=\alpha_{M(L)}[M]$，$[Y]'=\alpha_{Y(H)}[Y]$

代入上式，取对数得

$$\lg K'_{MY}=\lg K_{MY}-\lg\alpha_{Y(H)}-\lg\alpha_{M(L)} \tag{6-9}$$

这种考虑副反应影响而得出的实际稳定常数称为条件稳定常数或表观稳定常数。它表示在一定条件下有副反应发生时主反应进行的程度，是用副反应系数校正后的实际稳定常数。K'_{MY}是条件稳定常数的笼统表示。

配位滴定法中，一般情况下，对主反应影响较大的副反应是 EDTA 的酸效应和金属离子的配位效应，其中酸效应的影响更大。如不考虑其他副反应，仅考虑 EDTA 的酸效应，由于酸效应影响，Y 的浓度变为$[Y]'$（M 的浓度变化忽略），将式(6-4)代入式(6-1)可得

$$K_{MY}=\frac{[MY]}{[M][Y]}=\frac{[MY]\alpha_{Y(H)}}{[M][Y]'}$$

整理得 $$\frac{K_{MY}}{\alpha_{Y(H)}}=\frac{[MY]}{[M][Y]'}=K'_{MY}$$

即 $$K'_{MY}=\frac{K_{MY}}{\alpha_{Y(H)}} \tag{6-10}$$

式(6-10)是讨论配位平衡的重要公式，它表明 MY 的条件稳定常数随溶液的酸度而变化。在配位滴定中，要求反应定量完成，K'_{MY}越大，反应进行得越完全。

[例 6-1] 设只考虑酸效应，计算 pH＝5 和 pH＝10 时，MgY 的条件稳定常数 $\lg K'_{MgY}$。

解 查表 6-2 知，$\lg K_{MgY}=8.69$。查表 6-3 知，当 pH＝5 时，$\lg\alpha_{Y(H)}=6.45$；当 pH＝10 时，$\lg\alpha_{Y(H)}=0.45$。

由公式(6-10)可知 $\lg K'_{MgY}=\lg K_{MgY}-\lg\alpha_{Y(H)}$

则 pH＝5 时 $\lg K'_{MgY}=\lg K_{MgY}-\lg\alpha_{Y(H)}=8.69-6.45=2.24$

pH＝10 时 $\lg K'_{MgY}=\lg K_{MgY}-\lg\alpha_{Y(H)}=8.69-0.45=8.24$

由上述例题可见 pH 值与 $\lg K'_{MY}$之间的关系：在 pH=5 时，酸效应严重，$\lg K'_{MgY}$仅为 2.24，MgY 在此条件下很不稳定；在 pH=10 时，$\lg K'_{MgY}$为 8.24，MgY 相当稳定，可以满足准确滴定的条件。因此，实际工作中用条件稳定常数更能说明配合物在某一 pH 值时的实际稳定程度，对选择和控制酸度具有重要的意义。

二、配位滴定曲线

配位滴定过程中金属离子浓度的变化规律与酸碱滴定中 pH 值变化情况相似。滴定中，随着滴定剂的不断加入，待滴定的金属离子浓度[M](若滴定体系中有副反应存在，则应为[M]′)不断减小，相应的 pM′(−lg[M]′)不断增大，在化学计量点附近溶液中[M]′或 pM′发生突变，形成滴定突跃。滴定过程可以用 pM′对滴定液 EDTA 加入量所绘制的滴定曲线来表示，根据滴定曲线可以讨论配位滴定中 pM′突跃的大小、影响 pM′突跃大小的因素以及准确滴定的条件，以便选择适当的指示剂指示滴定终点。

图 6-2 是 EDTA 滴定 Ca^{2+} 的滴定曲线。因 Ca^{2+} 不易水解，也不与其他配位剂反应，只需考虑酸效应的影响，利用公式(6-8)可计算出不同阶段溶液中被滴定的 Ca^{2+} 浓度，其计算过程、曲线绘制与酸碱滴定相似。

从图 6-3 可看出，在计量点前一段滴定曲线的位置，Ca^{2+} 浓度仅随 EDTA 的滴入量不断增大而不断减小(或 pCa 增大)，后一段受 EDTA 酸效应的影响，pCa 数值随 pH 值的变化而变化。如果被滴定的金属离子是易于与其他配位体配合或易水解的离子，则滴定曲线同时受酸效应和配位效应影响。

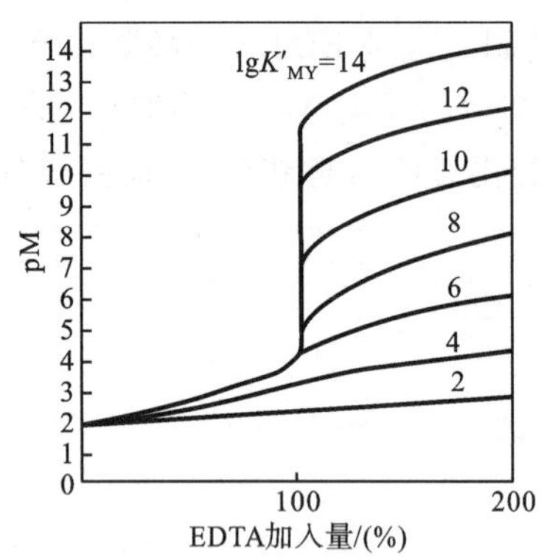

图 6-2　EDTA 滴定 Ca^{2+} 的滴定曲线

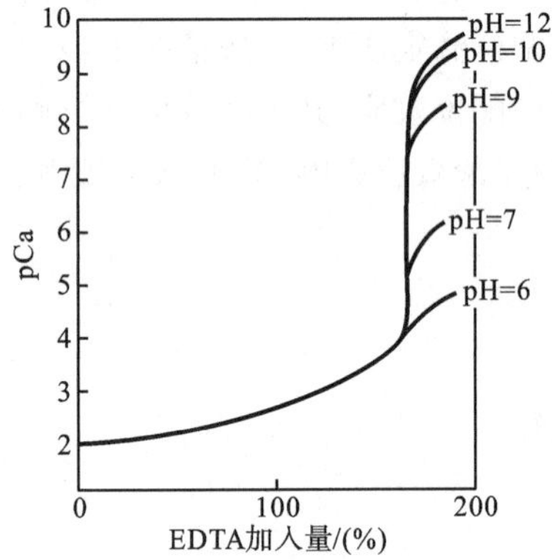

图 6-3　不同 pH 值时的滴定曲线

滴定中化学计量点附近 pM′变化越大，即滴定突跃越大，终点指示就越准确，所以滴定突跃的大小决定着准确度的高低。其主要影响因素如下：

(1) 条件稳定常数 K'_{MY}对滴定突跃的影响。

金属离子浓度一定，K'_{MY}越大，滴定突跃越大；K'_{MY}越小，滴定突跃就越小。

(2) 金属离子浓度 c_M对滴定突跃的影响。

图 6-4 反映了不同金属离子浓度时的滴定曲线。由图可知，若 K'_{MY}一定，滴定突跃的大小取决于金属离子浓度的大小。金属离子浓度越大，滴定曲线的起点就越低，滴定突跃就越大；反之，金属离子浓度越低，滴定曲线的起点越高，滴定突跃就越小。

在配位滴定中，当目测终点与化学计量点两者 pM 的差值 ΔpM 为±0.2 个 pM 单位，允许的终点误差为±0.1%时，根据有关公式，可推导出准确测定单一金属离子的条件是

$$\lg(c_{\mathrm{M}}K'_{\mathrm{MY}})\geqslant 6$$

在配位滴定中，金属离子或 EDTA 浓度通常为 10^{-2} 数量级，所以有 $\lg K'_{\mathrm{MY}}\geqslant 8$。通常将 $\lg(c_{\mathrm{M}}K'_{\mathrm{MY}})\geqslant 6$ 或 $\lg K'_{\mathrm{MY}}\geqslant 8$ 作为判断能否进行准确滴定的条件。

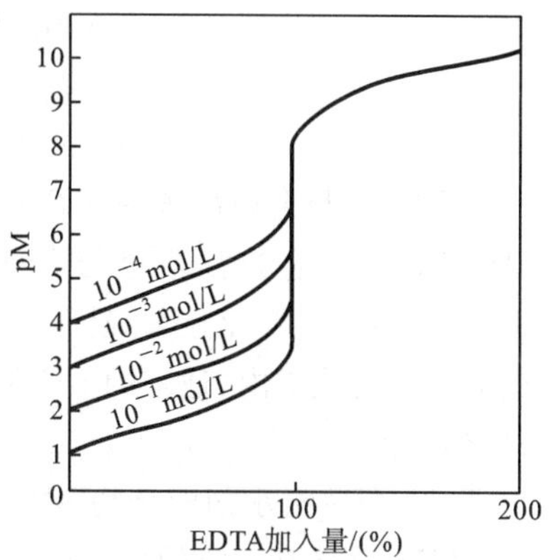

图 6-4 不同金属离子浓度时的滴定曲线($\lg K'_{\mathrm{MY}}=10$)

[例 6-2] 在 pH=2.00 的介质中($\alpha_{\mathrm{Zn}}=1$)，能否用 0.010 00 mol/L EDTA 标准溶液准确滴定 0.010 mol/L Zn^{2+} 溶液？

解 查表 6-2 得 $\lg K_{\mathrm{ZnY}}=16.50$，当 pH=2.00 时，$\lg\alpha_{\mathrm{Y(H)}}=13.51$，则

$$\lg(c_{\mathrm{Zn}}K'_{\mathrm{ZnY}})=\lg c_{\mathrm{Zn}}+\lg K'_{\mathrm{ZnY}}=\lg 0.010+(16.50-13.51)=0.99<6$$

故不能准确滴定。

三、金属指示剂

1. 金属指示剂的作用原理

配位滴定与其他滴定分析一样，要有适当方法确定终点，最常用的方法是指示剂法。它利用一种能与金属离子生成有色配合物的显色剂，来指示滴定过程中金属离子浓度的变化，这种显色剂称为金属离子指示剂，简称金属指示剂。

金属指示剂一般为有机染料，与被滴定金属离子反应，生成一种与指示剂本身颜色不同的配合物。以 In 表示金属指示剂：

$$\mathrm{M}+\underset{(\text{甲色})}{\mathrm{In}}\rightleftharpoons\underset{(\text{乙色})}{\mathrm{MIn}}\qquad(\text{滴定前})$$

滴定时，溶液中游离的金属离子逐渐减少，当达到化学计量点时，EDTA 夺取 MIn 配合物中的 M，生成更稳定的 MY，同时释放出指示剂，引起溶液颜色的改变，表示达到终点：

$$\mathrm{M}+\mathrm{Y}\rightleftharpoons\mathrm{MY}\qquad(\text{滴定中})$$

$$\underset{(\text{乙色})}{\mathrm{MIn}}+\mathrm{Y}\rightleftharpoons\mathrm{MY}+\underset{(\text{甲色})}{\mathrm{In}}\qquad(\text{化学计量点时})$$

2. 金属指示剂应具备的条件

虽然金属离子的显色剂很多，但用作金属指示剂时，必须具备以下条件：

(1) 金属指示剂配合物 MIn 与指示剂 In 的颜色应有明显的差异。

这样才能保证终点时颜色变化明显。金属指示剂大多为有机多元弱酸，在不同 pH 值溶液中，指示剂颜色因其主要存在型体不同而改变。如铬黑 T(简称 EBT，用 NaH_2In 表示)是一种具有弱酸性酚羟基的有色配位剂，在溶液中存在下列解离平衡，在不同的酸度下显示出不同的颜色：

$$\underset{\substack{(\text{紫红色})\\ pH<6.3}}{H_2In^-} \xrightarrow{pK_a=6.3} \underset{\substack{(\text{蓝色})\\ pH=8\sim11}}{HIn^-} \xrightarrow{pK_a=11.6} \underset{\substack{(\text{橙色})\\ pH>11.6}}{In^{2-}}$$

铬黑 T 与金属离子的配合物 M-EBT 为红色，显然，铬黑 T 在 pH<6.3(紫红色)或 pH>11.6(橙色)时，颜色与 M-EBT(红色)的颜色相近，只有在 pH 值为 8～11 的溶液中，两者的颜色变化显著，易于观察滴定终点。所以用铬黑 T 作指示剂时，pH 值应控制在 7～11 的范围内，适宜的 pH 值为 8～10。因此，在使用金属指示剂时必须选择合适的 pH 值范围。

(2) 金属指示剂配合物 MIn 有一定的稳定性。

MIn 应具有一定的稳定性，即 $K'_{MIn}\geqslant10^4$，但其稳定性又要略小于 MY 配合物的稳定性，即 $K'_{MY}/K'_{MIn}\geqslant10^2$，这样终点既不会提前，也不会推迟。

(3) 对金属指示剂与金属离子的显色反应的要求：显色反应要迅速、灵敏，且有良好的可逆性，还应有一定的选择性，即在一定条件下，只与某一待测离子发生显色反应。

(4) 金属指示剂应比较稳定，且便于储存和使用。

3. 金属指示剂的封闭现象

当指示剂与金属离子生成很稳定的配合物，到达计量点时，即使滴加的 EDTA 已过量，也不能把 In 从 MIn 中置换出来，在化学计量点时也不变色，或变色不敏锐，使终点推迟，这种现象称为指示剂的封闭现象。例如，用 EDTA 滴定水中 Ca^{2+}、Mg^{2+} 时，常有 Al^{3+}、Fe^{3+} 的干扰，EBT 与 Al^{3+}、Fe^{3+} 等生成的配合物非常稳定，出现封闭现象。消除封闭现象常用以下两种方法：

(1) 加入掩蔽剂。

封闭现象若是由干扰离子所引起的，消除封闭现象的方法是加入适当的掩蔽剂，掩蔽具有封闭作用的离子。

(2) 采用返滴定法。

封闭现象若是由待测离子所引起，则消除封闭现象的方法是改变滴定方法，采用返滴定法或更换指示剂。

4. 常用金属指示剂

配位滴定中一些常用金属指示剂的有关情况列于表 6-4 中。

表 6-4 常用的金属指示剂

指示剂	适用 pH 值范围	颜色变化		指示剂配制方法	直接滴定的离子
		In	MIn		
铬黑 T (EBT)	8～10	蓝色	红色	(1)EBT 与 NaCl 质量比为 1∶100(固体合剂)，存于干燥器中；(2)将 0.2 g EBT 溶于三乙醇胺，配成 0.5%的乙醇溶液	Mg^{2+}、Zn^{2+}、Pb^{2+}、Cd^{2+}、Mn^{2+}
钙指示剂 (NN)	12～13	纯蓝色	酒红色	NN 与 NaCl 质量比为 1∶100(固体合剂)	Ca^{2+}

续表

指示剂	适用 pH 值范围	颜色变化		指示剂配制方法	直接滴定的离子
		In	MIn		
二甲酚橙(XO)	<6	亮黄色	红紫色	0.2%或 0.5%的乙醇溶液或水溶液	pH<1:ZrO^{2+} pH 为 1~3:Bi^{3+}、Th^{4+} pH 为 5~6:Zn^{2+}、Pb^{2+}、Cd^{2+}、Hg^{2+}、Ti^{3+}、稀土元素离子
磺基水杨酸	1.5~2.5	无色	紫红色	5%的水溶液	Fe^{3+}

第三节 滴定条件的选择

因为 EDTA 配位剂具有很强的配位能力,几乎能与所有的金属离子形成稳定的配合物,所以 EDTA 能够广泛用于测定金属离子,这是有利的一面。但实际分析对象往往成分复杂,可能存在多种金属离子,滴定时彼此干扰测定,加之产生副反应的因素很多,因此该方法的选择性较差。如何选择适当的条件,提高配位滴定的选择性,以便能够准确地进行滴定分析,是配位滴定中要解决的重要问题。

一、酸度的选择

在配位滴定中,被滴定的金属离子的 K'_{MY} 主要取决于溶液的酸度(因为酸效应的存在)。当酸度较低时,$\alpha_{Y(H)}$ 较小,K'_{MY} 较大,有利于滴定,但注意酸度过低时,金属离子易发生水解反应,生成氢氧化物沉淀,使 M 参加主反应的能力降低,使 K' 减小,此时则不利于滴定。当酸度较高时,K' 较小,同样对滴定不利,因此酸度是配位滴定的重要条件。

1. 最高酸度(最低 pH 值)

在 EDTA 滴定中,当溶液酸度达到某一限度时,因酸效应影响显著,使 $\lg K'<8$,不能满足准确滴定的条件,就不能准确滴定。该最高允许酸度称为最高酸度(或最低 pH 值)。

下面讨论滴定任一金属离子时的最低 pH 值计算式(不考虑其他副反应的影响,允许误差为±0.1%)。

由于
$$\lg K'_{MY}=\lg K_{MY}-\lg\alpha_{Y(H)}$$
将准确滴定条件 $\lg K'_{MY}\geqslant 8$ 代入上式,得
$$\lg K'_{MY}=\lg K_{MY}-\lg\alpha_{Y(H)}\geqslant 8 \tag{6-11}$$
则最高酸度(最低 pH 值)时,有
$$\lg\alpha_{Y(H)}=\lg K_{MY}-8 \tag{6-12}$$

由公式(6-12)计算出 $\lg\alpha_{Y(H)}$ 值,查表 6-3,得出相应的 pH 值,即为滴定某一金属离子时所允许的最低 pH 值。

用同样的方法可以计算出滴定各种离子时所允许的最低 pH 值,然后,以 pH 值为纵坐标,$\lg K'_{MY}$ 或 $\lg\alpha_{Y(H)}$ 为横坐标,可得到 EDTA 的酸效应曲线(林邦曲线),如图 6-5 所示。

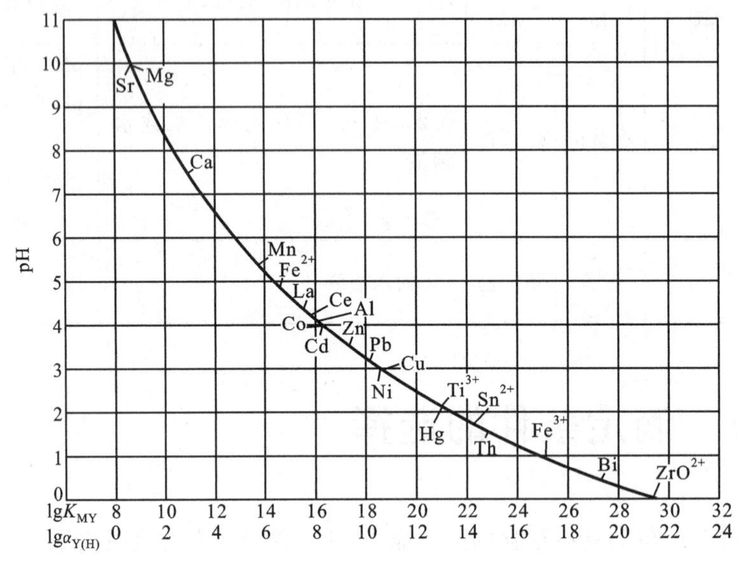

图 6-5　EDTA 的酸效应曲线

[例 6-3]　求用 EDTA 滴定液(0.020 00 mol/L)滴定同浓度的 Zn^{2+} 溶液的最低 pH 值。

解　查表 6-2,可知　　　　$\lg K_{ZnY}=16.50$

根据式(6-12)可得　　$\lg\alpha_{Y(H)}=\lg K_{ZnY}-8=16.50-8=8.50$

由表 6-3 可查得当 $\lg\alpha_{Y(H)}=8.50$ 时,对应的 pH 值约为 4,故最低 pH=4。

用上述方法,可计算出用 EDTA 滴定各种金属离子时的最高酸度或最低 pH 值。不同金属离子的 K_{MY} 不同,则滴定时最低 pH 值不同。当溶液中有几种金属离子共存时,若它们的最低 pH 值相差较大,则有可能通过控制溶液的酸度进行选择滴定或分别滴定。例如,测定铅、铋混合液中铅($\lg K_{PbY}=18.04$、最低 pH 值为 3.2)和铋($\lg K_{BiY}=27.94$、最低 pH 值为 0.6)的含量时,先将溶液的 pH 值调至 1,用 EDTA 滴定 Bi^{3+},到达终点后加六次甲基四胺缓冲溶液调节 pH 值为 5～6,可滴定 Pb^{2+}。根据两步滴定所消耗滴定液的体积,即可求出其各自含量。

2. 最低酸度(最高 pH 值)

当溶液酸度控制在最高酸度以下时,随着酸度的降低,酸效应逐渐减小,这对滴定有利。如果酸度过低,金属离子会产生水解效应,析出氢氧化物沉淀而影响滴定,相应的金属离子还有一个"水解酸度",称为配位滴定的最低酸度(或最高 pH 值)。水解酸度可用氢氧化物溶度积来求算。

[例 6-4]　试计算用 EDTA 滴定液(0.010 00 mol/L)滴定相同浓度 Fe^{3+} 溶液时的最高 pH 值与最低 pH 值。

解　查表 6-2,可知　　　　$\lg K_{FeY}=25.10$

根据式(6-12)可得　$\lg\alpha_{Y(H)}=\lg K_{FeY}-8=25.10-8=17.10$

参照表 6-3，故可推断最低 pH 值为 1.1。

$$Fe^{3+} + 3OH^- \longrightarrow Fe(OH)_3 \qquad K_{sp} = 4 \times 10^{-38} = 10^{-37.4}$$

即 pOH＝11.8，故可得最高 pH 值为 2.2。

例 6-4 的计算结果说明用 EDTA 滴定 Fe^{3+}，当溶液的 pH＜1.1 时，因酸效应的影响，EDTA 与 Fe^{3+} 的配位反应不能进行完全，即在此条件下不能准确滴定。当溶液的 pH＞2.2 时，Fe^{3+} 又因发生水解反应生成 $Fe(OH)_3$ 沉淀，同样不能准确滴定。若要保证 Fe^{3+} 能被 EDTA 准确滴定，溶液的 pH 值必须控制在 1.1～2.2。这一 pH 值范围即为 EDTA 滴定 Fe^{3+} 的适宜酸度范围。

二、掩蔽与解蔽

若待测金属离子 M 的配合物 MY 与干扰离子 N 的配合物 NY 的稳定常数相差不大，甚至 $K_{MY} < K_{NY}$，则不能利用控制酸度的方法来消除干扰。此时，可加入一种试剂与干扰离子 N 反应，使溶液中游离 N 的浓度降至很低，使之不能与 Y 发生配位反应，从而消除共存离子 N 的干扰。这种方法称为掩蔽法，所用试剂称为掩蔽剂。

掩蔽方法根据反应类型不同，可分为配位掩蔽法、沉淀掩蔽法及氧化还原掩蔽法等。

1. 配位掩蔽法

配位掩蔽法是指利用配位反应降低干扰离子浓度以消除干扰的掩蔽法。这是配位滴定分析中最常用的一种方法。所用的掩蔽剂称为配位掩蔽剂。如在 Al^{3+} 与 Zn^{2+} 两种离子共存时，可利用 NH_4F 与 Al^{3+} 生成稳定的配合物 $[AlF_6]^{3-}$ 达到掩蔽 Al^{3+} 的目的，然后在 pH 值为 5～6 时，用 EDTA 滴定 Zn^{2+}。常用的配位掩蔽剂及使用的 pH 值范围见表6-5。

表 6-5 常用的配位掩蔽剂

掩蔽剂	使用 pH 值范围	被掩蔽的离子	备注
KCN	＞8	Co^{2+}、Ni^{2+}、Cu^{2+}、Zn^{2+}、Hg^{2+}、Ag^{+}、Ti^{3+} 及铂族元素	剧毒！须在碱性溶液中使用
NH_4F	4～6	Al^{3+}、Ti^{4+}、Sn^{4+}、Zr^{4+}、W^{6+} 等	
	10	Al^{3+}、Mg^{2+}、Ca^{2+}、Sr^{2+} 及稀土元素	
三乙醇胺	10	Al^{3+}、Sn^{4+}、Ti^{4+}、Fe^{3+}	与 KCN 并用，可提高掩蔽效果
	11～12	Fe^{3+}、Al^{3+} 及少量 Mn^{2+}	
邻二氮菲	5～6	Ni^{2+}、Cu^{2+}、Zn^{2+}、Cd^{2+}、Hg^{2+}、Co^{2+}、Mn^{2+}	
柠檬酸	中性	Bi^{2+}、Cr^{2+}、Fe^{3+}、Sn^{4+}、Th^{4+}、Ti^{4+}、Zr^{4+}	
酒石酸	1.2	Sb^{3+}、Sn^{4+}、Fe^{3+}	
	2	Fe^{3+}、Sn^{4+}、Mn^{2+}	
	5.5	Fe^{3+}、Al^{3+}、Sn^{4+}、Ca^{2+}	在抗坏血酸存在下
	6～7.5	Mn^{2+}、Cu^{2+}、Fe^{3+}、Al^{3+}、Mo^{4+}、Sb^{3+}、W^{6+}	
	10	Al^{3+}、Sn^{4+}	

2. 沉淀掩蔽法

沉淀掩蔽法是指在溶液中加入沉淀剂,使干扰离子生成一种难溶性的物质来降低干扰离子浓度以消除干扰的掩蔽法。如在含有 Ca^{2+}、Mg^{2+} 两种离子的溶液中滴定 Ca^{2+},可加入 NaOH 溶液,使溶液的 pH>12,此时 Mg^{2+} 生成 $Mg(OH)_2$ 沉淀,不干扰 Ca^{2+} 的测定。

3. 氧化还原掩蔽法

氧化还原掩蔽法是指利用氧化还原反应来改变干扰离子的价态以消除干扰的掩蔽法。如在 Bi^{3+}、Fe^{3+} 混合液中滴定 Bi^{3+},Fe^{3+} 的存在将产生干扰,加入维生素 C,将 Fe^{3+} 还原成 Fe^{2+},由于配合物 $[FeY]^{2-}$ 的稳定常数较小,此时测定 Bi^{3+},Fe^{2+} 不干扰。

采用掩蔽法对某一离子进行滴定之后,再加入一种试剂,将已被掩蔽的离子释放出来,这种方法称为解蔽,具有解蔽作用的试剂称为解蔽剂。将掩蔽-解蔽方法联合使用,混合物不需分离可连续分别进行滴定。如测定铜合金中的铅、锌时,可在氨性溶液中用 KCN 掩蔽 Cu^{2+}、Zn^{2+} 两种离子,而 Pb^{2+} 不被掩蔽,则可用 EDTA 滴定 Pb^{2+}。在滴定 Pb^{2+} 后的溶液中加入甲醛,则 $[Zn(CN)_4]^{2-}$ 被解蔽而释放出 Zn^{2+},再用 EDTA 继续滴定 Zn^{2+}。铜的配合物比较稳定,不易被醛类解蔽。

三、配位滴定方式

1. 直接滴定

直接滴定是配位滴定的基本方式。当金属离子与 EDTA 的配位反应能满足滴定分析的要求时,就可将试液调至所需要的酸度,加入其他必要的试剂和指示剂,用 EDTA 进行直接滴定。事实上,大多数的金属离子都可以直接用 EDTA 滴定。由于在滴定过程中不断有 H^+ 被释放出来,为了能保证在适宜的 pH 值条件下进行滴定,常需加入缓冲溶液来控制溶液的 pH 值。若待测金属离子在滴定的 pH 值条件下会因水解反应析出沉淀,就要加入辅助配位剂。

例如,在 pH=10 时滴定 Pb^{2+},会产生 $Pb(OH)_2$ 沉淀。为防止生成 $Pb(OH)_2$ 沉淀,可先在酸性溶液中加入酒石酸(辅助配位剂)与 Pb^{2+} 配位,再调节溶液的 pH=10 后进行滴定,这样就防止了 Pb^{2+} 的水解。

直接滴定方便,简单,快速,引入误差机会较少,测定结果的准确度较高,通常只要条件允许,应尽可能采用直接滴定。只有在直接滴定遇到困难时,才采用其他滴定方式。

2. 返滴定

返滴定是在一定条件下,向试液中加入准确过量的 EDTA 滴定液,然后用另一种金属离子滴定液来滴定过量的 EDTA。根据两种滴定液的浓度和用量,即可求得待测物质的含量。这种方式主要适用于下列三种情况:

(1) 被测金属离子与 EDTA 的反应速率小;

(2) 直接滴定时,无适当的指示剂,或待测离子对指示剂有封闭作用;

(3) 被测金属离子发生水解等副反应,影响测定。

例如,用 EDTA 测定 Al^{3+} 时,Al^{3+} 与 Y 配位较慢,需要加过量 EDTA 并加热煮沸,配位反应才比较完全。Al^{3+} 对二甲酚橙、铬黑 T 等指示剂有封闭作用，在酸度不高时，Al^{3+} 水解生成一系列多核羟基配合物，因此不能直接滴定。为了测定 Al^{3+}，可采用返滴定法。将含 Al^{3+} 的试液调至 pH=3.5 时，加入准确过量的 EDTA 滴定液，煮沸使 Al^{3+} 配位完全。然后调节 pH 值为 5～6，用二甲酚橙作指示剂，以锌滴定液返滴定。作为返滴定的金属离子，它与 Y 的配合物必须有足够的稳定性，以保证分析结果的准确度，又不能超过待测离子与 Y 的配合物的稳定性，否则会发生与待测离子的置换反应，使测定结果偏低。

3. 置换滴定

上述两种方式不能用时，可以利用置换反应，置换出等物质的量的另一金属离子，或置换出 EDTA，然后滴定，这就是置换滴定。

1）置换出金属离子

待测离子 M 置换出另一配合物 NL 中等物质的量的 N：

$$M+NL \rightleftharpoons ML+N$$

用 EDTA 滴定 N，即可求得 M 的含量。

例如，Ag^+ 与 EDTA 的配合物不稳定，不能用 EDTA 直接滴定，如将 Ag^+ 加入 $[Ni(CN)_4]^{2-}$ 溶液中，则有下列反应：

$$2Ag^+ + [Ni(CN)_4]^{2-} \rightleftharpoons 2[Ag(CN)_2]^- + Ni^{2+}$$

在 pH=10 的氨性溶液中，以紫脲酸铵为指示剂，用 EDTA 滴定置换出来的 Ni^{2+}，即可求得 Ag^+ 的含量。

2）置换出 EDTA

将待测离子 M 与干扰离子全部用 EDTA 配位，然后加入选择性高的配位剂 L 夺取 M，同时释放出等物质的量的 EDTA：

$$MY+L \rightleftharpoons ML+Y$$

再用金属离子滴定液滴定释放出来的 EDTA，即可测得 M 的含量。

例如，测定 Al^{3+} 时，溶液中存在 Zn^{2+}、Pb^{2+} 等会干扰 Al^{3+} 的测定，实际测得的是这些离子的总量。可于试液中加入过量的 EDTA，使 Al^{3+}、Zn^{2+}、Pb^{2+} 等金属离子全部与 Y 配位，过量的 EDTA 用锌滴定液滴定以除去。然后加入 NH_4F，则有

$$[AlY]^- + 6F^- \rightleftharpoons [AlF_6]^{3-} + Y^{4-}$$

$[AlY]^-$ 转变成更稳定的 $[AlF_6]^{3-}$，释放出等物质的量的 EDTA，再用锌滴定液滴定，从而可以求得 Al^{3+} 的含量。

使用置换滴定可以扩大配位滴定的应用范围，并可提高滴定的选择性。另外利用置换滴定的原理，可以改善指示剂指示滴定终点的敏锐性。例如，铬黑 T 与 Mg^{2+} 显色很灵敏，但与 Ca^{2+} 显色的灵敏性较差，因此，在 pH=10 的溶液中用 EDTA 滴定 Ca^{2+} 时，常于溶液中加入少量 MgY，此时发生下列置换反应：

$$MgY + Ca^{2+} \rightleftharpoons CaY + Mg^{2+}$$

置换出来的 Mg^{2+} 与铬黑 T 反应而显深红色：

$$Mg^{2+} + EBT \rightleftharpoons Mg\text{-}EBT$$

滴定时，EDTA 先与 Ca^{2+} 配位，当达到滴定终点时，EDTA 夺取 Mg-EBT 配合物中的 Mg^{2+}，生成 MgY，游离出指示剂 EBT 而显蓝色。终点时颜色变化因 Mg^{2+} 的存在而明显

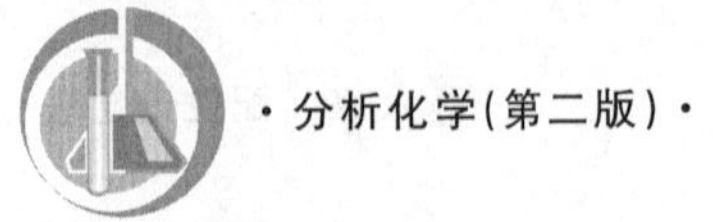

醒目。由于滴定前加入的 MgY 和最后生成的 MgY 的量是相等的，因此引入的镁盐不需要用空白实验校正。

4. 间接滴定

有些金属或非金属离子不与 EDTA 发生配位反应或不能生成稳定的配合物，上述滴定方式均不适用，这时可采用间接滴定法。

如测定 PO_4^{3-}，可于试液中加入准确过量的 $Bi(NO)_3$，使之生成 $BiPO_4$ 沉淀，再用 EDTA 滴定剩余的 Bi^{3+}，从而间接求得 PO_4^{3-} 的含量。

又如测定 Na^+ 时，可加乙酸铀酰锌作沉淀剂，使 Na^+ 生成乙酸铀酰锌钠($NaAc \cdot ZnAc_2 \cdot 3UO_2 \cdot Ac_2 \cdot 9H_2O$)沉淀，将沉淀分离、洗净、溶解后，用 EDTA 滴定其中的 Zn^{2+}，即可求得样品中的 Na^+ 含量。

间接滴定手续较繁，引入误差的机会也较多，应尽量避免使用。

第四节　配位滴定标准溶液

在 EDTA 滴定中，除使用 EDTA 标准溶液外，还需使用标准金属离子溶液，常用的有锌标准溶液等，下面介绍这两种标准溶液的配制和标定方法。

一、EDTA 标准溶液的配制和标定

1. EDTA 滴定液(0.05 mol/L)的配制

乙二胺四乙酸在水中溶解度小，不能直接使用，所以常用其二钠盐配制标准溶液。配制浓度约 0.05 mol/L 的溶液时，取 $Na_2H_2Y \cdot 2H_2O$ 19 g，溶于约 300 mL 温纯化水中，冷却后用纯化水稀释至 1 L，摇匀，储存于聚乙烯瓶或硬质玻璃瓶中，待标定。

2. 标定

标定 EDTA 溶液的基准物质很多，如纯 Zn、Cu、Bi 及纯 $CaCO_3$、ZnO 和 $MgSO_4 \cdot 7H_2O$ 等。这里介绍用 ZnO 基准物质的标定方法。

称取于 800 ℃灼烧至恒重的基准物质 ZnO 约 0.12 g，加稀 HCl 溶液 3 mL 使其溶解，加纯化水 25 mL 与 pH=10 的 NH_3-NH_4Cl 缓冲溶液 10 mL，再加少量铬黑 T 指示剂，用待标定的 EDTA 溶液滴定至溶液由紫红色变为纯蓝色即为终点。必要时用空白实验校正。根据 EDTA 标准溶液的消耗量与氧化锌的取用量，计算出 EDTA 的浓度。

值得注意的是，标定条件与测定条件应尽可能一致，如果选用待测元素的纯金属或化合物作为基准物质，在与测定条件相似的情况下标定，则可基本消除系统误差。

二、锌标准溶液的配制和标定

1. 直接法配制($c_{Zn^{2+}}$=0.050 00 mol/L)

称取新制备的纯锌 3.269 0 g，加 6 mol/L HCl 溶液 20 mL 并置于水浴上加热使其溶解，冷却后定量转入 1 L 容量瓶中，加纯化水稀释至刻度，充分摇匀，即得 $c_{Zn^{2+}}$=0.050 00 mol/L 的锌标准溶液。

2. 间接法配制及标定

取分析纯 $ZnSO_4$ 约 15 g，加稀 HCl 溶液 10 mL 与适量纯化水溶解后，稀释至 1 L，摇匀即得浓度约为 0.05 mol/L 的锌溶液，待标定。

精密移取待标定锌溶液 25.00 mL，加甲基红指示剂 1 滴，滴加氨试液至溶液显微黄色，再加纯化水 25 mL、NH_3-NH_4Cl 缓冲溶液 10 mL、铬黑 T 指示剂少量，然后用 EDTA 标准溶液滴定至溶液由紫红色恰变为纯蓝色即为终点。根据 EDTA 标准溶液的消耗量与锌溶液的体积，计算出锌溶液的浓度。

第五节　配位滴定应用示例

一、水的硬度及钙、镁含量测定

天然水中溶解有一定量的金属盐类，其中主要是钙盐和镁盐。水中钙、镁盐的总量称为水的硬度，含量越高，硬度越大。它使肥皂沉淀降低其去污能力，使锅炉产生锅垢（水垢），造成传热不良，浪费能源，甚至会使锅炉局部过热而引起爆炸。水的硬度是水质的一项重要指标，在工业生产和日常生活中对水的硬度都有一定的要求。因此，水的硬度测定有着很重要的意义。

1. 水的硬度测定

水的硬度表示方法通常是用每升水中钙、镁离子总量折算成 $CaCO_3$ 的质量（mg）表示。

EDTA 滴定法测定水的总硬度的方法如下：精密移取一定体积（V）的样品，加 pH 值为 10 的 NH_3-NH_4Cl 缓冲溶液 10 mL，铬黑 T（EBT）指示剂少量，用 EDTA（0.01 mol/L）标准溶液滴定至溶液由红色变为纯蓝色即为终点。根据下式计算水的硬度：

$$硬度(CaCO_3,\ mg/L)=\frac{c_Y V_Y M_{CaCO_3}\times 10^3}{V_s}$$

式中：c_Y、V_Y——EDTA 标准溶液的浓度（mol/L）和消耗的体积（L）；

V_s——水样的体积（L）。

2. 钙、镁含量测定

精密移取一定体积（V）的样品，加入 NaOH 调节溶液 pH 值为 12 以上，若样品中有 Mg^{2+} 存在，则此时 Mg^{2+} 形成 $Mg(OH)_2$ 沉淀被掩蔽。再加入钙指示剂（NN），用 EDTA 标准溶液滴定至溶液由红色变为纯蓝色即为终点。根据所用 EDTA 标准溶液的浓度和体积，可求得 Ca^{2+} 含量。用钙、镁离子总量减去钙离子的量即得镁离子的含量。

二、铝盐的测定

由于铝盐与 EDTA 配位速率很小，本身易水解，且对指示剂（二甲酚橙）产生封闭作用，不能直接滴定，需用返滴定法测定其含量。

取明矾约 2 g,精密称定,加适量的纯化水使其溶解,定量转移至 250 mL 容量瓶中,用纯化水稀释至刻度,摇匀。精密移取该溶液 25.00 mL 置于锥形瓶中,调节溶液的 pH 值至 3.5,精密加入 0.05 mol/LEDTA 标准溶液 25.00 mL,煮沸,冷却。再加入适量的纯化水和 HAc-NaAc 缓冲溶液,调节 pH 值至 5.5,以二甲酚橙为指示剂,用 Zn^{2+} 标准溶液滴定至溶液由黄色恰变为紫红色即达终点。根据所消耗锌标准溶液的体积,计算样品中 Al^{3+} 的含量。滴定过程中的反应为

滴定之前 $Al^{3+}+Y(过量)\longrightarrow AlY+Y(剩余)$

开始滴定 $Y(剩余)+Zn^{2+}\longrightarrow ZnY$

终点指示 $Zn^{2+}+In\longrightarrow ZnIn$

(黄色) (紫红色)

计算公式 $$w_{Al}=\frac{(c_Y V_Y-c_{Zn}V_{Zn})M_{Al}}{m_s\times\frac{25.00}{250.0}}\times 100\%$$

本章小结

1. EDTA 及其与金属离子 M 配合的特点。

①EDTA 是多基配位体,能与 M 形成稳定的配合物;②配位比固定且简单(绝大多数为 1∶1);③配位反应迅速;④配合物溶于水;⑤M 无色,则 MY 无色,M 有色,则 MY 颜色加深。

2. 配位滴定中的主反应、副反应、副反应系数。

MY 配合物条件稳定常数的意义和计算,$\lg K'_{MY}=\lg K_{MY}-\lg\alpha_{Y(H)}-\lg\alpha_{M(L)}$。

3. 滴定曲线的变化规律,滴定突跃的意义,影响滴定突跃大小的主要因素(c_M 和 K'_{MY})。

M 能被准确滴定的条件:$\lg(c_M K'_{MY})\geqslant 6$ 或 $\lg K'_{MY}\geqslant 8$。

4. 金属指示剂的作用原理及选择原则,常用金属指示剂。

5. 配位滴定酸度选择。

最高酸度由 $\lg\alpha_{Y(H)}=\lg K_{MY}-8$ 计算,再查表求得。最低酸度通过相应的 $M(OH)_n$ 的溶度积 K_{sp} 计算求得。配位滴定中酸度控制的重要性及方法。掩蔽和解蔽的概念。

6. 配位滴定的四种方式和应用、配位滴定结果的计算。

目标检测

一、选择题

1. 在 pH>10.3 的溶液中,EDTA 的主要存在型体是(　　)。

A. H_6Y^{2+}　　B. H_2Y^{2-}　　C. Y^{4-}

D. H_4Y　　E. H_5Y^+

2. 在 pH=10 的 NH_3-NH_4Cl 缓冲溶液中,以 EBT 为指示剂,可以用 EDTA 直接滴

定的是(　　)。

A. Mg^{2+}　　B. Fe^{3+}　　C. Hg^{2+}

D. Al^{3+}　　E. Bi^{3+}

3. 配位滴定中溶液的酸度将影响(　　)。

A. EDTA 的解离　　B. 金属指示剂的解离　　C. 金属离子的水解

D. A 和 C　　E. A、B 和 C

4. 影响配位滴定突跃大小的因素是(　　)。

A. K'_{MY}　　B. c_M　　C. 金属指示剂

D. A 和 B　　E. A、B 和 C

5. 标定 EDTA 溶液的基准物质是(　　)。

A. 氧化锌　　B. 硼砂　　C. 邻苯二甲酸氢钾

D. 碳酸钠　　E. 重铬酸钾

6. 测定水的硬度时,用三乙醇胺生成稳定的配合物时消除干扰的方法是(　　)。

A. 分离法　　B. 掩蔽法　　C. 解蔽法

D. 萃取法　　E. 挥发法

二、名词解释

配位滴定法　　酸效应　　配位效应　　金属指示剂　　最低 pH 值

最高 pH 值　　氨羧配位剂

三、填空题

1. 配位滴定方式有________、________、________和________。

2. 乙二胺四乙酸的结构式为________,用简式________表示,简称________。

3. 使用金属指示剂 EBT 时最适宜的 pH 值是________。

4. 金属指示剂本身的颜色与它和金属离子形成配合物的颜色相比则________。

5. 测定水的总硬度时,以________为指示剂,用________调节溶液的 pH 值为________,以 EDTA 为标准溶液,滴定到终点时,溶液的颜色由________变为________。

6. 常用的金属指示剂有________、________和________等。

四、简答题

1. 氨羧配位剂(EDTA)与金属离子配合物的特点有哪些?

2. 什么是配合物的稳定常数、副反应系数、条件稳定常数?它们之间有何关系?

3. 金属指示剂的作用原理是什么?它应具备哪些条件?

4. 何谓指示剂的封闭现象?怎样消除封闭?

5. 为什么在配位滴定中常常要使用缓冲溶液?

6. EDTA 滴定单一离子时,如何确定最高酸度和最低酸度?

7. 配位滴定中常用的掩蔽方法有哪些?各适用于哪些情况?

五、计算题

1. 称取 0.100 5 g 纯 $CaCO_3$,溶解后,用容量瓶配成 100 mL 溶液。吸取 25.00 mL,在 pH>12 时,用钙指示剂指示终点,用 EDTA 标准溶液滴定,用去 24.90 mL,试计算 EDTA 标准溶液的浓度(mol/L)。　　(0.010 08 mol/L)

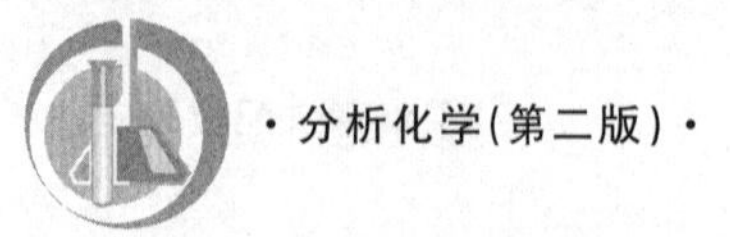

2. 待测溶液含 2×10^{-2} mol/L 的 Zn^{2+} 和 2×10^{-3} mol/L 的 Ca^{2+}，能否在不加掩蔽剂的情况下，只用控制酸度的方法选择滴定 Zn^{2+}？为防止生成 $Zn(OH)_2$ 沉淀，最低酸度为多少？这时可选用何种指示剂？ (pH 值为 6.4，可选用二甲酚橙)

3. 取 100 mL 水样，用氨性缓冲溶液调节至 pH=10，以 EBT 为指示剂，用 EDTA 标准溶液(0.008 826 mol/L)滴定至终点，共消耗 12.58 mL，计算水的总硬度。如果将上述水样再取 100 mL，用 NaOH 调节至 pH=12.5，加入钙指示剂，用上述 EDTA 标准溶液滴定至终点，消耗 10.11 mL，试分别求出水样中 Ca^{2+} 和 Mg^{2+} 的含量。

(111.1 mg/L，35.77 mg/L，5.299 mg/L)

4. 称取葡萄糖酸钙(分子式为 $C_{12}H_{22}O_{14}Ca\cdot H_2O$)样品 0.550 0 g，溶解后，在 pH=10 的氨性缓冲溶液中用 EDTA 滴定(以 EBT 为指示剂)至终点，消耗浓度为 0.049 85 mol/L 的 EDTA 标准溶液 24.50 mL，试计算葡萄糖酸钙的含量(%)。 (99.57%)

5. 某退热止痛剂为咖啡因($C_8H_{10}N_4O_2$)、盐酸喹啉和安替比林的混合物，采用配位滴定法测定其中咖啡因的含量。具体做法如下：称取样品 0.500 0 g，置于 50 mL 容量瓶中，加入 30 mL 水、10 mL 四碘合汞酸钾溶液(0.35 mol/L)和 1 mL 浓盐酸，此时喹啉和安替比林与四碘合汞酸钾生成沉淀，以水稀释至刻度，摇匀。将试液过滤，移取 20.00 mL 滤液于干燥的锥形瓶中，加入 5.00 mL 0.300 0 mol/L $KBiI_4$ 溶液，此时质子化的咖啡因与 $[BiI_4]^-$(黄色)反应：

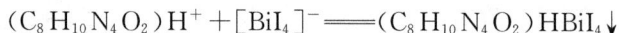

$$(C_8H_{10}N_4O_2)H^+ + [BiI_4]^- = (C_8H_{10}N_4O_2)HBiI_4\downarrow$$

过滤，取 10.00 mL 滤液，在 pH 值为 3～4 的 HAc-NaAc 缓冲溶液中，以 EDTA(0.050 0 mol/L)滴定至黄色消失为终点，用去 EDTA 溶液 6.00 mL。计算样品中咖啡因的含量。

(72.82%)

第七章

沉淀滴定法

第一节 沉淀溶解平衡

严格地说，任何电解质在水溶液中都有一定的溶解性。物质在水中的溶解性常以溶解度来衡量。通常把溶解度小于0.01 g/(100 g(水))的物质称为难溶电解质，溶解度为0.01～0.1 g/(100 g(水))的物质称为微溶电解质；其余的则称为易溶电解质。对于难溶电解质来说，它们在水中溶解度的大小首先是由其自身的本性所决定的，其次，温度的高低、溶液中其他组分的存在等外界因素也会影响它们的溶解度。对于难溶电解质而言，其溶解能力虽差，但溶解的部分可以认为是完全解离的，且以水合离子形式存在；而解离的离子相互碰撞又能重新结合形成沉淀，因而在水中建立一个沉淀溶解的动态平衡。

一、溶度积与溶解度

1. 溶度积

在一定温度下将$BaCO_3$固体投入水中，在水分子作用下，固体表面的部分Ba^{2+}和CO_3^{2-}离开$BaCO_3$固体表面，以水合离子的形式进入水中，这一过程称为溶解。另一方面，进入水中的水合离子在溶液中做无序运动，碰到$BaCO_3$固体表面时，受到其上带异号电荷的构晶离子的吸引，又能重新回到固体表面。这种与前一过程相反的过程就称为沉淀。溶解与沉淀是相互矛盾的过程。如图7-1所示为$BaCO_3$的溶解与沉淀。在难溶物质投入水中的初期，溶液中水合Ba^{2+}和CO_3^{2-}的浓度极低，因此Ba^{2+}和CO_3^{2-}脱离$BaCO_3$固体表面的趋势占主导作用，即溶解速率较大，这时溶液是未饱和的。随着溶解的不断进行，溶液

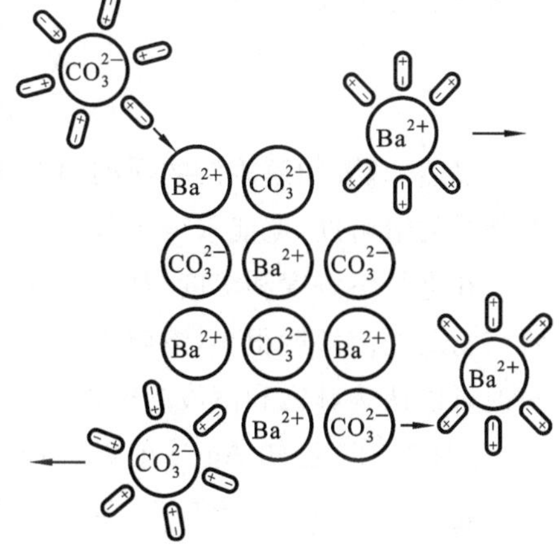

图7-1 $BaCO_3$的溶解与沉淀

中水合离子的浓度逐渐加大，水合 Ba^{2+} 和水合 CO_3^{2-} 返回 $BaCO_3$ 固体表面的趋势逐渐加大，即沉淀的速率逐渐加大。当溶解速率与沉淀速率相等时，便达到一种动态平衡，这种动态平衡状态称为沉淀溶解平衡，这时的溶液就是饱和溶液。虽然这两个相反的过程还在不断进行，但溶液中水合离子的浓度不再改变，未溶解的 $BaCO_3$ 固体与溶液中水合 Ba^{2+} 和水合 CO_3^{2-} 之间存在着如下平衡：

$$BaCO_3(s) \rightleftharpoons Ba^{2+}(aq) + CO_3^{2-}(aq)$$

这种固体物质与其离子溶液共存的平衡也是多相离子平衡。根据化学平衡原理，当 $BaCO_3$ 溶解与沉淀达到平衡时，离子平衡浓度幂的乘积是一个常数，用 $K_{sp}^{\ominus}$ 表示：

$$K_{sp}^{\ominus} = [Ba^{2+}][CO_3^{2-}]$$

$K_{sp}^{\ominus}$ 称为溶度积常数，简称溶度积。与其他平衡常数相同，$K_{sp}^{\ominus}$ 与难溶物质的本性以及温度等有关。它的大小可以用来衡量难溶物质生成或溶解的难易程度。$K_{sp}^{\ominus}$ 越大，表明该难溶物质的溶解度越大，要生成该沉淀就越困难；$K_{sp}^{\ominus}$ 越小，表明该难溶物质的溶解度越小，要生成该沉淀就越容易。在进行相对比较时，对同型难溶物质，如 $BaSO_4$ 与 $AgCl$，$K_{sp}^{\ominus}$ 越大，其溶解度就越大。

2. 溶解度

溶度积和溶解度都反映了难溶电解质溶解能力的大小，两者之间既有联系，又有所不同。溶度积是只与温度有关的一个常数，而溶解度除与温度有关外，还与溶液中离子的浓度大小有关。若不考虑溶液离子强度的影响，对 MA 型难溶物质，若溶解度为 S(mol/L)，在其饱和溶液中：

$$MA(s) \rightleftharpoons M^{+}(aq) + A^{-}(aq)$$

平衡浓度　　　　S　　　　S

$$[M^{+}][A^{-}] = S^2 = K_{sp(MA)}^{\ominus}$$

$$S = \sqrt{K_{sp(MA)}^{\ominus}}$$

对于 MA_2 型(如 CaF_2)或 M_2A(如 Ag_2CrO_4)型难溶物质，同理可推导出其溶度积与溶解度的关系为

$$S = \sqrt[3]{\frac{K_{sp(MA_2)}^{\ominus}}{4}} \quad 或 \quad S = \sqrt[3]{\frac{K_{sp(M_2A)}^{\ominus}}{4}}$$

显然，只要知道难溶物质的溶度积，就能求得该难溶物质的溶解度；相反，只要知道难溶物质的溶解度，就能求得该难溶物质的溶度积。

在进行溶解度和溶度积的换算时应注意，所采用的浓度单位应为 mol/L。另外，由于难溶物质的溶解度很小，溶解度在以 mol/L 为单位和以 g/(100 g(水))为单位间进行换算时可以认为其饱和溶液的密度等于纯水的密度。

[例 7-1]　已知 AgCl 在 298.15 K 时的溶度积为 1.8×10^{-10}，求 AgCl 的溶解度。

解　　$S = \sqrt{K_{sp(AgCl)}^{\ominus}} = \sqrt{1.8\times10^{-10}}$ mol/L $= 1.34\times10^{-5}$ mol/L

将 $BaSO_4$、CaF_2、Ag_2CrO_4 以及 AgCl 的溶解度和溶度积列表比较于表 7-1。

表 7-1　几种类型的难溶物质溶度积、溶解度比较

难溶物质类型	难溶物质	溶度积($K_{sp}^{\ominus}$)	溶解度/(mol/L)
MA	AgCl	1.8×10^{-10}	1.34×10^{-5}
	$BaSO_4$	1.1×10^{-10}	1.05×10^{-5}
MA_2	CaF_2	2.7×10^{-11}	1.89×10^{-4}
M_2A	Ag_2CrO_4	1.2×10^{-12}	6.69×10^{-5}

从表 7-1 中可以看出，对于同型难溶物质，溶度积大的，以 mol/L 为单位的溶解度也大，因此可以根据溶度积的大小来直接比较它们溶解度的相对高低，例如 $BaSO_4$ 和 AgCl（同为 MA 型，一个分子在溶液中都解离出两个离子）、CaF_2 和 Ag_2CrO_4（MA_2 与 M_2A 型，一个分子在溶液中都解离出三个离子）。但是，对于不同型的难溶物质，不能简单地根据它们的 $K_{sp}^{\ominus}$ 来判断它们溶解度的相对大小。例如，虽然 $K_{sp(AgCl)}^{\ominus}>K_{sp(Ag_2CrO_4)}^{\ominus}$，但在同温下，$Ag_2CrO_4$ 的溶解度比 AgCl 的大。

3. 溶度积规则

对任一沉淀反应：

$$M_mA_n(s)\rightleftharpoons mM^{n+}(aq)+nA^{m-}(aq)$$

离子积　　$Q_c=c_{M^{n+}}^{m}\,c_{A^{m-}}^{n}$

若 $Q_c>K_{sp}^{\ominus}$，反应将向左进行，溶液为过饱和状态，将生成沉淀；若 $Q_c<K_{sp}^{\ominus}$，反应朝溶解的方向进行，溶液为未饱和状态，将无沉淀析出，若有固体物质存在则会发生溶解；若 $Q_c=K_{sp}^{\ominus}$，溶液为饱和状态，达到动态平衡。这一规律就称为溶度积规则。

使用溶度积规则时应注意以下几点：

(1) 原则上只要 $Q_c>K_{sp}^{\ominus}$ 便应该有沉淀产生，但是，只有当溶液中含约 10^{-5} g/L 固体时，人眼才能观察到混浊现象，故实际观察到有沉淀产生所需的构晶离子浓度往往要比理论计算值稍高些；

(2) 有时由于生成过饱和溶液而不产生沉淀，在这种情况下可以通过加入晶种或摩擦器壁等方式破坏其过饱和状态，促使析出沉淀或结晶；

(3) 若沉淀过程中发生副反应，使构晶离子的有效浓度发生改变，或者说使难溶物质的实际溶解性能发生相应的改变，则可能导致无沉淀产生。

二、影响沉淀溶解度的因素

影响沉淀溶解度的因素有很多，主要有同离子效应、盐效应、酸效应及配位效应，其次是温度、溶剂、生成沉淀颗粒大小和结构等因素。

1. 同离子效应

[例 7-2]　已知 $BaSO_4$ 的 $K_{sp}^{\ominus}=1.1\times10^{-10}$。试比较 $BaSO_4$ 在 250 mL 纯水，以及在 250 mL $[SO_4^{2-}]$ 为 0.010 mol/L 的溶液中的溶解度。

解　对 MA 型难溶物，有　　$S=\sqrt{K_{sp}^{\ominus}}$

在纯水中：　$S_1=\sqrt{1.1\times10^{-10}}\ \text{mol/L}=1.05\times10^{-5}\ \text{mol/L}$

设在 SO_4^{2-} 溶液中溶解度为 S_2。

$$[Ba^{2+}][SO_4^{2-}]=S_2(S_2+0.010)=K_{sp}^{\ominus}=1.1\times10^{-10}$$

因 S_2 不会太大，$S_2+0.010\approx0.010$。

解得 $$S_2=1.1\times10^{-8}\ \text{mol/L}$$

故 $$S_1>S_2$$

显然，当沉淀反应中有与难溶物质具有共同离子的电解质存在时，能使难溶物质的溶解度降低，这种现象称为沉淀反应的同离子效应。

不同的应用领域对溶解损失的要求是不同的。分析化学中的重量分析一般要求溶解损失不得超过分析天平的称量误差(0.2 mg)。即使工业生产中也要尽量减少沉淀的溶解损失，避免浪费和污染环境，降低生产成本。

因此，在进行沉淀时，可以加入适当过量的沉淀剂，以减少沉淀的溶解损失。对一般的沉淀分离或制备，沉淀剂一般过量 20%～50%即可；而重量分析中，对不易挥发的沉淀剂，一般过量 20%～30%，对易挥发的沉淀剂，一般过量 50%～100%。另外，洗涤沉淀时，也可以根据情况及要求选择合适的洗涤剂以减少洗涤过程的溶解损失。

2. 盐效应

向难溶电解质的饱和溶液中加入一些与该难溶电解质无共同离子的其他可溶性盐时，会引起难溶电解质的溶解度增大，这种现象称为盐效应。

盐效应主要是由于活度系数的改变而引起的，其实，在发生同离子效应时，盐效应也存在，只是它的影响一般要比同离子效应小得多。

一般只有当强电解质浓度大于 0.05 mol/L 时，盐效应才会较为显著，特别是在非同离子的其他电解质存在时，否则一般可以忽略。

3. 酸效应

由于溶液酸度的变化而引起沉淀溶解度改变的现象称为酸效应。酸效应主要存在于由弱酸或多元酸所构成的沉淀以及氢氧化物沉淀中，这类沉淀物的溶解度随溶液的 pH 值减小而增大。因此，对弱酸或多元酸所构成的沉淀以及氢氧化物沉淀等，就可以通过控制酸度达到沉淀完全或溶解沉淀的目的。

[例 7-3] 计算欲使 0.010 mol/L Fe^{3+} 开始沉淀及沉淀完全时的 pH 值。已知 $K_{sp(Fe(OH)_3)}^{\ominus}=4.0\times10^{-38}$。

解 (1) 开始沉淀所需的 pH 值。

$$Fe(OH)_3(s)\rightleftharpoons Fe^{3+}(aq)+3OH^-(aq)$$

$$[Fe^{3+}][OH^-]^3=K_{sp(Fe(OH)_3)}^{\ominus}$$

$$[OH^-]^3=\frac{K_{sp}^{\ominus}}{[Fe^{3+}]}=\frac{4.0\times10^{-38}}{0.010}=4.0\times10^{-36}$$

$$[OH^-]=15.87\times10^{-13}\ \text{mol/L}$$

$$pOH=11.8$$

$$pH=2.2$$

(2) 沉淀完全所需的 pH 值。

定性沉淀完全时，$[Fe^{3+}]$ 应小于或等于 1.0×10^{-5} mol/L，故

$$[OH^-]^3 \geqslant \frac{4.0\times10^{-38}}{1.0\times10^{-5}}=4.0\times10^{-33}$$

$$[OH^-]\geqslant 15.87\times10^{-12}\ mol/L$$

$$pOH\leqslant 10.8$$

$$pH\geqslant 3.2$$

欲使 0.010 mol/LFe^{3+} 开始沉淀及沉淀完全时的 pH 值分别为 2.2 和 3.2。

通过例 7-3 的计算可以得出以下结论：

(1) 金属氢氧化物开始沉淀和完全沉淀并不一定在碱性环境。

(2) 不同难溶金属氢氧化物的 $K_{sp}^{\ominus}$ 不同，分子式不同，它们沉淀所需的 pH 值也不同。因此，可以通过控制 pH 值以达到分离金属离子的目的。

某些难溶金属氢氧化物沉淀的 pH 值见表 7-2。

表 7-2　一些难溶金属氢氧化物沉淀的 pH 值

离子	开始沉淀的 pH 值 (c =0.010 mol/L)	沉淀完全的 pH 值 (c =1.0×10^{-5} mol/L)	$K_{sp}^{\ominus}$
Fe^{3+}	2.2	3.2	4.0×10^{-38}
Al^{3+}	3.70	4.70	1.3×10^{-33}
Cr^{3+}	4.60	5.60	6.3×10^{-31}
Cu^{2+}	5.17	6.67	2.2×10^{-20}
Fe^{2+}	7.45	8.95	8.0×10^{-16}

4. 配位效应

若沉淀剂本身具有一定的配位能力，或有其他配位剂存在，能与被沉淀的金属离子形成配离子(如 Cu^{2+} 与 NH_3 能形成铜氨配离子$[Cu(NH_3)_4]^{2+}$)，就会使沉淀的溶解度增大，甚至不产生沉淀，这种现象就称为沉淀反应的配位效应。例如，用 NaCl 溶液沉淀 Ag^+，当溶液中 Cl^- 浓度过高时就会发生这种现象，见图 7-2。

由图 7-2 可见，当溶液中 Cl^- 浓度在一定范围内时，同离子效应使得 AgCl 沉淀的溶解度随 Cl^- 浓度的升高而明显降低；但是，当 Cl^- 浓度过高时，由于 Cl^- 能与 Ag^+ 结合，形成 AgCl 分子，进一步结合，形成$[AgCl_2]^-$等配离子，故 AgCl 沉淀的溶解度急剧增大。

$$AgCl(s) \rightleftharpoons Ag^+(aq) + Cl^-(aq)$$

$$Ag^+(aq) + Cl^-(aq) \rightleftharpoons AgCl(aq)$$

$$AgCl(aq) + Cl^-(aq) \rightleftharpoons [AgCl_2]^-(aq)$$

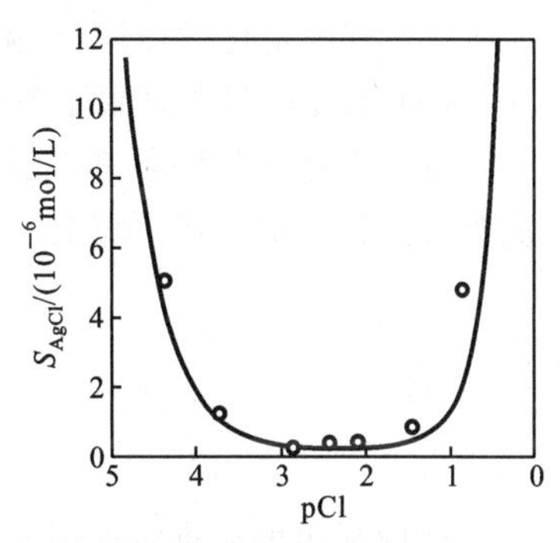

图 7-2　AgCl 溶解度与 pCl 的关系

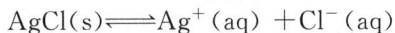

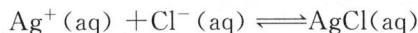

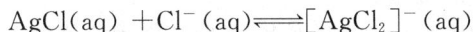

一般来说，若沉淀的溶解度越大，形成的配离子越稳定，则配位效应的影响就越严重。有些难溶物质的溶解就是利用了这种效应。例如，AgCl 沉淀在氨水中的溶解：

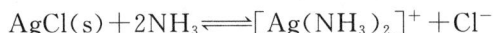

$$AgCl(s)+2NH_3 \rightleftharpoons [Ag(NH_3)_2]^+ + Cl^-$$

5. 氧化还原效应

由于氧化还原反应的发生，沉淀溶解度发生改变的现象就称为沉淀反应的氧化还原效应。

例如，难溶于非氧化性稀酸的CuS，却易溶于具有氧化性的硝酸中：

$$CuS(s) \rightleftharpoons Cu^{2+}(aq) + S^{2-}(aq)$$

$$3S^{2-} + 2NO_3^- + 8H^+ \rightleftharpoons 3S\downarrow + 2NO\uparrow + 4H_2O$$

S^{2-}被HNO_3氧化为S，使构晶离子S^{2-}的浓度显著降低，导致构晶离子浓度幂的乘积小于$K^{\ominus}_{sp(CuS)}$，从而使CuS沉淀溶解。

6. 其他因素

除了以上主要因素外，温度、溶剂、沉淀颗粒的大小及结构的不同，也会影响沉淀溶解度的大小。利用这些因素同样可以实现物质的分离、提纯。

(1) 不同物质溶解度的温度系数一般是不同的。

大多数沉淀物质的溶解过程为吸热过程。因此，一般沉淀的溶解度是随温度的升高而增大的。

(2) 一般无机物沉淀在有机溶剂中的溶解度要比在水中的溶解度小。

如$CaSO_4$在水中的溶解度较大，只有在Ca^{2+}浓度很大时才能沉淀，一般情况下难以析出沉淀。但是，若加入乙醇，沉淀便会产生。

(3) 一般来说，对于同一种沉淀，颗粒越小，溶解度越大。

(4) 对于有些沉淀，刚生成的亚稳态晶型沉淀经放置一段时间后转变成稳定晶型，溶解度往往会大大降低。

例如，CoS沉淀初生时为α型，其$K^{\ominus}_{sp}$为4.0×10^{-21}，经放置后转变为β型，其$K^{\ominus}_{sp}$为2.0×10^{-25}。

第二节　沉淀滴定法

沉淀滴定法是以沉淀反应为基础的一种滴定分析方法。沉淀反应很多，但是能用于滴定分析的沉淀反应必须符合下列几个条件：

(1) 沉淀反应速率大，并按一定的化学计量关系进行；

(2) 生成沉淀的溶解度很小；

(3) 有确定化学计量点(滴定终点)的简单方法；

(4) 沉淀的吸附现象不影响滴定终点的确定。

由于上述条件的限制，能用于沉淀滴定法的反应并不多，目前有实用价值的主要是形成难溶性银盐的反应，例如：

$$Ag^+ + Cl^- = AgCl\downarrow \text{（白色）}$$

$$Ag^+ + SCN^- = AgSCN\downarrow \text{（白色）}$$

这种利用生成难溶性银盐反应来进行测定的方法称为银量法。银量法主要用于测定Cl^-、Br^-、I^-、Ag^+、SCN^-等，还可以测定经过处理而能定量地产生这些离子的有机物，如六氯环己烷(俗称“666”)、二氯酚等有机农药的测定。

根据滴定方式的不同,银量法可分为直接法和间接法。直接法是用 $AgNO_3$ 标准溶液直接滴定待测组分的方法。间接法是先于待测试液中加入一定量的 $AgNO_3$ 标准溶液,再用 NH_4SCN 标准溶液滴定剩余的 $AgNO_3$ 溶液的方法。

根据指示终点所用指示剂的不同,银量法分为莫尔法、佛尔哈德法和法扬斯法。

一、莫尔法

莫尔法是以 K_2CrO_4 为指示剂,在中性或弱碱性介质中用 $AgNO_3$ 标准溶液测定卤素混合物含量的方法。

1. 指示剂的作用原理

以测定 Cl^- 为例,K_2CrO_4 作为指示剂,用 $AgNO_3$ 标准溶液滴定,其反应如下:

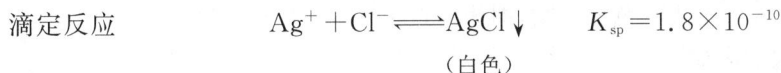

滴定反应 $$Ag^+ + Cl^- \rightleftharpoons \underset{(白色)}{AgCl\downarrow} \qquad K_{sp}=1.8\times10^{-10}$$

指示反应 $$2Ag^+ + CrO_4^{2-} \rightleftharpoons \underset{(砖红色)}{Ag_2CrO_4\downarrow} \qquad K_{sp}=1.2\times10^{-12}$$

根据分步沉淀原理,由于 AgCl 的溶解度比 Ag_2CrO_4 的溶解度小,因此在用 $AgNO_3$ 标准溶液滴定时,AgCl 先析出沉淀,当滴定剂 Ag^+ 与 Cl^- 达到化学计量点时,微过量的 Ag^+ 与 ${CrO_4}^{2-}$ 反应析出砖红色的 Ag_2CrO_4 沉淀,指示滴定终点的到达。

2. 滴定条件

(1) 指示剂的用量。

指示剂用量应适当,一般使$[CrO_4^{2-}]=5.0\times10^{-3}$ mol/L。若加得太多,不仅溶液颜色过深影响终点的观察,而且滴定到终点时,会使溶液中剩余的 Cl^- 浓度较大,造成负误差;若加得太少,就得加入较多的 $AgNO_3$ 标准溶液才能产生砖红色沉淀,由此会造成较大的正误差。

(2) 溶液的酸度。

莫尔法只适用于中性或弱碱性(pH 值为 6.5～10.5)条件下进行,因为在酸性溶液中 Ag_2CrO_4 会溶解:

$$2Ag_2CrO_4 + 2H^+ \longrightarrow 2HCrO_4^- \longrightarrow Cr_2O_7^{2-}$$

而在强碱性的溶液中,Ag^+ 会生成 Ag_2O 沉淀:

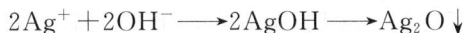

$$2Ag^+ + 2OH^- \longrightarrow 2AgOH \longrightarrow Ag_2O\downarrow$$

如果待测液碱性太强,可加入 HNO_3 中和;如果酸性太强,可加入硼砂或碳酸氢钠中和。

(3) 滴定时应剧烈摇动,使被 AgCl 或 AgBr 沉淀吸附的 Cl^- 或 Br^- 及时释放出来,防止终点提前。

(4) 预先分离干扰离子。

凡能与 Ag^+ 或 CrO_4^{2-} 作用的干扰离子以及大量有色离子、易水解离子等都应事先除去。

3. 应用范围

莫尔法主要用于测定 Cl^-、Br^- 和 Ag^+，如氯化物、溴化物纯度测定以及天然水中氯含量的测定。该法不适用于滴定 I^- 和 SCN^-，因 AgI 和 AgSCN 沉淀对 I^- 和 SCN^- 有强烈的吸附作用。测定 Ag^+ 时，不能直接用 NaCl 标准溶液滴定，必须采用返滴定法。

二、佛尔哈德法

采用铁铵矾($NH_4Fe(SO_4)_2$)为指示剂的银量法称为佛尔哈德法。它又可分为直接法和返滴定法。

1. 直接法测定 Ag^+

在含有 Ag^+ 的酸性溶液(如 HNO_3 介质)中，以铁铵矾为指示剂，用 NH_4SCN(或 KSCN、NaSCN)标准溶液滴定。溶液中首先析出 AgSCN 沉淀，当 Ag^+ 定量沉淀后，过量一滴 NH_4SCN 溶液与 Fe^{3+} 生成红色配合物，即为终点。

滴定反应与指示剂反应如下：

$$Ag^+ + SCN^- = AgSCN\downarrow \quad K_{sp} = 1.0\times10^{-12}$$

(白色)

$$Fe^{3+} + SCN^- = [Fe(SCN)]^{2+} \quad K_{稳} = 138$$

(红色)

2. 返滴定法测定卤素离子

在含有卤素离子(如 Cl^-)的 HNO_3 溶液中，加入已知量过量的 $AgNO_3$ 标准溶液，然后以铁铵矾为指示剂，用 NH_4SCN 标准溶液返滴定过量的 $AgNO_3$。

其反应式为

$$Cl^- + Ag^+(过量) \rightleftharpoons AgCl\downarrow$$

(白色)

$$Ag^+(剩余) + SCN^- \rightleftharpoons AgSCN\downarrow$$

(白色)

$$Fe^{3+} + SCN^- \rightleftharpoons [Fe(SCN)]^{2+}$$

(红色)

3. 滴定条件

(1) 应当在酸性介质中进行。

(2) 用直接法测定 Ag^+ 时，为防止 AgSCN 对 Ag^+ 的吸附，临近终点时应剧烈摇动；用返滴定法测 Cl^- 时，为了避免 AgCl 沉淀发生转化，应轻轻摇动。

(3) 强氧化剂和氮的氧化物以及铜盐、汞盐都能与 SCN^- 作用，因而干扰测定，必须预先除去。

(4) 测定碘化物时，必须先加 $AgNO_3$，后加指示剂，否则会发生如下反应：

$$2Fe^{3+} + 2I^- \rightleftharpoons 2Fe^{2+} + I_2$$

影响结果的准确度。

4. 应用范围

本法适用于以直接法测定 Ag^+ 和以返滴定法测定 Cl^-、Br^-、I^-、SCN^-、PO_4^{3-}、

AsO_4^{3-}的含量。

三、法扬斯法

法扬斯法是一种利用吸附指示剂确定终点的银量法。

吸附指示剂是一些有机染料，它的阴离子（酸性染料）（或阳离子（碱性染料））在溶液中容易被带正电（或带负电）的胶状沉淀所吸附，使得其结构发生改变，从而引起颜色的改变。

胶状沉淀具有强烈的吸附作用，它能选择性吸附溶液中的离子，符合前面所述的吸附规律。若用 $AgNO_3$滴定 Cl^-，采用荧光黄酸性染料为指示剂，化学计量点前，由于 Cl^- 过量，沉淀表面带负电，不吸附指示剂。达到化学计量点后，稍过量的 $AgNO_3$使沉淀表面带正电，吸附荧光黄，使沉淀表面呈淡红色，指示终点的到达。常用吸附指示剂见表 7-3。

表 7-3 常用吸附指示剂

指示剂	被测离子	滴定剂	滴定条件	终点颜色变化
荧光黄	Cl^-、Br^-、I^-	$AgNO_3$	pH 值为 7～10	黄绿色→粉红色
二氯荧光黄	Cl^-、Br^-、I^-	$AgNO_3$	pH 值为 4～10	黄绿色→红色
曙红	Br^-、SCN^-、I^-	$AgNO_3$	pH 值为 2～10	橙黄色→红紫色
溴酚蓝	生物碱盐类	$AgNO_3$	弱酸性	黄绿色→灰紫色
甲基紫	Ag^+	NaCl	酸性溶液	黄红色→红紫色

采用吸附指示剂时应注意以下几点：

(1) 由于颜色变化发生在沉淀表面，因此应尽量使沉淀的比表面大些。

通常加入糊精或淀粉等高分子化合物作为保护胶体，防止 AgCl 沉淀过分凝聚。

(2) 溶液的浓度不能过小，否则沉淀太少，难以观察终点。

一般$[Cl^-]>0.005$ mol/L，其他几种离子的浓度可低至 0.001 mol/L。

(3) 应避免强光照射，否则卤化银对光敏感，沉淀很快变黑，影响终点观察。

(4) 各种指示剂的特性差别很大，对滴定条件，特别是酸度的要求有所不同，适用范围也不一样。

例如：荧光黄应在 pH 值为 7～10 的条件下使用；二氯荧光黄可在 pH 值为 4～10 的条件下使用；曙红在 pH=2 时还能使用。

(5) 指示剂的吸附能力也应适当，不要过大或过小。过大，会使指示剂提前变色；过小，则会使终点推迟。一般应略小于被测离子的吸附能力。比如测定 Cl^- 时，不能用曙红作指示剂。

四、沉淀滴定法应用示例

［例 7-4］ 称取 KBr 样品 1.231 0 g，溶解后转入 100 mL 容量瓶中，稀释至标线，吸取此液 10.00 mL 于锥形瓶中，加入 0.104 5 mol/L $AgNO_3$标准溶液 20.00 mL、新煮沸并已冷却的 6 mol/LHNO_3溶液 5 mL 以及蒸馏水 20.00 mL、铁铵矾指示剂 1 mL，用 0.121 3 mol/L NH_4SCN 标准溶液滴定至终点，共计用去 8.78 mL，试计算样品中 KBr 的质量分数。

解 相关反应为

$$Ag^+ + Br^- = AgBr\downarrow$$

$$Ag^+ + SCN^- = AgSCN\downarrow$$

$$w_{KBr}=\frac{m_{KBr}}{m_s}\times 100\%=\frac{(c_{AgNO_3}V_{AgNO_3}-c_{NH_4SCN}V_{NH_4SCN})M_{KBr}}{1.2310\ g\times\frac{10.00}{100}}\times 100\%$$

$$=\frac{(0.1045\times 20.00-0.1213\times 8.78)\times\frac{119.00}{1000}}{1.2310\times\frac{10.00}{100}}\times 100\%=99.1\%$$

[例 7-5] 水中可溶性氯化物如何测定？

解 取一定量(50 mL 或 100 mL)水样，加 5% K_2CrO_4 溶液 1 mL，以 0.100 0 mol/L 或 0.010 0 mol/L $AgNO_3$ 标准溶液滴定至微红色即为终点，然后计算水中氯化物的含量(以 Cl^- 计，mg/L)。如果水样的酸碱性不合适，应预先中和。

[例 7-6] 味精中 NaCl 含量如何测定？

解 取一定量味精，加水溶解，以 K_2CrO_4 为指示剂，用 0.1 mol/L $AgNO_3$ 标准溶液滴定至微红色即为终点。根据消耗 $AgNO_3$ 标准溶液的体积，便可算出味精中 NaCl 的含量。

本章小结

1. 要掌握溶度积常数和沉淀的溶解度的概念及两者之间的换算。

2. 同离子效应、盐效应、酸效应、配位效应是影响沉淀溶解度的重要因素。

3. 银量法有三种指示终点的方法，分别是莫尔法、佛尔哈德法、法扬斯法。

4. 莫尔法是以 $AgNO_3$ 为标准溶液，K_2CrO_4 为指示剂，在 pH 值为 6.5～10.5 的介质条件下，测定氯化物、溴化物含量的分析方法。

5. 佛尔哈德法分为直接滴定法和返滴定法。

直接滴定法是在酸性条件下，以铁铵钒为指示剂，NH_4SCN 溶液为标准溶液直接测定银化物含量的分析方法；返滴定法测定卤化物含量是在酸性条件下，在被测溶液中加入已知量过量的 $AgNO_3$ 标准溶液，以铁铵矾为指示剂，用 NH_4SCN 标准溶液回滴剩余的 $AgNO_3$，稍过量的 SCN^- 与 Fe^{3+} 生成红色的$[Fe(SCN)]^{2+}$表示滴定终点的到达。

6. 法扬斯法是在一定酸度下(利于指示剂解离)，以吸附指示剂指示终点，测定卤化物含量的银量法。

一、名词解释

溶解度　　溶度积　　离子积　　同离子效应　　吸附指示剂

二、选择题

1. 莫尔法沉淀滴定中使用的指示剂为(　　)。

A. NaCl　　B. K_2CrO_4

C. Na_3AsO_4　　D. $(NH_4)_2SO_4 \cdot FeSO_4$

2. 莫尔法中使用指示剂的量大时，会引起(　　)。

A. 测定结果偏高　　B. 测定结果偏低

C. 不高不低　　D. 没有影响

3. 莫尔法适用的 pH 值范围为(　　)。

A. <2.0　　B. >12.0　　C. 4.0～6.0

D. 6.5～10.5　　E. 10.0～12.0

4. 佛尔哈德法中使用的指示剂是(　　)。

A. 酚酞　　B. 铬酸钾　　C. 硫酸铁铵

D. 荧光黄　　E. 曙红

5. 佛尔哈德法测定卤离子的反应条件是(　　)。

A. 弱碱性　　B. 弱酸性　　C. 中性

D. 较强的酸性　　E. 较强的碱性

6. 以铁铵矾为指示剂，用 NH_4SCN 标准溶液滴定 Ag^+ 时，应在(　　)条件下进行。

A. 酸性　　B. 弱酸性　　C. 中性

D. 弱碱性　　E. 碱性

7. 法扬斯法中应用的指示剂其性质属于(　　)指示剂。

A. 配位　　B. 沉淀　　C. 酸碱

D. 吸附　　E. 氧化还原

三、简答题

1. 难溶电解质 $PbCl_2$、AgBr、$Ba_3(PO_4)_2$、Ag_2S 的溶度积表达式分别是什么？

2. 用莫尔法测定 Cl^-，为什么要控制溶液的酸度？为什么不能用莫尔法测定 I^-？

3. 解释现象：①$BaCO_3$ 能溶于稀 HCl 溶液；②AgCl 能溶于氨水。

4. 吸附指示剂的作用原理是什么？在法扬斯法中加入淀粉的作用是什么？

四、计算题

1. 在室温下，$BaSO_4$ 的溶度积为 1.1×10^{-10}，每升饱和溶液中含 $BaSO_4$ 多少克？

(2.41×10^{-3} g/L)

2. 已知 $Mg(OH)_2$ 的溶度积为 1.8×10^{-11}，在它的饱和溶液中，$[Mg^{2+}]$ 和 $[OH^-]$ 分别为多少？　　(1.4×10^{-4} mol/L，2.8×10^{-4} mol/L)

3. 准确量取生理盐水 10.00 mL，加入 K_2CrO_4 指示剂 0.5～1 mL，以 0.104 5 mol/L $AgNO_3$ 标准溶液滴定至砖红色，即为终点，共计用去 $AgNO_3$ 标准溶液 14.58 mL，试计算生理盐水中 NaCl 的含量。　　(0.89%)

4. 称取银合金样品 0.300 0 g，溶解后制成溶液，加铁铵矾指示剂，用 0.100 0 mol/L NH_4SCN 标准溶液滴定，用去 23.80 mL，计算合金中银的质量分数。　　(85.58%)

第八章

重量分析法

第一节　概述

重量分析法(gravimetric analysis)是通过称取一定质量的样品，用适当的方法将被测组分与样品中其他组分分离后，将其转化成一定的称量形式，称重，从而求得被测组分含量的方法。

重量分析法的优点是直接采用分析天平称量的数据来获得分析结果，而称量误差一般较小，因此重量分析法分析结果的准确度较高，相对误差一般为±0.1%至±0.2%。在重量分析法分析过程中一般不需要基准物质或从容量器皿引入数据，适用于常量组分的测定。缺点是操作烦琐、费时、灵敏度不高，且不适用于微量及痕量组分的测定和生产过程的控制分析。

重量分析法有两大步骤，即分离和称量。根据分离方法的不同，分为挥发法、萃取法和沉淀法。本章重点阐述这三种分离方法的原理和分离条件，并举例说明其在物质含量测定中的应用。

第二节　挥发法

挥发法(volatilization method)是利用物质的挥发性，通过加热等方法使挥发性组分(或可转化为挥发性物质的组分)汽化逸出或用适宜的吸收剂吸收，使被测组分与其他组分分离，直至恒重，称量样品减少的质量或吸收剂增加的质量来计算被测组分含量的方法。根据称量的对象不同，挥发法又可分为直接法和间接法。

一、直接法

被测组分被分离出后，如果称量的是被测组分或其衍生物，通常称为直接法。例如，在对碳酸盐进行测定时，加入 HCl 溶液，与碳酸盐反应放出 CO_2气体，用石棉与烧碱的混合物吸收，后者所增加的质量就是CO_2的质量，据此即可求得碳酸盐的含量。在食品分析中，灰分或灼烧残渣的测定也属于直接法。不过这时测定的不是挥发性物质，而是样品经高温灼烧后的不挥发性无机物残渣(即灰分)。灰分的组成常不确定，通常为金属的氧化物、氯化物、碳酸盐、硫酸盐等无机物，根据灰分的量可以说明样品中含无机杂质的多少，灰分是食品分析中的检验项目之一。

二、间接法

被测组分与其他组分分离后，通过称量其他组分，根据样品减少的质量来求得被测组分含量的方法，称为间接法。在实际应用中，间接法常用于样品中水分的测定。例如，食品中水分的测定就属于间接法。其一般操作如下：将样品置于已恒重(指器皿或样品连续两次干燥或灼烧后称量的质量之差不超过±0.3 mg)的称量瓶中精确称量，在规定的条件下干燥至恒重。

根据物质的不同性质，干燥可分别采用常压加热干燥、减压加热干燥和干燥剂干燥等干燥方法。

第三节　萃取法

萃取法(extraction method)是根据被测组分在两种互不相溶的溶剂中分配比的不同，采用适当的溶剂使之与其他组分分离，再挥发掉萃取液中的溶剂，称量干燥萃取物的质量，从而求出被测组分含量的方法。

萃取法可分为液-固萃取法和液-液萃取法。液-固萃取法是用溶剂直接从固体样品中萃取。液-液萃取法是将样品先制成溶液(通常为水溶液)，然后再利用不相混溶的有机溶剂进行萃取操作。分析化学中应用得较多的是液-液萃取法。

萃取法的一般操作过程如图 8-1 所示。

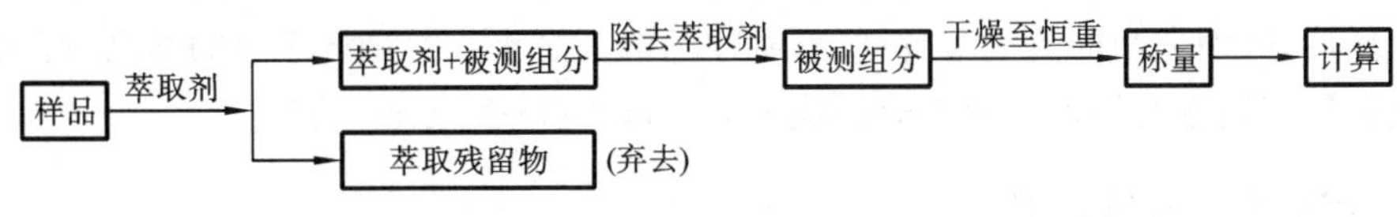

图 8-1　萃取法的一般操作过程

萃取的完全程度用萃取效率来表示。被萃取物在有机相和水相中达平衡后，有机相中被萃取物的量占全部被萃取物总量的百分率，称为萃取百分率，即萃取效率，用 E 来表示。计算公式为

$$E=\frac{\text{被萃取物在有机相中的总量}}{\text{被萃取物在两相中的总量}}\times 100\%$$

$$=\frac{c_o V_o}{c_o V_o + c_w V_w}\times 100\% \tag{8-1}$$

式中：c_o、c_w——有机相和水相溶质的浓度；

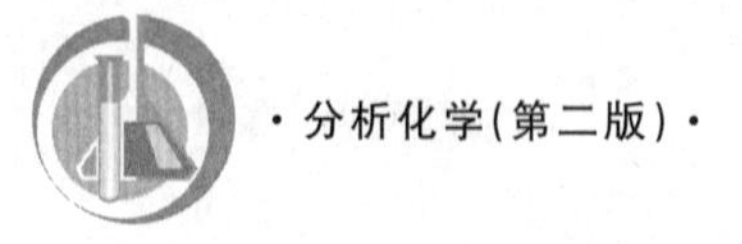

V_o、V_w——有机相和水相的体积。

若有机溶剂的总体积固定,将它分成几等份,进行多次萃取,其萃取效率比一次用尽有机溶剂的萃取效率要高。

第四节 沉淀法

沉淀法(precipitation method)是利用沉淀反应将被测组分转化为难溶化合物的形式沉淀下来,经过过滤、洗涤、干燥或灼烧后,得到有固定组成的可供称量的物质,进行称量,然后计算被测组分含量的方法。

沉淀法的一般操作过程如图 8-2 所示。

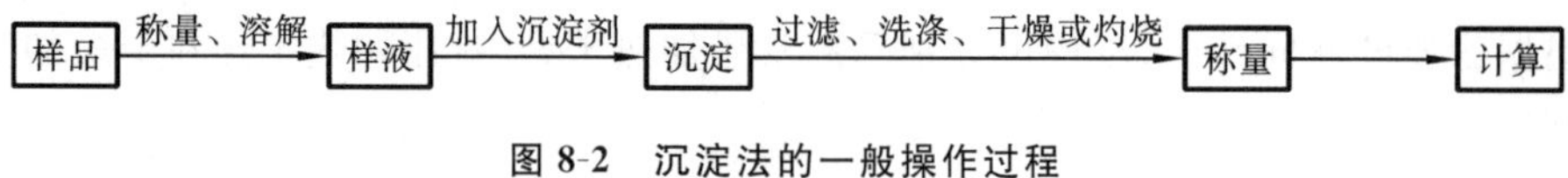

图 8-2 沉淀法的一般操作过程

一、样品的称量和溶解

在沉淀法中,样品的称取量须适当,称取量太多使沉淀量过大,给过滤、洗涤都带来困难;称样量太少,称量误差以及各个步骤中所产生的误差将在测定结果中占较大比重,使分析结果准确度降低。

在一般情况下,取样量可根据所得沉淀经干燥或灼烧后称量形式的质量为基础进行计算,晶形沉淀为 0.1～0.5 g,非晶形沉淀则以 0.08～0.1 g 为宜。由此可根据样品中被测组分的大致含量,计算出大约应称取的样品量。

对于易于吸潮或"湿"样品,水分会使各组分的含量随之改变。为避免因样品湿度改变带来的误差,应将样品以适当的方法先干燥至恒重,再进行分析。有时也可取湿样品分析,同时另取湿样品干燥失重后测定,再进行换算。实验结果以"干燥品"计算含量。

取样后,需用适当的溶剂溶解样品,常用的溶剂是水。对难溶于水的样品,可用酸、碱及氧化物等溶剂进行溶解。溶解后样液的体积以 100～200 mL 为宜。

二、沉淀形式与称量形式

沉淀形式(precipitation forms):沉淀反应生成沉淀的化学组成。

称量形式(weighing forms):沉淀经处理后,供最后称量的化学组成。

沉淀形式与称量形式有时相同,有时则不同。如用 $BaCl_2$ 作沉淀剂测定 SO_4^{2-},灼烧前后沉淀形式与称量形式均为 $BaSO_4$,两者相同;而用 $(NH_4)_2C_2O_4$ 作沉淀剂测定 Ca^{2+},沉淀形式是 $CaC_2O_4 \cdot H_2O$,灼烧后所得的称量形式是 CaO,两者不同。

三、沉淀的制备

沉淀有晶形沉淀和非晶形沉淀之分。晶形沉淀颗粒大(直径 0.1～1 μm),体积小,内部排列规律，结构紧密，易于过滤和洗涤；非晶形沉淀颗粒小（直径＜0.02 μm），体积庞大，结构疏松，含水量大，容易吸附杂质，难于过滤和洗涤。

1. 产生晶形沉淀的条件

（1）在适当稀的溶液中进行沉淀。

（2）边搅拌边缓慢加入沉淀剂。

（3）在热溶液中进行沉淀。

但沉淀完全后，应冷却至室温再进行过滤和洗涤。

（4）陈化。

沉淀完全后，让初生的沉淀与母液在一起共置一段时间，这个过程称为陈化。陈化能使细晶体溶解而粗大的结晶长大。通常室温下陈化应进行数小时，若于恒温水浴中加热并不断搅拌，则仅需数分钟。

2. 产生非晶形沉淀的条件

（1）在浓溶液中进行沉淀。

迅速加入沉淀剂，使生成较为紧密的沉淀。沉淀作用完毕后，应立刻加入大量的热水稀释并搅拌。

（2）在热溶液中进行沉淀。

可以防止生成胶体，同时可减少杂质的吸附作用，使生成的沉淀更加紧密、纯净。

（3）加入适当的电解质以破坏胶体。

常使用在干燥或灼烧时易挥发的电解质，如铵盐等。

（4）不必陈化，沉淀完毕后，立即趁热过滤洗涤。

3. 沉淀法对沉淀形式的要求

（1）沉淀的溶解度要小。

以保证被测组分沉淀完全，要求沉淀的溶解损失量小于分析天平的称量误差（±0.2 mg）。

（2）沉淀纯度要高，尽量避免杂质的沾污。

（3）沉淀形式要易于过滤、洗涤，易于转变为称量形式。

4. 沉淀法对称量形式的要求

（1）要有明确的组成，这是定量的依据。

（2）称量形式须稳定，不受空气中水分、CO_2和O_2等的影响。

（3）摩尔质量要大，这样由少量的被测组分可以得到较大量的称量物质，减少称量误差，提高分析的灵敏度和准确度。

四、沉淀的过滤、洗涤、烘干与灼烧

1. 过滤

过滤的目的是固、液分离。过滤沉淀时常用滤纸过滤，滤纸应紧贴漏斗，并在漏斗颈部能形成液柱，这样可缩短过滤时间。近年来，由于使用有机沉淀剂而逐渐用烘干法代替过去的灼烧沉淀的方法。若采用烘干法，一般采用玻璃砂芯滤器过滤，包括玻璃砂芯坩埚和玻璃砂芯漏斗，过滤时可采用减压抽滤法。

玻璃砂芯滤器使用前，可用热的浓盐酸或洗液处理并立即用水洗涤，使用后用水反复冲洗，必要时可用蒸馏水减压抽洗，以提高洗涤效率；若采用上述方法不能洗净，可根据沉淀物的性质选用化学洗涤剂洗涤。但不能用会损坏滤器的氢氟酸、热的浓磷酸、热或冷的浓碱液洗涤。过滤沉淀前，玻璃滤器需在与干燥沉淀相同的温度下干燥至恒重。

如果沉淀的溶解度随温度变化较小，以趁热过滤较好。

2. 洗涤

洗涤沉淀是为了洗去沉淀表面吸附的杂质和混杂在沉淀中的母液。常用的洗涤剂有原沉淀剂、沉淀的饱和溶液、蒸馏水或有机溶剂等。

过滤和洗涤通常采用倾泻法。即让沉淀放置澄清后，将上层溶液沿玻璃棒先倾入滤器中，让沉淀尽可能留在杯底，然后再根据“少量多次”的原则洗涤沉淀。采用此法可使滤纸或滤器不致在开始时迅速被沉淀堵塞，缩短过滤时间，同时又可使沉淀洗涤干净。

3. 烘干与灼烧

洗涤后的沉淀，除吸附有大量水分外，还可能有其他挥发性物质存在，需用适当的干燥方法使其转化成固定的称量形式。若沉淀只需除去其中的水分或一些挥发性物质，则经烘干处理即可(除去水分通常为 95～105 ℃烘干，若为有机沉淀，则干燥温度还需再低些)，冷却，称量至恒重。

若沉淀的水分不易除去(如 $BaSO_4$)或沉淀形式组成不固定(如 $Fe(OH)_3 \cdot xH_2O$)，干燥后不能称量，则需经高温灼烧后转变成组成固定的形式(如 $BaSO_4$ 或 Fe_2O_3)才能进行称量。具体操作是将滤有沉淀的定量滤纸卷好，置于已灼烧至恒重的瓷坩埚中，先于低温下使滤纸炭化，再于马弗炉中高温灼烧，然后冷却到适当温度后取出，放入干燥器中继续冷至室温，称量，直至恒重。

4. 沉淀的纯度及其影响因素

沉淀法中，影响定量准确性的关键之一是沉淀要纯净。当沉淀从溶液中析出时，总会或多或少地夹杂溶液中的其他组分而使沉淀沾污。因此，有必要了解影响沉淀纯度的因素，以利于得到尽可能纯净的沉淀。

影响沉淀纯度的主要因素是共沉淀和后沉淀。所谓共沉淀，是指一种难溶化合物沉淀时，某些可溶性杂质同时沉淀下来的现象，有表面吸附和混晶两种形式。后沉淀是指当溶液中某一组分的沉淀析出后，另一本来难以析出沉淀的组分，也在沉淀表面逐渐沉积的现象。

5. 提高沉淀纯度的措施

(1) 选择合理的分析步骤。

若沉淀中有几种含量不同的组分，欲测定少量组分的含量，应避免先沉淀主要组分，否则会引起大量沉淀的析出，使部分少量组分因共沉淀或后沉淀而混入沉淀中，从而引起测定误差。

(2) 降低易被吸附杂质离子的浓度。

由于吸附作用具有选择性，降低易被吸附杂质离子的浓度，可以减少吸附共沉淀。例如，溶液中含有 Fe^{3+} 时，最好预先将 Fe^{3+} 还原为不易被吸附的 Fe^{2+}，可减少共沉淀。

(3) 选择合适的沉淀剂。

如选用有机沉淀剂常可减少共沉淀。

(4) 选择合理的沉淀条件。

沉淀条件主要包括沉淀剂浓度、加入沉淀剂的速度、温度、搅拌情况及洗涤方法等，沉淀条件合理可减少共沉淀。

(5) 必要时进行再沉淀。

即将沉淀过滤、洗涤、溶解后再进行第二次沉淀。由于该情况下杂质离子浓度降低较多，故可减少共沉淀或后沉淀现象。

五、沉淀法的计算

1. 换算因数的计算

称量形式是重量分析法计量的依据。

设 A 为被测组分，D 为称量形式，其计量关系一般可表示如下：

$$aA \quad + \quad bB \longrightarrow cC \xrightarrow{\triangle} dD$$

（被测组分）　（沉淀剂）　（沉淀形式）（称量形式）

A 与 D 的物质的量 n_A 和 n_D 的关系为

$$n_A = \frac{a}{d} n_D \tag{8-2}$$

根据 $n=m/M$ 和式(8-2)得到

$$m_A = \frac{aM_A}{dM_D} m_D \tag{8-3}$$

式中：M_A、M_D——被测组分 A 和称量形式 D 的摩尔质量。

$aM_A/(dM_D)$ 为一常数，称为换算因数（conversion factor）或化学因数（chemical factor），用 F 表示。代入式(8-3)得

$$m_A = Fm_D \tag{8-4}$$

计算换算因数时，必须注意在被测组分的摩尔质量 M_A 及称量形式的摩尔质量 M_D 上乘以适当系数，使分子、分母中被测成分的原子数或分子数相等。

[例 8-1] 为测定四草酸氢钾（$KHC_2O_4 \cdot H_2C_2O_4 \cdot 2H_2O$）的含量，以 Ca^{2+} 为沉淀剂，最后灼烧成 CaO 称量，试求 CaO 对 $KHC_2O_4 \cdot H_2C_2O_4 \cdot 2H_2O$ 的换算因数。

解 $$KHC_2O_4 \cdot H_2C_2O_4 \cdot 2H_2O \longrightarrow 2CaC_2O_4 \longrightarrow 2CaO$$

$$F = \frac{M_{KHC_2O_4 \cdot H_2C_2O_4 \cdot 2H_2O}}{2M_{CaO}} = \frac{254.2}{2\times 56.08} = 2.266$$

有些换算因数，可以从《分析化学手册》、《中华人民共和国药典》等书籍中查得。例如，《中华人民共和国药典》在“Na_2SO_4 的含量测定”中规定，“将沉淀灼烧至恒重，精确称定 $BaSO_4$ 的质量，与0.608 6相乘，即得样品中所含 Na_2SO_4 的质量。”0.608 6 即为换算因数。因此

$$m_{Na_2SO_4} = m_{BaSO_4} \times 0.6086$$

利用换算因数的概念，可以将被测组分、沉淀剂和称量形式的质量进行相互换算，用来估计取样量、沉淀剂的用量及结果计算。由此看来，换算因数是重量分析法的关键，分

析测定中不论经历怎样的过程，只要抓住这一关键，一切问题都迎刃而解。

2. 分析结果的计算

分析结果常按质量分数计算。被测组分的质量 m_A 与样品的质量 m_s 的比值即为被测组分的质量分数，计算式如下：

$$w_A = \frac{m_A}{m_s} \times 100\% = \frac{m_D F}{m_s} \times 100\% \tag{8-5}$$

［**例 8-2**］ 称取酒石酸样品 0.253 2 g，制成钙盐后灼烧成碳酸钙，然后用过量 HCl 溶液处理，所得溶液蒸发至干，残渣中的氯离子以氯化银形式测定，得 AgCl 的质量为 0.224 8 g，求样品中酒石酸的含量。

解 $H_2C_4H_4O_6 \longrightarrow CaC_4H_4O_6 \xrightarrow{\triangle} CaCO_3 \longrightarrow CaCl_2 \longrightarrow 2AgCl$

由式(8-5)得

$$w_{H_2C_4H_4O_6} = \frac{m_{AgCl}\dfrac{M_{H_2C_4H_4O_6}}{2M_{AgCl}}}{m_s} \times 100\% = \frac{0.224\ 8 \times \dfrac{150.1}{2 \times 143.32}}{0.253\ 2} \times 100\% = 46.50\%$$

第五节　重量分析法的应用实例

一、药物含量测定

某些中草药中无机化合物可用沉淀法测定。例如：中药芒硝中 Na_2SO_4 含量的测定，芒硝的主要成分是 Na_2SO_4，以 $BaCl_2$ 为沉淀剂，$BaSO_4$ 为称量形式。

测定步骤：取样品 0.4 g，精密称定，加水 200 mL 溶解后，加浓盐酸 1 mL 煮沸，不断搅拌，并缓缓加入热 $BaCl_2$ 试液至不再产生沉淀，再适当过量。置于水浴上加热 30 min，静置 1 h，用定量滤纸过滤，沉淀用水分次洗涤至洗液不再显氯化物的反应，炭化、灼烧至恒重，称量，所得沉淀的质量与 0.608 6 相乘，即得芒硝中所含 Na_2SO_4 的质量。

二、药物纯度检查

在中草药纯度检查中，重量分析法应用最多的是：测定中草药中水分、挥发性物质的含量；测定中草药中无机杂质的含量(灰分的测定)。

如测定中草药灰分时，先取中草药样品 2～3 g，置于已灼热至恒重的坩埚中，精密称定，先于低温下灼热，并注意避免燃烧，至完全炭化时，逐渐升高温度，继续灼热至暗红色，使其完全灰化，称量直至恒重，根据残渣的质量计算样品中灰分的含量。并将结果与《中华人民共和国药典》中的数据比较。

三、食品中水分的测定

在食品质量检验中，食品中水分的含量是一项重要的质量指标。

如进行面粉中水分含量的测定时，先取面粉样品 3～5 g，置于已干燥至恒重的称量瓶（或其他适当容器）中，准确称量，然后放入恒温干燥箱中于 95～105 ℃烘干至恒重，根据样品减小的质量计算样品中水分的含量。

本章小结

1. 重量分析法包括两大步骤，一是称量，二是分离。

2. 按不同的分离方法，重量分析法可分为挥发法、萃取法及沉淀法。其中沉淀法是重量分析法的经典方法。

3. 沉淀法是以沉淀反应为基础的分析方法。

通过在一定条件下加入沉淀剂，将被测组分以难溶化合物的形式沉淀，再将沉淀过滤、洗涤、干燥或灼烧，转化为一定的称量形式，然后进行称量，根据称量形式的质量计算被测组分的含量。因此，提高沉淀法准确度的关键在于沉淀的完全度和沉淀的纯度，两者都与实验条件密切相关。通过对实验条件的控制得到易于过滤、洗涤的沉淀，从而获得理想的测定结果。

目标检测

一、简答题

1. 沉淀法获得正确结果的关键是什么？沉淀法对被测组分生成的沉淀的要求是什么？

2. 简述沉淀在生成过程中沾污的原因，并说明减少沉淀沾污的方法。

3. 指出影响沉淀纯度的主要因素，并说明对这些因素应如何控制。

二、计算题

1. 计算下列换算因数：

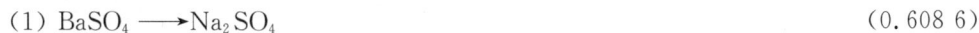

(1) $BaSO_4 \longrightarrow Na_2SO_4$ (0.608 6)
（称量形式）（被测组分）

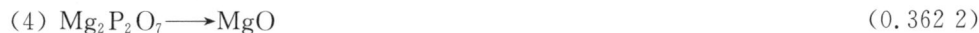

(2) $Al_2O_3 \longrightarrow Al$ (0.529 2)
（称量形式）（被测组分）

(3) $CaCO_3 \longrightarrow CO_2$ (0.439 7)
（称量形式）（被测组分）

(4) $Mg_2P_2O_7 \longrightarrow MgO$ (0.362 2)
（称量形式）（被测组分）

2. 将由酒石酸（$H_2C_4H_4O_6$）制得的 $CaC_4H_4O_6$ 灼烧成碳酸钙（$CaCO_3$），然后用过量 HCl 溶液处理，所得溶液蒸发至干，残渣中的氯离子以氯化银形式测定，试求将氯化银换算为酒石酸的换算因数。（已知 $M_{H_2C_4H_4O_6}=150.1$ g/mol，$M_{AgCl}=143.32$ g/mol）

(0.523 7)

3. 为测定铁矿石中铁的含量，将样品溶解后使铁沉淀为 $Fe(OH)_3$，最后灼烧成 Fe_2O_3 进行称量，试求 Fe_2O_3 对于 Fe 的换算因数。（已知 $M_{Fe}=55.85$ g/mol，$M_{Fe_2O_3}=159.69$ g/mol） （0.699 5）

4. 有一含 FeO 12.5%的样品，欲得 0.330 0 g Fe_2O_3 沉淀，称取样品的质量应是多少？ （2.375 g）

5. 称取不纯的 $MgSO_4 \cdot 7H_2O$ 1.000 0 g，首先使 Mg^{2+} 生成 $MgNH_4PO_4$，最后灼烧成 $Mg_2P_2O_7$，称得其质量为 0.400 0 g，试计算样品中 $MgSO_4 \cdot 7H_2O$ 的含量。（已知 $M_{MgSO_4 \cdot 7H_2O}=246.47$ g/mol，$M_{Mg_2P_2O_7}=222.55$ g/mol） （88.68%）

第九章 电化学分析法

第一节 概述

一、电化学分析法的概念与内容

应用电化学的原理和技术，依据物质的电化学性质，以测量某一化学体系或样品的电响应为基础建立起来的一类分析方法称为电化学分析（electrochemical analysis）或电分析化学（electroanalytical chemistry）。测定的对象构成一个化学电池的组成部分，通过测量电池的某些物理量，如电位、电流、电导或电量等，求得物质的含量等。

电化学分析法的内容包括：成分和形态分析；动力学和机理分析；表面和界面分析等。电化学分析法的特点如下：灵敏度高，选择性好，被测物质的检出限可以达到 10^{-12} mol/L 甚至更低；电化学仪器装置简单，操作方便，可以直接得到电信号，易于传递，尤其适用于生产过程中的自动控制和在线分析；应用广泛，既可以进行无机物的分析，又可以进行有机物的分析、药物分析、活体分析等。

二、电化学分析法的分类

1. 根据所测量的电参量分类

第一类是在某特定的条件下，通过被测试液的浓（活）度与化学电池中某些电参量（电阻、电位、电流和电量）的关系进行定量分析。如电导分析、电位分析、库仑分析、极谱分析和伏安分析等。

第二类是通过某一电参量的变化来指示终点的电滴定分析。如电位滴定、电流滴定和电导滴定等。

第三类是通过电极反应把被测物质转化为金属或其氧化物，然后用重量分析法测定其含量的方法，即电重量法。

2. 根据原理分类

根据原理不同可分为五类：电导分析、电位分析、库仑分析、电重量分析、伏安和极谱法。

本章重点介绍电位分析法及电位滴定法。

三、化学电池

电化学分析是通过化学电池内的电化学反应来实现的。如果化学电池自发地将本身的化学能转化为电能,这种化学电池称为原电池。如果实现电化学反应的能量是由外电源提供的,这种化学电池称为电解池。

1. 原电池

将锌棒插入 Zn^{2+} 溶液中,作为负极,将铜棒插入 Cu^{2+} 溶液中,作为正极,两溶液之间用盐桥相连接,两电极用导线接通,这样就构成了 Cu-Zn 原电池(图 9-1)。在该电池内发生的电极反应如下。

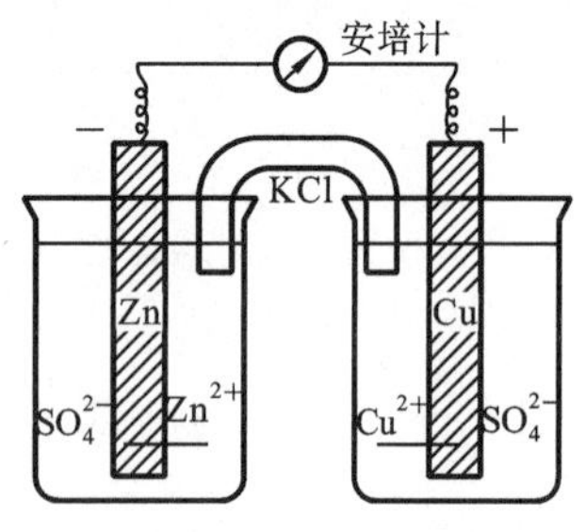

图 9-1 Cu-Zn **原电池示意图**

锌电极(阳极): $Zn \longrightarrow Zn^{2+} + 2e^-$ (发生氧化反应)

铜电极(阴极): $Cu^{2+} + 2e^- \longrightarrow Cu$ (发生还原反应)

原电池的总反应: $Zn + Cu^{2+} \longrightarrow Zn^{2+} + Cu$

此电池反应可以自发进行。但必须满足两个条件:反应物中的氧化剂和还原剂须分隔开来,不能使其直接接触;电子由还原剂传递给氧化剂要通过溶液之外的导线(外电路);通过盐桥可以使两种电解质溶液的离子相互迁移,保持溶液的电中性状态,保证反应的顺利进行。

2. 电解池

将外电源接到 Cu-Zn 原电池上,当外电源的电压稍大于 Cu-Zn 原电池的电动势,且方向相反时,外电路电子流动方向只能依外电源的极性而定。此时,两极的电极反应与原电池的情况恰恰相反。这样就构成了 Cu-Zn 电解池(图 9-2)。

锌电极(阴极): $Zn^{2+} + 2e^- \longrightarrow Zn$ (发生还原反应)

铜电极(阳极): $Cu \longrightarrow Cu^{2+} + 2e^-$ (发生氧化反应)

电解池的总反应: $Zn^{2+} + Cu \longrightarrow Cu^{2+} + Zn$

3. 电池的表示方法

IUPAC 规定电池用图解表示式来表示。

如 Cu-Zn 原电池的图解表示式为

$$Zn|ZnSO_4(a_1)\,\|\,CuSO_4(a_2)\,|Cu$$

Cu-Zn 电解池的图解表示式为

$$Cu|CuSO_4(a_2)\,\|\,ZnSO_4(a_1)\,|Zn$$

书写电池图解表示式的规则如下:

(1) 左边电极进行氧化反应,右边电极进行还原反应。

(2) 电极的两相界面和不相混的两种溶液之间的界面,都用单竖线"|"表示;当两种溶液通过盐桥连接,并已消除液接电位时,则用双竖线"‖"表示。

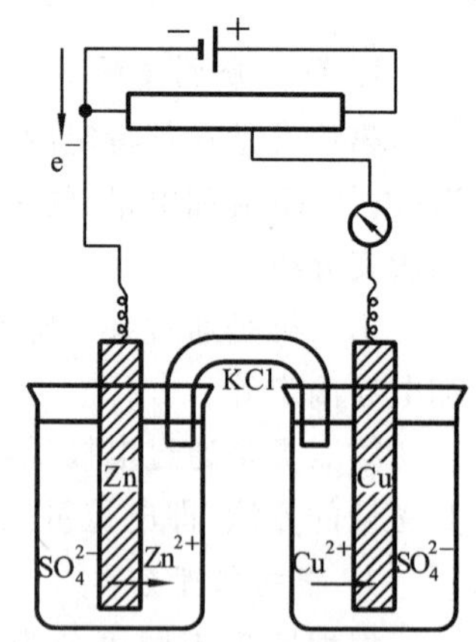

图 9-2 Cu-Zn **电解池示意图**

(3) 电解质位于两电极之间。

(4) 对于气体或均相电极反应,反应本身不能直接作为电极,要用惰性材料作电极,以传导电流,在图解表示式中要指出何种电极材料(如 Pt、Au、C 等)。

(5) 电池中的溶液应注明浓(活)度,如有气体则应注明压力、温度,若不注明系指 25 ℃和 1 个标准大气压。

四、电极电位与液体接界电位

1. 电极电位

在化学电池中,两相接触的界面间存在着电位差,称为电极电位。

电极电位的绝对值,目前无法知道。知道的是相对值,其相对的标准是标准氢电极(简写为 SHE,国际上规定标准氢电极的电位为零),两个电极组成原电池,测得电池的电动势,即可求出被测电极电位。但有个别氧化还原电对组成的电极,其标准电极电位是根据化学热力学的原理进行计算得来的。

2. 液体接界电位

两个组成不同或浓度不同的溶液直接接触形成界面时,由于浓度梯度或离子扩散使离子在相界面上产生迁移。当这种迁移速率不同时,会产生电位差或称产生了液接电位。在电化学分析中,液接电位不是电极反应所产生的,会影响电池电动势的测定,实际工作中应消除。消除或减少的办法是采用盐桥将两个溶液连接起来,使液接电位降低或消除。

盐桥通常是将 KCl 饱和溶液的琼脂凝胶注入 U 形管中形成,两端以多孔砂芯(porous plug)密封,以防止电解质溶液间的虹吸。作为盐桥的电解质有 KCl、NH_4Cl、KNO_3等。

第二节 参比电极与指示电极

电化学测试过程中,要用到电极。将两个电极插入溶液连接到外电路上组成原电池,测量原电池的电动势,就可测量被测组分的含量。在这里,一个电极是参比电极,另一个电极是指示电极,本节着重介绍电位分析法中所使用的电极。

一、参比电极

参比电极(reference electrode)是一定条件下电位值已知且恒定的电极。理想的参比电极为:电极反应可逆性好,符合 Nernst 方程;电极电位不随时间变化;微小电流流过时,能迅速恢复原状;温度影响小。SHE 可用作测量标准电极电位的参比电极。但因该电极制作麻烦,使用过程中要使用氢气,因此,在实际测量中,常用其他参比电极来代替。

1. 甘汞电极

甘汞电极(calomel electrode)是由金属汞、甘汞(Hg_2Cl_2)和已知浓度的 KCl 溶液组成的电极,其结构如图 9-3 所示。内玻璃管中与导线相连处焊接有一根铂丝,铂丝插入纯汞中,下置一层汞和甘汞的糊状物,外玻璃管中装有 KCl 溶液,即构成甘汞电极。电极下

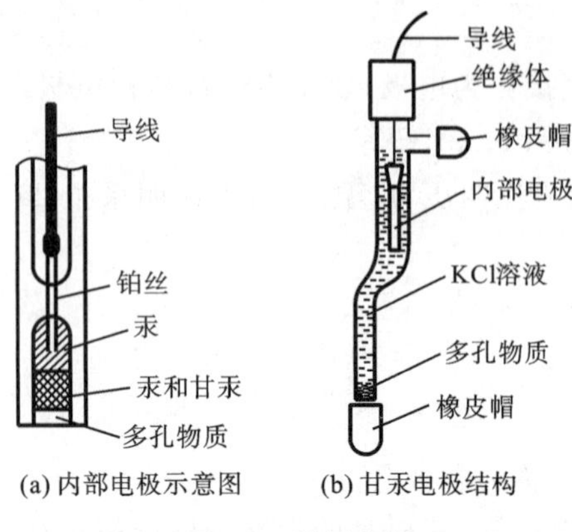

(a) 内部电极示意图　(b) 甘汞电极结构

图 9-3　甘汞电极

端与被测溶液接触部分是陶瓷芯或玻璃砂芯等多孔物质或是一毛细管通道。

甘汞电极半电池组成为

$$Hg, Hg_2Cl_2(s)|KCl$$

其电极反应为

$$Hg_2Cl_2 + 2e^- = 2Hg(l) + 2Cl^-$$

25 ℃时，电极电位为

$$\varphi = \varphi^{\ominus}_{Hg_2^{2+}/Hg} + \frac{0.059}{2}\lg a_{Hg_2^{2+}}$$

而

$$a_{Hg_2^{2+}} = \frac{K_{sp(Hg_2Cl_2)}}{a_{Cl^-}^2}$$

故

$$\begin{aligned}\varphi &= \varphi^{\ominus}_{Hg_2^{2+}/Hg} + \frac{0.059}{2}\lg a_{Hg_2^{2+}} = \varphi^{\ominus}_{Hg_2^{2+}/Hg} + \frac{0.059}{2}\lg K_{sp(Hg_2Cl_2)} - 0.059\lg a_{Cl^-} \\ &= \varphi^{\ominus}_{Hg_2Cl_2/Hg} - 0.059\lg a_{Cl^-}\end{aligned} \tag{9-1}$$

式中

$$\varphi^{\ominus}_{Hg_2Cl_2/Hg} = \varphi^{\ominus}_{Hg_2^{2+}/Hg} + \frac{0.059}{2}\lg K_{sp(Hg_2Cl_2)}$$

由上式可见，当温度一定时，甘汞电极的电极电位的大小与 Cl^- 的活(浓)度有关。当 Cl^- 浓度不同时，可得到具有不同电极电位的参比电极。常用的为饱和甘汞电极(saturated calomel electrode，简称 SCE)，其电极电位是 0.243 8 V；1.0 mol/L KCl 溶液的标准甘汞电极的电极电位是 0.282 8 V；0.1 mol/L KCl 溶液的甘汞电极的电极电位是 0.336 5 V。如果温度不是 25 ℃，应对其电极电位进行校正，对于 SCE，温度为 t ℃时电极电位为

$$\varphi/V = 0.243\,8 - 7.6\times10^{-4}(t-25) \tag{9-2}$$

甘汞电极在使用前应浸泡在与内充液组成基本相同的溶液中，待其电位稳定后再进行测试。

2. Ag-AgCl 电极

Ag-AgCl 电极(silver-silver chloride electrode)是稳定性和重现性都较好的参比电极，制作简单、使用方便，其结构如图 9-4 所示。在一根银丝上镀一层 AgCl，然后浸泡在一定浓度的 KCl 溶液中，即构成 Ag-AgCl 电极。

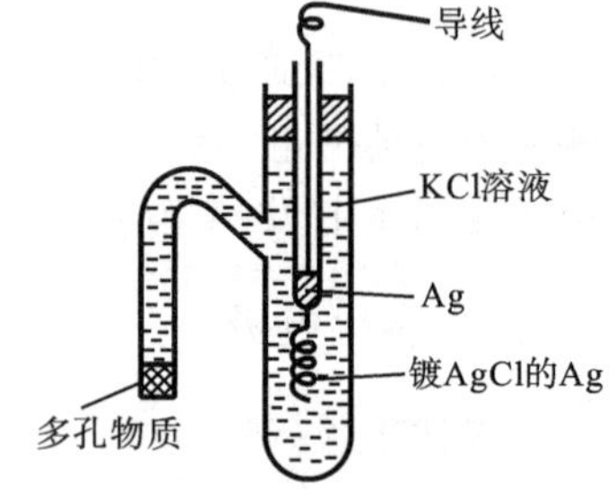

图 9-4　Ag-AgCl 电极

其半电池组成为　$Ag, AgCl(s)|KCl$

其电极反应为　$AgCl + e^- = Ag + Cl^-$

在 25 ℃时，Ag-AgCl 电极电位为

$$\varphi = \varphi^{\ominus}_{Ag^+/Ag} + 0.059\lg a_{Ag^+}$$

而

$$a_{Ag^+} = \frac{K_{sp(AgCl)}}{a_{Cl^-}}$$

故

$$\begin{aligned}\varphi &= \varphi^{\ominus}_{Ag^+/Ag} + 0.059\lg a_{Ag^+} = \varphi^{\ominus}_{Ag^+/Ag} + 0.059\lg K_{sp(AgCl)} - 0.059\lg a_{Cl^-} \\ &= \varphi^{\ominus}_{AgCl/Ag} - 0.059\lg a_{Cl^-}\end{aligned} \tag{9-3}$$

式中 $$\varphi^{\ominus}_{AgCl/Ag}=\varphi^{\ominus}_{Ag^+/Ag}+0.059\lg K_{sp(AgCl)}$$

25 ℃时，0.1 mol/L KCl 溶液的 Ag-AgCl 电极电位是 0.288 0 V；1.0 mol/L KCl 溶液的 Ag-AgCl 电极电位为 0.222 3 V；饱和 KCl 溶液的 Ag-AgCl 电极电位为 0.200 0 V。Ag-AgCl 电极相对于饱和甘汞电极的优越之处在于其可在温度高于 60 ℃时和非水溶液中使用。

1.0 mol/L KCl 溶液的 Ag-AgCl 电极电位随温度（t ℃）的变化关系为

$$\varphi/\mathrm{V}=0.222\,3-6\times10^{-4}(t-25) \tag{9-4}$$

3. 使用参比电极的注意事项

在参比电极的使用中，必须保证内参比溶液的液面高于样品溶液，以保证内参比溶液外渗；要测量内参比溶液中含有的成分，一般通过加盐桥的方法进行隔离，且盐桥中不应含有干扰测定的电解质。

二、指示电极

在电位分析中，能快速而灵敏地对溶液中参与半反应的离子活度产生 Nernst 响应的电极称为指示电极（indicator electrode），其电极电位随被测电活性物质活度变化而变化。

常用的指示电极主要有金属基电极和离子选择性电极两大类。金属基电极包括金属-金属离子电极、金属-金属难溶盐电极、汞电极、惰性金属电极，现分别介绍如下。

（一）金属基电极

金属基电极以金属为基体，共同特点是电极上有电子交换（发生氧化还原反应），可分为以下四种。

1. 金属-金属离子电极（M^{n+}/M）

金属-金属离子电极是将一种金属浸入该金属离子的溶液中所组成的电极，也称第一类电极。

其电极反应为 $$M^{n+}+ne^-=\!=\!=M$$

电极电位为 $$\varphi_{M^{n+}/M}=\varphi^{\ominus}_{M^{n+}/M}+\frac{0.059}{n}\lg a_{M^{n+}} \tag{9-5}$$

组成这类电极的金属主要有 Cu、Ag、Hg 等。其他某些较活泼的元素，如 Zn、Cd、In、Tl、Sn 等，虽然它们的标准电极电位较负，但因氢在这些电极上的超电位较大，仍可作为一些金属离子的指示电极。而 Fe、Co、Ni、W、Cr，由于易受表面结构因素和表面氧化膜等影响，其电位重现性差，不适于用作指示电极。

较常用的金属-金属离子电极有 Ag/Ag^+、Hg/Hg_2^{2+}（中性溶液）、Cu/Cu^{2+}、Zn/Zn^{2+}、Cd/Cd^{2+}、Bi/Bi^{3+}、Tl/Tl^+、Pb/Pb^{2+}（溶液要进行脱气处理）。

2. 金属-金属难溶盐电极（MX_n/M）

金属-金属难溶盐电极是在一种金属的表面涂上该金属的难溶盐，浸在与其难溶盐有相同阴离子的溶液中组成的电极。使用较多的是以 Ag 和 Hg 为基体并与其相应的难溶盐组成的电极。如对 Cl^- 响应的 Hg/Hg_2Cl_2 电极，对 Y^{4-} 响应的 Hg/HgY^{2-}（可在被测 EDTA 试液中加入少量 HgY^{2-}）电极。

该类电极的电极电位值稳定，重现性好，常用作参比电极。在电位分析中，很少用作指示电极。应注意的是,能与金属的阳离子形成难溶盐的其他阴离子的存在,将产生干扰。

3. 汞电极

汞电极是指汞与两种具有共同阴离子的难溶盐(或难解离的配离子)组成的电极体系,常用 $M/(MX+NX+N^{+})$表示,其中 MX、NX 是难溶化合物或难解离配合物。例如,汞与 EDTA 形成的配合物组成的电极,如 $Hg/(HgY^{2-}+MY^{4-n}+M^{n+})$电极。

电极反应为 $$HgY^{2-}+2e^{-}=\!=\!=Hg+Y^{4-}$$

电极电位为

$$\varphi_{Hg^{2+}/Hg}=\varphi^{\ominus}_{Hg^{2+}/Hg}+\frac{0.059}{2}\lg a_{Hg^{2+}}=\varphi^{\ominus}_{Hg^{2+}/Hg}+\frac{0.059}{2}\lg\frac{a_{HgY^{2-}}a_{M^{n+}}K_{MY^{4-n}}}{a_{MY}K_{HgY^{2-}}}$$

$$=\varphi^{\ominus}_{Hg^{2+}/Hg}+\frac{0.059}{2}\lg a_{M^{n+}} \tag{9-6}$$

式中 $a_{HgY^{2-}}/a_{MY}$可视为常数,因此该电极的电极电位与 M^{n+} 活度有关,常用作 EDTA 滴定 M^{n+}的指示电极。已发现汞电极可以用于 30 余种金属离子的电位滴定。

4. 惰性金属电极

惰性金属电极一般是由惰性材料(如铂、金、石墨等)制成片状或棒状,浸入含有可溶性同一元素的氧化态和还原态的溶液中组成的电极。由于电极本身不发生氧化还原反应,只提供电子交换场所,所以又称为零类电极。如 $Pt/Fe^{3+},Fe^{2+}$ 电极、$Pt/Ce^{4+},Ce^{3+}$电极。

对于含强还原剂(如 Cr(Ⅱ)、Ti(Ⅲ)和 V(Ⅲ))的溶液,不能使用铂电极,因为铂表面能催化这些还原剂对 H^{+}的还原作用,致使电极电位不能准确反映溶液的组成变化,这种情况下可以采用其他电极代替铂电极。

以上四类电极统称金属基电极,其共同特点是电极反应中有电子转移,即有氧化还原反应发生。但由于这些电极易受溶液中氧化剂、还原剂等许多因素的影响,选择性不如离子选择性电极高,只有少数几种金属基电极能在电位分析中使用,致使金属基电极的推广受到限制。目前,指示电极中用得较多的是离子选择性电极。

(二) 离子选择性电极

离子选择性电极(ion selective electrode,ISE)是由对某种离子具有不同程度的选择性响应的膜所组成的电极,也称为膜电极。它与上述金属基电极的区别在于电极的薄膜并不失去或得到电子,而是选择性地让一些离子透过或进行离子交换。

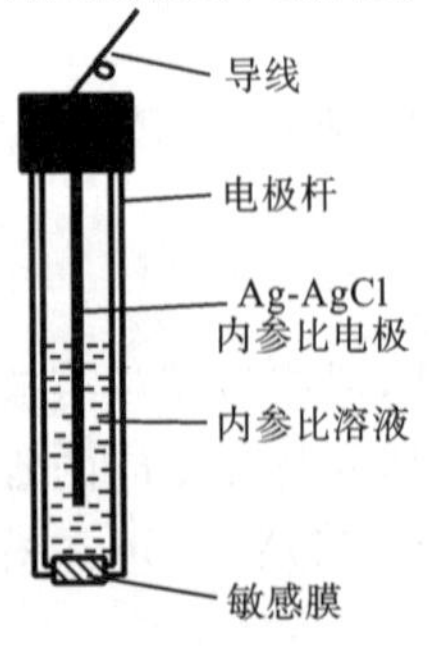

图 9-5 离子选择性电极

离子选择性电极的基本构造包括三部分,如图 9-5 所示。①敏感膜。这是离子选择性电极最关键的部分。②内参比溶液。含有对膜及内参比电极响应的离子。③内参比电极。通常用 Ag-AgCl 电极(有的离子选择性电极不用内参比电极,而是在晶体膜上压一层银粉,把导线直接焊接在银粉层上,或把敏感膜涂在金属丝或金属片上制成涂层电极)。

离子选择性电极电位又称为膜电位,它是由于膜内、外被测离子活度的不同而产生的。

$$\varphi_{膜}=\varphi_{外}-\varphi_{内}$$
$$=K\pm\frac{2.303RT}{nF}\lg a_i=K\pm\frac{0.059}{n}\lg a_i\quad(25\ ℃)\tag{9-7}$$

式中：n——离子 i 所带的电荷数，且对阳离子上式取“+”号，对阴离子上式取“−”号；

$\frac{2.303RT}{nF}$——离子选择性电极的斜率，用 s 表示，25 ℃时为$\frac{0.059}{n}$。

离子选择性电极种类很多，按照 IUPAC 的建议，可作如图 9-6 所示的分类。

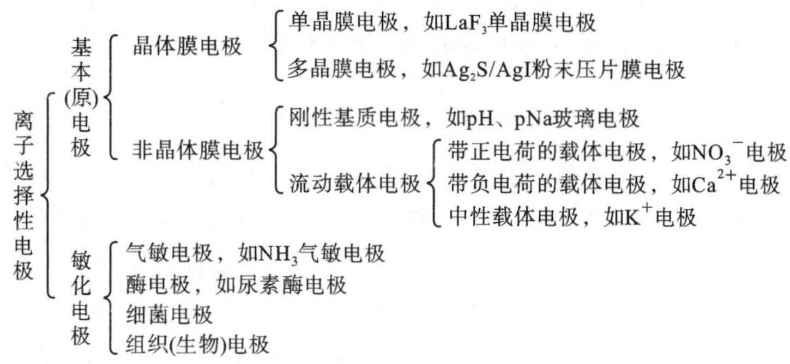

图 9-6　离子选择性电极分类

1. 晶体膜电极

晶体膜电极的敏感膜是由难溶盐的单晶切片或多晶沉淀压片制成，按膜的制法不同，晶体膜电极可分为单晶膜电极和多晶膜电极。

1）单晶膜电极

单晶膜电极的薄膜由难溶盐的单晶切片经抛光后制成。以氟离子选择性电极为例，它的敏感膜是掺有 EuF_2（有利于导电）的 LaF_3 单晶切片，内参比电极是 Ag-AgCl 电极。内参比溶液是 0.1 mol/L NaCl 和 0.1 mol/L NaF 混合溶液（F^- 用来控制膜内表面的电位，Cl^- 用以固定内参比电极的电位），氟离子选择性电极的结构如图 9-7 所示。

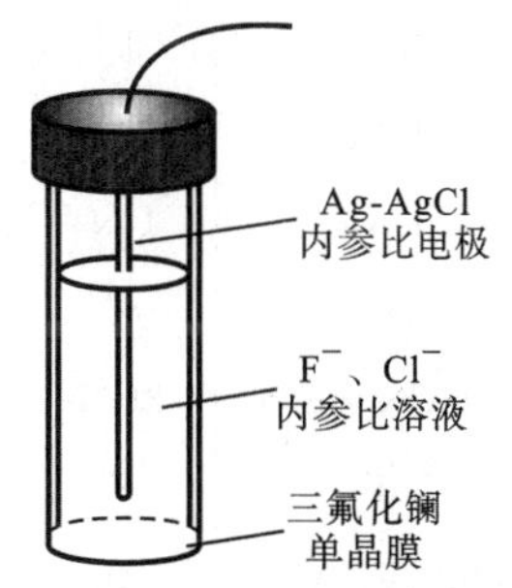

图 9-7　氟离子选择性电极

由于 LaF_3 的晶格中有空穴，在晶格上的 F^- 可以移入晶格邻近的空穴而导电。对于一定的晶体膜，离子的大小、形状和电荷决定其是否能够进入晶体膜内，故膜电极一般具有较高的离子选择性。

当氟离子选择性电极插入 F^- 溶液中时，F^- 在晶体膜表面进行交换。25 ℃时，有

$$\varphi_{膜}=K-0.059\lg a_{F^-}=K+0.059\mathrm{pF}\tag{9-8}$$

氟离子选择性电极线性范围较大，一般浓度为 10^{-6}～1 mol/L 时，其电极电位符合 Nernst 方程。氟离子选择性电极的检测下限由 LaF_3 单晶的溶度积决定，LaF_3 饱和溶液中 F^- 浓度约为 10^{-7} mol/L，因此，其在纯水中的检测下限一般为 10^{-7} mol/L 左右。

氟离子选择性电极的选择性较高，Cl^-、Br^-、I^-、SO_4^{2-}、NO_3^- 是 F^- 含量 1 000 倍时无明显干扰，PO_4^{3-}、CH_3COO^-、HCO_3^- 不干扰。主要干扰来自 OH^-，是因为在 pH 值较高

时，溶液中的 OH^- 与 LaF_3 晶体膜中的 F^- 交换，即

$$LaF_3 + 3OH^- = La(OH)_3 + 3F^-$$

反应产生的 F^- 导致测定结果偏高，即对测定造成正干扰；电极表面形成的 $La(OH)_3$ 层也将干扰正常测定。当 pH 值较低时，溶液中的 F^- 生成 HF 或 HF^{2-}，而使测定结果偏低。因此，测定时要满足 $5<pH<6$。

2）多晶膜电极

这类电极的薄膜是由难溶盐的沉淀粉末（如 AgCl、AgBr、AgI、Ag_2S 等）在高压下压制成厚度为 1～2 mm 的薄膜，再经抛光处理后制成的，其中 Ag^+ 起传递电荷的作用。膜电位由与 Ag^+ 有关的难溶盐的溶度积所控制，如卤化银电极遵守 Nernst 方程：

$$\varphi_{膜} = K + 0.059\lg \frac{K_{sp(AgX)}}{a_{X^-}} = K' - 0.059\lg a_{X^-} \tag{9-9}$$

通常在卤化银中掺入硫化银，目的是增加卤化银电极的导电性和机械强度，降低对光的敏感性。用此法可制得对 Cl^-、Br^-、I^- 及 S^{2-} 有响应的膜电极。也可用硫化银作为基体，掺入适当的金属硫化物（如 CuS、PbS 等），制得阳离子选择性电极。

多晶膜电极测定浓度范围一般为 10^{-6}～10^{-1} mol/L。与 Ag^+ 能生成稳定配合物的阴离子（如 CN^-、$S_2O_3^{2-}$），与卤素离子及 S^{2-} 能形成沉淀或配合物的阳离子（如 Ag^+、Hg^{2+}）都将干扰测定。表 9-1 列出了部分晶体膜电极的测定活度范围及干扰情况。

表 9-1　晶体膜电极的测定活度范围及干扰情况

电极组成	测定活度范围	使用限制
$AgBr-Ag_2S$	Br^-　0～5.3	不能用于强还原性溶液；S^{2-} 不能存在；CN^-、I^- 只能痕量存在
$AgCl-Ag_2S$	Cl^-　0～4.3	S^{2-} 不能存在；CN^- 只能痕量存在
$AgI-Ag_2S$	I^-　0～7.3	不能用于强还原性溶液；S^{2-} 不能存在
$AgI-Ag_2S$	CN^-　2～6	S^{2-} 不能存在；$c_{I^-} < 10c_{Cl^-}$
Ag_2S	S^{2-}　0～7	Hg^{2+} 有干扰
$AgSCN-Ag_2S$	SCN^-　0～5	不能用于强还原性溶液；I^- 只能痕量存在；$c_{I^-} < c_{Cl^-}$
LaF_3	F^-　0～6	OH^- 有干扰（$c_{OH^-} < 0.1c_{F^-}$）
卤化银或 Ag_2S	Ag^+　0～7	Hg^{2+} 有干扰；S^{2-} 不能存在
$CdS-Ag_2S$	Cd^{2+}　1～7	Pb^{2+}、Fe^{3+} 量不大于 Cd^{2+} 量；Ag^+、Hg^{2+}、Cu^{2+} 有干扰
$CuS-Ag_2S$	Cu^{2+}　0～8	Ag^+、Hg^{2+} 有干扰；$c_{Fe^{3+}} < 0.1c_{Cu^{2+}}$；$Cl^-$、$Br^-$ 含量高时有干扰
$PbS-Ag_2S$	Pb^{2+}　1～7	Ag^+、Hg^{2+}、Cu^{2+} 不能存在；$c_{Cd^{2+}} < c_{Pb^{2+}}$，$c_{Fe^{3+}} < c_{Pb^{2+}}$

2. 非晶体膜电极

1）pH 玻璃电极

pH 玻璃电极(glass electrode)是最早使用（1906 年）的离子选择性电极，也是研究最多的电极，其结构如图 9-8 所示。它的敏感膜是由 72.2%SiO_2、21.4%Na_2O 和 6.4%CaO 经烧结而成的玻璃薄膜，膜厚为 30～100 μm，泡内装有 pH 值一定的缓冲溶液作为内参比溶液（0.1 mol/L HCl 溶液），其中插入一支 Ag-AgCl 电极作为内参比电极。下面重点介绍玻璃

膜电位的形成。

pH 玻璃电极在使用前，必须在水溶液中浸泡，生成三层结构，即中间的干玻璃层和两边的水合硅胶层，如图 9-9 所示。

水合硅胶层厚度为 0.01～10 μm。在水合硅胶层，玻璃上的 Na^+ 与溶液中的 H^+ 发生离子交换而产生相界电位。水合硅胶层表面可视为阳离子交换剂。溶液中的 H^+ 经水合硅胶层扩散至干玻璃层，干玻璃层的阳离子向外扩散以补偿溶出的离子，离子的相对移动产生扩散电位。相界电位与扩散电位之和构成膜电位。

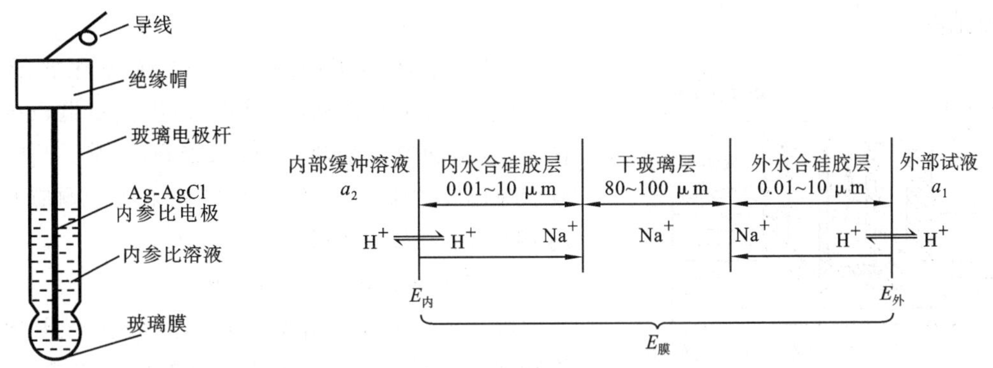

图 9-8 pH **玻璃电极的结构**　　　　**图 9-9　玻璃膜浸泡后离子分布图**

pH 玻璃电极放入被测溶液(25 ℃)，平衡后，有

$$H^+_{溶液} \rightleftharpoons H^+_{水合硅胶层}$$

$$\varphi_{内参} = k_1 + 0.059\lg \frac{a_2}{a_2'} \tag{9-10}$$

$$\varphi_{外} = k_2 + 0.059\lg \frac{a_1}{a_1'} \tag{9-11}$$

式中：a_1、a_2——外部试液和电极内参比溶液中的 H^+ 活度；

a_1'、a_2'——玻璃膜外、水化硅胶层表面的 H^+ 活度；

k_1、k_2——由玻璃膜外、内表面性质决定的常数。

玻璃膜内、外表面的性质基本相同，则

$$k_1 = k_2, \quad a_1' = a_2'$$

$$\varphi_{膜} = \varphi_{外} - \varphi_{内参} = 0.059\lg \frac{a_1}{a_2} \tag{9-12}$$

由于内参比溶液中的 H^+ 活度(a_2)是固定的，则

$$\varphi_{膜} = K'' + 0.059\lg a_1 = K'' - 0.059\text{pH}_{试液} \tag{9-13}$$

式中：K''——由玻璃膜电极本身性质决定的常数。

pH 玻璃膜电位与样品溶液中的 pH 值呈线性关系；pH 玻璃电极电位应是内参比电极电位和玻璃膜电位之和，即

$$\varphi_{玻璃} = \varphi_{膜} + \varphi_{内参} = K + 0.059\lg \frac{a_1}{a_2}$$

从理论上讲，当把一支离子选择性电极浸入与该电极的内参比溶液的活度完全相同的被测溶液中，同时所选用的参比电极也完全与内参比电极相同时，所测得的电池的电动势应

该为零。但实际上所测得的电池的电动势往往不为零,而是一个约为数毫伏并随时间缓慢变化的电位,称为不对称电位。它主要是由玻璃膜内、外表面含钠量,表面张力以及机械和化学损伤的细微差异所引起的。在实际应用时,必须校正不对称电位。具体方法是,用标准缓冲溶液,通过仪器设置的"定位"调节消除不对称电位。同时还可通过长时间(24 h)浸泡使其恒定(1~30 mV)。

使用 pH 玻璃电极测定 pH<1 的溶液时,电位值偏离线性关系,产生的误差称为酸差;测定 pH>12 的溶液时,产生的误差主要是 Na^+ 参与相界面上的交换所致,称为碱差或钠差。

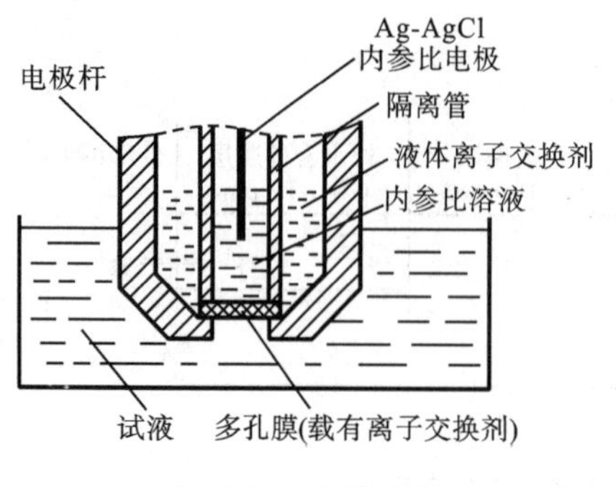

图 9-10 Ca^{2+} 电极

pH 玻璃电极的优点是不受溶液中氧化剂、还原剂、颜色及沉淀的影响,不易中毒;缺点是电极内阻很高,电阻随温度变化,一般只能在5~60 ℃使用。改变玻璃膜的组成,可制成对其他阳离子响应及适用 pH 值范围较大的玻璃电极。

2) 流动载体电极(液膜电极)

流动载体电极是由浸有某种液体离子交换剂的惰性多孔膜制成的。使用较多的是 Ca^{2+} 电极,它的结构如图 9-10 所示,内参比电极为 Ag-AgCl 电极,内参比溶液为 0.1 mol/L Ca^{2+} 溶液,内、外管之间装的是 0.1 mol/L 二癸基磷酸钙(液体离子交换剂)的苯基磷酸二辛酯溶液。二癸基磷酸钙极易扩散进入微孔膜,但不溶于水,故不能进入样品溶液。二癸基磷酸根可以在液膜-试液两相界面间传递 Ca^{2+},直至达到平衡。由于 Ca^{2+} 在水相(试液和内参比溶液)中的活度与有机相中的活度不同,在两相之间产生相界电位。液膜两边发生的离子交换反应为

$$\underset{(有机相)}{[(RO)_2PO_2]_2Ca} = 2\underset{(有机相)}{[(RO)_2PO_2]^-} + \underset{(水相)}{Ca^{2+}}$$

25 ℃时,Ca^{2+} 电极的膜电位为

$$\varphi_{膜} = K + \frac{0.059}{2}\lg a_{Ca^{2+}} \tag{9-14}$$

Ca^{2+} 电极适宜的 pH 值为 5~11,可测出 10^{-5} mol/L 的 Ca^{2+}。

流动载体电极的机理与 pH 玻璃电极相似,离子载体(有机离子交换剂)被限制在有机相内,但可在相内自由移动,与试液中被测离子发生交换产生膜电位。表 9-2 列出了部分流动载体电极的测定范围及干扰情况。

表 9-2 流动载体电极的测定范围及干扰情况

电极	电 极 组 成	电位测定范围/mV	pH 值范围	干扰情况(近似 $K_{i,j}$ 值)
Ca^{2+}	$[(RO)_2PO_2]^-$	0~5	5.5~11	Zn^{2+}(50);Pb^{2+}(20);Fe^{2+},Cd^{2+}(1);Mg^{2+},Sr^{2+}(0.01);Ba^{2+}(0.003);Ni^{2+}(0.002);Na^+(0.001)

续表

电极	电极组成	电位测定范围/mV	pH 值范围	干扰情况(近似 $K_{i,j}$ 值)
Cu^{2+}	R—S—CH_2COO^-	1～5	4～7	$Fe^{2+}>H^+>Zn^{2+}>Ni^{2+}$
Cl^-	NR_4^+	1～5	2～11	ClO_4^-(20);I^-(10);NO_3^-,Br^-(3);OH^-(1); HCO_3^-, Ac^-(0.3);F^-(0.1);SO_4^{2-}(0.02)
BF_4^-	Ni(σ-phen)$_3$(BF_4)$_2$	1～5	2～12	NO_3^-(0.05);Br^-,Ac^-,HCO_3^-,OH^-,Cl^-(0.000 5);SO_4^{2-}(0.000 2)
ClO_4^-	Fe(σ-phen)$_3$(ClO_4)$_2$	1～5	4～11	I^-(0.05);NO_3^-,OH^-,Br^-(0.002)
NO_3^-	Ni(σ-phen)$_3$(NO_3)$_2$	1～5	2～12	ClO_4^-(1 000); I^-(10); ClO_4^-(1);Br^-(0.1); NO_2^-(0.05); HS^-,CN^-(0.02);Cl^-,HCO_3^-(0.002);Ac^-(0.001)

3. 敏化电极

敏化电极是将离子选择性电极与另一种特殊的膜结合起来组成的一种复合电极,可分为气敏电极、酶电极、细菌电极及组织电极等。

1) 气敏电极

它是将气体渗透性膜(透气膜)与离子选择性电极结合起来使用的复合电极,是基于界面化学反应的敏化电极,如图 9-11 所示。由于在原电极上覆盖一层膜或其他物质,电极的选择性大大提高。

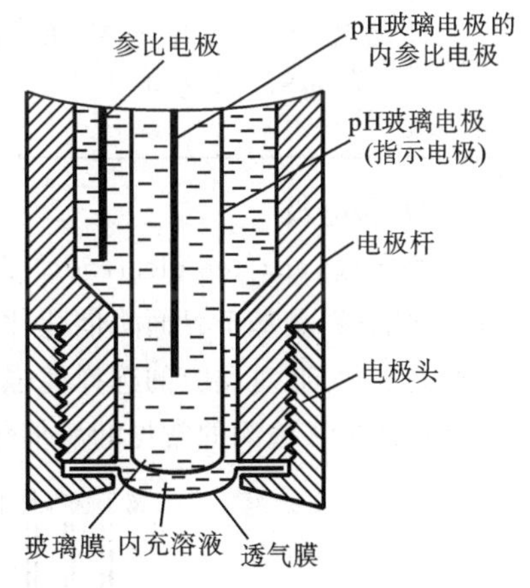

图 9-11 气敏电极

气敏电极一般由透气膜、内充溶液、指示电极(通常为离子选择性电极)及参比电极四部分组成。透气膜是一种憎水性的微孔膜,它允许气体透过,而不允许溶液中的离子透过。透气膜可用聚四氟乙烯、聚偏氟乙烯等材料加工而成。内充溶液是包括几种适当组分的电解质溶液,是气敏电极中将响应气体与指示电极联系起来的物质。

气敏电极敏化作用原理是基于界面化学反应,包括两个过程:一是被测气体透过透气膜进入内充溶液,并与内充溶液中的某一组分发生化学反应,产生能与指示电极响应的离子或改变响应离子的活度(浓度);另一过程是指示电极测量内充溶液中响应离子的活度(浓度)变化,电极电位直接反映了响应离子活度(浓度)的这一变化。它实际上是由一对电极,即离子选择性电极与参比电极构成的一个化学电池。气敏电极的具体指标见表9-3。

表 9-3　气敏电极一览表

电极	指示电极	透气膜	内充溶液	平衡式	检测下限/(mol/L)
CO_2	pH 玻璃电极	微孔聚四氟乙烯 硅橡胶	0.01 mol/L $NaHCO_3$ 0.01 mol/L NaCl	$CO_2+H_2O \rightleftharpoons H^+ + HCO_3^-$ $CO_2+H_2O \rightleftharpoons H^+ + HCO_3^-$	10^{-5} 10^{-5}
NH_3	pH 玻璃电极	0.1 mm 微孔聚四氟乙烯或聚偏氟乙烯	0.01 mol/L NH_4Cl	$NH_3+H_2O \rightleftharpoons NH_4^+ + OH^-$	10^{-6}
SO_2	pH 玻璃电极	0.025 mm 硅橡胶	0.01 mol/L $NaHSO_3$	$SO_2+H_2O \rightleftharpoons HSO_3^- + H^+$	10^{-6}
NO_2	pH 玻璃电极	0.025 mm 微孔聚丙烯	0.02 mol/L $NaNO_2$	$2NO_2+H_2O \rightleftharpoons 2H^+ + NO_3^- + NO_2^-$	10^{-7}
H_2S	硫离子电极 (Ag_2S)	微孔聚四氟乙烯	柠檬酸缓冲溶液(pH=5)	$S^{2-}+H_2O \rightleftharpoons HS^- + OH^-$	10^{-3}
HCN	硫离子电极 (Ag_2S)	微孔聚四氟乙烯	0.01 mol/L $K[Ag(CN)_2]$	$HCN \rightleftharpoons H^+ + CN^-$ $Ag^+ + 2CN^- \rightleftharpoons [Ag(CN)_2]^-$	10^{-7}

2）酶电极

酶电极(enzyme electrode)是将离子选择性电极与某种具有生物活性的酶相结合的一种复合电极，是基于界面酶催化化学反应的敏化电极，如图 9-12 所示。酶是具有特殊生物活性的催化剂，对反应的选择性强，催化效率高，可使反应在常温、常压下进行，可被现有离子选择性电极检测的常见的酶催化产物有 CO_2、NH_3、NH_4^+、CN^-、F^-、S^{2-}、I^-、NO_2^- 等。

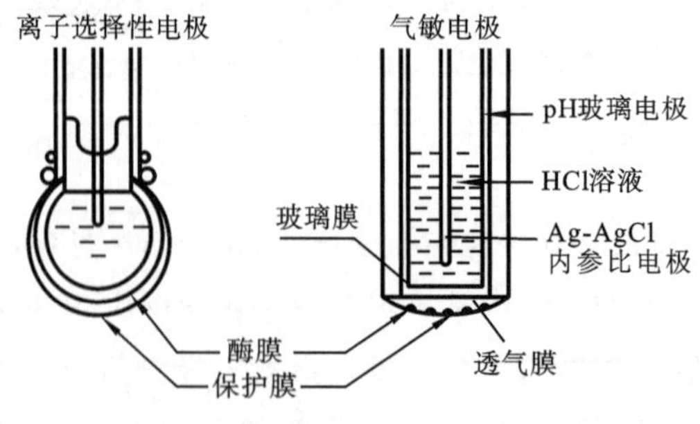

图 9-12　酶电极

例如，把脲酶固定在氨电极上制成的脲酶电极可以检测血浆和血清中 0.05～

5 mmol/L 的尿素，产生的氨由氨电极测定其浓度。

酶的反应具有专一性，但由于酶易失去活性且酶的纯化及酶电极的制作目前较为困难，因此，酶电极在生产上的应用受到一定限制，有待进一步研究改进。

3）组织电极

组织电极(tissue electrode)是以动、植物组织为敏感膜的敏化电极。它的优点是来源丰富，许多组织中含有大量的酶；性质稳定，组织细胞中的酶处于天然状态，可发挥较佳功效；专属性强；寿命较长；制作简便、经济；生物组织具有一定的机械性能。生物膜的固定技术是电极制作的关键，它决定电极的使用寿命，对电极性能也有很大影响。组织酶原与测定对象见表9-4。

表 9-4　组织酶原与测定对象一览表

组织酶原	测定对象	组织酶原	测定对象
香蕉	草酸、儿茶酚	烟草	儿茶酚
菠菜	儿茶酚类	番茄种子	醇类
甜菜	酪氨酸	燕麦种子	精胺
土豆	儿茶酚、磷酸盐	猪肝	丝氨酸
花椰菜	L-抗坏血酸	猪肾	L-谷氨酰胺
莴苣种子	H_2O_2	鼠脑	嘌呤、儿茶酚胺
玉米	丙酮酸	大豆	尿素
生姜	L-抗坏血酸	鱼鳞	儿茶酚胺
葡萄	H_2O_2	红细胞	H_2O_2
黄瓜汁	L-抗坏血酸	鱼肝	尿酸
卵形植物	儿茶酚	鸡肾	L-赖氨酸

4. 离子选择性电极的性能指标

1）选择性系数

离子选择性电极的电位虽然对给定的某种离子具有 Nernst 响应，但干扰离子存在时也有不同程度的响应(也产生膜电位)，给测定带来误差。

IUPAC 建议使用选择性系数 $K_{i,j}$ 作为衡量离子选择性电极选择性好坏的指标，其意义为：当其他条件相同时，能产生相同电位的被测离子活度 a_i 与干扰离子活度 a_j 的比值，即$\frac{a_i}{a_j^{n/m}}$。即

$$K_{i,j}=\frac{a_i}{a_j^{n/m}} \tag{9-15}$$

式中：n——被测离子 i 的电荷数；

m——干扰离子 j 的电荷数。

显然其值越小，电极的选择性越好。

对于一般离子选择性电极，考虑了干扰离子的影响后，膜电位的表达式为

$$\varphi_{膜}=K\pm\frac{0.059}{n}\lg(a_i+K_{i,j}a_j^{n/m}) \tag{9-16}$$

应当注意的是，$K_{i,j}$除了与i、j离子的性质有关外，还和实验条件及测定方法有关。利用$K_{i,j}$可以估算某种干扰离子在测定中所造成的误差，判断在某种干扰离子存在的条件下，测定方法是否可行，在拟定分析方法时有重要参考作用。

2）线性范围及检测下限

使用离子选择性电极检测离子活度(或浓度)时，常作标准曲线，如图9-13所示。点M所对应的离子活度(或浓度)，即为检测下限，它实际上是离子选择性电极能够检测离子的最低活度(或浓度)。一般来讲，检测下限是衡量该电极的一个重要指标。此外，离子选择性电极也有检测上限，不同电极检测上限数值不同，但常见离子选择性电极的检测上限为1 mol/L左右。

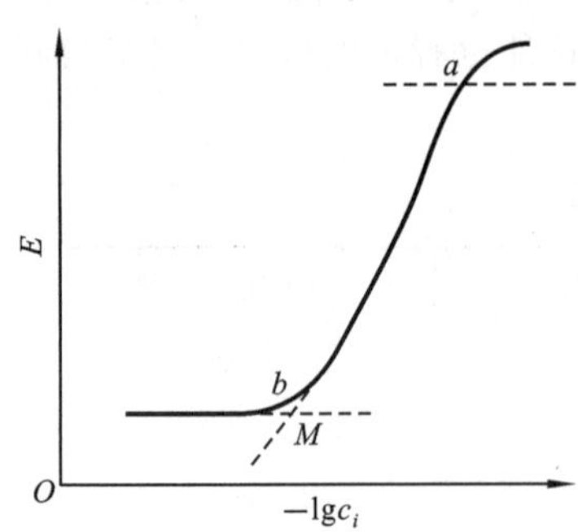

图9-13　线性范围与检出限

3）响应时间

响应时间是指参比电极与离子选择性电极从接触试液起直到电极电位值达到稳定值的95%所需的时间。响应时间越短越好，它主要与被测离子到达电极表面的速率、被测溶液的浓度、膜厚度、介质离子强度、薄膜表面光洁度等因素有关。

此外，电极的内阻、不对称电位、温度系数和等电位点等特性，在选择或使用离子选择性电极时都应注意。

5. 影响离子选择性电极准确度的因素

1）溶液的离子强度

离子选择性电极测定的结果是离子的活度a_i，而定量分析的目的是获得离子的浓度c_i。活度与浓度的关系为

$$a_i=c_i\gamma_i$$

其中，γ_i为活度系数，将此式代入膜电位公式得

$$\varphi_{膜}=K\pm\frac{2.303RT}{nF}\lg(c_i\gamma_i) \tag{9-17}$$

若能使分析过程中活度系数不变，则式(9-17)可变为

$$\varphi_{膜}=K'\pm\frac{2.303RT}{nF}\lg c_i \tag{9-18}$$

因活度系数是溶液中离子强度的函数，所以必须设法保持定量分析中各试液(包括标准溶液与被测试液)的离子强度一致。在用标准曲线法测定离子浓度时加入总离子强度调节缓冲溶液(total ionic strength adjustment buffer，简称TISAB)就是基于这一原理。

2）溶液的pH值

因为H^+或OH^-能影响某些测定，所以必须控制溶液的pH值。例如，用氟离子选择性电极测定F^-时，应使pH值控制在5～6。又如，用以测定一价阳离子的电极(如钠电极)，一般对H^+敏感，所以试液的pH值不能太低。

3）温度

温度不但影响直线的斜率，也影响直线的截距，K'包括参比电极电位、膜的内表面膜电位、液接电位等。这些电位数值都与温度有关，所以在整个测定过程中应保持温度恒定，以提高测定的准确度。

4）干扰离子

干扰离子的存在，不仅给测定带来误差，而且使电极响应时间增长。为了消除干扰离子的影响，可以加入掩蔽剂，只有在必要时才预先分离干扰离子。

5）电动势测量误差

在用离子选择性电极进行定量分析时，电动势测量的准确度直接影响分析结果的准确度。由式

$$E=K'\pm\frac{RT}{nF}\ln a_i$$

可得

$$\mathrm{d}E=\frac{RT}{nF}\frac{\mathrm{d}a}{a}$$

25 ℃时，电动势以 mV 为量纲，有

$$\mathrm{d}E=\frac{25.68}{n}\frac{\mathrm{d}a}{a}$$

故
$$\frac{\mathrm{d}a}{a}=\frac{n\mathrm{d}E}{25.68}$$

当电动势测量误差不大时，分析结果的相对误差为

$$\frac{\Delta a}{a}=\frac{n\Delta E}{25.68}\times 100\%=3.9n\Delta E\% \tag{9-19}$$

当 E 发生 1 mV 测量误差，即 $\Delta E=1$ mV 时，一价离子（$n=1$）的相对误差为 3.9%，二价离子（$n=2$）的相对误差为 7.8%。因此，测量电位所用的仪器必须具有很高的灵敏度和相当高的准确性。事实上，测量误差是很难消除的。

第三节 直接电位法及其应用

直接电位法是通过测量电池电动势来确定指示电极的电位，然后根据 Nernst 方程，由所测得的电极电位值计算出被测物质的含量。应用最多的是 pH 值的电位测定及用离子选择性电极测定离子活度。

一、pH 值的测定

1. pH 值测定的基本原理

溶液 pH 值的测定通常使用 pH 玻璃电极作指示电极，甘汞电极作参比电极（或者直接采用 pH 复合电极）与被测溶液组成工作电池，此电池可用下式表示：

$$Ag,AgCl \mid HCl \mid 玻璃 \mid 试液 \parallel KCl(饱和) \mid Hg_2Cl_2,Hg$$

$$|\leftarrow pH玻璃电极\rightarrow \overset{\varphi_L}{\parallel} \leftarrow 甘汞电极\rightarrow|$$

$$\varphi_{玻璃}=\varphi_{AgCl/Ag}+\varphi_{膜} \quad \varphi_L+\varphi_{Hg_2Cl_2/Hg}$$

上述电池的电动势为

$$E=\varphi_{Hg_2Cl_2/Hg}-\varphi_{玻璃}+\varphi_L=\varphi_{Hg_2Cl_2/Hg}-\varphi_{AgCl/Ag}-\varphi_{膜}+\varphi_L \tag{9-20}$$

由式(9-13)知

$$\varphi_{膜}=K''-0.059\ pH_{试液}$$

代入式(9-20)得

$$E=\varphi_{Hg_2Cl_2/Hg}-\varphi_{AgCl/Ag}-K''+0.059\ pH_{试液}+\varphi_L \tag{9-21}$$

其中,$\varphi_{Hg_2Cl_2/Hg}$、$\varphi_{AgCl/Ag}$、φ_L 和 K''在一定条件下都是常数,将其合并为常数 K',于是上式可表示为

$$E=K'+0.059\ pH_{试液} \tag{9-22}$$

由式(9-22)可知,被测电池的电动势与试液的 pH 值呈线性关系。若能求出 E 和 K'的值,就可求出试液的 pH 值。E 值可以通过测量得到,K'值除包括内、外参比电极的电极电位等常数外,还包括难以测量和计算的 $\varphi_{不对称}$ 和 φ_L。因此,在实际工作中,不可能用式(9-22)直接计算 pH 值,而是用一个 pH 值已经确定的标准缓冲溶液作为基准,并比较包含被测溶液和标准缓冲溶液的两个工作电池的电动势来确定被测溶液的 pH 值。

2. pH 值的测定方法

设有两种溶液 x 和 s,其中 x 代表试液,s 代表 pH 值已知的标准缓冲溶液,组成下列电池:

$$对\ H^+可逆的电极 \mid 标准缓冲溶液\ s\ 或试液\ x \parallel 参比电极$$

两种溶液所组成的工作电池的电动势分别为

$$E_x=K'_x+0.059\ pH_x \tag{9-23}$$

$$E_s=K'_s+0.059\ pH_s \tag{9-24}$$

式中:pH_x——试液的 pH 值;

pH_s——标准缓冲溶液的 pH 值。

若测量 E_x和 E_s时的条件相同,且 $K'_x=K'_s$,于是式(9-23)与式(9-24)相减可得

$$pH_x=pH_s+\frac{E_x-E_s}{0.059} \tag{9-25}$$

由于 pH_s已知,通过测量 E_x和 E_s的值就可计算出 pH_x的值。也就是说,以标准缓冲溶液的 pH_s为基准,通过比较 E_x和 E_s的值求出 pH_x,这种方法称为 pH 标度法。0.059 为在 25 ℃时 pH_x-(E_x-E_s)曲线的斜率,即当 pH 值变化 1 个单位时,电动势将改变 59 mV。

测量 pH 值的仪器——酸度计(pH 计)就是根据这一原理设计的。在实际测量中,为了尽量减少误差,应该选用 pH 值与被测溶液 pH 值相近的标准缓冲溶液,并在测量过程中尽可能使溶液的温度保持恒定。

3. pH 值测定用的标准缓冲溶液

由于标准缓冲溶液是 pH 值测定的基准,因此,标准缓冲溶液的配制及其 pH 值的确定的可靠性直接影响测量结果的准确度。一般来讲,最常用的三种标准缓冲溶液及其在

25 ℃时的 pH 值分别为 0.05 mol/L 邻苯二甲酸氢钾(pH=4.003),0.025 mol/L 磷酸二氢钾与 0.025 mol/L 磷酸氢二钠(pH=6.864),0.01 mol/L 硼砂(pH=9.182)。当测定被测试液为酸性时,选用 pH 值为 6.864 和 4.003 的标准缓冲溶液校正,而碱性的溶液采用 pH 值为6.864和 9.182 的标准缓冲溶液校正。表 9-5 列出六种标准缓冲溶液于 0～60 ℃的 pH 值。

表 9-5 六种标准缓冲溶液的 pH 值

温度/ ℃	0.05 mol/L 四草酸氢钾	25 ℃饱和酒石酸氢钾	0.05 mol/L 邻苯二甲酸氢钾	0.025 mol/L 磷酸二氢钾与 0.025 mol/L 磷酸氢二钠	0.01 mol/L 硼砂	25 ℃饱和 $Ca(OH)_2$
0	1.668		4.006	6.981	9.458	13.416
5	1.669		3.999	6.949	9.391	13.210
10	1.671		3.996	6.921	9.330	13.011
15	1.673		3.996	6.898	9.276	12.820
20	1.676		3.998	6.879	9.226	12.673
25	1.680	3.559	4.003	6.864	9.182	12.460
30	1.684	3.551	4.010	6.852	9.142	12.292
35	1.688	3.547	4.019	6.844	9.105	12.130
40	1.694	3.547	4.029	6.838	9.072	11.975
50	1.706	3.555	4.055	6.833	9.015	11.697
60	1.721	3.573	4.087	6.837	8.968	11.426

4. 测定 pH 值的仪器

酸度计是测定 pH 值的仪器,它是由电极和电位计两部分组成的。由于 pH 玻璃电极具有较高的阻抗值,为了减小测定误差,采用高阻抗的离子计来作为电位计。参比电极和 pH 玻璃电极与试液组成工作电池,电池的电动势用电位计测量。有时也采用 pH 复合电极,即将外参比电极(常用 Ag-AgCl 丝)复合在同一支电极上,这样插入一支电极就相当于参比电极和 pH 玻璃电极的作用。按照测量电池电动势的方式不同,酸度计可分为直读式和补偿式两种类型。有的酸度计,测量精度可达 0.001 个 pH 单位,测量结果用数字显示,并可与计算机联用,仪器的精度及自动化程度有很大提高。

5. 使用 pH 玻璃电极的注意事项

(1) 不用时,pH 玻璃电极应浸入缓冲溶液或水中,长期保存时应仔细擦干并装入保护性容器中。

(2) 每次测定后用蒸馏水彻底清洗电极并小心吸干。

(3) 进行测定前用部分被测溶液洗涤电极。

(4) 测定时要剧烈搅拌缓冲性较差的溶液,否则,玻璃-溶液界面会形成静止层。

(5) 用软纸擦去膜表面的悬浮物和胶状物,避免划伤敏感膜。

(6) 不要在酸性氟化物中使用 pH 玻璃电极,因为膜会受到 F^- 的侵蚀。

二、其他离子浓度的测定

1. 标准比较法

标准比较法是把离子选择性电极与参比电极分别浸入被测溶液和标准溶液中组成电池,分别测量其电动势,然后通过比较的方法计算出被测溶液的浓度。

对于各种离子选择性电极,当其与参比电极组成工作电池时,电池的电动势(25 ℃)可利用如下的公式求出:

$$E=K'\pm\frac{RT}{nF}\ln a_i=K'\pm\frac{0.059}{n}\ln a_i \tag{9-26}$$

需要注意的是,在实际测定中,选择离子选择性电极作为正极或负极时,对阳离子或阴离子响应的电极,K'后面的取值正、负号不同。K'的数值取决于薄膜、内参比溶液及内、外参比电极的电极电位等。

以阳离子选择性电极作为正极或阴离子选择性电极作为负极为例,在均加入 TISAB 的条件下,分别测量标准溶液和样品溶液所组成电池的电动势。

测样品溶液: $E_x=K'+s\lg c_x$ (9-27)

测标准溶液: $E_s=K'+s\lg c_s$ (9-28)

式(9-27)与式(9-28)相减得

$$\Delta E=E_x-E_s=s\lg\frac{c_x}{c_s}$$

$$\lg c_x=\frac{\Delta E}{s}+\lg c_s \quad 或 \quad c_x=c_s\times 10^{\Delta E/s} \tag{9-29}$$

其中,s 是电极 E-$\lg c$ 曲线的斜率,25 ℃时为$\frac{0.059}{n}$。

同理,若是阳离子选择性电极作为负极或阴离子选择性电极作为正极,则

$$c_x=c_s\times 10^{-\Delta E/s}$$

要求:①标准溶液与样品溶液的测定条件完全一致;②c_s 与 c_x 尽量接近。

2. 标准曲线法

标准曲线法是离子选择性电极最常用的一种分析方法。用被测的纯物质(纯度高于99.9%)配制一系列不同浓度的标准溶液,并在其中加入 TISAB,然后将指示电极和参比电极插入标准系列溶液(浓度从小到大),测定所组成的各个电池的电动势,绘制 $E_{电池}$-$\lg c_i$ 或 $E_{电池}$-pM 关系曲线,然后在被测溶液中也加入相同的 TISAB,并用同一对电极测定其电动势 E_x,再从标准曲线上查出相应的 c_x。

用标准曲线法通常要加入 TISAB,这主要是由于 TISAB 可以控制溶液的离子强度。只有离子活度系数保持不变时,膜电位才与 $\lg c_i$ 呈线性关系。TISAB 主要由强电解质、干扰离子掩蔽剂和控制溶液 pH 值的试剂所组成,它的作用如下:保持较大且相对稳定的离子强度,使活度系数恒定;维持溶液在适宜的 pH 值范围内,满足离子选择性电极的要求;掩蔽干扰离子。

测定 F^- 时,常用的 TISAB 组成为 1 mol/L NaCl、0.25 mol/L HAc、0.75 mol/L NaAc 及 0.01 mol/L 柠檬酸钠,它可以维持溶液有较大而稳定的离子强度和适宜的 pH 值,柠檬酸钠用以掩蔽 Fe^{3+}、Al^{3+},避免它们对测定 F^- 的干扰。

标准曲线法适用于组成简单、样品溶液与标准溶液的组成基本相同的大批量样品的分析测定。

3. 标准加入法

将已知体积的标准溶液加入已知体积的试液中，根据电池电动势的变化计算试液中被测离子的浓度。通常是在样品的组成不清楚或组成复杂，用标准曲线法测定有困难时，采用标准加入法。

标准加入法可分为一次标准加入法和连续标准加入法，连续标准加入法又称为格氏作图法。下面重点介绍一次标准加入法。

设样品溶液浓度为 c_x，体积为 V_x，活度系数为 γ_x，游离的（即未配位的）离子分数为 a，与离子选择性电极和参比电极组成工作电池，测得电动势为 E_1，假设离子选择性电极作为正极，且对阳离子有选择性响应，则 E_1 与 c_x 符合如下关系：

$$E_1 = K_1' + s\lg(c_x \gamma_x a) \tag{9-30}$$

然后向试液中加入浓度为 c_s 的标准溶液 V_s（$V_x \gg V_s$，$c_s \gg c_x$），测得电动势为 E_2，则 E_2 与 c_x 符合如下关系：

$$E_2 = K_2' + s\lg\left(\frac{c_x V_x + c_s V_s}{V_x + V_s} a' \gamma_x'\right) \tag{9-31}$$

由于 $V_x \gg V_s$，所以可认为 $a \approx a'$，$\gamma_x \approx \gamma_x'$，$V_x + V_s \approx V_x$，又由于测定时使用的是同一支电极，故 $K_1' = K_2'$，令 $\Delta E = E_2 - E_1$，则由式(9-30)和式(9-31)可得

$$c_x = \frac{c_s V_s}{V_x}(10^{\pm \Delta E/s} - 1)^{-1} = \Delta c\ (10^{\pm \Delta E/s} - 1)^{-1} \tag{9-32}$$

式中：Δc——加入标准溶液后样品溶液浓度的增加量，$\Delta c = \frac{c_s V_s}{V_x}$。

对阳离子响应的电极作为正极或对阴离子响应的电极作为负极时，取“+”号；对阳离子响应的电极作为负极或对阴离子响应的电极作为正极时，取“−”号。

标准加入法的特点如下：适用于组成比较复杂、份数较少的样品，且精密度较高；可不加入 TISAB，操作简单，只需一种标准溶液；在采用标准加入法时，所取样品溶液的体积和标准溶液的体积计量必须十分准确，且满足 $V_x \gg V_s$，$c_s \gg c_x$。通常取样品溶液的体积为 100 mL，所加标准溶液的体积为 1.0 mL，最多不超过 10 mL。

第四节　电位滴定法及其应用

电位滴定法（potentiometric titration）的基本原理与普通滴定分析法相似，其区别在于确定终点的方法不同。电位滴定法具有下述特点：准确度较直接电位法高，与普通滴定分析一样，测定的相对误差可低至 0.2%；可用于难以用指示剂判断终点的混浊或有色溶液的滴定、缺乏合适指示剂和非水溶液的滴定；能用于连续滴定和自动滴定，并适用于微量分析。

一、电位滴定的装置和方法

将适当的指示电极和参比电极插入被测溶液中，每加入一定体积的滴定剂，就测量一

次电极电位，直到超过化学计量点为止。将测得的 E 对滴定体积 V 作图，由曲线的突跃部分来确定滴定终点，滴定装置如图 9-14 所示，其中手动电位滴定装置包括滴定管、指示电极、参比电极、搅拌器、电位计等，自动电位滴定装置包括储液器、加液控制器、电位测量仪、记录仪等。

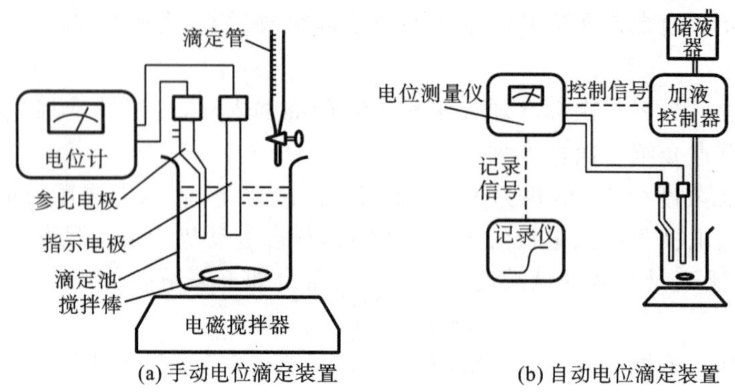

(a) 手动电位滴定装置　　(b) 自动电位滴定装置

图 9-14　电位滴定装置

二、电位滴定终点的确定方法

以 0.100 0 mol/L $AgNO_3$ 溶液滴定 25.00 mL NaCl 溶液为例，所得数据如表 9-6 所示。

表 9-6　以 0.100 0 mol/L $AgNO_3$ 溶液滴定 25.00 mL NaCl 溶液的数据

V_{AgNO_3}/mL	E/V	$\frac{\Delta E}{\Delta V}$/(V/mL)	$\overline{V}$/mL	$\frac{\Delta^2 E}{\Delta V^2}$/($V^2/mL^2$)
5.00	0.062			
		0.002	10.00	
15.00	0.085			
		0.004	17.50	
20.00	0.107			
		0.008	21.00	
22.00	0.123			
		0.015	22.50	
23.00	0.138			
		0.016	23.50	
24.00	0.146			
		0.050	24.05	
24.10	0.183			
		0.110	24.15	
24.20	0.194			
		0.390	24.20	2.8
24.30	0.233			
		0.830	24.30	4.4
24.40	0.316			
		0.240	24.40	−5.9
24.50	0.340			
		0.110	24.55	−1.3
24.60	0.351			
		0.070	24.65	−0.4
24.70	0.358			
		0.050	24.85	
25.00	0.373			
		0.024	25.25	
25.50	0.385			

在电位滴定中，滴定终点的确定方法通常有以下两种。

(一) 作图法

1. E-V 曲线法

以加入滴定剂的体积 V 为横坐标、对应的 E 为纵坐标，绘制 E-V 曲线(如图 9-15 所示)，曲线上的拐点所对应的体积即为滴定终点体积。

2. $\Delta E/\Delta V$-V 曲线法(一阶导数法)

以加入滴定剂的体积 V 为横坐标、对应的 $\Delta E/\Delta V$ 为纵坐标，绘制 $\Delta E/\Delta V$-V 曲线(如图 9-16 所示)，该曲线的最高点所对应的体积为滴定终点体积。

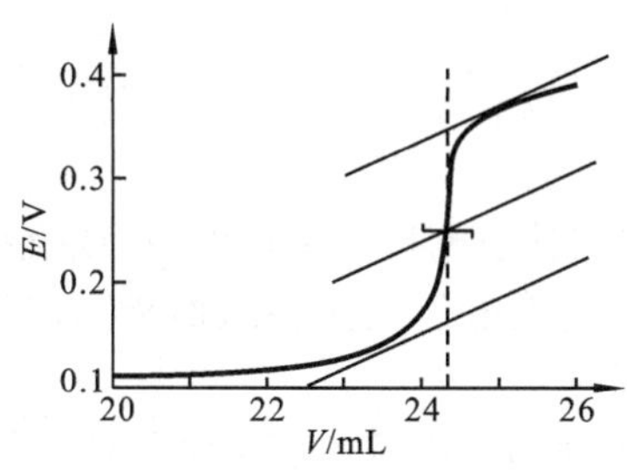

图 9-15　E-V 曲线

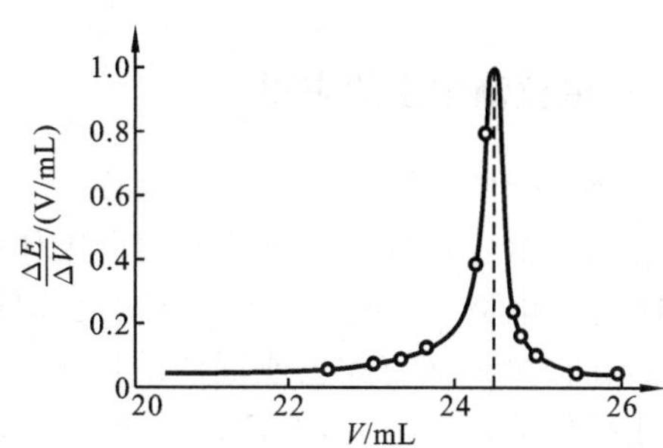

图 9-16　$\Delta E/\Delta V$-V 曲线

$\Delta E/\Delta V$ 为电位的变化值与相对应的加入滴定剂体积的增量之比，是一阶微商 $\mathrm{d}E/\mathrm{d}V$ 的近似值。如

$$\frac{\Delta E}{\Delta V}=\frac{E_2-E_1}{V_2-V_1}=\frac{0.316-0.233}{24.40-24.30}\ \mathrm{V/mL}=0.83\ \mathrm{V/mL}$$

3. $\Delta^2E/\Delta V^2$-V 曲线法(二阶导数法)

以加入滴定剂的体积 V 为横坐标、对应的 $\Delta^2E/\Delta V^2$ 为纵坐标，绘制 $\Delta^2E/\Delta V^2$-V 曲线(如图 9-17 所示)，在 $\Delta^2E/\Delta V^2=0$ 处所对应的体积为滴定终点体积。例如，对应于 24.30 mL，有

$$\frac{\Delta^2E}{\Delta V^2}=\frac{\left(\frac{\Delta E}{\Delta V}\right)_2-\left(\frac{\Delta E}{\Delta V}\right)_1}{\Delta V}$$

$$=\frac{0.83-0.39}{24.30-24.20}\ \mathrm{V^2/mL^2}=4.4\ \mathrm{V^2/mL^2}$$

对应于 24.40 mL，有

$$\frac{\Delta^2E}{\Delta V^2}=\frac{\left(\frac{\Delta E}{\Delta V}\right)_2-\left(\frac{\Delta E}{\Delta V}\right)_1}{\Delta V}$$

$$=\frac{0.24-0.83}{24.40-24.30}\ \mathrm{V^2/mL^2}=-5.9\ \mathrm{V^2/mL^2}$$

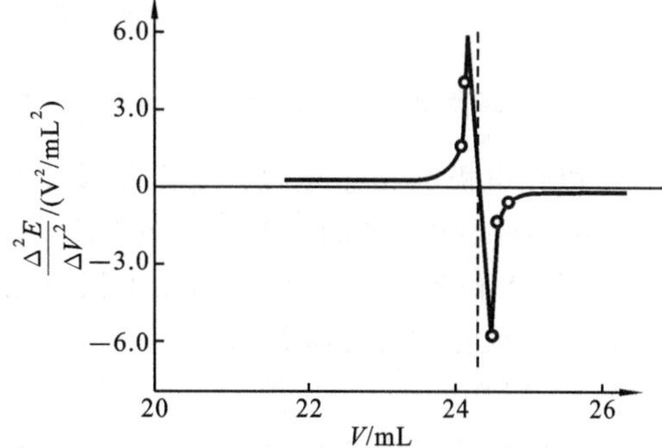

图 9-17　$\Delta^2E/\Delta V^2$-V 曲线

(二) 二阶微商内插法

用作图法确定终点既费时又不准确，因而可以用比较准确的数学计算法代替作图法。在二阶微商出现相反符号所对应的两个体积之间，必然有 $\Delta^2E/\Delta V^2=0$ 的一点，这点所对应的体积就是滴定终点的体积($V_{终}$)，用内插法计算。如

$$(24.40-24.30):(-5.9-4.4)=(V_{终}-24.30):(0-4.4)$$

$$V_{终}=\left(24.30+0.10\times\frac{4.4}{4.4+5.9}\right)\ \text{mL}=24.34\ \text{mL}$$

24.34 mL 即为滴定终点时所消耗的 $AgNO_3$ 溶液的体积。

由上述例子可得二阶微商内插法计算公式为

$$V_{终}=V_{终前}+(V_{终后}-V_{终前})\frac{0-\left(\frac{\Delta^2 E}{\Delta V^2}\right)_{前}}{\left(\frac{\Delta^2 E}{\Delta V^2}\right)_{后}-\left(\frac{\Delta^2 E}{\Delta V^2}\right)_{前}} \tag{9-33}$$

三、电位滴定法的应用

1. 酸碱滴定

在酸碱滴定中通常用 pH 玻璃电极作指示电极，饱和甘汞电极作参比电极(或直接使用 pH 复合电极)。在化学计量点附近，pH 突跃使指示电极电位发生突跃而指示出滴定终点。在被测试液有颜色或混浊的情况下，用该法很方便。

用强碱滴定弱酸时，要使误差小于 0.1%，则弱酸浓度和解离常数应满足下列条件：

$$K_a c \geqslant 10^{-8}$$

要对混合酸或多元酸进行分步滴定时，两种酸的解离常数比或相邻两级解离常数比应大于 10^4，否则不能进行分步滴定。对解离常数小于 10^{-8} 的酸或碱，在水溶液中无法进行准确滴定，只有在非水溶剂中，才能进行准确滴定。但非水滴定往往没有合适的指示剂或指示剂变色不敏锐，因此在非水滴定中电位滴定法有特别的意义。

2. 氧化还原滴定

在氧化还原滴定中通常用惰性电极作指示电极(如铂、金、汞电极，最常用的是铂电极)，甘汞电极作参比电极。将铂电极浸入含有氧化还原体系的溶液时，电极电位为

$$\varphi=\varphi^{\ominus}+\frac{0.059}{n}\lg\frac{a_{Ox}}{a_{Red}} \tag{9-34}$$

在氧化还原滴定中，化学计量点附近 $\frac{a_{Ox}}{a_{Red}}$ 发生急剧变化，使铂电极电位发生突跃。

以铂电极为指示电极，可以用 $KMnO_4$ 溶液滴定 I^-、NO_2^-、Fe^{2+}、V^{4+}、Sn^{2+}、$C_2O_4^{2-}$ 等，用 $K_2Cr_2O_7$ 溶液滴定 Fe^{2+}、Sn^{2+}、I^-、Sb^{3+} 等，用 $Fe_3[Fe(CN)_6]$ 溶液滴定 Co^{2+} 等。但在 $KMnO_4$ 和 $K_2Cr_2O_7$ 体系中，铂电极可能被氧化生成氧化膜使电极响应迟钝，这时可用机械方法或化学方法将其除去。

3. 配位滴定

在配位滴定中通常用金属电极或离子选择性电极作指示电极，甘汞电极作参比电极，其中使用汞电极为指示电极应用最为广泛，可用 EDTA 滴定 Cu^{2+}、Zn^{2+}、Ca^{2+}、Mg^{2+} 和 Al^{3+} 等多种金属离子。

配位滴定的终点也可用离子选择性电极指示。例如，以氟离子选择性电极为指示电极，可以用镧滴定氟化物，也可以用氟化物滴定 Al^{3+}。以钙离子选择性电极作指示电极，可以用 EDTA 滴定 Ca^{2+} 等。电位滴定法把离子选择性电极的使用范围更加扩大了，可以测定某些对电极没有选择性的离子(如 Al^{3+})。

由于配位滴定的准确度的影响因素较为复杂，在实际工作中，常常在具体的实验条件

下测定电位滴定曲线，根据该条件下的终点电位值进行自动电位滴定。

4. 沉淀滴定

在沉淀滴定中使用的指示电极有金属电极、离子选择性电极和惰性电极等，使用最广泛的是银电极。以银电极为指示电极，可滴定 Cl^-、Br^-、I^-、SCN^-、S^{2-}、CN^- 以及一些有机酸的阴离子等。

此外，以汞电极为指示电极，可用 $HgNO_3$ 溶液滴定 Cl^-、Br^-、I^-、SCN^-、S^{2-}、$C_2O_4^{2-}$ 等；用铂电极作指示电极，可用 $K_4[Fe(CN)_6]$ 溶液滴定 Pb^{2+}、Cd^{2+}、Zn^{2+}、Ba^{2+} 等，还可间接测定SO_4^{2-}。

也可以用卤化银薄膜电极或硫化银薄膜电极等离子选择性电极作指示电极，用 $AgNO_3$ 溶液滴定 Cl^-、Br^-、I^-、S^{2-} 等。这些离子选择性电极与传统的银电极比较，具有能抗表面中毒等优点。

电位滴定法的不足之处是电极体系达到平衡需时较长，操作烦琐、费时。现已商品化的自动电位滴定仪可以克服上述不足之处，同时又能进行批量样品的分析。有关电位滴定装置可以参看实训教材。

本章小结

1. 电化学分析法基本概念及主要术语：原电池、电解池、电极电位、液接电位、不对称电位。

2. 电极主要有两类：参比电极和指示电极。

参比电极是在一定条件下电极电位已知且恒定的电极，指示电极是电极电位能反映出溶液中有关物质浓度变化的电极。参比电极和指示电极是相对的，不是一成不变的。

3. 离子选择性电极的电位包括膜电位、内参比电极电位、不对称电位及液接电位。

离子选择性电极对被测离子具有相对的选择性。

4. 衡量离子选择性电极性能的重要参数有检出限、响应斜率、响应时间和电位选择性系数等。

5. 直接电位法的定量方法主要有标准比较法、标准曲线法、标准加入法。

6. 电位滴定终点的确定方法有：① E-V 曲线法；② $\Delta E/\Delta V$-V 曲线法（一阶导数法）；③ $\Delta^2 E/\Delta V^2$-V 曲线法（二阶导数法）。

7. 电位滴定法在酸碱滴定、配位滴定、氧化还原滴定、沉淀滴定中都可应用。

一、选择题

1. 氟离子选择性电极的敏感膜是（　　）。

A. 晶体膜　　　　B. 固态无机物

C. 固态有机物　　D. 液态有机化合物

2. 氨气敏电极是以 0.01 mol/L 氯化铵溶液作为缓冲溶液，指示电极可选用(　　)。

A. Ag-AgCl 电极　　B. 晶体膜氯电极

C. 氨电极　　D. pH 玻璃电极

3. pH 玻璃电极膜电位的产生是由于(　　)。

A. 膜内、外电子转移　　B. H^+得电子

C. OH^-失电子　　D. 溶液中和玻璃膜水合硅胶层的 H^+ 的交换作用

二、计算题

1. 写出下列电池两个电极的半电池反应，并指出：哪个是正极？25 ℃时，电池的电动势为多少？

(1) Pt | Cr^{3+}(1.0×10^{-3} mol/L)，Cr^{2+}(1.0×10^{-1} mol/L) ‖ Pb^{2+}(1.0×10^{-3} mol/L) |Pb；

(2) Cu | CuI(饱和)，I^-(0.100 mol/L) ‖ I^-(1.00×10^{-4} mol/L)，CuI(饱和) | Cu。

(已知 $\varphi^{\ominus}_{Pb^{2+}/Pb}=-0.126$ V，$\varphi^{\ominus}_{Cu^+/Cu}=0.52$ V，$\varphi^{\ominus}_{Cr^{3+}/Cr}=-0.41$ V，$K_{sp(CuI)}=1.1\times10^{-12}$)

((1)0.31 V；(2)0.18 V)

2. 测得下述电池的电动势为 0.672 V，计算弱酸 HA 的解离常数，液接电位忽略不计。

Pt，H_2(1.013×10^5 Pa) | HA(0.200 mol/L)，NaA(0.300 mol/L) ‖ SCE

(8.3×10^{-8})

3. 某酸度计的指针每偏转 1 个 pH 单位，电位改变 60 mV。今欲用响应斜率为每个 pH 单位 50 mV 的 pH 玻璃电极来测定 pH=5.00 的溶液，采用 pH=2.00 的标准溶液定位，测定结果的绝对误差为多大(用 pH 值表示)？而采用 pH=4.01 的标准溶液来定位，其测定结果的绝对误差为多大？由此可得到什么重要结论？

(0.50 个 pH 单位，−0.16 个 pH 单位)

4. 有一氟离子选择性电极，$K_{F^-,OH^-}=0.10$，当[F^-]=1.0×10^{-2} mol/L 时，能允许的[OH^-]为多少(设允许测定误差为 5%)？　　(0.005 mol/L)

5. 下列是采用电位滴定法用 0.100 0 mol/L NaOH 溶液滴定某弱酸试液(10 mL 弱酸、10 mL 1 mol/L $NaNO_3$溶液、80 mL 水)的数据。

NaOH 滴入量 V/mL	pH 值	NaOH 滴入量 V/mL	pH 值
0	2.90	8.40	5.25
1.00	3.01	8.60	5.61
2.00	3.15	8.80	6.20
3.00	3.34	9.00	6.80
4.00	3.57	9.20	9.10
5.00	3.87	9.40	9.80
6.00	4.03	9.60	10.15
7.00	4.34	9.80	10.41
8.00	4.81	10.00	10.71

(1) 绘制 pH-V 滴定曲线及 $\Delta pH/\Delta V$-V 曲线，并求 $V_{终}$。

(2) 用二阶微商内插法计算 $V_{终}$，并与(1)的结果比较。

(3) 计算弱酸的浓度。

(4) 化学计量点的 pH 值应是多少？

6. 用氟离子选择性电极作负极，SCE 作正极，取不同体积的含 F^- 标准溶液($c_{F^-}=2.0\times10^{-4}$ mol/L)，加入一定量的 TISAB，稀释至 100 mL，进行电位测定，测得数据如下。(取 20 mL 试液，在相同条件下测定，$E=-359$ mV)

F^- 标准溶液的体积 V/mL	0.00	0.50	1.00	2.00	3.00	4.00	5.00
测得电池电动势 E/mV	−400	−391	−382	−365	−347	−330	−314

(1) 绘制 E-$\lg c_{F^-}$ 标准曲线。

(2) 计算试液中 F^- 的浓度。

7. 农药保棉磷($C_{12}H_{16}O_3PS_2N_3$，相对分子质量为 345.36)在强碱性溶液中水解，水解产物为邻氨基苯甲酸。在酸性介质中可用 $NaNO_2$ 标准溶液进行重氮化滴定。

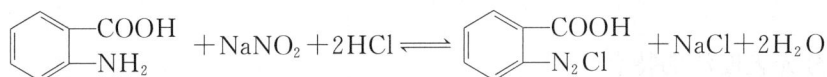

$$\text{C}_6\text{H}_4(\text{COOH})(\text{NH}_2) + NaNO_2 + 2HCl \rightleftharpoons \text{C}_6\text{H}_4(\text{COOH})(\text{N}_2\text{Cl}) + NaCl + 2H_2O$$

滴定终点以永停滴定法指示。今称取油剂样品 0.451 0 g，置于 50 mL 容量瓶中，溶于苯，并用苯稀释至刻度，摇匀。移取溶液 10.00 mL 置于 200 mL 分液漏斗中，加入 20 mL KOH 溶液(1 mol/L)水解，待水解反应完全后，用苯或氯仿萃取，分离去掉水解反应生成的干扰物质。将水相移入 200 mL 烧杯中，插入两支铂电极，外加 50 mV 电压，用 0.010 mol/L $NaNO_2$ 溶液滴定，测量部分数据如下。

$NaNO_2$ 体积/mL	5.00	10.00	15.00	17.50	18.50	19.50	20.05	21.00	21.05
电流/(10^{-9} A)	1.3	1.3	1.4	1.4	1.5	1.5	30.0	61.0	92.0

求保棉磷的含量。

三、简答题

1. 为什么离子选择性电极对被测离子具有选择性？如何估量这种选择性？

2. 在用电位法测定溶液的 pH 值时，为什么必须使用标准缓冲溶液？

3. 在用标准曲线电位法测定被测离子浓度时，为什么使用 TISAB？它的一般组成是什么？

4. 若离子选择性电极的电位表达式为

$$E=K\pm\frac{0.059}{n}\lg(a_i+K_{i,j}a_j^{n/m})$$

(1) $K_{i,j}\gg1$ 时，该离子选择性电极主要响应什么离子？什么离子会产生干扰？

(2) $K_{i,j}\ll1$ 时，主要响应什么离子？什么离子会产生干扰？

第十章

紫外-可见分光光度法

第一节　概述

一、分光光度法的特点

许多物质本身具有明显的颜色，如 $KMnO_4$ 溶液呈紫红色，$CuSO_4$ 溶液呈蓝色等。当这些有色物质溶液的浓度改变时，溶液颜色的深浅也随着改变。溶液越浓，颜色越深；反之，颜色也就越浅。这就是说，溶液颜色的深浅与有色物质的浓度之间有一个简单的函数关系。因此，在分析实践中，基于比较有色物质溶液的颜色深浅以确定物质含量的分析方法，称为光度分析法。

而事实是，无论物质有无颜色，当一定波长的光通过该物质的溶液时，根据物质对光的吸收程度，也可以确定该物质的含量，这种方法称为分光光度法。若研究物质在紫外-可见光区有吸收，则称为紫外-可见分光光度法。

分光光度法同滴定分析法等化学分析方法相比，有以下一些特点。

1. 灵敏度高

分光光度法测定物质的最低浓度一般可达 10^{-6}～10^{-5} mol/L，相当于含量 0.000 1%～0.001%的微量组分。

2. 准确度较高

分光光度法的相对误差为 2%～5%，其准确度虽不如滴定分析法及重量分析法，但对微量成分来说，还是比较准确的，因为在浓度很低的情况下，滴定分析法和重量分析法也不能够准确测定，甚至无法进行测定。

3. 操作简便，测定速度快

分光光度法的设备不复杂，操作简便，进行分析时，样品处理成溶液后，一般只经历显色和测吸光度两个步骤，就可得出分析结果。近年来由于新的灵敏度高、选择性好的显色剂和掩蔽剂不断出现，一般不经分离步骤，即可直接进行分光光度测定。

二、物质的颜色和光的选择性吸收

如果把具有不同颜色的各种物体放置在黑暗处，则什么颜色也看不到。可见，物质呈现的颜色与光有着密切的关系。一种物质呈现何种颜色，与物质本身的结构也是有关的。

光是一种电磁波，具有波动性和粒子性，称为光的波粒二象性。不同频率（波长）的光，其光子具有的能量不同，短波能量大，长波能量小。

从光本身来说，有些波长的光能引起颜色的视觉，人眼所能看见的有颜色的光称为可见光，其波长范围在 400～760 nm。实验证明，白光（日光、日光灯光等）是由各种不同颜色的光按一定的强度比例混合而成的。白光通过分光设备，就分解为红、橙、黄、绿、青、蓝、紫七种颜色的光，这种现象称为光的色散，如图 10-1 所示。每种颜色的光具有一定的波长范围，见表 10-1。含有多种波长的光称为复合光，白光就是复合光；具有同一种波长的光称为单色光。

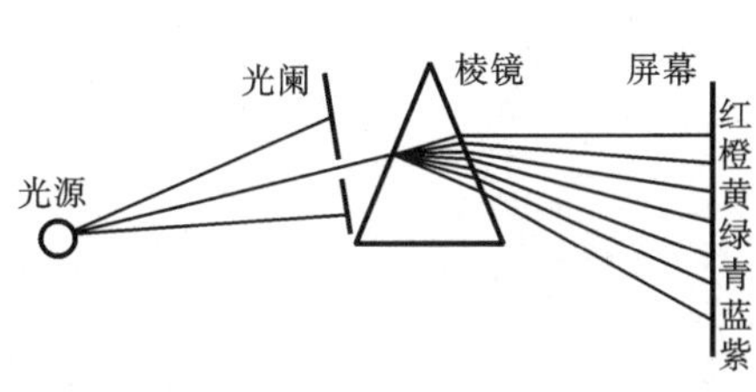

图 10-1 棱镜使白光分解成彩色光谱

表 10-1 不同波长光线的颜色

波长/nm	颜色
620～760	红色
590～620	橙色
560～590	黄色
500～560	绿色
480～500	青色
430～480	蓝色
400～430	紫色

实验还证明，不仅七种单色光可以混合成白光，如果把适当颜色的两种单色光按一定的强度比例混合，也可以成为白光，这两种颜色的单色光就称为互补色光。图 10-2 中处于直线关系的两种单色光互为互补色光，如绿色光和紫红色光互补，红色光和青色光互补，等等。

溶液呈现不同的颜色，是由于溶液中的质点（分子或离子）选择性地吸收某种颜色的光。如果各种颜色的光被吸收程度相同，这种物质就是无色透明的。如果只吸收一部分波长的光，则溶液就呈现出互补色光的颜色。例如：$CuSO_4$ 溶液因吸收了白光中的黄色光而呈蓝色；$KMnO_4$ 溶液因吸收了白光中的绿色光而呈现紫红色。

其实，任何一种溶液，对不同波长的光的吸收程度是不相等的，如果将各种波长的单色光依次通过一定浓度的某溶液，测量该溶液对单色光的吸收程度（用吸光度 A 表示，其定义见后），以波长为横坐标，以吸光度为纵坐标，可以得到一条曲线，称为吸收光谱曲线或光吸收曲线。

从图 10-3 可以看出，在可见光范围内，$KMnO_4$ 溶液对波长 525 nm 附近的绿色光有最大吸收。光吸收程度最大处的波长称为最大吸收波长，常用 λ_{max} 表示。不同浓度的溶液，吸光度 A 不同，但测得的光吸收曲线的形状基本相似，λ_{max} 也是固定的，说明光的吸收与溶液中物质的结构有关，这是吸光光度法选择测定波长的重要依据。

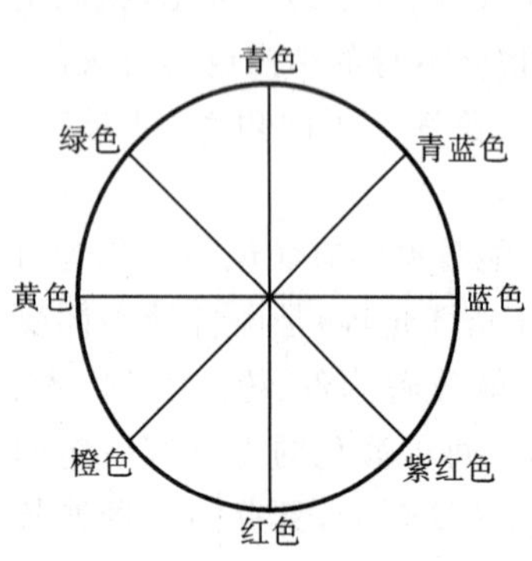

图 10-2　互补色光示意图

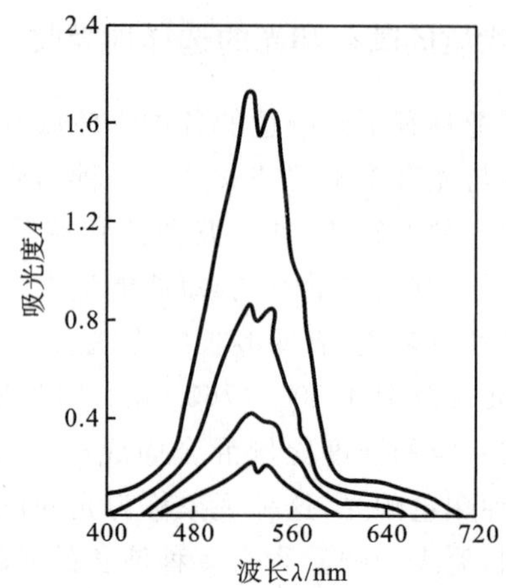

图 10-3　四个不同浓度的 $KMnO_4$ 溶液的光吸收曲线

第二节　光吸收基本定律

一、朗伯-比尔定律

当一束平行单色光照射到溶液时，光的一部分被介质吸收，另一部分透过溶液。如果入射光的强度为 I_0，吸收光的强度为 I_a，透过光的强度为 I_t，则它们之间的关系为

$$I_0 = I_a + I_t \tag{10-1}$$

当入射光的强度 I_0 一定时，如果 I_a 越大，I_t 就越小，即透过光的强度越小，表明有色溶液对光的吸收程度就越大。

实践证明，有色溶液对光的吸收程度，与该溶液的浓度、液层的厚度以及入射光的强度等因素有关。如果保持入射光的强度不变，则光吸收程度与溶液的浓度和液层的厚度有关。朗伯(Lambert)和比尔(Beer)分别于 1768 年和 1859 年研究了光的吸收与有色溶液液层的厚度及溶液浓度的定量关系，奠定了分光光度法的理论基础。

1. 朗伯定律

当一束某一波长的平行单色光通过液层(光吸收层)厚度为 b 的溶液后，由于溶液吸收了一部分光，光的强度就要减弱。若把吸收层分成厚度无限小的相等的薄层，每一薄层的厚度为 $\mathrm{d}b$，如图 10-4 所示。设照在薄层上的光强度为 I，这样，入射光经过每一薄层时，其强度就要减弱 $\mathrm{d}I$，则 $-\mathrm{d}I$ 应与照在 $\mathrm{d}b$ 上的光强度 I 及厚度增加的变化值 $\mathrm{d}b$ 成正比，即

$$-\mathrm{d}I \propto I\mathrm{d}b$$

$$-\mathrm{d}I = K_1 I\mathrm{d}b$$

$$-\frac{\mathrm{d}I}{I} = K_1\mathrm{d}b$$

假定入射光的强度为 I_0，透过光的强度为 I_t，将上式积分得到

$$-\int_{I_0}^{I_t}\frac{dI}{I}=K_1\int_0^b db$$

$$-(\ln I_t-\ln I_0)=K_1 b$$

$$\ln I_0-\ln I_t=K_1 b$$

$$\ln\frac{I_0}{I_t}=K_1 b$$

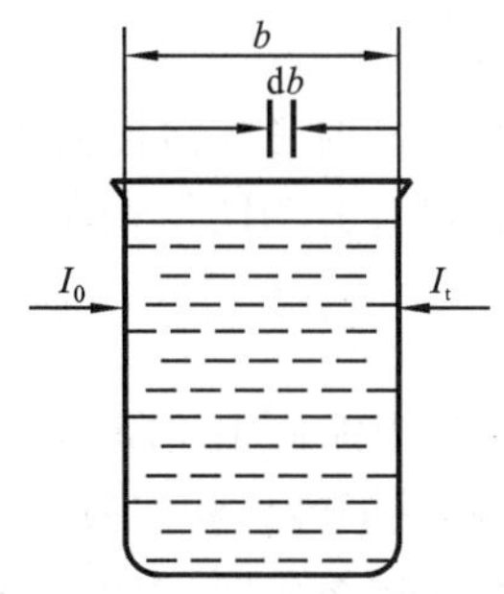

图 10-4 单色光通过溶液示意图

将自然对数换成常用对数，则

$$\lg\frac{I_0}{I_t}=\frac{K_1}{2.303}b=K_2 b$$

在分光光度法中，透过光的强度一般用 I 表示，则上式可改为

$$\lg\frac{I_0}{I}=K_2 b \tag{10-2}$$

式(10-2)反映的是在溶液浓度一定时，光吸收与液层厚度的关系，称为朗伯(Lambert)定律。对于有色溶液，这个定律是普遍适用的。式中的 K_2 为比例常数，它与入射光的波长以及物质的性质和温度有关。由朗伯定律可知，当入射光的波长、溶液的浓度和温度一定时，有色溶液吸收光的程度与液层的厚度成正比。

2. 比尔定律

当一束波长一定的平行单色光，通过液层厚度一定的均匀有色溶液时，溶液中的有色质点吸收一部分光能，使光强度减弱。显然，溶液的浓度越大，光被吸收的程度就越大。如果溶液浓度增加 dc，则入射光通过溶液后就减弱了 $-dI$。$-dI$ 即与照在 dc 上的光强度 I 成正比，也与浓度增加的变化值 dc 成正比，即

$$-dI\propto I dc$$

$$-dI=K_3 I dc$$

$$-\frac{dI}{I}=K_3 dc$$

将上式积分得

$$-\int_{I_0}^{I_t}\frac{dI}{I}=K_3\int_{c_0}^{c_1}dc$$

$$-\ln\frac{I_t}{I_0}=K_3 c$$

如用 I 表示透过光的强度，并将自然对数变为常用对数，则得

$$\lg\frac{I_0}{I}=\frac{K_3}{2.303}c=K_4 c \tag{10-3}$$

式(10-3)反映的是在液层的厚度一定时，光吸收与溶液浓度的定量关系，称为比尔(Beer)定律。式中的 K_4 为比例常数，它与入射光的波长、物质的性质和溶液温度有关。比尔定律表明，当入射光的波长、液层厚度和溶液温度一定时，溶液对光的吸收程度与溶液的浓度成正比。

3.朗伯-比尔定律

如果同时考虑溶液的浓度和液层的厚度的变化对物质对光的吸收的影响,则上述两个定律可合并为朗伯-比尔定律,即将式(10-2)和式(10-3)合并,得到对数关系式

$$\lg \frac{I_0}{I} = Kcb \tag{10-4}$$

式(10-4)为朗伯-比尔定律(光吸收定律)的数学表达式。其中 K 为比例常数,与入射光的波长、物质的性质和溶液的温度等因素有关。朗伯-比尔定律表明:当一束平行的单色光通过均匀的溶液时,溶液对光的吸收程度与溶液的浓度及液层厚度的乘积成正比。

朗伯-比尔定律不仅适用于可见光,也适用于红外光和紫外光;不仅适用于均匀的液体,也适用于固体和气体。

为了利用朗伯-比尔定律正确地指导分析实践,需要弄清其数学表达式中各项的物理意义。

I_0 为一定波长的平行单色光的入射强度。I 为通过均匀、浓度和液层厚度一定的溶液后透过光的强度。$\frac{I}{I_0}$ 称为透光度,常用 T 表示,即 $T=\frac{I}{I_0}$。

公式中的 $\lg \frac{I_0}{I}$ 一项也可用透光度倒数的对数 $\lg \frac{1}{T}$ 表示。当 $I=I_0$ 时,说明溶液对光线全无吸收,则 $\lg \frac{I_0}{I}=0$。I 值越小,$\frac{I_0}{I}$ 值就越大,则 $\lg \frac{I_0}{I}$ 的数值也越大,说明溶液对光的吸收程度越大。因此,$\lg \frac{I_0}{I}$ 一项称为溶液的吸光度,常用符号 A 表示,$A=\lg \frac{1}{T}$。因此,朗伯-比尔定律可表示为

$$A = Kbc \tag{10-5}$$

式中的比例常数 K 为吸光系数,其物理意义是吸光物质在单位浓度和单位厚度时的吸光度。在给定波长、溶剂及温度等条件下,物质的吸光系数是一个特征常数,不同的物质对同一波长的单色光具有不同的吸光系数,吸光系数越大,表明物质的吸光能力越强,测定的灵敏度越高,所以吸光系数是定性和定量的依据。吸光系数常用以下两种表示方式:

(1) 百分吸光系数(比吸光系数)。它是指在一定波长下,溶液浓度 c 为 1 g/(100 mL)(1%),液层厚度 b 为 1 cm 时的吸光度,此时 K 用 $E_{1\,\text{cm}}^{1\%}$ 表示。

(2) 摩尔吸光系数。它是指在一定波长下,溶液浓度 c 为 1 mol/L,液层厚度 b 为 1 cm时的吸光度,此时 K 用 ε 表示。

吸光系数两种表示方式的关系为

$$\varepsilon=\frac{M}{10}E_{1\,\text{cm}}^{1\%}$$

吸光系数是通过吸光度 A 计算而得到的。

[例 10-1] 采用邻二氮菲吸光光度法测定溶液中 Fe^{2+} 的含量,已知 Fe^{2+} 的浓度为 1.0 μg/mL,比色皿厚度为 1 cm,于 508 nm 波长下测得 $A=0.20$,计算 a 和 ε。

解 Fe 的相对原子质量为 55.85。

$$c_{Fe^{2+}} = \frac{1.0 \times 10^{-3}}{55.85}\ \text{mol/L} = 1.79 \times 10^{-5}\ \text{mol/L}$$

$$A = E_{1\,\mathrm{cm}}^{1\%}bc = 0.20$$

$$E_{1\,\mathrm{cm}}^{1\%} = \frac{0.20}{1.0 \times 10^{-4}} = 2\ 000$$

$$A = \varepsilon bc = 0.20$$

$$\varepsilon = \frac{0.20}{1.79 \times 10^{-5}}\ \mathrm{L/(g \cdot cm)} = 1.1 \times 10^{4}\ \mathrm{L/(mol \cdot cm)}$$

摩尔吸光系数是有色化合物的重要特性，它随入射光的波长、溶液的性质和温度而改变，也与仪器的质量有关。在一定条件下，它是一个常数。ε 值可表明有色溶液对某一特定波长光的吸收能力。同一种物质，与不同的显色剂反应，生成不同的有色化合物时，具有不同的 ε 值。ε 值越大，表示该物质对光的吸收能力越强，有色物质的颜色越深，光度测定的灵敏度也就越高。因此，在光度分析中，为了提高分析的灵敏度，一般选择 ε 值大的有色化合物，并以其最大吸收波长作为入射光工作波长。

二、偏离朗伯-比尔定律的原因

必须指出，用朗伯-比尔定律进行光度分析时，应当注意朗伯-比尔定律的适用范围。许多有色溶液在某些情况下并不遵守朗伯-比尔定律，在这种情况下进行光度分析，将会产生较大的误差。有色溶液是否遵守朗伯-比尔定律，通常用标准曲线来检验。其方法是，配制系列已知浓度的标准溶液，在同一条件下进行显色，使用同样厚度的比色皿，在同一波长下测定各溶液的吸光度。然后以吸光度为纵坐标，以浓度为横坐标作图，得到一条标准曲线，也称为工作曲线。若标准曲线是一条通过原点的直线，说明该有色溶液是遵守朗伯-比尔定律的。如果标准曲线是一条弯曲的线，说明该有色溶液不遵守朗伯-比尔定律，因为在这种情况下，吸光度并不与浓度成正比，如图 10-5 中虚线所示。这种现象称为偏离朗伯-比尔定律。

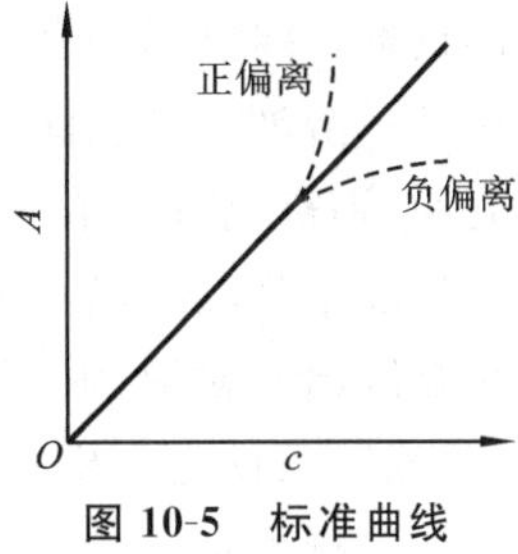

图 10-5 标准曲线

偏离朗伯-比尔定律的原因很多，但基本上可分为物理方面的原因和化学方面的原因两大类。现分别讨论如下。

1. 物理因素

1）单色光不纯所引起的偏离

严格地讲，朗伯-比尔定律只对同一波长的单色光才成立。但在实际工作中，目前用各种仪器得到的入射光并非纯的单色光，而是具有一定波长范围的单色光。因此，吸光度与浓度并不完全呈直线关系，因而导致了对朗伯-比尔定律的偏离。

2）非平行光或入射光被散射引起的偏离

如果入射光不是垂直通过比色皿，就会使得通过溶液的光程大于比色皿厚度，吸光度增加。但这种影响一般较小，更多的时候是，溶液中存在胶粒或不溶性悬浮微粒，使得一部分入射光产生散射，实测吸光度增大，导致对朗伯-比尔定律的偏离。

2. 化学因素

朗伯-比尔定律的基本假设，除要求入射光是单色光外，还要求有色质点之间是相互独立的，彼此无相互作用。因此，只有在稀溶液（一般浓度小于 0.1 mol/L）中朗伯-比尔定律才成立。溶液浓度较高时，由于吸光质点之间的距离缩短，临近质点之间的电荷会发生相互作用，可改变对某波长单色光的吸收能力，也就是吸光系数发生了变化，导致偏离朗伯-比尔定律。

另外，溶液中有色物质的缔合、解离、溶剂化、互变异构、组成配合物等现象，都会引起吸光质点浓度的变化，导致对朗伯-比尔定律的偏离。除此之外，某些有色物质在光照射下的化学分解、自身的氧化还原等，都对光吸收有明显的影响。

第三节 光度分析的方法及仪器

一、目视比色法

用眼睛比较被测溶液同标准溶液颜色深浅的分析方法，称为目视比色法。在这类分析方法中，最简单和使用最普遍的是标准系列法。

标准系列法一般是取一套由相同玻璃质料制造的、形状大小相同的比色光度管（简称比色管，容量有 10 mL、25 mL 和 50 mL 几种）。在这套比色管中逐一加入浓度逐渐增加的标准溶液，并加入相同体积的显色剂和辅助试剂，然后稀释到同一刻度，即形成颜色从浅到深的标准色阶。另取同一大小的比色管，在其中加入被测溶液和与标准色阶相同体积的试剂，并稀释到同一刻度。之后从管口垂直向下观察并与标准色阶比较，若试液与色阶中某一溶液的颜色深浅相同，说明两者浓度相等；若被测溶液颜色的深浅界于两标准溶液之间，则被测溶液浓度约为此两标准溶液浓度的平均值。

标准系列法的优点是设备和操作都很简单。又因所用比色管较长，对颜色很浅的溶液也能测出其含量，因而测定的灵敏度比较高。另外，目视比色法可在自然光下进行测定，且测定条件完全相同，因而某些不完全符合朗伯-比尔定律的显色反应，也可以用目视比色法进行测定。

这一方法的缺点是许多有色溶液不够稳定，标准色阶不能久存，经常需要在测定时配制，比较费时费力。为了克服这一缺点，有时也采用某些比较稳定的有色物质来配制标准色阶，也用制备成各种色阶的有色玻璃、有色纸片等来代替标准系列。需要注意的是，用这些方法制备的标准颜色与待测物质的有色溶液只是颜色相同或相近，而组分不相同，所以准确度也要差些，一般相对误差为±5%至±20%。

二、分光光度法

1. 基本原理

分光光度法是用棱镜或光栅作为分光器，并用狭缝分出波长范围很窄的一束光。这种单色光的波长范围比较窄，一般在 5 nm 左右，因而其测定的灵敏度、选择性和准确度都较高。

由于单色光的纯度高，因此利用分光光度法可以测绘出十分精细的吸收光谱曲线。

若选择最合适的波长进行测定，可以大大改善偏离朗伯-比尔定律的情况，使标准曲线的直线部分范围更大，因此对于单一组分的有色溶液，其物质含量可以很方便地测定。

分光光度法还可以测定溶液中两种或两种以上的组分。如果两种组分的吸收曲线彼此不相干扰，可以方便地选择适当波长分别进行测定；如果两种组分的吸收曲线相互干扰，则可用解联立方程式的方法，求出各组分的含量。

例如，钢中铬和锰的测定，经预处理后得到 MnO_4^- 和 $Cr_2O_7^{2-}$ 的溶液，它们的吸收曲线如图10-6所示。

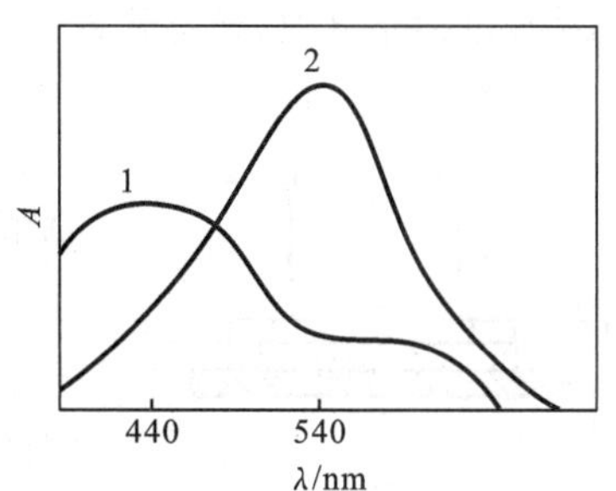

图 10-6　$K_2Cr_2O_7$ 和 $KMnO_4$ 的吸收曲线

1—$K_2Cr_2O_7$吸收曲线；2—$KMnO_4$吸收曲线

根据朗伯-比尔定律：

$$A = \varepsilon bc$$

为简便计算，取 $b=1$ cm，则

$$A=\varepsilon c$$

先需用$K_2Cr_2O_7$和 $KMnO_4$的标准溶液分别在波长 440 nm 及 540 nm 处测定各自的吸光度，并计算出各个吸光系数 ε_{440}^{Cr}、ε_{540}^{Cr}、ε_{440}^{Mn}和 ε_{540}^{Mn}。再在波长 440 nm 及 540 nm 处测定溶液的总吸光度。因为

$$A_{440}^{Cr+Mn} = \varepsilon_{440}^{Cr} c_{Cr} + \varepsilon_{440}^{Mn} c_{Mn} \qquad (10\text{-}6)$$

$$A_{540}^{Cr+Mn} = \varepsilon_{540}^{Cr} c_{Cr} + \varepsilon_{540}^{Mn} c_{Mn} \qquad (10\text{-}7)$$

将式(10-6)及式(10-7)联立，则可求得溶液中未知的 c_{Cr}和 c_{Mn}，进而求得钢铁中铬和锰的质量分数。

2. 分光光度计的基本部件

分光光度计一般由光源、分光系统(单色器)、比色皿(吸收池)、检测系统等四部分组成。

1) 光源

常用的光源为 6～12 V 低压钨丝灯泡，其辐射波段在 320～2 500 nm，电源由变压器供给。为了保持光源强度的稳定，以获得准确的测定结果，电源的电压必须稳定。因此，许多分光光度计上采用磁饱和稳压变压器作为电源。为了使通过溶液的光线变成平行光束，分光光度计都附有聚光透镜。

2) 分光系统(单色器)

分光系统(单色器)是一种能把光源辐射出的复合光按波长的长短进行色散，且能方便分出所需单色光的光学装置，包括狭缝、色散元件、反光镜等。色散元件用棱镜或光栅做成。棱镜有玻璃棱镜和石英棱镜。玻璃棱镜的色散波段在 360～700 nm，主要用于可见分光光度计；石英棱镜的色散波段在 200～1 000 nm，一般用于紫外-可见分光光度计。光栅色散波段更宽，可用于所有光度分析仪器中，但单色光的强度较弱。

3) 比色皿(吸收池)

比色皿是用透明、无色的光学玻璃制作的。大多数比色皿为长方形，也有圆柱形的。分光光度计一般配有厚度为 0.5 cm、1 cm、2 cm、3 cm 和 5 cm 的一套比色皿，以供选用。同种标识厚度的比色皿厚度必须相等。检查比色皿厚度是否相等的方法，是把同一浓度的某有色溶液装入同厚度的比色皿内，然后放在分光光度计中，在光源强度和波长不变的

情况下，观看检流计的透光度读数是否一致。如果一致，即表示各比色皿的厚度相等。如各比色皿间的透光度相差小于0.5%时，还可使用，若相差太大则不能配套使用。对于紫外-可见分光光度计，还应配备石英比色皿，其工作波段在紫外区。

4）检测系统

检测系统是把透过比色皿后的透过光强度转换为电信号的装置。分光光度计中常用的检测器包括光电池、光电管或光电倍增管，以及检流计。

（1）光电池。

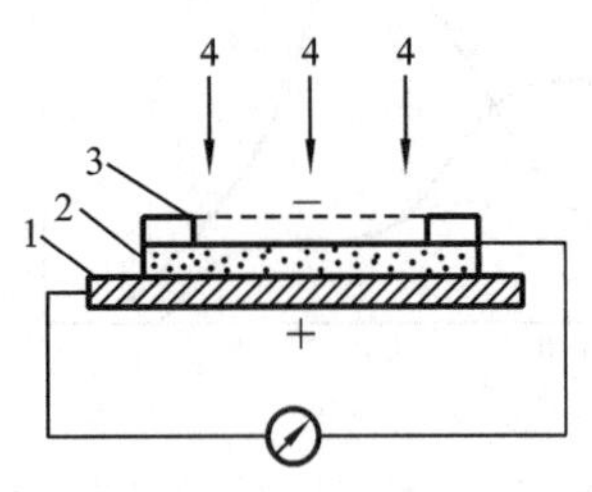

图 10-7　硒光电池结构示意图

1—铁片；2—半导体硒；
3—金属膜；4—入射光线

光电池是利用光电效应测量光强度的部件。光电池的种类很多，最常用的是硒光电池，它的结构如图10-7所示。

硒光电池的构造有三层。底下一层是铁片，中间一层是半导体硒，上面一层是用真空蒸发上去的一层极薄而透明的金属膜（金、铂、铜或镉）。当光线透过金属膜照射到半导体硒上时，在它的表面就有电子放出并跑向金属膜，使其带负电而成为光电池的负极，而硒层在失去电子后带正电，因此，铁片也带正电而成为光电池的正极。由于半导体使电子只能向一个方向移动，不能向相反方向流动，在金属膜上的电子就不能穿过界面再跑回硒层，一定要经过外电路才能跑回。所以若用导线把铁片与金属膜相连，则会产生电流。当外电路的电阻小于100 Ω时，这种光电池输出的电流与照射到它上面的光强度成正比，且每流明的光可产生100～200 μA电流。这样大的电流可以直接用灵敏的检流计来测量。

光电池受强光照射或长久连续使用时会产生疲劳，灵敏度降低，因此在使用时应注意勿使强光长时间照射光电池。如果发现光电池出现疲劳，可以将其放置于暗处使其复原，同时光电池应注意防潮。

和眼睛相似，硒光电池对于各种不同波长的光线，灵敏度是不同的。硒光电池对于波长为500～600 nm的光线最灵敏，而对紫外线、红外线都不能应用。

（2）光电管、光电倍增管。

光电管、光电倍增管是代替光电池的检测器。光电管是一种二极管，它是在玻璃或石英泡内装上两个电极，阳极通常是一个镍环或镍片，阴极为一金属片上涂一层光敏物质，如氧化铯。这种光敏物质受光线照射时可以放出电子。当光电管的两极与一个电池相连时，由阴极放出的电子将会在电场的作用下流向阳极，形成光电流，而且光电流的大小与照射到它上面的光强度成正比。管内可以抽成真空，称为真空光电管；也可以充进一些气体，称为充气光电管。真空光电管的灵敏度一般为40～60 μA/lm，充气光电管的灵敏度还要高些。由于光电管产生的光电流很小，需要用放大装置将其放大后才能用微安表测量（图10-8）。

（3）检流计。

测量光电流的检流计常用悬镜式光点反射检流计（也称为直流复射式检流计），其灵敏度可达每格 10^{-9} A。为了保护检流计，使用中要防止震动或大电流通过。当仪器不用时，必须将检流计开关指向零位，使其短路。

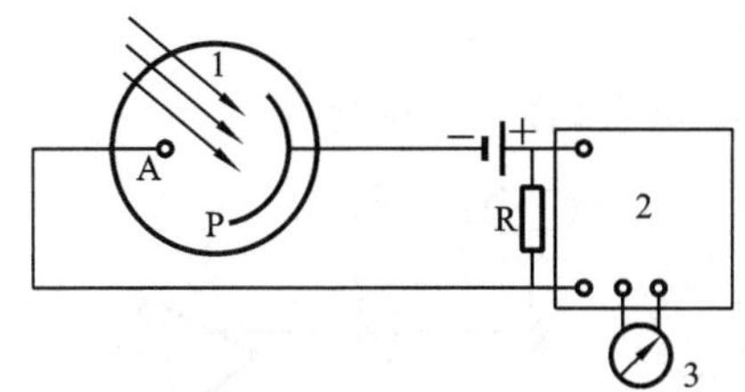

图 10-8　光电管及外电路

1—光电管；A—阳极；2—放大器；P—阴极；3—检流计；R—负载电阻

检流计标尺上刻有两种刻度，等刻度表示透光度 T，对数刻度表示吸光度 A。它们的关系如图 10-9 所示。

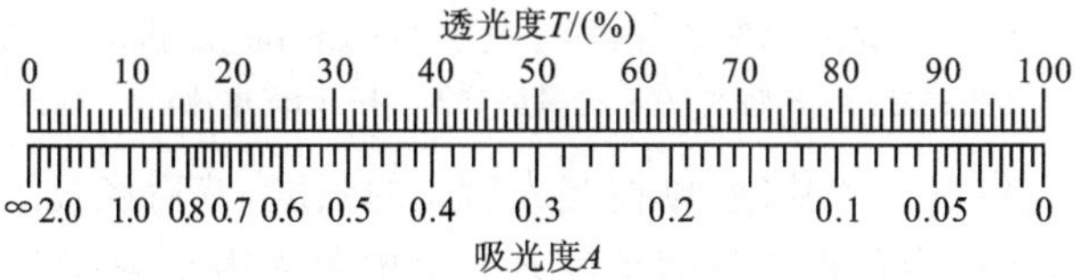

透光度T/(%)
0 10 20 30 40 50 60 70 80 90 100
∞ 2.0 1.0 0.8 0.7 0.6 0.5 0.4 0.3 0.2 0.1 0.05 0
吸光度A

图 10-9　检流计标尺透光度与吸光度的关系

根据透光度 $T=I/I_0$，如果把入射光强度 I_0 当作 100 光强单位，则透过光强度 I 可当作 100 光强单位中的一部分。

例如，当 $T=10\%$时　　$A=\lg\frac{1}{T}=\lg\frac{1}{10\%}=1.0$

当 $T=50\%$时　　$A=\lg\frac{1}{T}=\lg\frac{1}{50\%}=0.301$

根据朗伯-比尔定律，在一定条件下，溶液的吸光度与其浓度成正比，故一般读取吸光度。

3. 分光光度计的种类

分光光度计种类很多，现将常用的国产分光光度计列于表 10-2 中。

可见及紫外分光光度计主要用于无机和有机物的含量分析，红外分光光度计主要用于有机物的结构分析。

表 10-2　各种波长范围的国产分光光度计

分　类	工作波长范围/nm	光　源	单色器	接收器	型　号
可见分光光度计	420～700 360～700	钨灯 钨灯	玻璃棱镜 玻璃棱镜	硒光电池 光电管	72 型 721 型
紫外-可见分光光度计 近红外分光光度计	200～1 000	氢灯 钨灯	石英棱镜 光栅	光电管 光电倍增管	751 型 WFD-8 型
红外分光光度计	760～40 000	硅碳棒 辉光灯	岩盐 萤石棱镜	热电堆 辐射测热器	WFD-3 型 WFD-7 型

1) 72 型分光光度计

72 型分光光度计的光学系统如图 10-10 所示。

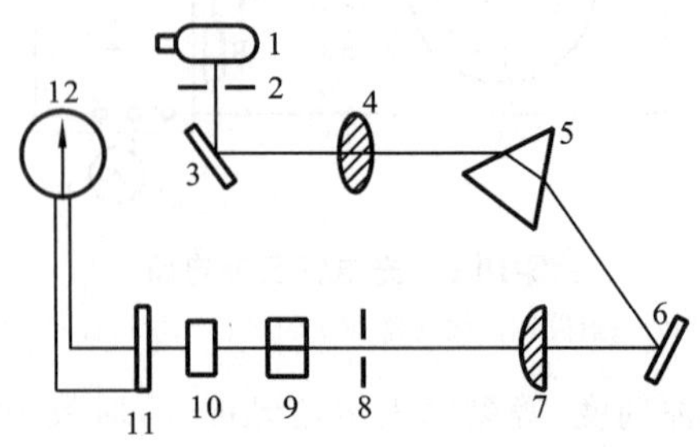

图 10-10 72 型分光光度计光学系统

1—光源;2—入光狭缝;3—反光镜;4—透镜;5—棱镜;6—反射镜;7—透镜;
8—出光狭缝;9—比色皿;10—光量调节器;11—硒光电池;12—检流计

由光源发出的光经过入光狭缝,以控制入射光的强度,然后经过透镜变成平行光进入棱镜,由棱镜色散后而成为各种波长的单色光。此单色光由反射镜反射经过透镜而聚焦于出光狭缝上,狭缝的宽度仅有 0.32 mm。反射镜和透镜与刻有波长的转盘相连,转动转盘即可转动反射镜,使所需要的单色光通过出光狭缝,单色光的波长可以从转盘上的刻度读出。通过出光狭缝的单色光射在比色皿上,透过光经过光量调节器后照在硒光电池上,产生的光电流用灵敏的检流计测量,检流计的标尺上直接刻着吸光度与透光度。为了消除分光光度计在测定时由于电源电压不稳定所造成的误差,在光源部分又增加了磁饱和稳压器。

72 型分光光度计用光电池作接收器,没有放大线路,结构简单,稳定性好,是生产、科研、教学单位广泛使用的仪器。

由于 72 型分光光度计用玻璃棱镜作单色器,工作波段仅在 420～700 nm 可见光区,而且它不能分辨相距 10 nm 以下的吸收峰,因此,它是一种比较简单的分光光度计。

2) 721 型分光光度计

721 型分光光度计是在 72 型分光光度计的基础上改进而来的,结构更合理,性能显著提高,工作波段在 360～700 nm,采用光电管,灵敏度较高。其光学系统如图 10-11 所示。

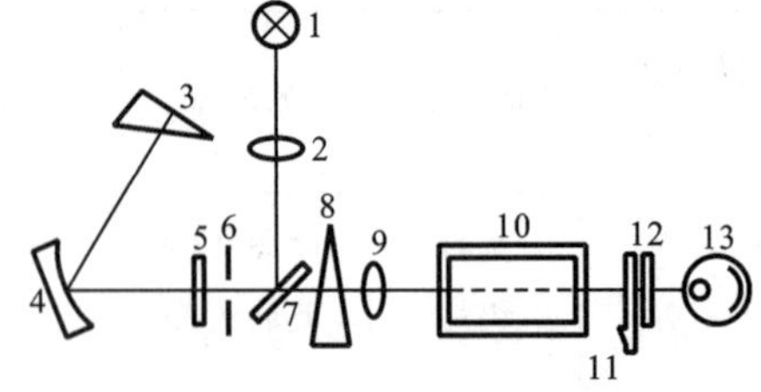

图 10-11 721 型分光光度计光学系统

1—光源;2—聚光透镜;3—色散棱镜;4—准光镜;5—保护玻璃;6—狭缝;7—反射镜;
8—连续减光板;9—聚光透镜;10—比色皿;11—光门;12—保护玻璃;13—光电管

3) 751 型分光光度计

751 型分光光度计是一种波长范围较宽(200～1 000 nm)、精密度较高的分光光度计。其光学系统结构如图 10-12 所示。

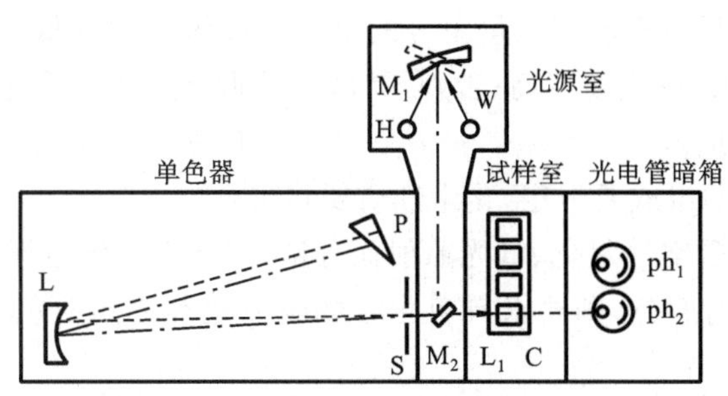

图 10-12 751 **型分光光度计光学系统**

H—氢灯；W—钨丝灯；M_1—凹面反射镜；M_2—平面反射镜；L—准光镜；P—石英棱镜；S—狭缝；L_1—透镜；C—比色皿；ph_1—蓝敏光电管；ph_2—红敏光电管

由光源（钨丝灯或氢灯）发出的光线由反射镜反射，使光线经狭缝的下半部经准光镜进入单色器，棱镜色散后，由准光镜将光聚焦于狭缝上半部而射出，经液槽照射于光电管上。由此可见，仪器用同一狭缝作入光和出光狭缝，它们始终具有相同的宽度。棱镜和透镜均由石英材料制成，反光镜和准光镜表面镀铝。所以全部系统保证紫外光通过。200～320 nm 波长范围用氢灯作光源，320～1 000 nm 波长范围用钨丝灯作光源；200～625 nm 波长范围用蓝敏光电管测量透过光强度，625～1 000 nm 波长范围用红敏光电管测量透过光强度。吸光度和透光度刻在读数电位差计转盘上，而检流计起示零作用。随着芯片技术的广泛应用，目前新型分光光度计引入了数字显示、智能计算等技术，读数更准确，操作更方便。

第四节 显色反应及其影响因素

一、显色反应和显色剂

1. 选择显色反应的一般标准

利用分光光度法分析时，不是所有待测组分都有颜色，对于无色的组分，可加入显色剂使其变成有色物质进行测定。

在光度分析中，将样品中被测组分转变成有色化合物的反应称为显色反应。常用的显色反应有配位反应和氧化还原反应，而配位反应是最主要的显色反应。与被测组分化合成有色物质的试剂称为显色剂。同一组分常可与若干种显色剂反应，生成多种有色化合物，其原理和灵敏度也有差别。选择显色反应的一般标准如下：

(1) 选择性要好。

一种显色剂最好只与一种被测组分起显色反应，这样干扰就少。或者干扰离子容易被消除，或者显色剂与被测组分和干扰离子生成的有色化合物的吸收峰相隔较远。

(2) 灵敏度要高。

灵敏度高的显色反应有利于微量组分的测定。灵敏度的高低，可从摩尔吸光系数值的大小来判断。ε 值大，灵敏度就高；否则，灵敏度就低。对于高含量的组分，不一定要选用灵敏度高的显色反应。

(3) 有色化合物的组成要恒定，化学性质要稳定。

有色化合物若易受空气氧化、日光照射而分解，就会引入测量误差。

(4) 如果显色剂有颜色，则要求有色化合物与显色剂之间颜色的差别要大，这样，试剂空白一般较小。

一般要求有色化合物的最大吸收波长与显色剂最大吸收波长之差在 60 nm 以上。

(5) 显色反应的条件要易于控制。

如果条件要求过于严格，难以控制，测定结果的重现性就差。

2. 无机显色剂

许多无机试剂能与金属离子起显色反应，如 Cu^{2+} 与氨水形成深蓝色的配离子，SCN^- 与 Fe^{3+} 形成红色的配合物等。但多数无机显色剂的灵敏度和选择性都不高，目前还有实用价值的列于表 10-3 中，可供选用。

表 10-3　常用的无机显色剂

显色剂	反应类型	测定元素	酸　度	有色化合物组成	颜色	测定波长/nm
硫氰酸盐	配位	Fe(Ⅲ)	0.1～0.8 mol/L HNO_3	$[Fe(SCN)_5]^{2-}$	红色	480
		Mo(Ⅵ)	1.5～2 mol/L H_2SO_4	$[MoO(SCN)_5]^-$	橙色	460
		W(Ⅴ)	1.5～2 mol/L H_2SO_4	$[WO(SCN)_4]^-$	黄色	405
		Nb(Ⅴ)	3～4 mol/L HCl	$[NbO(SCN)_4]^-$	黄色	420
钼酸铵	杂多酸	Si	0.15～0.3 mol/L H_2SO_4	$H_4SiO_4 \cdot 10MoO_3 \cdot Mo_2O_3$	蓝色	670～820
		P	0.5 mol/L H_2SO_4	$H_3PO_4 \cdot 10MoO_3 \cdot Mo_2O_3$	蓝色	670～830
		V(Ⅴ)	1 mol/L HNO_3	$P_2O_5 \cdot V_2O_5 \cdot 22MoO_3 \cdot nH_2O$	黄色	420
		W	4～6 mol/L HCl	$H_3PO_4 \cdot 10WO_3 \cdot W_2O_5$	蓝色	660
氨水	配位	Cu(Ⅱ)	浓氨水	$[Cu(NH_3)_4]^{2+}$	蓝色	620
		Co(Ⅲ)	浓氨水	$[Co(NH_3)_6]^{3+}$	红色	500
		Ni	浓氨水	$[Ni(NH_3)_6]^{2+}$	紫色	580
过氧化氢	配位	Ti(Ⅳ)	1～2 mol/L H_2SO_4	$[TiO(H_2O_2)]^{2+}$	黄色	420
		V(Ⅴ)	0.5～3 mol/L H_2SO_4	$[VO(H_2O_2)]^{3+}$	红橙色	400～450
		Nb	18 mol/L H_2SO_4	$[Nb_2O_3(SO_4)_2 \cdot (H_2O_2)]^{2+}$	黄色	365

3. 有机显色剂

许多有机试剂，在一定条件下，能与金属离子生成有色的金属螯合物。将金属螯合物应用于光度分析中的优点如下：①大部分金属螯合物都呈现鲜明的颜色，摩尔吸光系数大于 10^4 L/(mol·cm)，因而测定的灵敏度高；②金属螯合物都很稳定，一般稳定常数都很大，而且能抗辐射；③选择性好，绝大多数有机螯合剂在一定条件下，只与少数或某一种金属离子配位，而且同一种有机螯合剂与不同的金属离子配位时，颜色有明显区别；④对于难溶于水的金属螯合物，可将其萃取到有机溶剂中，大大发展了萃取光度法。因此，有机显色剂是光度分析中应用最多、最广的显色剂。

有机显色剂与金属离子能否生成具有特征颜色的化合物，主要与试剂的分子结构有密切关系。

在有机化合物分子中，凡是含有共轭双键的基团，如 —N═N—（偶氮基）、—N═O（亚硝基）、—C═O（羰基）、—C═S（硫羰基）、$—NO_2$（硝基）等，一般具有颜色，原因是这些基团中的 π 电子被光激发时，只需要较小的能量，能吸收波长大于 200 nm 的光，因此，称这些基团为生色基团。

某些含有未共用电子对的基团，如氨基 $—NH_2$、RHN—、R_2N—（具有一对未共用电子对），羟基 —OH（具有两对未共用电子对），以及卤代基 —F、—Cl、—Br、—I 等，它们与生色基团上的不饱和键互相作用，引起永久性的电荷移动，从而减小了分子的激发能，促使试剂对光的最大吸收向长波方向移动，使试剂颜色加深，这些基团称为助色基团。

含有生色基团的有机化合物常常能与许多金属离子化合生成性质稳定且具有特征颜色的化合物，其灵敏度和选择性都很高，这就为用光度法测定这些离子提供了很好的条件。

有机显色剂的种类很多，下面仅将应用较广泛的几种介绍如下。

1）邻二氮菲

邻二氮菲是目前广泛用于测定 Fe^{2+} 的显色剂。试液中的 Fe^{3+}，先用盐酸羟胺还原为 Fe^{2+}，然后在 pH 值为 5～6 的条件下，与邻二氮菲反应，生成稳定的红色配合物。反应特效，灵敏度较高，摩尔吸光系数 $\varepsilon=1.1\times10^4$ L/(mol·cm)（$\lambda_{max}=508$ nm）。其结构式为

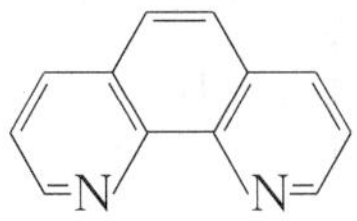

N N

2）双硫腙

双硫腙（又叫二硫腙）是分光光度分析中最重要的显色剂。其结构式为

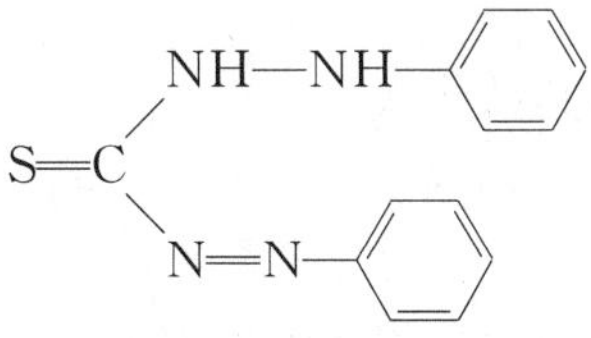

NH—NH—
S═C
N═N—

它能测定许多金属离子，如铅、锌、镉、汞等。双硫腙与重金属离子的反应非常灵敏。它本身不溶解于水，但易溶于碱性介质，所生成的金属化合物易溶于三氯甲烷及四氯化碳。双硫腙本身在三氯甲烷或四氯化碳中是绿色的，而与金属离子形成的化合物呈黄色至红色。这一特性，极有利于测定金属离子含量，如图 10-13 所示，双硫腙-Pb 的最大吸收波长是双硫腙的最小吸收波长（520 nm）。

表 10-4 是应用双硫腙测定金属离子的一些示例。

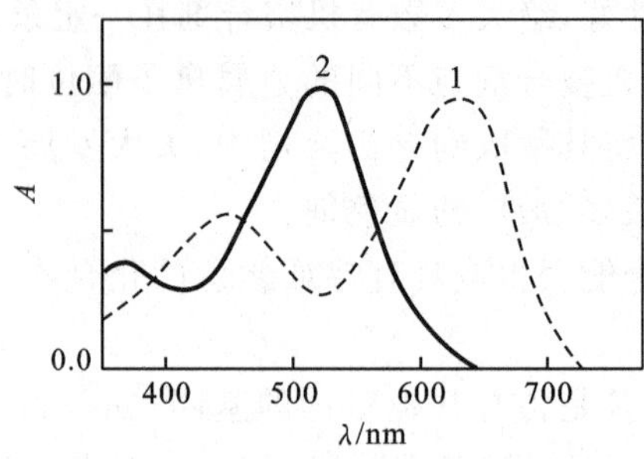

图 10-13　双硫腙和双硫腙-Pb 的四氯化碳溶液的吸收曲线

曲线 1—双硫腙；曲线 2—双硫腙-Pb

表 10-4　用双硫腙测定金属离子的示例

被测离子	溶　剂	波长/nm	摩尔吸光系数/[L/(mol·cm)]
Ag^+	CCl_4	426	3.05×10^4
Au^+	$CHCl_3$	450	2.40×10^4
Bi^{3+}	CCl_4	493	8.00×10^4
Cd^{2+}	CCl_4	520	8.80×10^4
Co^{2+}	CCl_4	542	5.92×10^4
Cu^{2+}	CCl_4	550	4.52×10^4
Hg^{2+}	CCl_4	455～515	2.12×10^4～2.36×10^4
In^{3+}	CCl_4	510	8.70×10^4
Ni^{2+}	CCl_4	655	1.29×10^4
Pb^{2+}	CCl_4	518	7.24×10^4
	$CHCl_3$	520	6.36×10^4
Pt^{2+}	苯	490～720	2.60×10^4～2.70×10^4
Se^{4+}	CCl_4	410～420	7.00×10^4
Tl^+	$CHCl_3$	505	3.36×10^4
Zn^{2+}	CCl_4	535	9.60×10^4
	$CHCl_3$	530	8.80×10^4

3）偶氮胂Ⅲ

偶氮胂Ⅲ是一种偶氮染料，其结构式为

Na^+ ^-O_3S　　SO_3^- Na^+

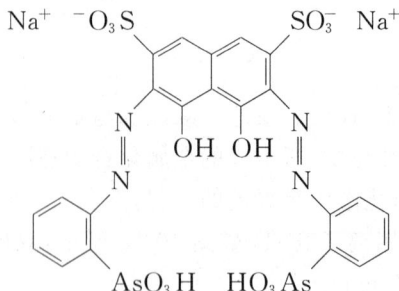

N＝N　OH　OH　N＝N

AsO_3H　　HO_3As

该试剂在一定条件下，可与许多金属离子形成绿色、蓝色或紫色的化合物，但只要调整显色溶液的酸度，就可简单地提高试剂的选择性。如铀、钍、锆等元素可在高酸度下显色，而钙、铅、钡等元素只能在微酸性或中性溶液中显色。此试剂特别适用于铀、钍、锆等元素的光度测定，其灵敏度和特效性都超过已知的其他偶氮染料，在实际工作中，普遍地用于测定稀土元素总量的显色反应。

4）铬天蓝 S

铬天蓝 S 也称铬天青 S，简称 CAS，其结构式为

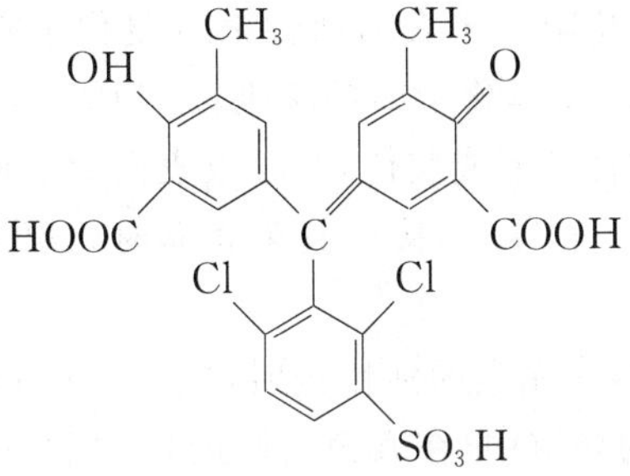

此试剂能与许多金属离子形成蓝色至紫色配合物，可用于 Be、Al、Y、Ti、Zr、Hf、Th、Cr、Fe、Pt、Cu、Ga 和 In 等金属元素的吸光度测定。利用 CAS 与 Th(Ⅳ)形成的有色配合物能被氟分解的性质，采用褪色法可间接地测定氟。上述元素的摩尔吸光系数一般在 $10^3 \sim 10^4$ L/(mol·cm)，对于 Cu(Ⅱ)的测定，$\varepsilon = 1.19 \times 10^5$ L/(mol·cm)($\lambda_{max} = 592$ nm)。

4. 三元配合物

近些年来，发展了一种新型的显色反应，能形成三元配合物。它是指由三个组分所形成的单核或多核的混合配合物，通常由一个中心离子和两种配位体或两种金属离子和一种配位体所形成。更恰当地说，应称为混合型配合物或异形配合物。还有些化合物往往不只是三元配合物，而是比三元更多的多元的配合物，称为多元配合物。

三元配合物在光度分析中的应用之所以迅速发展，主要是由这类化合物的一些性质决定的。中心离子和两个或更多不同配位体形成的配合物通常使反应的选择性增加，因为这时其他离子生成类似化合物的反应可能性减小。同时，它们的吸收光谱曲线不同于相应的简单配合物，其最大吸收峰往往发生红移，使颜色加深，因而灵敏度大大提高。而且，三元配合物一般具有很高的稳定性，这就有利于提高测定的准确度。三元配合物在水中和有机溶剂中的溶解度差别较大，容易被有机溶剂萃取。这些性质对于提高分析反应的灵敏度和选择性以及扩大应用范围等均有实际意义。

下面介绍在光度分析中重要的两类三元配合物。

1)离子缔合物(离子对化合物)

金属离子与配位体形成某种形态的配合阳离子或配合阴离子，这种配离子进一步与带相反电荷的离子借静电引力而形成离子缔合物。这类化合物在萃取光度法方面是十分重要的。

例如，在 8～9 mol/L HCl 溶液中，W(Ⅵ)被 $SnCl_2$ 还原成 W(Ⅴ)，与四苯砷和硫氰酸盐形成黄色不溶性的$[(C_6H_5)_4As]^+[W(OH)_2(SCN)_4]^-$，可被有机溶剂萃取。然后用 HCl 溶液及 $SnCl_2$ 反萃取以消除大量钼的干扰，应用于萃取光度测定纯钼、三氧化钼和合金钢及某些特种合金中的微量钨，比通常用的二硫酚法、三氯化钛-硫氰酸盐法选择性高，

而且简便、快速。

2）金属离子-配位剂-表面活性剂体系

金属离子与显色剂反应，形成二元配合物，加入长碳链的有机表面活性剂（大多数为季铵盐阳离子表面活性剂），可以形成胶束状的化合物，颜色向长波方向移动，灵敏度有显著的提高。

目前常用的长碳链季铵盐阳离子表面活性剂有溴化十六烷基二甲基胺（CTAB）、氯化十六烷基三甲基胺（CTAC）及溴化十四烷基吡啶（TPB）、溴化十六烷基吡啶（CPB）等。这种长链季铵盐在水溶液中容易形成胶体，在胶束表面由于铵基氮一端带正电荷，当显色剂的电负性基团（$—SO_3H$、—OH 等）接近胶束表面时，发生吸附现象，使显色剂在胶束表面浓集，增加了配位活性。

例如 Be(Ⅱ)与 CAS 反应，在无表面活性剂时，$\lambda_{max}=569$ nm，$\varepsilon=2\times10^4$ L/(mol·cm)。如果在 pH 值为 4.5～5.5 的介质中，在表面活性剂 CPB 存在的条件下，λ_{max}移至 625 nm，ε 为 $8.1\times10^4\sim1.09\times10^5$ L/(mol·cm)，用此法测定天然水中 Be 时，可测定低至 0.2 μg/L 的 Be。

二、影响显色反应的因素

显色反应能否完全满足光度法的要求，除了与显色剂的性质有主要关系外，控制好显色反应的条件也是十分重要的，如果显色条件不合适，将会影响分析结果的准确度。

1. 显色剂的用量

显色反应就是将被测组分转变成有色化合物，其反应一般用下式表示：

$$M+R \rightleftharpoons MR$$

其中 M 代表金属离子，R 为显色剂，反应在一定程度上是可逆的。为了抑制逆向反应，依据同离子效应，加入过量的显色剂是必要的，实际分析时 R 的量也不能过量太多，否则会引起副反应，对测定反而不利。对于可生成逐级配合物的显色反应来说，必须严格控制显色剂的用量。例如，在 Fe^{3+} 的光度测定中常用 KSCN 作显色剂。实验证明，SCN^- 浓度不同时可生成六种不同色调的配合物，在 SCN^- 浓度低时生成$[Fe(SCN)]^{2+}$，SCN^- 浓度在 0.1 mol·L 时主要生成$[Fe(SCN)_2]^+$。其中$[Fe(SCN)]^{2+}$色调偏黄，而 $Fe(SCN)_3$ 偏红。其吸光度与显色剂的用量的关系见图 10-14(c)。因此，用 KSCN 显色测定 Fe^{3+} 时，必须严格控制显色剂的用量。

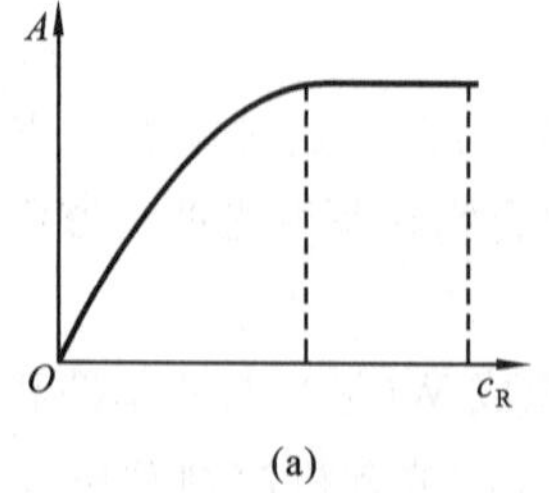

(a)

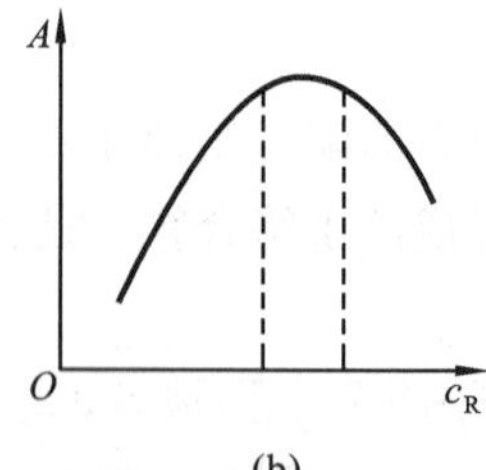

(b)

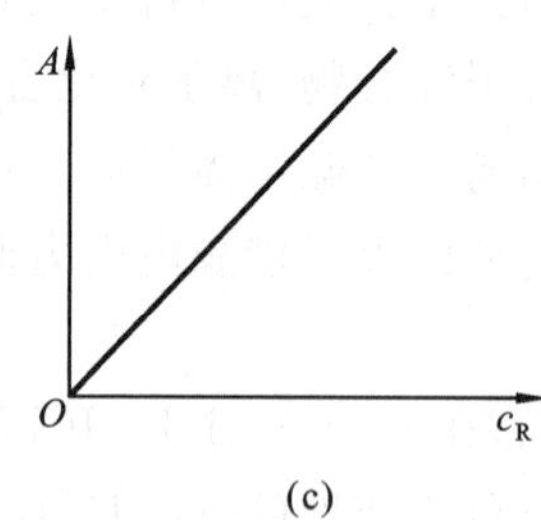

(c)

图 10-14　吸光度与显色剂浓度的关系

对于不同的情况，显色剂用量的影响情况也不一样。显色剂的适宜用量是通过实验来确定的。实验的方法如下：固定被测组分的浓度和其他条件，改变显色剂的浓度，配制一系列显色剂浓度 c_R 不同的溶液，分别测定其吸光度 A，作吸光度-浓度曲线，通常有如图10-14 所示的三种情况。

其中图 10-14(a)中曲线表明，随着显色剂浓度 c_R 的增加，溶液的吸光度也不断增大，当显色剂浓度达到某数值时，吸光度不再增大，保持恒定值，出现平坦部分。这表明，显色剂浓度已足够。因此，可在平坦部分选择合适的显色剂用量。图 10-14(b)中曲线表明，随着显色剂浓度 c_R 增加，曲线出现一个较窄的平坦部分，但显色剂浓度继续增加时，吸光度反而下降。例如，利用硫氰酸盐作为测定 Mo 的显色剂就有这种情况：

$$\underset{\text{(浅红色)}}{[Mo(SCN)_3]^{2+}} \rightleftharpoons \underset{\text{(橙红色)}}{Mo(SCN)_5} \rightleftharpoons \underset{\text{(浅红色)}}{[Mo(SCN)_6]^-}$$

由于 Mo(Ⅴ)与不同浓度的 SCN^- 生成一系列配位数不同的配合物，颜色也经历由浅红色到橙红色又到浅红色的变化，如果 SCN^- 浓度太低或太高，都使吸光度降低。对于这种情况，必须严格控制显色剂的用量，否则将得不到正确的结果。图 10-14 中曲线(c)表明，随着显色剂浓度 c_R 增加，吸光度不断增大。其原因是生成了颜色愈来愈深的高配位数配合物。必须特别严格地控制显色剂用量，才能得到良好的结果。

2. 溶液的酸度

溶液酸度对显色反应的影响很大，这是由于溶液的酸度直接影响着金属离子和显色剂的存在形式以及有色配合物的组成和稳定性。因此，控制溶液适宜的酸度，是保证光度分析获得良好结果的重要条件之一。

1）酸度对金属离子存在状态的影响

大部分高价金属离子都容易水解，当溶液的酸度降低时，会产生一系列羟基配离子或多核羟基配离子。高价金属离子的水解像多元弱酸的解离一样，是分级进行的。例如，铁离子的水解是按下列反应进行的：

$$[Fe(H_2O)_6]^{3+} + H_2O \rightleftharpoons [Fe(OH)(H_2O)_5]^{2+} + H_3O^+$$

$$[Fe(OH)(H_2O)_5]^{2+} + H_2O \rightleftharpoons [Fe(OH)_2(H_2O)_4]^+ + H_3O^+$$

$$[Fe(OH)_2(H_2O)_4]^+ + H_2O \rightleftharpoons Fe(OH)_3(H_2O)_3 + H_3O^+$$

随着水解的进行，同时还发生各种类型的聚合反应。聚合度随时间增大，而最终将导致沉淀的生成。显然，金属离子的水解，对于显色反应的进行是不利的，故溶液的酸度不能太低。

2）酸度对显色剂浓度的影响

光度分析中所用的大部分显色剂都是有机弱酸。显色反应进行时，首先是有机弱酸发生解离，其次才是阴离子与金属离子配位。

$$M^+ + HR = MR + H^+$$

从反应式可以看出，溶液的酸度影响着显色剂的解离，并影响着显色反应的完成程度。当然，溶液酸度对显色剂解离程度影响的大小，也与显色剂的解离常数有关，K_a 很大时，允许的酸度可大些，K_a 很小时，允许的酸度就要小些。

3）酸度对显色剂颜色的影响

许多显色剂本身就是酸碱指示剂，当溶液酸度改变时，显色剂本身就有颜色变化。如

果显色剂在某一酸度时，配合物的颜色与显色剂的颜色相近，光度测定干扰严重，影响测定准确度。例如，二甲酚橙在溶液的 pH>6.3 时呈红紫色，在 pH<6.3 时呈柠檬黄色。而二甲酚橙与金属离子的配合物呈现红色。因此，二甲酚橙只有在 pH<6 的酸性溶液中才可作为金属离子的显色剂。如果在 pH>6 的酸度下进行光度测定，就会引入很大误差。

4）酸度对配合物组成的影响

对于某些逐级形成配合物的显色反应，在不同的酸度时，将生成不同配位比的配合物。例如，Fe^{3+} 与水杨酸的配位反应，当酸度不同时，会显示不同的颜色：

当 pH<4 时，生成$[Fe(C_7H_4O_3)]^+$，显紫色；

当 4<pH<9 时，生成$[Fe(C_7H_4O_3)_2]^-$，显红色；

当 pH>9 时，生成$[Fe(C_7H_4O_3)_3]^{3-}$，显黄色。

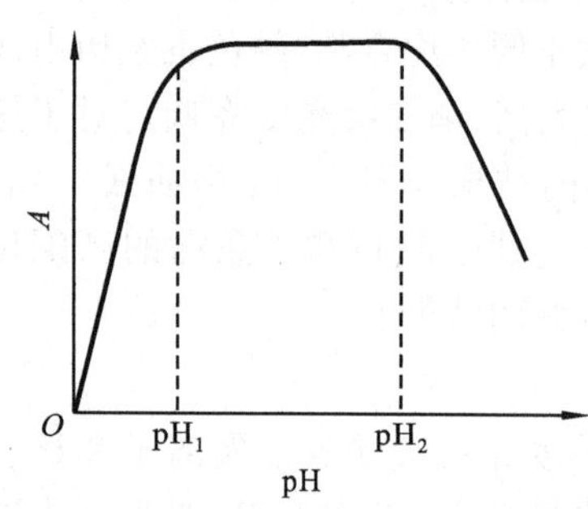

图 10-15　吸光度 *A*-pH 曲线

在这种情况下，必须控制合适的酸度，才可获得好的分析结果。

通过以上讨论可知，酸度对显色反应的影响是很大的，而且表现在各个方面。因此，某一显色反应最适宜的酸度必须通过实验来确定。其方法是通过实验作吸光度 *A*-pH 曲线，由吸光度 *A*-pH 曲线来确定应该控制的酸度范围。通常的吸光度 *A*-pH 曲线见图 10-15，曲线也会出现平台，应该选取平坦部分的 pH 值作为光度分析的测定条件。

3. 显色时间

显色反应速率有快有慢。显色反应速率快的，颜色很快达到稳定状态，并且能保持较长时间。大多数显色反应速率较慢，需要一定时间，溶液的颜色才能达到稳定程度。适宜的显色时间和有色溶液稳定程度，也必须通过实验来确定。实验方法是配制一份显色溶液，从加入显色剂开始计算时间，每隔几分钟测定一次吸光度，绘制 *A*-*t* 曲线，根据曲线来确定适宜的时间。

4. 温度

不同的显色反应需要不同的温度，一般显色反应可在室温下完成。但是有些显色反应需较高的温度才能完成，也有些有色配合物在较高温度下容易分解。因此，应根据不同的情况选择适当的温度进行显色。

5. 溶剂的影响

溶剂对显色反应的影响表现在下列几方面：

（1）溶剂影响配合物的解离度。

许多有色化合物在水中的解离度大，而在有机溶剂中的解离度小，如在 $Fe(SCN)_3$ 溶液中加入可与水混溶的有机试剂（如丙酮等），由于降低了 $Fe(SCN)_3$ 的解离度而使颜色加深，提高了测定的灵敏度。某些有色化合物在不同溶剂中的颜色见表 10-5。

（2）溶剂影响配合物的颜色。

溶剂改变配合物颜色的原因可能是各种溶剂分子的极性不同、介电常数不同，从而影响到配合物的稳定性，改变了配合物分子内部的状态或者形成了不同的溶剂化物。

表 10-5　某些有色化合物在不同溶剂中的颜色

化　合　物	在溶剂中的颜色	
	在水中	在乙醇中
Fe^{3+}-磺基水杨酸	淡蓝色	紫色
Fe^{3+}-邻苯二酚二磺酸	蓝绿色	紫蓝色
Co^{2+}-硫氰酸	无色	蓝色

（3）溶剂影响显色反应的速率。

例如，当用氯代磺酚 S 测定 Nb 时，在水溶液中显色需几小时，如果加入丙酮，仅需 30 min。

6. 干扰离子的影响和消除的方法

干扰离子存在时对光度分析测定的影响有以下几种情况。

（1）与试剂生成有色化合物。如用生成硅钼杂多酸的方法直接测定钢中硅时，磷也能与钼酸铵生成杂多酸，同时被还原为钼蓝，使结果偏高。

（2）干扰离子本身有颜色。如 Co^{2+}（红色）、Cr^{3+}（绿色）、Cu^{2+}（蓝色）。

（3）与试剂结合成无色化合物，消耗大量试剂而使被测离子配位不完全。如用水杨酸测 Fe^{3+} 时，Al^{3+}、Cu^{2+} 等有影响。

（4）与被测离子结合成解离度小的另一化合物。如用 SCN^- 显色测定 Fe^{3+} 时，若有 F^-，它能与 Fe^{3+} 反应以 $[FeF_6]^{3-}$ 形式存在，$Fe(SCN)_3$ 根本不会生成，因而无法进行测定。

消除干扰的方法主要有以下三种：

（1）控制酸度。

控制显色溶液的酸度，是消除干扰的简便而重要的方法。许多显色剂是有机弱酸，控制溶液的酸度，就可以控制显色剂 R 的浓度，这样就可以使某种金属离子显色，使另外一些金属离子不能生成有色配合物。例如，以水杨酸测定 Fe^{3+} 时，Cu^{2+} 也能与水杨酸形成黄色的配合物。但两种配合物的解离常数是不同的。当溶液的 pH 值为 2.5 时，Cu^{2+} 不生成有色的水杨酸铜配合物，而 Fe^{3+} 实际上则完全生成有色的配合物。

当溶液的情况比较复杂，或各种常数值不知道时，则溶液最适合的 pH 值须通过实验方法来确定。

（2）加入掩蔽剂。

在显色溶液里加一种能与干扰离子反应生成无色配合物的试剂，也是消除干扰的有效而常用的方法。例如，用硫氰酸盐作显色剂测定 Co^{2+} 时，Fe^{3+} 有干扰，可加入氟化物，使 Fe^{3+} 与 F^- 结合生成无色而稳定的 $[FeF_6]^{3-}$，就可以消除干扰。

在另外的情况下，也可通过氧化还原反应，改变干扰离子的价态以消除干扰。例如，当用丁二酮肟测定镍时，Fe^{2+} 也能与丁二酮肟生成红色配合物，而 Fe^{3+} 则不能，加入氧化剂将 Fe^{2+} 氧化为 Fe^{3+}，即可消除干扰。

(3) 分离干扰离子。

在没有适当掩蔽剂时，干扰离子可用电解法、溶剂萃取法、沉淀法或离子交换法等分离除去。

此外，还可以通过选择适当的测量条件，消除干扰离子的影响。

第五节　光度测量误差及测量条件的选择

光度分析法的误差来源有两方面：一方面是各种化学因素所引入的误差；另一方面是仪器精度不够，测量不准所引入的误差。

一、仪器测量误差

任何光度计都有一定的测量误差。仪器测量误差主要是指光源的发光强度不稳定，光电效应的非线性，电位计的非线性，杂散光的影响，单色器的质量差(谱带过宽)，比色皿的透光度不一致，透光度与吸光度的标尺不准等因素。

对给定的光度计来说，透光度或吸光度的读数的准确度是仪器精度的主要指标之一，也是衡量测定结果准确度的重要因素。

当透光度为36.8%或吸光度 A 为0.434时，浓度测量(或吸光度测量)才具有最小的相对误差。

二、测量条件的选择

选择适当的测量条件，是获得准确测定结果的重要途径。选择适合的测量条件，可从下列几个方面考虑。

1. 选择合适波长的入射光

由于有色物质对光有选择性吸收，为了使测定结果有较高的灵敏度和准确度，选择入射光波长要以摩尔吸光系数最大、灵敏度最高为原则。根据吸收曲线，选择最大吸光度对应的波长。当然，此处的曲线是一个合适的平台，即在波长有小幅调整时吸光度变化不大，这一点前面已经说过。另外，如果最大吸收波长并不在仪器的可调范围或溶液中非目标离子(如显色剂)在此波长也有最大吸收，那么可以不选择最大吸收波长。如图10-16所示，显色剂与目标离子在420 nm波长处均有最大吸收峰，如果选用此波长，显色剂就会干扰目标离子的测定。这时可以选择曲线 a 中另外一个平台，即500 nm，此处虽然不是最大吸收波长，但没有杂质离子干扰，而且波长变化不大，在牺牲灵敏度的情况下，准确度和选择性得到了保证。

2. 控制准确的读数范围

吸光度在0.2～0.7时，测量的准确度较高。为此，可以从下列几方面想办法：

(1) 计算而且控制样品的称取量，含量高时，少取样，或稀释试液；含量低时，可多取样，或萃取富集。

(2) 如果溶液已显色,则可通过改变比色皿的厚度来调节吸光度大小。

3. 选择适当的参比溶液

参比溶液是用来调节仪器工作零点的,若参比溶液选得不适当,则对测量读数准确度的影响较大。

选择的办法如下:如果样品溶液、试剂、显色剂均无色,可用蒸馏水作参比溶液;如果显色剂无色而样品溶液中有其他有色离子,应采用不加显色剂的样品溶液作参比溶液;如果显色剂和试剂均有颜色,可将一份试液加入适当掩蔽剂,将被测组分掩蔽起来,使之不再与显色剂作用,然后把显色剂、试剂均按操作手续加入,以此作为参比溶液,这样可以消除一些共存组分的干扰。

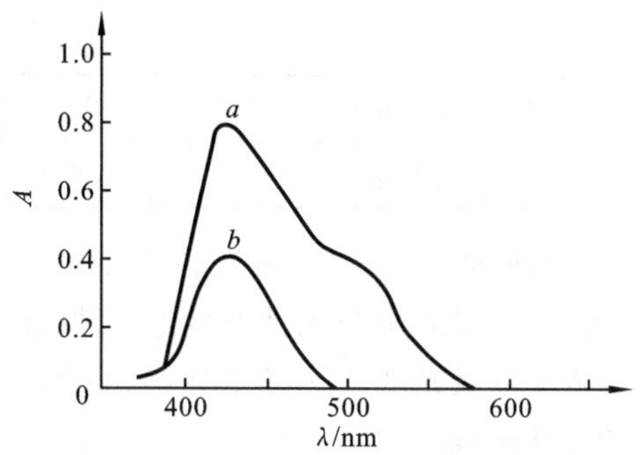

图 10-16　钴配合物及其显色剂的吸收曲线

曲线 a—钴配合物的吸收曲线;

曲线 b—显色剂的吸收曲线

此外,对于比色皿的厚度及透光度等应注意校正,对比色皿放置位置、光电池的灵敏度等也应注意检查。

第六节　分光光度法的应用

分光光度法除了广泛地用于测定微量成分外,也能用于常量组分及多组分的测定。同时,还可以用于研究化学平衡、配合物组成的测定等。下面简要地介绍分光光度法的应用。

一、单组分的测定——标准曲线法

分光光度法最常用于标准曲线法对单组分含量的测定。与其他很多仪器分析中的标准曲线法类似,要配制一系列不同浓度的标准溶液,在选定的测定波长处测定各标准溶液的吸光度,以吸光度对溶液浓度作图,得到一条标准曲线(又称工作曲线)。然后在同一波长处测定待测溶液的吸光度,根据吸光度值在标准曲线上查找与之对应的浓度值,就是待测溶液目标组分的含量。多组分含量的测定,在前面已有论述,此处不再涉及。图 10-17 为常用的磺基水杨酸铁的标准曲线。

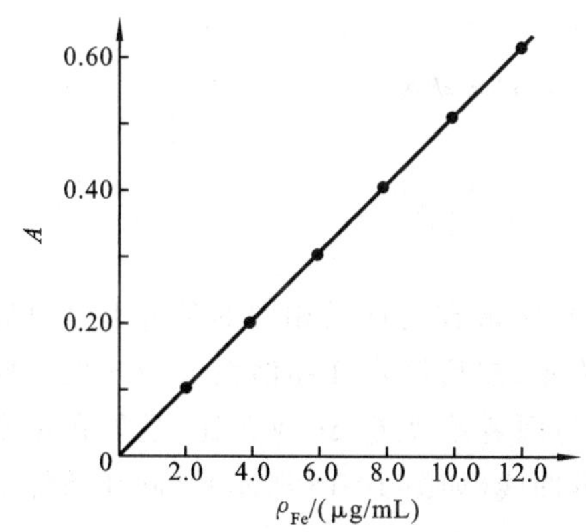

图 10-17　磺基水杨酸铁标准曲线

[例 10-2]　用磺基水杨酸比色法测定铁的含量,加入标准铁溶液及有关试剂后,在 50 mL 容量瓶中稀释至刻度,测得本例附表所列数据。

例 10-2 附表

标准铁溶液质量浓度/(μg/mL)	2.0	4.0	6.0	8.0	10.0	12.0
吸光度 A	0.097	0.200	0.304	0.408	0.510	0.613

称取矿样 0.386 6 g,分解后移入 100 mL 容量瓶,吸取 5.0 mL 试液,置于 50 mL 容量瓶中,在与标准曲线相同条件下显色,测得溶液的吸光度 A=0.250,求矿样中铁的质量分数。

解 以吸光度 A 为纵坐标,标准铁溶液质量浓度为横坐标作图,可得类似图 10-17 所示的标准曲线。

从标准曲线查得吸光度为 0.250 时对应的铁含量为 5.0 μg/mL,因此 0.386 6 g 矿样中铁的质量分数为

$$w_{Fe} = \frac{5.0 \times 50 \times \frac{100}{5.0} \times 10^{-6}}{0.386\ 6} \times 100\% = 1.29\%$$

二、高含量组分的测定——示差光度法

当被测组分含量较高时,常常偏离朗伯-比尔定律。就是把分析误差控制在 5%以下,对高含量成分的测定也是不符合要求的。如果采用示差光度法,就能克服这一缺点,也能使测定误差降到±0.5%以下。

示差光度法与普通光度法在具体操作步骤中主要不同之点如下:普通光度法采用试剂的空白溶液作参比溶液,而示差光度法则采用一个浓度与样品接近的已知浓度的标准溶液代替空白溶液作参比溶液,根据测得的吸光度进行含量的计算。利用有色溶液作参比溶液,为什么可以提高准确度呢?

设有浓度为 c_s 和 c_x 的有色溶液,按普通光度法,则需用浓度为 c_0 的无色空白溶液作参比溶液。根据朗伯-比尔定律:

$$A_s = \varepsilon c_s b$$
$$A_x = \varepsilon c_x b$$

两式相减,则得

$$\Delta A = A_x - A_s = \varepsilon b(c_x - c_s) = \varepsilon b \Delta c$$

当 b 一定时,则上式为

$$\Delta A = \varepsilon \Delta c$$

上式是示差光度法计算的基础。

具体测定方法如下:先用比样品浓度稍小的标准溶液在与样品相同的条件下显色后作为参比溶液,调节其透光度为 100%,即吸光度为零,然后测定样品溶液的吸光度。此时读得的吸光度实际上是两者吸光度之差 ΔA,它与两者浓度差 Δc 成正比,且处在正常的读数范围内。以测得的 ΔA 对 Δc 作图,得一标准曲线(如图 10-18 所示)。同样条件下测得未知溶液的 ΔA_x,在曲线上可以查得 Δc_x,则 $c_x = c_s + \Delta c_x$。

新的 ΔA-Δc 曲线的采用,等于扩展了透光度标尺,这可用图 10-19 来说明。

例如,以浓度为 c_0 的溶液为参比溶液,相当于 c_s 和 c_x 的 T 各为 10%和 7%;以浓度为

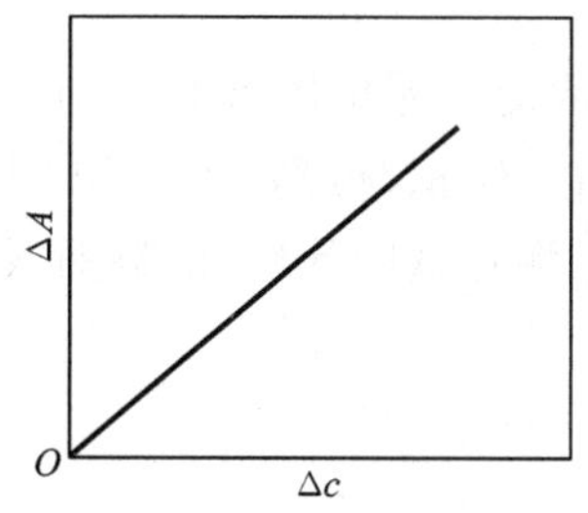

图 10-18 示差光度法的标准曲线

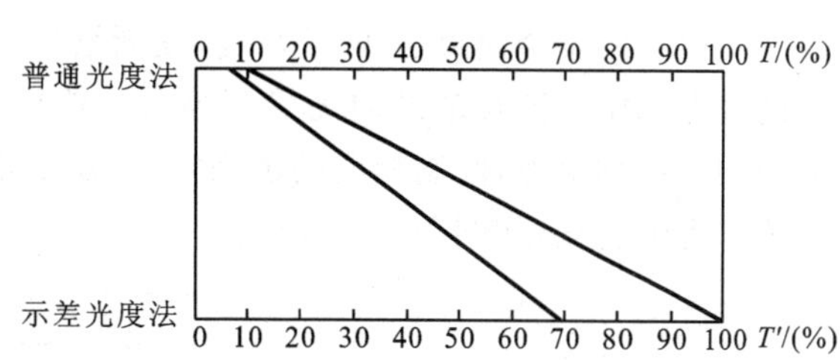

图 10-19 示差光度法标尺扩展原理

c_s的溶液为参比溶液时，c_s的 T 就变成 100%，以此测量 c_x时，c_x的 T 就变成 70%，如图 10-19 所示，这实质上是把透光度标尺扩展了 10 倍，从而减小了测量误差。

已经用示差光度法测定过的金属元素有 Cu、Mo、Al、Cr、Be、Ni、Mn、W、Zn、Ti、Pt、V、Ta 等及一些稀土元素，在非金属方面有 F^-、CN^-、PO_4^{3-}、SiO_3^{2-} 等。

示差光度法扩大了光度法的应用范围。

三、酸碱解离常数的测定

酸和碱的解离常数可用分光光度法测定，其原理是酸和碱的解离常数依赖于溶液的 pH 值。

设有弱酸 HA，按下式解离：

$$HA \rightleftharpoons H^+ + A^-$$

$$\frac{[H^+][A^-]}{[HA]} = K_a$$

当$[A^-]=[HA]$时，$[H^+]=K_a$，即

$$pH = pK_a$$

因此，只要找出$[A^-]=[HA]$之点，此时溶液的 pH 值就是 pK_a值。

测定方法如下：配制一系列 pH 标准溶液（用酸度计精确校正），每一 pH 溶液中准确加入一定量的待测酸 HA。然后用蒸馏水作空白溶液，测量不同溶液的吸光度，以吸光度为纵坐标，pH 为横坐标，绘制一条曲线（如图 10-20 所示）。曲线 D 点以前，溶液中全为酸 HA；B 点之后，全为其共轭碱 A^-；曲线 DB 间酸 HA 和共轭碱 A^- 共存，C 点为$[A^-]=[HA]$时的吸光度，此点对应的 pH 值即为 pK_a值。

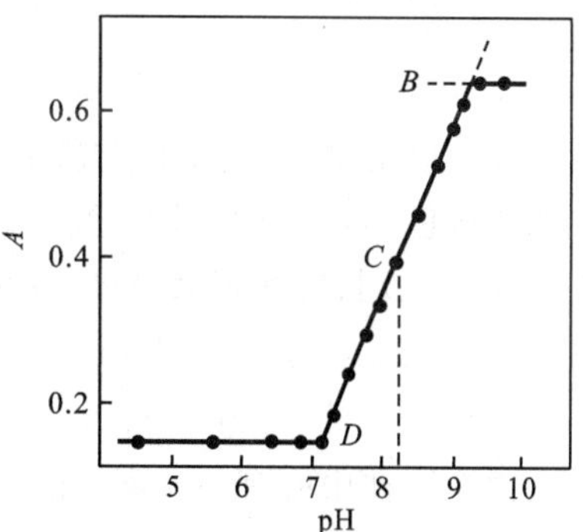

图 10-20 作图法测定解离常数

四、配合物组成的测定

应用分光光度法可以测定配合物的组成（配位比 n）。这里简要介绍一下用物质的量之比测定配合物的配位比。

设配位反应为

$$M+nR \xlongequal{} MR_n$$

一般是固定金属离子 M 的浓度，逐渐增加配位剂的浓度。配位体为 R，要求 R 是无色的或在选定的波长范围内无显著吸收。然后稀释至同一体积，得到[R]/[M]为 1，2，3，…的一系列溶液，配制相应的试剂空白，在一定波长下，测定其吸光度，绘制曲线，用作图法求得配位比，如图 10-21 所示。

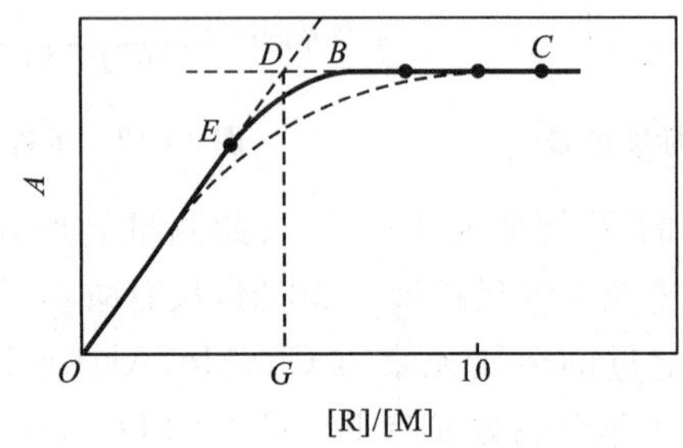

图 10-21　用物质的量之比测定配合物的配位比

曲线 OE 部分表示配位剂 R 浓度不断增加，生成的配合物不断增多，吸光度逐渐增大。BC 段表示，当金属离子 M 全部形成配合物后，配位剂 R 的浓度再增加，吸光度达到最大值而不再变化。曲线 EB 部分转折不明显，是由于配合物的微小解离造成的。延长 OE 线及 CB 线，交于 D 点，由 D 点向横轴作垂线，交于横轴的一点 G，这点的[R]/[M]值就是配合物的配位比 n。

这种方法对解离度小的配合物可以得到满意的结果，尤其对配位比高的配合物组成的测定尤为适宜。但当配合物的解离度大时，将得到图中的虚线曲线，无明显转折点，这样将会产生较大的误差，不能准确地测定其配合物组成。

五、应用示例

1. 邻二氮菲法测定微量铁

样品经溶解、分离干扰物质后，在试液中加入盐酸羟胺将铁全部还原为 Fe^{2+}，加入邻二氮菲显色剂，并加入 HAc-NaAc 缓冲溶液，显色 3～5 min 后，以试剂空白为参比溶液，于 510 nm 波长处测定吸光度，铁标准系列溶液在同样条件下显色、测定，制作标准曲线，在标准曲线上可查得未知样品含量，进而求得结果。

2. 钢铁中锰的测定

锰是钢铁中的有益元素，在炼钢中是良好的脱氧剂和脱硫剂。它以金属固熔体 MnS 状态存在。样品用 HNO_3 溶解，加入 H_3PO_4，它与 Fe^{3+} 配位成无色的 $[Fe(HPO_4)_2]^-$ 以消除 Fe^{3+} 的颜色干扰，在催化剂 $AgNO_3$ 作用下，以 $(NH_4)_2S_2O_8$ 为氧化剂，加热煮沸使 Mn 氧化为紫红色的 MnO_4^-，于 530 nm 波长处测定吸光度，在标准曲线上查得含量，即可计算锰的含量。

3. 二苯碳酰二肼法测定铬

Cr(Ⅵ)在环境分析中很重要，六价铬对人体有害。地表水、地下水或工业废水中常要求测定其含量。方法是在弱酸性介质中，Cr(Ⅵ)与二苯碳酰二肼形成紫红色水溶性化合物，于 540 nm 波长处测定吸光度，在标准曲线上查得相应的浓度，计算铬的含量。

光谱仪发明者——本生和基尔霍夫

本生(Robert Wilhelm Bunsen，1811—1899 年)，德国化学家和物理学家，基尔霍夫(Gustav Robert Kirchhoff)，德国物理学家。1859 年，本生和基尔霍夫合作设计了世界上第一台光谱仪，并利用这台仪器系统地研究了各物质产生的光谱，创建了光谱分析法。1860 年，他们用这种方法在矿泉水中发现了新元素铯，1861 年，又用此仪器分析萨克森的一种鳞状云母矿，发现了新元素铷。从此，光谱分析不仅成为化学家手中重要的检测手段，同时也是物理学家、天文学家开展科学研究的重要武器。

本章小结

1. 物质在自然光下的颜色与吸收光的颜色为互补关系。

2. 物质的吸收光谱主要由物质的自身结构所决定，其次是受溶剂、温度、仪器等的影响，这是定性分析的基础。

3. 物质定量分析的依据是朗伯-比尔定律：$A=Kbc$。

其物理意义如下：当一束平行的单色光通过均匀无散射的稀溶液时，溶液对光的吸光度(A)与样品的浓度(c)及液层的厚度(b)的乘积成正比。其中 K 为吸光系数，可用摩尔吸光系数 ε 或百分吸光系数 $E_{1\,\text{cm}}^{1\%}$ 来表示，两者的关系为 $\varepsilon=\frac{M}{10}E_{1\,\text{cm}}^{1\%}$；吸光系数越大，测定的灵敏度越高。

4. 单组分测量方法有标准曲线法及示差光度法等。

5. 分光光度计型号不同，则仪器的精度不同，测量范围不同，功能不同(软件不同)，但基本部件(五大部件)相同，都是依据朗伯-比尔定律而设计的。

6. 分光光度法定量分析可用来测定吸光度，也可以进行酸碱解离常数的测定和配合物组成的测定等。

目标检测

一、选择题

1. 以下说法正确的是(　　)。

A. 透光度 T 与浓度呈直线关系　　B. 摩尔吸光系数 ε 随波长而变

C. 玻璃棱镜适用于紫外区使用　　D. ε 与溶剂无关

2. 以下说法中错误的是(　　)。

A. 吸收峰随浓度增加而增大，但最大吸收波长不变

B. 透过光与吸收光互为互补色光，黄色和蓝色互为互补色

C. 比色法又称分光光度法

D. 溶液颜色越深，其吸收自身颜色的互补色光越多

3. 标准曲线偏离朗伯-比尔定律的化学原因有(　　)。

A. 浓度太稀　　B. 浓度过高　　C. 吸光物质的能级有改变

D. 吸光物质的摩尔吸光系数有改变　　E. 溶液的离子强度发生了变化

4. 下列关于有机显色剂的特点的说法，正确的是(　　)。

A. 显色反应多为螯合反应，产物稳定性高

B. 显色反应的选择性较好

C. 一般反应物的摩尔吸光系数较大，故灵敏度高

D. 有些有机显色剂难溶于水，易溶于有机溶剂

5. 可见光的波长范围是(　　)。

A. 400～780 nm　　B. 200～400 nm　　C. 200～600 nm　　D. 400～700 nm

6. 硫酸铜溶液呈现蓝色是由于它吸收了白光中的(　　)。

A. 蓝色光　　B. 绿色光　　C. 黄色光　　D. 紫色光

7. 在分光光度法中，宜选用的吸光度读数范围为(　　)。

A. 0.0～0.2　　B. 0.1～0.3　　C. 0.3～1.0　　D. 0.2～0.7

二、简答题

1. 什么是分光光度法？光的吸收定律内容是什么？

2. 标准系列法如何进行？它的优缺点是什么？

3. 简述分光光度法对显色反应的要求。

4. 简述 721 型分光光度计的基本结构。

三、计算题

1. 某试液用 2 cm 比色皿测量时，$T=60\%$，若改用 1 cm 或 3 cm 比色皿，T 及 A 分别等于多少？　　(77%及 0.11；46%及 0.33)

2. 浓度为 25.5 μg/(50 mL)的 Cu^{2+} 溶液，用双环己酮草酰二腙光度法进行测定，于波长 600 nm 处用 2 cm 比色皿进行测量，测得 $T=50.5\%$，求摩尔吸光系数 ε。

(1.9×10^4 L/(mol·cm))

3. 以邻二氮杂菲光度法测定 Fe(Ⅱ)，称取 0.500 g 样品，经处理后，加入显色剂，最后定容为 50.0 mL，用 1 cm 比色皿在 510 nm 波长处测得吸光度 $A=0.430$，计算样品中 Fe 的质量分数。($\varepsilon=1.1\times10^4$ L/(mol·cm))　　(0.02%)

4. 有两份不同浓度的某有色配合物溶液，当液层厚度均为 1.0 cm 时，对某一波长的透光度分别为：(a)65.0%；(b)41.8%。设待测物质的摩尔质量为 47.9 g/mol。

(1) 求该两份溶液的吸光度 A_1、A_2。

(2) 如果溶液(a)的浓度为 6.5×10^{-4} mol/L，求溶液(b)的浓度。

(3) 计算在该波长下有色配合物的摩尔吸光系数。

((1) 0.19、0.39;(2) 1.4×10^3 mol/L;(3) 292 L/(mol·cm))

5. 准确称取 1.00 mmol 指示剂于 100 mL 容量瓶中溶解并定容。分别取 2.50 mL 该溶液 5 份,调至不同 pH 值并定容至 25.0 mL,用 1 cm 比色皿在 650 nm 波长处测得如下数据:

pH 值	1.00	2.00	7.00	10.00	11.00
A	0.00	0.00	0.588	0.840	0.840

计算在该波长下 In^- 的摩尔吸光系数和该指示剂的 pK_a。 (840 L/(mol·cm),6.6)

第十一章

原子吸收光谱法

原子吸收光谱法(atomic absorption spectrometry,简称 AAS)是根据基态原子对特征波长光的吸收,测定样品中待测元素含量的分析方法,又称原子吸收分光光度法。

1960 年开始,市场上出现了供分析用的商品原子吸收光谱仪。随着计算机和电子技术的发展,原子吸收光谱法的精度、准确度和自动化程度大大提高,使原子吸收光谱法成为痕量元素分析的有效方法,广泛地应用于化工、冶金、医药和生化、环保等各个领域。

以测定试液中铜含量为例说明原子吸收光谱分析过程,如图 11-1 所示。

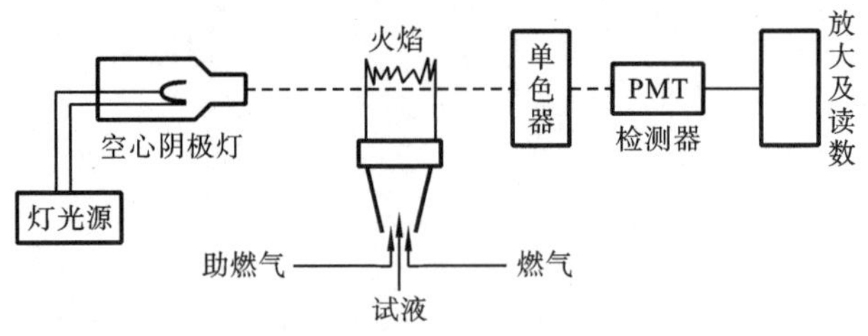

图 11-1　原子吸收光谱分析过程示意图

试液喷射成细雾与燃气混合后进入燃烧的火焰中,含铜盐的细雾在火焰中干燥、蒸发并转化为铜的基态原子蒸气。气态的基态铜原子吸收部分从空心阴极灯辐射出的波长为 324.8 nm 的光,使该谱线强度减弱,经分光系统分光后由检测器测得铜特征谱线的减弱程度,即为吸光度。根据试液浓度与吸光度之间的线性关系,可求得试液中铜的含量。

原子吸收光谱法是一种广泛应用的常规成分分析方法,可对 70 多种元素进行分析测定。该法的突出优点如下:检出限低,火焰原子吸收光谱法可达 10^{-6} g/mL,非火焰原子吸收光谱法可达 $10^{-14}\sim10^{-10}$ g/mL;准确度高,火焰原子吸收光谱法的相对误差小于 1%;选择性好,多数情况下共存元素不产生干扰,可不分离元素直接测定;操作简便,分析速度快,价格低廉,多数实验室均可配备。原子吸收光谱法的局限性如下:分析不同元素必须使用不同的元素灯,不能同时测定多种元素;对于稀土元素灵敏度较低;测定某些样品必须进行复杂的化学预处理,否则干扰将较为严重等。

第一节 原子吸收分光光度计与基本原理

一、原子吸收分光光度计

原子吸收光谱法所用仪器称为原子吸收分光光度计。原子吸收分光光度计主要由光源、原子化器、单色器、检测系统等四个部分组成。

1. 光源

光源的作用是发射待测元素的特征光谱，供测量用。要求光源射出的光比吸收线宽度更窄，而且必须是强度大、稳定性好、背景低、噪声小、使用寿命长的线状光源。空心阴极灯、无极放电灯、蒸气放电灯和激光放电灯都能满足以上要求，空心阴极灯是应用最广的理想光源。

1）空心阴极灯的构造

空心阴极灯构造如图 11-2 所示。它由一个用待测元素材料制成的空心阴极和一个由钨、钛或其他材料制成的阳极组成。两者密封在带有光学窗口的硬质玻璃壳内，内充几百帕低压惰性气体（Ne 或 Ar）。

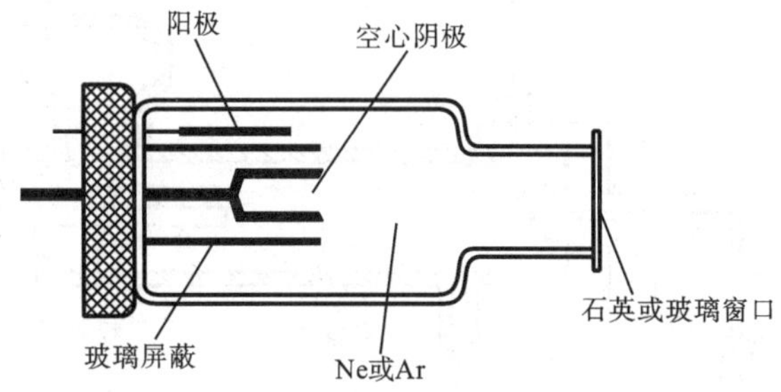

图 11-2 空心阴极灯结构示意图

2）空心阴极灯的工作原理

当在空心阴极灯两极之间施加 300～500 V 电压时可产生辉光放电。电子由阴极射向阳极，并与惰性气体原子碰撞使之解离。在电场中，惰性气体阳离子获得动能高速撞击阴极表面，使待测元素原子获得足够能量从阴极表面逸出进入空腔，这种现象称为阴极的溅射。溅射出来的待测元素的原子在与电子、惰性气体的原子和离子相互碰撞中获得能量而被激发，返回基态时发射出待测元素的特征谱线。为保证光源仅发射频率范围很窄的锐线，要求阴极材料具有很高的纯度。通常单元素灯只能用于一种元素的测定，这类灯发射线干扰少、强度高，但每测一种元素就需要更换一种灯。若阴极材料使用 6 或 7 种元素的合金制得多元素灯，可连续测定几种元素，减少换灯的麻烦，但光强度较弱，容易产生干扰。

2. 原子化器

将样品中待测元素变为气态的基态原子的过程称为样品的原子化。完成样品的原子化所用的设备称为原子化器或原子化系统。原子化器的作用是提供能量，使样品中的待测元素转变为气态的基态原子，实现原子吸收。样品中待测元素的原子化是一个复杂的物理、化学过程。以火焰原子化器为例，它包括试液的输送和雾化、干燥、蒸发、解离并原子化等过程，如图 11-3 所示。原子化器是原子吸收分光光度计中的关键装置，它对分析的灵敏度和准确度有很大影响，甚至起决定作用，也是分析误差最大的一个来源。原子化器必须有足够高的原子化效率，且稳定性和重现性好。常用的原子化器有火焰原子化器和非火焰原子化器。

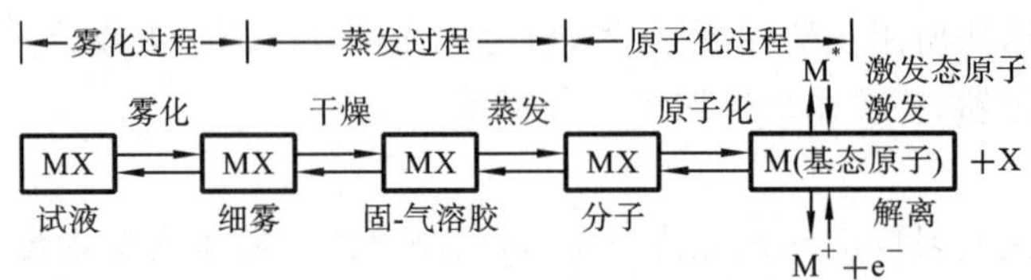

图 11-3　火焰原子化器过程示意图

1）火焰原子化器

火焰原子化包括两个步骤，首先将样品溶液变成细小雾滴(雾化)，然后使雾滴接受火焰供给的能量成为基态原子(原子化)。火焰原子化器由喷雾器、雾化室和燃烧器三部分组成，如图 11-4 所示。

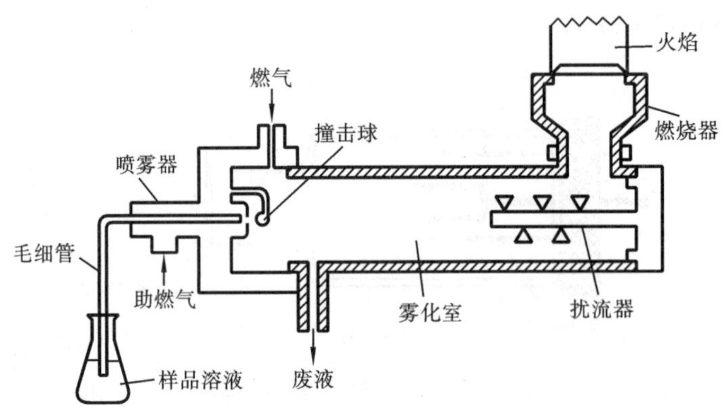

图 11-4　火焰原子化器示意图

(1) 喷雾器。

喷雾器将样品溶液雾化为微小的雾滴。当高压助燃气通过毛细管外壁与喷嘴构成环形间隙时，在内管口部形成负压区，试液由毛细管吸入并被高速气流分散成雾滴，喷出的雾滴再撞击到撞击球上，进一步分散成细雾。这类雾化器效率一般为 10%～30%。影响雾化效率的因素有助燃气的流速、溶液的黏度、表面张力以及毛细管与喷嘴之间的相对位置等。

(2) 雾化室。

雾化室的作用是使燃气、助燃气与试液的细雾在雾化室内充分混合均匀，以保证得到稳定的火焰，同时也使未被细化的较大雾滴在雾化室内凝结为液珠沿室壁流入废液管排走。

(3) 燃烧器。

燃气在助燃气作用下在燃烧器顶端形成火焰，使进入火焰的待测元素的化合物经过干燥、熔化、蒸发、解离及原子化过程转变为基态原子蒸气。燃烧器应火焰稳定，原子化程度高，耐高温，耐腐蚀。

（4）火焰种类。

火焰原子化法主要采用化学火焰，常用的火焰有以下几种：

① 空气-乙炔火焰。这是应用最广的火焰，最高温度约为 2 300 ℃，能测定 30 种以上的元素，火焰比较透明，信噪比较高。

② 空气-丙烷火焰。这种火焰温度约为 1 900 ℃，适于分析那些生成的化合物易挥发、易解离的元素，如碱金属和镉、铜、铅、银、锌、金及汞等。

③ 空气-氢火焰。这是一种无声的低温火焰，最高温度约为 2 000 ℃，用于测定易解离的元素，在分析砷、锡和硒等元素时尤为适合。

④ 氧化亚氮-乙炔火焰。此火焰燃烧较慢，火焰温度高达 3 000 ℃，大约可测定 70 种元素，是目前广泛应用的高温化学火焰，几乎对所有能生成难熔氧化物的元素都有较好的灵敏度。

火焰原子化法的操作简便，重现性好，对大多数元素有较高的灵敏度，应用广泛。但火焰原子化法效率低，且不能直接分析固体样品，进而促进了非火焰原子化法的发展。

2）非火焰原子化器

非火焰原子化器种类较多，有电加热原子化、化学原子化、阴极溅射原子化、激光原子化等很多种，这里只介绍目前应用最广泛的石墨炉原子化器。它主要由加热电源、炉体和石墨管组成，如图 11-5 所示。

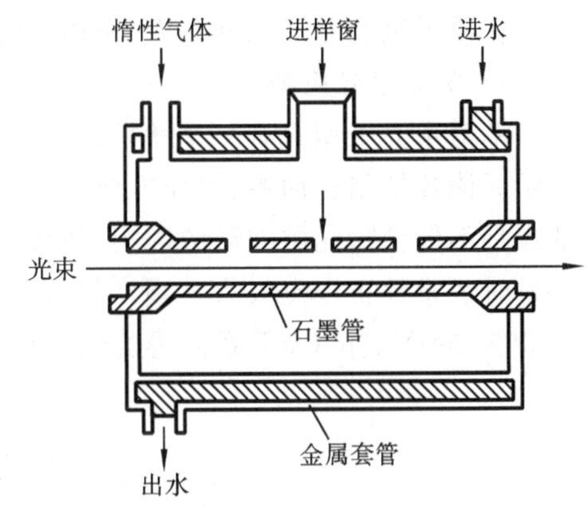

图 11-5　石墨炉原子化器示意图

（1）加热电源。

加热电源提供样品中待测元素原子化所需的能量。一般采用低电压（10 V）、大电流（300～500 A）的供电设备，使石墨管迅速加热，达到 2 000 ℃以上的高温，并能根据需要调节温度。

（2）炉体。

为防止样品及石墨管氧化，要不断地通入惰性气体，以保护石墨管不被烧蚀，保护已原子化的原子不再被氧化和有效地去除干燥和灰化过程中产生的基体蒸气。水冷却外套是为了确保炉体断电后能迅速降至室温。两端为石英透光窗口。

（3）石墨管。

石墨管内径约 8 mm，长约 28 mm，管中央开一小孔，为进样孔，两端用铜电极夹住向石墨管通电。样品用微量进样器直接由进样孔注入石墨管中，经过干燥、灰化、原子化和高温除残四个程序，使样品中待测元素转变为基态原子蒸气。

与火焰原子化器相比，石墨炉原子化器的优点如下：具有较高且可以控制的温度，原子化效率高达 90%；气态原子在吸收区的停留时间长达 0.1～1 s 数量级，比在火焰中长 100～1 000 倍；样品消耗量小，一般液体样品体积为 1～50 μL，固体样品为 0.1～1 mg；绝对灵敏度可达 10^{-12}～10^{-9} g，尤其适于难挥发、难原子化元素和微量样品分析。其不足

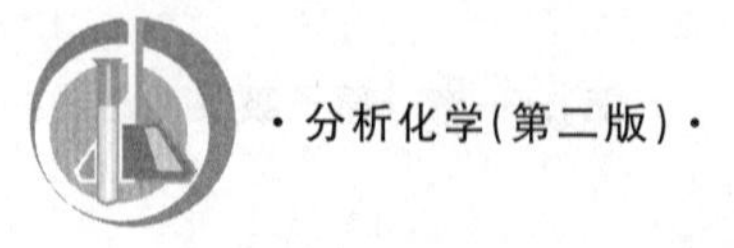

之处在于测量精度比火焰原子化法差,基体影响大,干扰多,操作比较复杂,成本较高。

3. 单色器

单色器由入射狭缝、出射狭缝和色散原件(棱镜或光栅)组成。其作用是将待测元素的吸收线与邻近谱线分开。从光源辐射出的光经原子化器中的基态原子吸收后,由透镜聚焦到入射狭缝射入,被凹面镜反射并准直成平行光束射到光栅上,经光栅衍射分光后再被凹面镜反射聚焦在出射狭缝处,经出射狭缝后进入检测器。通过转动光栅可选择适宜的波长检测。与紫外-可见分光光度计不同,在原子吸收分光光度计中,由于是采用锐线光源和测量峰值吸收的方法,而且吸收光谱本身也比较简单,因此不要求光栅有很高的色散率,并且将单色器放在原子化器之后,以阻止来自原子化器内所有不需要的辐射进入检测器。在进行原子吸收测定时只要能将待测谱线分开,又有一定的出射光强度即可。

4. 检测系统

检测系统的作用是将单色器分光后微弱的光信号转换为电信号,最后以吸光度显示其检测结果。检测系统主要由光电倍增管、放大器和读数记录系统组成。现在应用的原子吸收分光光度计几乎都配备了计算机处理系统,具有自动调零、曲线校直、浓度直读、标尺扩展和自动增益等功能,并附有记录器、打印机等装置,大大提高了仪器的自动化程度。

5. 仪器类型

在原子吸收分光光度计中,使用最普遍的是单道单光束和单道双光束两种类型。

1) 单道单光束型

单道单光束型只有一个单色器,外光路只有一束光,其光学系统结构原理如图 11-6 所示。该仪器结构简单、操作方便、体积小、价格低,能满足一般原子吸收分析的要求。其缺点是不能消除光源波动的影响,基线漂移。因此,使用时空心阴极灯应充分预热,并在测量时经常校正零点吸收。国产 WYX-1A、WYX-1B、WYX-1C、WYX-1D 等 WYX 系列和 360、360M、360CRT 系列等均属于单道单光束仪器。

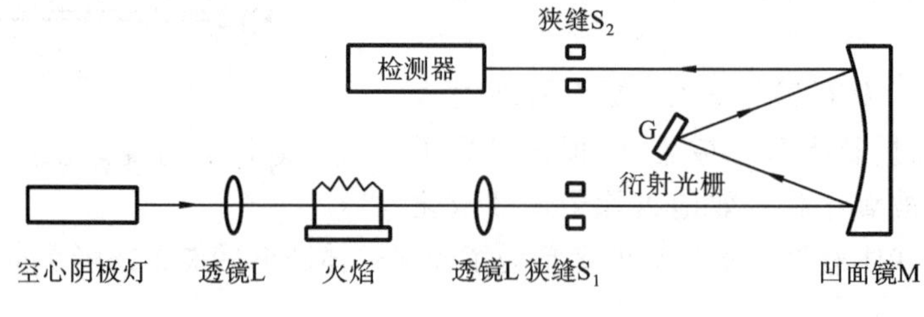

图 11-6 单道单光束仪器光学系统示意图

2) 单道双光束型

这类仪器的基本构造原理如图 11-7 所示。它是指将光源发出的光由切光器 1 分成两束强度相等的光,一束为样品光束,通过原子化器被基态原子部分吸收;另一束只作参比光束,不通过原子化器,其光强度不被减弱。两束光在切光器 2 处相会,交替地进入同一单色器和检测器。获得的信号是两束光进行比较的结果,即两束光的强度比或吸光度之差,可消除光源和检测器不稳定引起的基线漂移。但它不能消除原子化器不稳定和背景产生的影响。国产 310 型、320 型、GFU-201 型、WFX-Ⅱ型均属此类仪器。

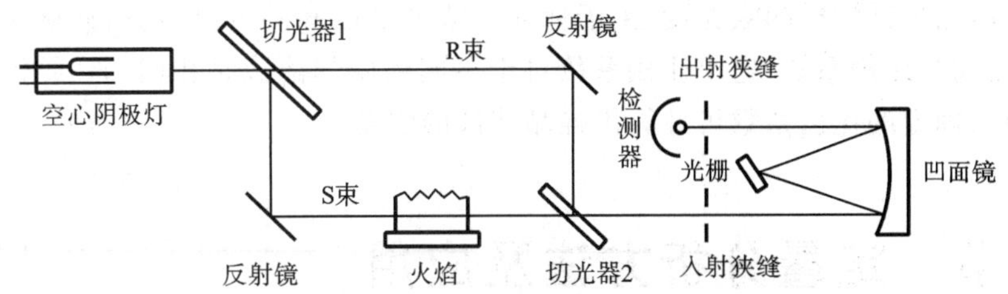

图 11-7　单道双光束仪器光学系统示意图

二、原子吸收基本原理

一个原子可具有多种能级状态，最低的能级状态称为基态。如果原子接收外界能量使其激发至最低激发态（第一激发态），然后又回到基态所发射出的谱线即为共振线。相反，基态原子的外层电子吸收共振辐射也可从基态跃迁至最低激发态。在一定的温度下，激发态原子数与基态原子数具有一定的比例。由计算可知，温度小于 3 000 K 时，激发态原子数与基态原子数的比值是很小的，即与处于基态的原子数相比，处于激发态的原子数可以忽略不计。因此，可认为基态原子数近似等于待测元素的原子总数。

理论证明，谱线的积分吸收值（吸收线轮廓所包括的整个面积）与原子蒸气中的待测元素的基态原子数成正比，两者有严格的定量关系，由积分吸收值可直接得到基态原子数（浓度），这是测量基态原子数的绝对方法。但是，原子吸收线的整个谱线的半宽度一般为 10^{-3} nm 数量级，要测量这么窄的谱线以求出它的积分吸收，需要分辨率很高的色散仪器，这是很难做到的。

1955 年，澳大利亚科学家 Walsh 证明峰值吸收系数 K_0 也与基态原子数成正比。同样，峰值吸收系数 K_0 也与基态原子数有严格的定量关系。由峰值吸收系数可直接计算出基态原子数（绝对方法）。如果采用半峰宽比吸收线半峰宽还要小的锐线光源，且发射线的中心与吸收线中心一致，则能测出峰值吸收系数。因激发态原子数所占的比例极小，所以基态原子数与原子总数近似相等，原子总数可用基态原子数来代替。但在实际测量中，采用的是相对的方法。

对于原子吸收值的测量，是以一定光强 I_0 的单色光通过原子蒸气，然后测出被吸收后的光强 I，此吸收过程符合朗伯-比尔定律，即

$$A = \lg \frac{I}{I_0} = KNL$$

式中：K——吸收系数；

N——自由原子总数（基态原子数）；

L——吸收层厚度。

N 与样品中待测元素含量成正比。

L 与原子化器有关，在同一实验条件下为定值，将所有常数合并，则

$$A = Kc$$

上式表明在一定实验条件下，峰值吸收测量的吸光度与待测元素的浓度呈线性关系，这就是原子吸收光谱法定量分析的依据。

测试时，先测试标样的吸光度，由于标样的浓度是已知的，所以可由此确定吸光度和溶液浓度之间的比例系数，这个比例系数对于不同浓度的溶液是相同的。再测试样品的吸光度，由已确定的比例系数可计算出样品溶液的浓度。

第二节　定量分析方法及应用

一、测量条件的选择

1. 分析线的选择

待测元素的特征谱线就是元素的共振线(也称元素的灵敏线)。在测试待测试液时，为了获得较高的灵敏度，通常选择元素的共振线作为分析线。但是，当测定的元素浓度很高，或是为了避免邻近光谱线的干扰，也可以选择次灵敏线作为分析线。表 11-1 列出了部分元素常用的分析线。

表 11-1　原子吸收光谱中常用的分析线

元素	λ/nm	元素	λ/nm	元素	λ/nm
Ag	328.07,338.29	Hg	253.65	Ru	349.89,372.80
Al	309.27,308.22	Ho	410.38,405.39	Sb	217.58,206.83
As	193.64,197.20	In	303.94,325.61	Sc	391.18,402.04
Au	242.80,267.60	Ir	209.26,208.88	Se	196.09,203.99
B	249.68,249.77	K	766.49,769.90	Si	251.61,250.69
Ba	553.55,455.40	La	550.13,418.73	Sm	429.67,520.06
Be	234.86	Li	670.78,323.26	Sn	224.61,286.33
Bi	223.06,222.83	Lu	335.96,328.17	Sr	460.73,407.77
Ca	422.67,239.86	Mg	285.21,279.55	Ta	271.47,277.59
Cd	228.80,326.11	Mn	279.48,403.68	Tb	432.65,431.89
Ce	520.0,369.7	Mo	313.26,317.04	Te	214.28,225.90
Co	240.71,242.49	Na	589.00,330.30	Th	371.90,380.30
Cr	357.87,359.35	Nb	334.37,358.03	Ti	364.27,337.15
Cs	852.11,455.54	Nd	463.42,471.90	Tl	267.79,377.58
Cu	324.75,327.40	Ni	232.00,341.48	Tm	409.40
Dy	421.17,404.60	Os	290.91,305.87	U	351.46,358.49
Er	400.80,415.11	Pb	216.70,283.31	V	318.40,385.58
Eu	459.40,462.72	Pd	247.64,244.79	W	255.14,294.74
Fe	248.33,352.29	Pr	495.14,513.34	Y	410.24,412.83

2. 灯电流的选择

空心阴极灯作为光度计的光源，其主要任务是辐射出能用于峰值吸收的待测元素的锐线光谱，即特征谱线。那么欲达到这个目的，就须选择有良好发射性能的空心阴极灯，而空心阴极灯的发射特性又取决于灯电流的大小，所以选择最适宜的灯电流就成为准确分析的操作条件之一。尽管市售空心阴极灯都标有允许使用的最大工作电流，日常分析工作建议采用额定电流的 40%～60%，这样的工作电流范围可以保证输出稳定且强度合适的锐线光源。对高熔点的镍、钴、钛等空心阴极灯，工作电流可以调大些；对低熔点易溅射的铋、钾、钠、铯等空心阴极灯，使用时工作电流小些为宜。确定工作电流的基本原则如下：在保证光谱稳定并具有适宜强度的条件下，应使用最小的工作电流。具体要采用多大的电流，一般要通过实验方法绘出吸光度和灯电流的关系曲线，然后选择有最大吸光度读数时的最小灯电流。

3. 原子化条件选择

1）火焰原子化条件选择

（1）火焰的确定。

对装配有火焰原子化器的光度计来说，火焰选择得是否恰当，直接关系到待测元素的原子化效率，即基态原子的数目。这就需要根据试液的性质，选择火焰的温度；根据火焰的温度，再选择火焰的组成，但同时还要考虑到，在测定的光谱区间内，火焰本身是否有强吸收。因为组成不同的火焰其最高温度有着明显的差异，所以对于难解离化合物的元素，应选择温度较高的火焰，如空气-C_2H_2、N_2O-C_2H_2等。反之，应选择低温火焰，以免引起解离干扰。当然，确定火焰类型后，还应通过实验绘制吸光度-燃气、助燃气流量曲线来确定最佳的流量比。

（2）燃烧器高度选择。

不同性质的元素，其基态原子浓度随燃烧器的高度也就是火焰的高度的分布是不同的。例如，氧化物稳定性高的 Cr，随火焰高度的增加，其氧化特性增强，形成氧化物的倾向增加，基态原子数目减少，因而吸收值相对降低；不易氧化的 Ag，其吸收值随火焰高度的增加而增加；对于氧化物稳定性居中的 Mg 来说，其吸收值开始时是随火焰高度的增加而增加，但达到峰值后又随火焰高度的增加而降低。因此，测定时应根据待测元素的性质，仔细调节燃烧器的高度，使光束从基态原子最多的火焰区穿过，以获得最佳的灵敏度。一般在燃烧器狭缝口上方 2～5 mm 附近火焰具有最大的基态原子密度，灵敏度最高，最佳位置可首先在这一范围内选择。

（3）进样量选择。

样品的进样量一般在 3～6 mL/min 较为适宜。进样量过大，对火焰产生冷却效应。同时，较大雾滴进入火焰，难以完全蒸发，原子化效率下降，灵敏度低。进样量过小，进入火焰的溶液太少，吸收信号弱，灵敏度低，不易测量。

2）石墨炉原子化器

石墨炉分析中，有关灯电流、光谱通带及吸收线的选择原则和方法与火焰法相同。所不同的是光路的调整要比燃烧器高度的调节难度大，石墨炉自动进样器的调整及在石墨管中的深度，对分析的灵敏度与精密度影响很大。另外，选择合适的干燥、灰化、原子化温度及时间和惰性气体流量，对石墨炉分析至关重要。

（1）干燥温度和时间选择。

干燥阶段是一个低温加热的过程，其目的是蒸发样品的溶剂或含水组分。干燥温度应根据溶剂沸点和含水情况来决定，一般干燥温度稍高于溶剂的沸点即可。干燥温度的

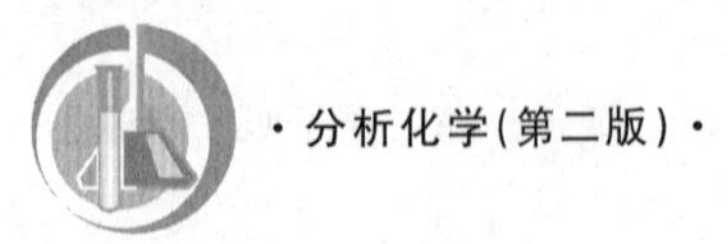

选择要避免样液的暴沸与飞溅,干燥时间按样品体积而定,一般是样品体积(μL)数值乘以1.5～2 s。具体时间与石墨炉结构有关,应通过实验确定。

(2) 灰化温度与时间的选择。

灰化的目的是通过蒸发共存有机物和低沸点无机物,来降低原子化阶段的基体及背景吸收的干扰,并保证待测元素没有损失。灰化温度与时间的选择应考虑两个方面:一方面,使用足够高的灰化温度和足够长的时间以有利于灰化完全和降低背景吸收;另一方面,使用尽可能低的灰化温度和尽可能短的灰化时间以保证待测元素不损失。在实际应用中,可绘制灰化温度曲线来确定最佳灰化温度,加入合适的基体改进剂,更有效地克服复杂基体的背景吸收干扰。

(3) 原子化温度和时间的选择。

原子化温度是由元素及其化合物的性质决定的。通常,借助绘制原子化温度曲线来选择最佳原子化温度。不同的原子有不同的原子化温度,原子化温度选择的原则如下:选用达到最大吸收信号的最低温度作为原子化温度,这样可以延长石墨管的使用寿命。但原子化温度过低会使灵敏度降低并影响重现性。原子化时间与原子化温度相配合,一般来说在保证完全原子化前提下,原子化时间尽可能短一些。

(4) 惰性气体流量的选择。

石墨炉常用氩气作为保护气体,且内、外单独供气。外部供气是不间断的,流量在1～5 L/min;内部气体流量在60～70 mL/min。在干燥、灰化和除残阶段通气,在原子化阶段,内部气体流量大小与测定元素有关,可通过实验确定。

4. 原子吸收光谱法中的干扰及其抑制

虽然原子吸收分析中的干扰比较少,并且容易克服,但在许多情况下还是不容忽视的。干扰来源主要有光谱干扰、物理干扰和化学干扰等三大类型。

1) 光谱干扰

在某些情况下,测定中使用的分析线与干扰元素的发射线不能完全分开,或分析线有时被火焰中待测元素的原子以外的其他成分所吸收。消除的方法是减小狭缝宽度或选用其他的分析线,或使标准样品和分析样品的组成更接近以抑制干扰的发生。

2) 物理干扰

物理干扰是指样品在转移、蒸发和原子化过程中,由于样品物理性质变化而引起原子吸收信号强度变化的效应,属非选择性干扰。消除物理干扰最常用的方法是配制与待测试液基体相一致的标准溶液;当被测元素在试液中浓度较高时,可将溶液稀释;在试液中加入有机溶剂,改变试液的黏度和表面张力,提高分析灵敏度。同时,加入有机溶剂会增加火焰的还原性,从而使难挥发、难熔化合物解离为基态原子。多数情况下,使用酮类或酯类效果较好。

3) 化学干扰

这是一种由待测元素与其他组分之间的化学作用所引起的干扰,此干扰主要对待测元素的原子化效率产生影响。这种干扰对样品中不同的元素的影响各不相同,并随火焰温度、状态和部位、其他组分的存在、雾滴的大小等条件的变化而变化。化学干扰是原子吸收光谱法的主要干扰源。

化学干扰的形式有两种:①基态原子的解离;②待测元素与共存元素作用生成难挥发的化合物,致使参与吸收的基态原子数目减少。消除化学干扰的方法应视具体情况而定。为克服解离干扰而加入“消解离剂”,为防止待测元素与共存元素形成难挥发化合物而加入“保护剂”,都可以消除化学干扰。

二、定量分析方法

1. 标准曲线法

标准曲线法也称工作曲线法,它与紫外-可见分光光度法的标准曲线法相似,关键都是绘制一条标准曲线。其方法如下:先配制一组浓度由低到高、大小合适的标准溶液,依次在相同的实验条件下喷入火焰,然后测定各种浓度标准溶液的吸光度,以吸光度 A 为纵坐标,标准溶液质量浓度 ρ 为横坐标作图,则可得到 A-ρ 关系曲线(如图 11-8 所示)。在同一条件下,喷入试液,并测定其吸光度 A_x 值,以 A_x 在 A-ρ 曲线上查出相应的质量浓度 ρ_x 值。

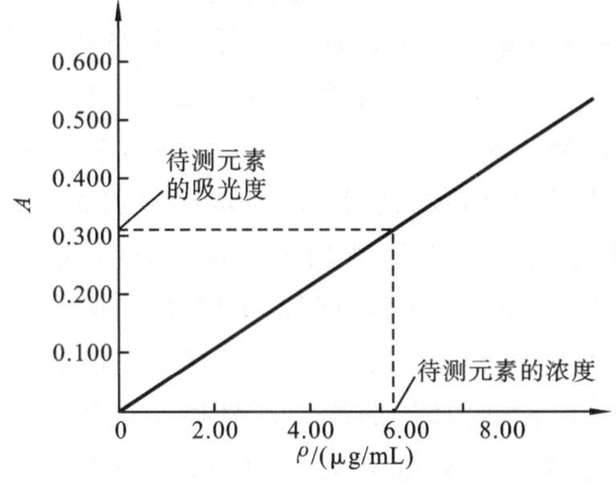

图 11-8　标准曲线

为保证测定的准确度,测定时应注意以下几点:①标准溶液与试液的基体要相似,以消除基体效应;②标准溶液浓度范围应将试液中待测元素的浓度包括在内,浓度范围大小应以获得合适的吸光度读数为准;③在测量过程中,要用去离子水或空白溶液来校正零点漂移;④由于燃气和助燃气流量变化会引起标准曲线斜率变化,因此每次分析都应重新绘制。标准曲线法简便、快速、适于组成较简单的大批样品分析。

[例 11-1]　为测定某中药样品中的锌含量,称取样品 1.000 g,经化学处理后,移入 250 mL 容量瓶中,用蒸馏水稀释至标线,摇匀。喷入火焰,测出吸光度为 0.320,求该样品中锌的质量分数。

解　由相关的标准曲线查出当 $A=0.320$ 时,$\rho=6.3\ \mu g/mL$(即所测样品溶液锌的质量浓度),则样品中锌的质量分数为

$$w_{Zn}=\frac{6.3\times 250\times 10^{-6}}{1.000}\times 100\%=0.16\%$$

2. 标准加入法

当样品中共存物不明或基体复杂而又无法配制与样品组成相匹配的标准溶液时,常使用标准加入法。具体操作如下:取四份以上体积相同的试液(ρ_x),第一份不加待测元素

标准溶液,第二份开始依次按比例加入不同量的待测元素的标准溶液(ρ_0),用溶剂稀释至同一体积,定容后质量浓度依次为 ρ_x,$\rho_x+\rho_0$,$\rho_x+2\rho_0$,$\rho_x+3\rho_0$,$\rho_x+4\rho_0$,…。

以空白溶液为参比,在相同条件下,分别测得各份试液的吸光度为 A_x,A_1,A_2,A_3,A_4,…。以 A 对标准溶液的加入量作图,则得到一条直线,该直线并不通过原点,而是在纵轴上有一截距 A_x,这个 A_x 值的大小反映了标准溶液加入量为零时溶液的吸光度,即原待测试液中待测元素的存在所引起的光吸收效应。如果外推直线至浓度轴,则在浓度轴上的截距即为未知质量浓度 ρ_x,如图 11-9 所示。

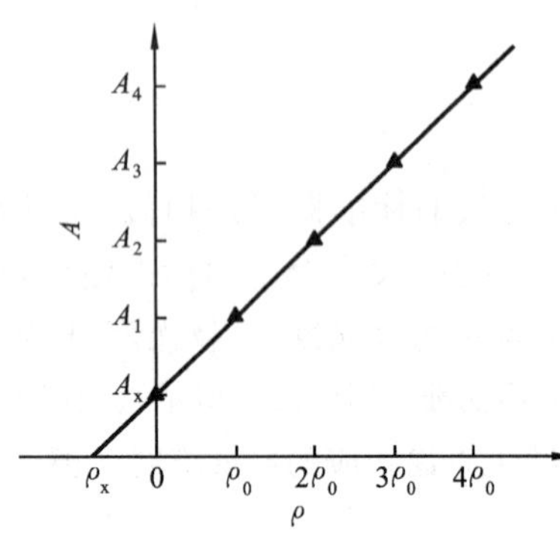

图 11-9　标准加入法标准曲线

使用标准加入法时应注意第二份中加入的标准溶液的浓度与样品的浓度应当接近(通过试喷样品和标准溶液,比较两者的吸光度进行判断),以免曲线斜率过大或过小,给测量结果引起较大的误差。标准加入法可以消除基体效应带来的影响,并在一定程度上消除化学干扰,但不能消除背景干扰。只有在扣除背景之后才能得到待测元素的真实含量,否则结果将偏高。

[例 11-2]　测定某样品中微量的镁,称取 0.306 7 g 样品,经化学处理后移入 50 mL 容量瓶中,以蒸馏水稀释后摇匀。将试液均分于 25 mL 容量瓶中(取五份),分别加入镁 0 μg、2.0 μg、4.0 μg、6.0 μg、8.0 μg,以蒸馏水稀释至标线,摇匀。测出上述各溶液吸光度依次为 0.100、0.300、0.500、0.700、0.900。求样品中镁的质量分数。

解　根据所测数据绘出标准曲线,曲线与横坐标交点到原点距离相当于 1.0 μg,即未加标准试液的容量瓶内,含有 1.0 μg 镁,这 1.0 μg 镁只来自所加入的 10 mL 待测样品溶液,所以可由下式计算样品中镁的质量分数。

$$w_{Mg}=\frac{1.0\times10^{-6}\times5}{0.360\ 7}\times100\%=0.14\%$$

镁是利用原子吸收光谱法测定最灵敏的元素。

3. 稀释法

稀释法实际是标准加入法的一种形式。设体积为 V_s 的待测元素标准溶液质量浓度为 ρ_s,测得吸光度为 A_s,然后往该溶液中加入质量浓度为 ρ_x 的样品溶液 V_x,测得混合液的吸光度为 A_{s+x},则 ρ_x 为

$$\rho_x=\frac{[A_{s+x}(V_s+V_x)-A_sV_s]\rho_s}{A_sV_x}$$

如果两次测量都很准确,这一方法是快速可行的,无须单独测定样品溶液,此方法需用样品溶液体积比标准加入法少。对于高含量的样品溶液,亦无须稀释,直接加入即可进行测定,简化了操作过程。

4. 灵敏度、检出限和回收率

1) 灵敏度

火焰原子吸收的灵敏度用特征浓度来表示。其定义为能产生 1%吸收(吸光度0.004 4)

时，被测元素在水溶液中的质量浓度（μg/mL），可用下式计算：

$$\rho_s = \frac{\rho \times 0.0044}{A}$$

式中：ρ——测试溶液的质量浓度；

A——测试溶液的吸光度。

石墨炉的灵敏度以特征质量来表示，即能够产生1%吸收（或0.0044吸光度）时，被测元素在水溶液中的质量（μg），称为绝对灵敏度，可用μg/（%）表示。测定时被测溶液的最适宜浓度应选在灵敏度的15～100倍的范围内。同一种元素在不同的仪器上测定会得到不同的灵敏度，灵敏度是仪器性能优劣的重要指标。

2）检出限

检出限意味着仪器所能检出的最低（极限）浓度。按IUPAC1975年的规定，元素的检出限定义为能够给出3倍于标准偏差的吸光度时，所对应的待测元素的浓度或质量。检出限是仪器性能的一个重要的指标，待测元素的存在量只有高出检出限，才有可能将有效信号与噪声信号分开，未检出就是待测元素的量低于检出限。

3）回收率

进行原子吸收分析实验时，通常需要测出所用方法的待测元素的回收率，以此评价方法的准确度和可靠性。回收率的测定可采用标准加入法进行测定。在完全相同的实验条件下，先测定样品中待测元素的含量，然后向另一份相同量的样品中，准确加入一定量的标样，再次测定待测元素的含量。两次测定待测元素含量之差与标准加入量之比即为回收率：

$$回收率 = \frac{加标样测定值 - 未加标样测定值}{标准加入量}$$

从回收率的测定方法可知，当回收率的测定值接近100%时，表明所用的测定方法准确、可靠。在实际工作中所添加的标准物质，应该和样品的含量近似。

［例11-3］ 以火焰原子吸收光谱法测定某样品中镉的含量，测得镉的平均含量为5.6×10^{-6}%，在含镉量为5.6×10^{-6}%的样品中加入含镉量为6.0×10^{-6}%的镉标准溶液，在相同条件下测得镉含量为9.9×10^{-6}%，求回收率。

解

$$回收率 = \frac{9.9\times10^{-6} - 5.6\times10^{-6}}{6.0\times10^{-6}} \times 100\% = 72\%$$

本例中回收率不高，应继续改进实验手段。

三、应用

原子吸收光谱法具有测定灵敏度高、特效性强、抗干扰性能好、应用广泛、稳定性好等特点。该法自从问世以来，已广泛应用于药物、金属、化工产品、动植物检验、食品、血液、生物体、环境污染物等样品中的金属元素的直接测定。通过间接方法还可以测定阴离子、有机化合物等其他物质，进一步扩大了原子吸收光谱法的适用范围。

1. 原子吸收的应用方法

1）直接原子吸收光谱法

利用原子吸收光谱法可以直接测定70余种常见金属元素。一般只需要将样品经过消解后配成待测溶液，即可选择合适条件和分析方法直接测定。

2）间接原子吸收光谱法

对于不能直接测定的物质，有时可以通过另外的化学反应间接地进行测定。例如：利用沉淀反应，使氯化物与硝酸银反应生成氯化银沉淀，沉淀经过滤、洗涤后溶于氨水，用原子吸收光谱法测定银，便可以间接地测定氯化物的含量。

利用硫氰酸根与吡啶和 Cu^{2+} 生成配合物，用氯仿萃取配合物后，用原子吸收光谱法测定铜，可间接测定硫氰酸根的含量。

利用氧化还原反应，在碱性条件下，用糖还原 Cu^{2+} 生成 Cu_2O 沉淀，过滤后，用原子吸收光谱法测定溶液中未参加反应的 Cu^{2+}，间接测定糖的含量。

2. 原子吸收在生物医药卫生领域的主要应用

1）生化制药样品

动植物在生长过程中可能富集各种金属元素，利用原子吸收可以直接测定经预处理的样品，判断元素的种类及含量。如中药材中铅、铜、砷的测定，麻黄碱软膏中 12 种金属元素的测定，高锌天麻中锌含量的测定，药物中锰的测定等。

2）生物样品

人体中含有 30 多种金属元素，如 K、Na、Mg、Ca、Cr、Mo、Fe、Pb、Co、Ni、Cu、Zn、Cd、Mn、Se 等，其中大部分为痕量元素，可用原子吸收光谱法测定。发锌、指甲镉、血铅、尿中金属元素等都可测定。

发锌的火焰原子化测定，步骤如下：

取枕部距发根 1 cm 的发样约 200 mg→洗涤剂水溶液浸约 0.5 h→自来水冲洗→去离子水冲洗→烘干→准确称量 20 mg→置于石英消化管中→加入 $HClO_4$ 与 HNO_3 物质的量之比为 1∶5 的混合溶液 1 mL→消化后用 0.5%HNO_3 溶液定容→测定吸光度。

色谱-原子吸收联用技术

将原子吸收光谱法直接用于某项具体分析工作，有时灵敏度不够，但较原子吸收光谱法更灵敏的方法不多。因此，保留原子吸收光谱法，设法预分离富集样品，使待测元素含量达到方法可测量的范围，是比较有效的途径。近年来，仪器联用技术发展很快，气相色谱法与原子吸收光谱法联用或液相色谱法与原子吸收光谱法联用就可达到这一目的。

本章小结

本章主要讲述了原子吸收光谱法的基本原理、基本仪器和定量分析方法。

1. 原子吸收光谱法是通过测量气态基态原子对空心阴极灯发射的待测元素特征谱线

的吸收程度来进行定量分析的方法。

2. 空心阴极灯发射的待测元素特征谱线的半宽度远小于原子吸收线的半宽度，且两者中心频率一致，可实现峰值吸收测量。

在实际工作中，通过测量待测元素气态基态原子对其特征谱线的吸光度，依据吸光度的定量分析关系式，利用标准曲线法或标准加入法进行定量分析。

3. 原子吸收分光光度计由光源、原子化器、单色器和检测系统组成。

4. 在原子吸收光谱分析实验中，必须选择适宜的工作条件来提高方法的精密度和准确度。

5. 元素的特征浓度、特征质量和检出限是评价分析方法和分析仪器的重要指标。

一、选择题

1. 下列有关原子吸收光谱法的叙述中错误的是（　　）。

A. 在原子吸收测定中，做到较高准确度的前提是保证100％的原子化效率

B. 背景吸收是一种宽带吸收，其中包括分子吸收、火焰气体吸收和光散射引起的损失

C. 分析难挥发元素采用贫燃火焰较好

D. 背景吸收在原子吸收光谱中会使吸光度增加，导致分析结果偏高

2. 采用测量峰值吸收系数的方法来代替测量积分吸收系数的方法必须满足的条件是（　　）。

A. 发射线轮廓小于吸收线轮廓

B. 发射线轮廓大于吸收线轮廓

C. 发射线的中心频率与吸收线中心频率重合

D. 发射线的中心频率小于吸收线中心频率

3. 在原子吸收光谱分析中，加入消解离剂可以抑制解离干扰。一般来说，消解离剂的解离电位（　　）。

A. 比待测元素高　　　　B. 比待测元素低

C. 与待测元素相近　　　　D. 与待测元素相同

4. 由元素常用的分析线表可查出 Na 有 589.0 nm、589.6 nm 和 330.2 nm、330.3 nm 两组双线，测定时（　　）。

A. 低浓度时选 589.0 nm，高浓度时选 330.2 nm

B. 低浓度时选 330.2 nm，高浓度时选 589.0 nm

C. 低浓度时选 589.6 nm，高浓度时选 330.2 nm

D. 低浓度时选 330.2 nm，高浓度时选 589.6 nm

5. 对于下列燃烧气和助燃气形成的火焰，其中温度最低和最高的分别为（　　）。

选项	燃烧气	助燃气
A.	氢气	空气
B.	氢气	氧气
C.	乙炔	空气
D.	乙炔	氧化亚氮

6. 非火焰原子吸收光谱法的主要优点为(　　)。

A. 谱线干扰小　　B. 背景低　　C. 稳定性好　　D. 样品用量少

二、名称解释

锐线光源　　灵敏度　　特征浓度　　检出限　　回收率

三、填空题

1. 空心阴极灯发射的光谱,主要是________的光谱,光强度随着________的增大而增大。

2. Mn 共振线是 403.3 nm,若在 Mn 样品中含有 Ga,那么用原子吸收光谱法测 Mn 时,Ga 的共振线在 403.3 nm 时将会有干扰,这种干扰属于________干扰,可采用________的方法加以消除。

3. 火焰原子化法中,妨碍灵敏度进一步提高的原因是样品的雾化效率低(约 10%)和火焰高速燃烧的稀释作用降低了________和________。

4. 样品在原子吸收过程中,除解离反应外,可能还伴随着其他一系列反应,在这些反应中较为重要的是________、________、________反应。

5. 测定鱼、肉和人体内脏器官等生物组织中的汞,较简单的方法可采用________。

四、简答题

1. 表征谱线轮廓的物理量有哪些?引起谱线变宽的主要因素有哪些?

2. 原子吸收光谱法定量分析的基本关系式是什么?原子吸收的测量为什么要用锐线光源?

3. 原子吸收光谱法最常用的锐线光源是什么?其结构、工作原理及最主要的工作条件是什么?

4. 空心阴极灯的阴极内壁应衬上什么材料?其作用是什么?灯内充有的低压惰性气体的作用是什么?

5. 试比较火焰原子化系统及石墨炉原子化器的构造、工作流程及特点,并分析石墨炉原子化法的检出限比火焰原子化法高的原因。

6. 火焰原子化法的燃气、助燃气比例及火焰高度对被测元素有何影响?试举例说明。

7. 原子吸收分光光度计的光源为什么要进行调制?有几种调制的方式?

8. 分析下列元素时,应选用何种类型的火焰?并说明其理由。

人发中的硒、矿石中的锆、油漆中的铅。

9. 原子吸收光谱法中的非光谱干扰有哪些?如何消除这些干扰?

10. 原子吸收光谱法中的背景干扰是如何产生的?如何加以校正?

11. 说明用氘灯法校正背景干扰的原理,该法尚存在什么问题?

12. 在测定血清中钾时，先用水将样品稀释 40 倍，再加入钠盐至 0.8 mg/mL，试解释此操作的理由，并说明标准溶液应如何配制。

五、计算题

1. 测定血浆中 Li 的浓度，将两份均为 0.430 mL 的血浆分别加入 5.00 mL 水中，然后向第二份溶液加入 20.0 μL 0.043 0 mol/L LiCl 标准溶液。在原子吸收分光光度计上测得吸光度读数分别为 0.230 和 0.680，求此血浆中 Li 的质量浓度(以 μg/mL 表示)。

(7.08 μg/mL)

2. 用原子吸收光谱法测定水样中钴的浓度。分别吸取水样 10.0 mL 于 50 mL 容量瓶中，然后向各容量瓶中加入不同体积的 6.00 μg/mL 钴标准溶液，并稀释至刻度，在同样条件下测定吸光度，由以下数据用作图法求得水样中钴的浓度。

样品编号	水样体积/mL	Co 标准溶液体积/mL	稀释后的体积/mL	吸光度
1	0	0	50.0	0.042
2	10.0	0	50.0	0.201
3	10.0	10.0	50.0	0.292
4	10.0	20.0	50.0	0.378
5	10.0	30.0	50.0	0.467
6	10.0	40.0	50.0	0.554

(10.9 μg/mL)

3. 某样品水溶液中钴的测定如下：各取 10.0 mL 的未知溶液注入 50.0 mL 容量瓶中，再加不同量的 6.23 μg/mL 钴标准溶液于各瓶中，最后将各容量瓶加水稀释至刻度。请由下列数据，计算样品中钴的浓度。

样品	未知溶液/mL	标准溶液/mL	吸光度
空白	0	0	0.042
A	10.0	0	0.201
B	10.0	10.0	0.292
C	10.0	20.0	0.378
D	10.0	30.0	0.467
E	10.0	40.0	0.554

(11.5 μg/mL)

第十二章

原子荧光分光光度法

第一节　原子荧光分光光度法简介

物质吸收光子能量而被激发，然后从激发态的最低振动能级回到基态时所发射出的光称为荧光。原子和分子都可能产生荧光。

荧光分光光度法，是一种利用荧光现象进行分析的方法，简称荧光法。早在 19 世纪末和 20 世纪初人们就已经观察到荧光现象，但荧光分析技术近年来才得到较快的发展。常见的荧光法有分子荧光分光光度法、原子荧光分光光度法等，本章简要介绍原子荧光分光光度法。原子荧光分光光度法是一种通过测量被测元素的原子蒸气在特定频率辐射能激发下所产生的荧光强度，来测定元素含量的一种仪器分析方法。

一、原子荧光的产生及类型

气态的自由原子吸收特征波长的辐射后，原子的外层电子从基态或低能态跃迁到高能态，经过约 10^{-8} s 后，又跃迁回基态或低能态，同时发射出与原激发波长相同或不同的辐射，这种现象称为原子荧光。原子荧光分为共振荧光、直跃线荧光、阶跃线荧光、反斯托克斯荧光和敏化荧光等五种。下面简要介绍共振荧光、直跃线荧光和阶跃线荧光，如图 12-1 所示。

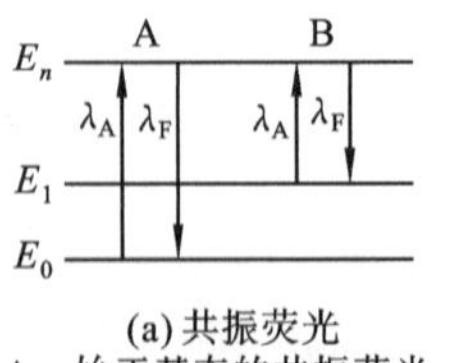

(a) 共振荧光
A—始于基态的共振荧光；
B—始于亚稳态的共振荧光

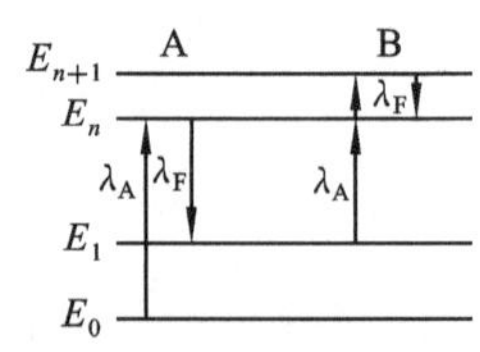

(b) 直跃线荧光
A—始于基态的直跃线荧光；
B—始于亚稳态的直跃线荧光

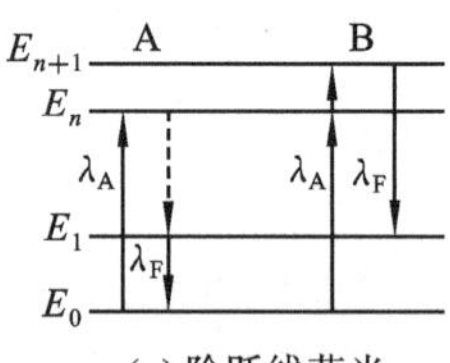

(c) 阶跃线荧光
A—正常的阶跃线荧光；
B—热助阶跃线荧光

图 12-1　原子荧光常见类型

λ_A—激发光波长；λ_F—荧光波长

1. 共振荧光

气态原子的外层电子吸收波长为λ_A的电磁辐射，由基态E_0（或处于E_0邻近的亚稳态E_1）跃迁至激发态E_n，然后由E_n返回到E_0（或E_1）时，发射出波长为λ_F的荧光。如图12-1(a)所示，由于电子由E_0跃迁至E_n所吸收的能量等于它从E_n跃迁回E_0时所放出的能量，所以$\lambda_A=\lambda_F$，这一类荧光称为共振荧光。如锌原子吸收213.86 nm的光，它发射的荧光波长也为213.86 nm。共振荧光是原子荧光分析中最常用的一种荧光。就大多数元素来说，虽然观察到的最强荧光是共振荧光，但在基态和激发态之间还有稳定的电子能级，所以还能观察到其他类型的荧光。

2. 直跃线荧光

如图12-1(b)所示，处于基态E_0（或亚稳态E_1）的电子被激发到E_n（或E_{n+1}）能级，然后返回到非基态E_1（或E_n）能级，此过程放出的荧光称为直跃线荧光。如铊原子吸收337.6 nm光后，除发射337.6 nm的共振荧光外，还发射535.0 nm的直跃线荧光。

3. 阶跃线荧光

如图12-1(c)所示，处于基态E_0的电子被激发到E_n能级，然后经过无辐射的去活化跃迁至E_1能级，再跃迁至基态而产生荧光，这一类荧光称为阶跃线荧光，如图12-1(c)中A所示。例如，钠原子吸收330.30 nm的光，发射出588.99 nm的荧光。被辐射激发的原子可在原子化器中进一步热激发到较高能级（E_{n+1}），然后返回至低能级（E_1）并发射出波长低于激发光波长的荧光，称为热助阶跃线荧光，如图12-1(c)中B所示。

二、原子荧光的猝灭

处于激发态的原子寿命是十分短暂的，当它从高能级跃迁到低能级时一般有两种情况：一是发射荧光；二是可能在原子化器中与其他分子、原子或电子发生非弹性碰撞而丧失其能量。在第二种情况下荧光将减弱或完全不产生，此现象就称为荧光猝灭。荧光猝灭的程度与被测元素及猝灭剂的种类有关。为衡量原子在吸收光能后究竟有多少转变为荧光，提出荧光量子效率（Φ）的概念，有

$$\Phi = \Phi_F/\Phi_A \tag{12-1}$$

式中：Φ_F——单位时间发射的荧光光子数；

Φ_A——单位时间吸收激发光的光子数。

在一般情况下，荧光量子效率小于1。荧光猝灭过程将导致荧光量子效率降低，荧光强度减弱，因而严重影响原子荧光分析。为减少猝灭的影响，应尽量降低原子化器中猝灭粒子的浓度，特别是猝灭截面积大的粒子浓度。此外，还要注意减少原子蒸气中CO_2、N_2和O_2等气体的浓度。实验证明，烃类火焰具有较强的猝灭作用，单原子惰性气体Ar、He的猝灭截面比N_2、CO、CO_2等原子化器中常见的气体要小得多，因此宜使用以Ar为雾化气体的氢-氧火焰，或以He为保护气体（代替N_2）的石墨炉原子化器。

第二节　原子荧光分光光度法的定性、定量分析及应用

一、原子荧光的定性、定量分析

各元素的原子所发射荧光的波长各不相同，这是各元素原子的特征荧光。根据这些特征波长，可以进行原子荧光定性分析。

在原子浓度很低时(原子荧光常用于微量、痕量分析)，所发射的荧光强度和单位体积原子蒸气中该元素基态原子的浓度成正比。若将激发光强度和原子化条件保持恒定，则可由荧光强度测出样品中该元素的含量，这是原子荧光的定量分析。

原子荧光定量分析常采用标准曲线法，即配制一系列标准溶液，测量其相对荧光强度，以浓度为横坐标，以相对荧光强度为纵坐标绘制标准曲线。在相同条件下测量试液的相对荧光强度，便可以从标准曲线上求得试液的浓度。

二、原子荧光分光光度计

原子荧光分光光度计由激发光源、原子化器、分光系统、检测器、信号放大器和数据记录仪等部分组成，如图 12-2 所示。

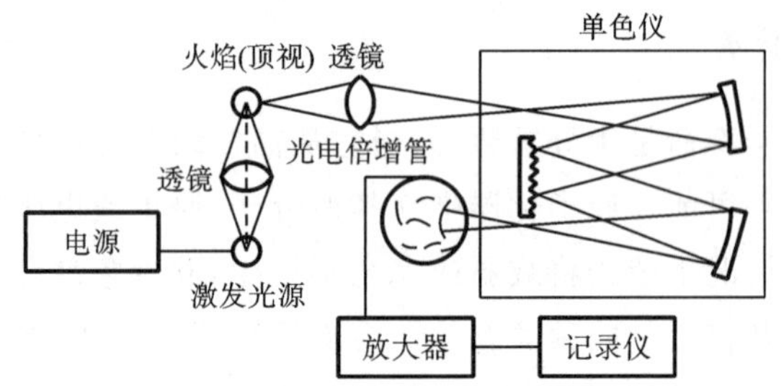

图 12-2　原子荧光分光光度计示意图

1. 激发光源

激发光源是原子荧光分光光度计的主要组成部分，其作用是提供激发被测元素原子的辐射能。激发光源可以是锐线光源，也可以是连续光源，常用光源有空心阴极灯、无极放电灯、金属蒸气放电灯、电感耦合等离子焰、氙弧灯、二极管激光和可调染料激光等。常用光源中应用较多的是空心阴极灯。

2. 原子化器

原子化器是提供被测自由原子蒸气的装置。与原子吸收相类似，在原子荧光分析中采用的原子化器主要可分为火焰原子化器和电热原子化器两大类，如火焰原子化器、高频电感耦合等离子焰(ICP)石墨炉、汞及可形成氢化物元素的原子化器等。

3. 分光系统

由于原子荧光光谱比较简单，因而原子荧光分光光度法要求所采用的分光系统有较高的集光本领，而对色散率要求不高。由于在原子荧光测量中，激发光源与检测器不在同一光路上，因而在特殊情况下可以不用单色器(仪)。常用的分光器是光栅和棱镜。

4. 检测器

在原子荧光分光光度计中，目前普遍使用的检测器以光电倍增管为主，对于无色散系统的仪器来说，为消除日光的影响，必须采用工作波长为 160～320 nm 的日盲光电倍增管。另外，也有些仪器用光电摄像管和光电二极管阵列作检测器。

5. 显示系统

光电转换所得的电信号经放大器放大后显示出来。由于近年来计算机技术的迅速发展，多数仪器采用计算机来处理数据，基本上具有实时图像显示、曲线拟合、打印结果等功能，使分析工作更为方便、快捷。

三、原子荧光分光光度法的应用

原子荧光分光光度法具有灵敏度高、谱线简单、线性范围宽、取样量少、可进行多元素测定等优点。这些优点使得它在地质、冶金、石油、农业、生物、医学、地球化学、材料科学、环境科学等各个领域获得了广泛的应用。

原子荧光分光光度法的应用很多，如 Zn、Cd、Mn 等多元素的分析测定，酸雨中 Zn 的测定，盐矿中 Se、Te 的测定，矿石中痕量 Sn 的测定等。尤其是稀土元素的原子/离子荧光光谱分析可以克服光谱干扰，因而原子荧光分光光度法已经成为稀土元素分析的有效方法之一，得到广泛的应用。近年来发展起来的电热原子化器——激光激发原子荧光分光光度法可以完成许多其他方法难以完成的分析任务，如大气中 Hg，南极冰雪水中 Al 和 Zn，土壤间、气流中的 Au，海洋沉积物中 Au 和 Pd 的测定等。此法已为我国的环境监测、矿产资源勘探提供了大量有意义的数据。

1. 原子荧光分光光度法是通过测量被测元素在辐射能激发下产生的荧光强度来测定元素含量的一种仪器分析方法。

2. 荧光量子效率(Φ)：

$$\Phi = \Phi_F / \Phi_A$$

式中：Φ_F——单位时间发射的荧光光子数；

Φ_A——单位时间吸收激发光的光子数。

3. 在原子浓度很低时，所发射的荧光强度和单位体积原子蒸气中该元素基态原子浓度成正比，这是原子荧光定量分析的依据。

4. 原子荧光分光光度计由激发光源、原子化器、分光系统、检测器、信号放大器和数据记录仪等部分组成。

5. 原子荧光分析已广泛应用于地质、冶金、石油、农业、生物、医学等各个领域。

目标检测

一、填空题

1. 原子荧光由________产生。

2. 原子荧光中的量子效率是指______________________________________。

3. 原子荧光分光光度计由________、________、________、________和显示系统等部分组成。

二、选择题

1. 共振荧光是指图(　　)形式的荧光。

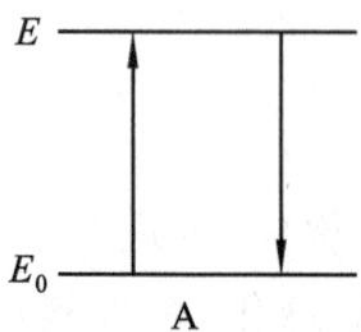

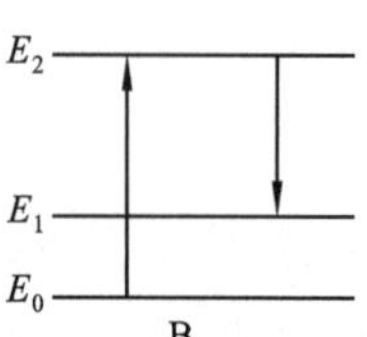

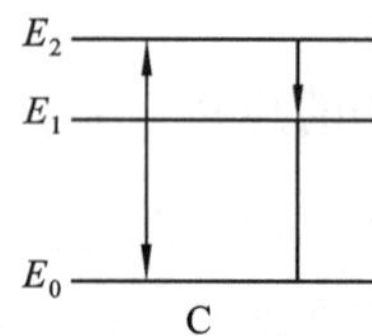

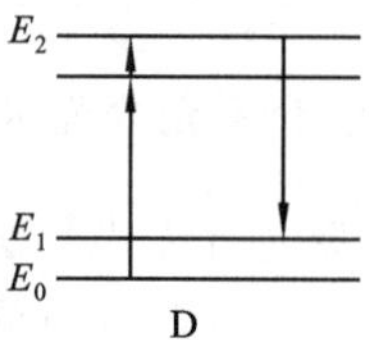

2. 在石墨炉原子荧光分光光度法中应选用的保护气为(　　)。

A. 氮气　　B. 氧气　　C. 氩气　　D. 一氧化碳

3. 原子荧光分光光度计的激发光源最常用的是(　　)。

A. 空心阴极灯　　B. 无极放电灯

C. 金属蒸气放电灯　　D. 电感耦合等离子焰

三、简答题

1. 原子荧光定量分析的依据是什么？常用的方法有哪些？

2. 原子荧光常见类型有哪些？其中哪一种最常用？

3. 简述原子荧光分光光度法的应用。

第十三章 经典液相色谱法

第一节 概述

一、色谱法的产生与发展

1. 色谱法的产生

色谱分析法(chromatography),简称色谱法或层析法,是一种利用物质的物理、化学性质而进行分离、分析的分析方法。它起源于20世纪初,是1906年由俄国植物学家茨维特(Tsweet)通过植物色素分离实验创立的。实验装置如图13-1所示。

在这个实验中,茨维特将植物叶的石油醚提取液从装有碳酸钙填充物的玻璃管上端加入,然后用石油醚自上而下洗脱,经过一段时间洗脱之后,植物色素在碳酸钙柱中实现分离,由一条色带分散为数条平行的色带,色谱法也由此得名。

2. 色谱法的发展

在茨维特的植物色素分离实验之后,直到1931年德国柏林威廉皇帝研究所的库恩将茨维特的方法应用于叶红素和叶黄素的研究,色谱法才被科学界认知,并被广泛地研究。

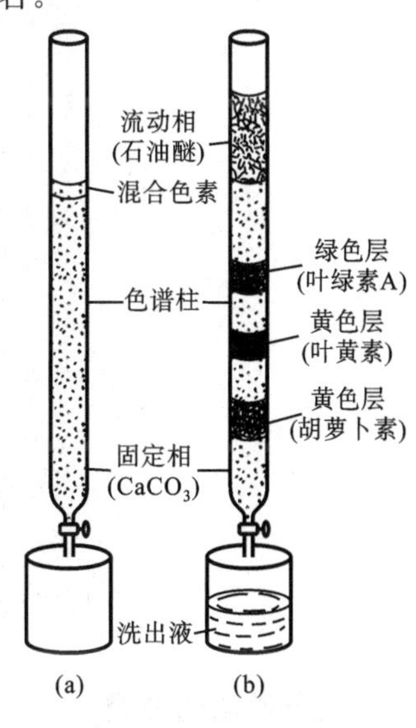

图13-1 植物色素分离实验

20世纪30年代和40年代相继出现了薄层色谱法(thin layer chromatography, TLC)和纸色谱法(paper chromatography,PC)。20世纪50年代气相色谱法(gas chromatography,GC)的出现,把色谱法提高到一个新的水平,使色谱学理论得以形成,奠定了现代色谱法的基础。20世纪60年代末70年代初高效液相色谱法(high performance liquid chromatography,HPLC)的出现与崛起,扩大了色谱法的应用范围,提高了色谱法的分离、分析效率,高效液相色谱法也成为常用的分离和检测的手段。20

世纪 80 年代初毛细管超临界流体色谱(SFC)得到发展,在 20 世纪 90 年代末得到较广泛的应用。而在 20 世纪 80 年代初由 Jorgenson 等集前人经验而发展起来的毛细管电泳(CZE),在 20 世纪 90 年代得到广泛的发展和应用。同时具有 HPLC 和 CZE 优点的毛细管电色谱在 20 世纪 90 年代后期受到重视,21 世纪色谱科学已在生命科学等前沿科学领域发挥不可代替的重要作用。

色谱法是分析化学中发展最快、应用最广的方法之一,随着各种色谱方法的飞速发展,形成了一门专门的学科——色谱学。目前,色谱法作为一种重要的分析技术已广泛应用于化学、化工、医药和食品等工业,在科学研究方面,也起着极其重要的作用。

色谱法的发展趋势,可概括为以下几个方面:

(1) 新型固定相和检测器的研究;

(2) 色谱学新方法研究;

(3) 色谱-光谱联用技术,特别是色谱-质谱联用技术的发展;

(4) 色谱-色谱联用技术的发展;

(5) 色谱学方法在生命科学领域的应用。

色谱技术与诺贝尔奖

在分析化学领域,色谱法是一个相对年轻的分支学科,但在人们进行科学研究的过程中起到了非常重要的作用。下面列举了色谱法起过关键作用的部分诺贝尔奖研究工作。

年份	获奖学科	获奖研究工作
1937	化学	类胡萝卜素化学,维生素 A 和 B
1938	化学	类胡萝卜素化学
1939	化学	聚甲烯和高萜烯化学
1950	生理学、医学	性激素化学及其分离、肾上腺皮质激素化学及其分离
1951	化学	超铀元素的发现
1955	化学	脑下腺激素的研究和第一次合成多肽激素
1958	化学	胰岛素的结构
1961	化学	光合作用时发生的化学反应的确认
1970	生理学、医学	关于神经末梢中体液性传递物质的研究
1970	化学	糖核苷酸的发现及其在生物合成碳水化合物中的作用
1972	化学	核糖核酸化学酶结构的研究
1972	生理学、医学	抗体结构的研究

二、色谱法的分类

色谱法可以从不同的角度进行分类。

1. 按两相分子的状态分类

在上述实验中，管内填充物碳酸钙称为固定相(stationary phase)，用来洗脱的石油醚称为流动相(mobile phase)。色谱法中的流动相可以是气体，也可以是液体，根据流动相的不同，色谱法可分为液相色谱法(liquid chromatography，LC)、气相色谱法和超临界流体色谱法(supercritical fluid chromatography，SFC)。根据固定相的不同，液相色谱法和气相色谱法又可以进行进一步的分类，表13-1为按两相分子状态分类的色谱法。

表 13-1　按两相分子状态分类的色谱法

分类		流动相	固定相
液相色谱法	液-固色谱法(LSC)	液体	固体
	液-液色谱法(LLC)	液体	液体
气相色谱法	气-固色谱法(GSC)	气体	固体
	气-液色谱法(GLC)	气体	液体

2. 按固定相的固定形式分类

柱色谱法(column chromatography)是将固定相装于柱中或是将固定相附着在毛细管内壁上做成色谱柱，样品在色谱柱内进行分离的色谱法。依据所用色谱柱的粗细不同，柱色谱法又可分为填充柱色谱法(packed column chromatography)、毛细管柱色谱法(capillary column chromatography)和微填充柱色谱法(microbore column chromatography)等。

平面色谱法(planar chromatography)是将固定相涂布于平面载体上，流动相借助毛细管作用流经固定相使样品分离的色谱法。依据所用平面载体的不同，平面色谱法又分为纸色谱法(paper chromatography)、薄层色谱法(thin layer chromatography，TLC)和薄膜色谱法(thin film chromatography)等。

除此之外，还有毛细管电泳法(capillary electrophoresis)等。

3. 按分离原理分类

按色谱法分离所依据的物理或物理化学性质的不同，可将其分为以下几种。

吸附色谱法(adsorption chromatography)：利用吸附剂表面对不同组分物理吸附性能的差别而使之分离的色谱法。

分配色谱法(partition chromatography)：利用固定相与流动相之间对待分离组分溶解度的差异来使之分离的色谱法。

除此之外，还有离子交换色谱法(ion exchange chromatography，IEC)、空间排阻色谱法(steric exclusion chromatography，SEC)及亲和色谱法(affinity chromatography)等类型。

三、色谱法原理

1. 色谱过程

色谱过程是指物质分子在相对运动的两相间分配"平衡"的过程。混合物中，若各组分的分配系数不同，则其被流动相携带移动前行的速度也不等。

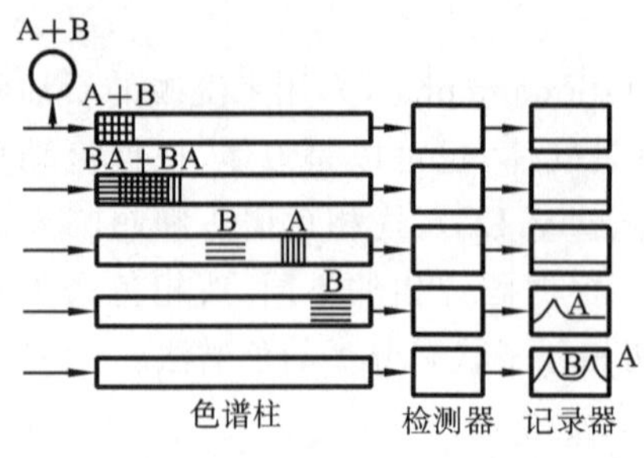

图 13-2　色谱分离过程示意图

茨维特实验的操作过程及色谱过程可以用图 13-2 表示出来。

把含有 A、B 两组分的样品由色谱柱顶端加入，A、B 均被吸附到固定相上来。用适当的流动相冲洗，当流动相流过时，被吸附在固定相上的 A、B 两组分溶解于流动相中，这个过程称为解吸。已解吸的组分随流动相向前移动，遇到新的吸附颗粒又被再次吸附，这样，在色谱柱上反复进行吸附、解吸，再吸附、再解吸……的过程。若吸附剂对两组分的吸附能力不同，则吸附能力弱的组分先从色谱柱流出，吸附能力强的组分后流出，从而实现 A、B 两组分的分离。

2. 色谱分离本质

按分离机理不同，不同类型的色谱法有不同的分离机制。

1）分配色谱法

分配色谱法是利用被分离组分在固定相或流动相中的溶解度不同而实现分离的，其固定相为液体。

分配色谱法如图 13-3 所示。X 代表样品中某组分(溶质)分子，下标 m、s 分别表示流动相和固定相。溶质组分 X 在两相中处于动态平衡时的浓度之比称为分配系数，用 K 表示，即

$$K=\frac{c_s}{c_m} \tag{13-1}$$

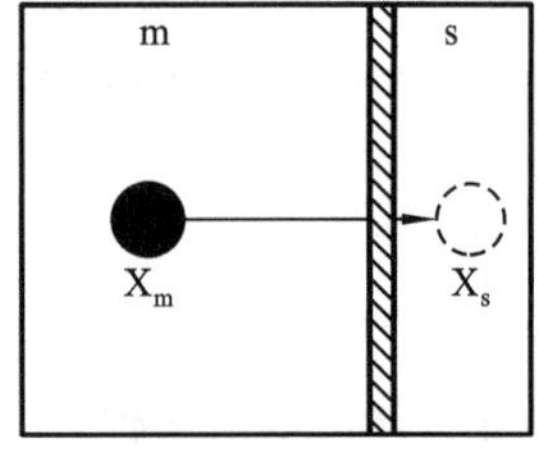

图 13-3　分配色谱法示意图

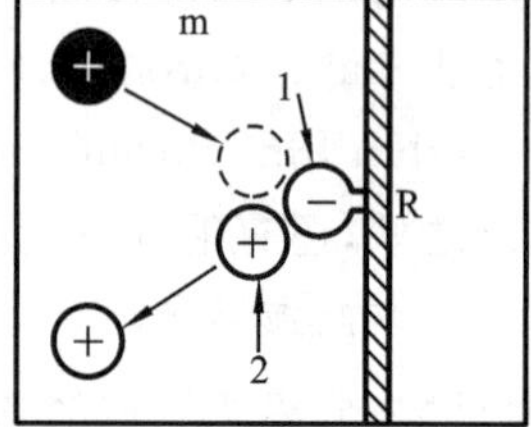

图 13-4　阳离子交换色谱法示意图

R—树脂骨架；1—固定离子；2—可交换离子

2）离子交换色谱法

离子交换色谱法是利用被分离组分离子交换能力的差别而实现分离目的的。其固定相为离子交换树脂，按可交换离子的电荷符号又分为阳离子交换树脂和阴离子交换树脂。

阳离子交换色谱法如图 13-4 所示。离子交换树脂的分离机制是离子交换树脂中可交换的离子与流动相中相应的离子发生交换。交换达到平衡时，以浓度表示的平衡常数称为选择系数，用 K_s 表示，即

$$K_s=[RX^+]/[X^+] \tag{13-2}$$

3）吸附色谱法

吸附色谱法是利用被分离组分对固体表面活性吸附中心吸附能力的差异而进行分离

的。其固定相为吸附剂。

吸附色谱法如图 13-5 所示。吸附过程是样品中各组分的分子 X 与流动相分子 Y 争夺吸附剂表面活性中心的过程。

当吸附反应达到平衡时的反应平衡常数称为吸附平衡常数，用 K_A 表示，则

$$K_A = [X_a]/[X_m] \tag{13-3}$$

4）分子排阻色谱法

分子排阻色谱法是依据被分离组分分子的线团尺寸而进行分离的。其固定相是多孔性填料凝胶，故又称为凝胶色谱法(gel chromatography)。分子排阻色谱法的分离取决于凝胶的孔径大小与被分离组分线团尺寸之间的关系，与流动相的性质无关，分子排阻色谱法如图 13-6 所示。

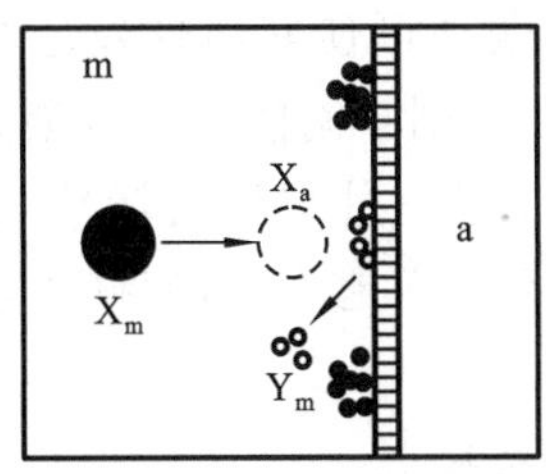

图 13-5　吸附色谱法示意图

a—吸附剂；m—流动相；
X_m—流动相中溶质分子；Y_m—流动相分子；
X_a—被吸附的溶质分子

图 13-6　分子排阻色谱法示意图

第二节　经典柱色谱法

流动相为液体的色谱法称为液相色谱法。液相色谱法按固定相的规格、柱效能、分离时间等的不同，又可分为经典液相色谱法和现代液相色谱法。采用普通规格的固定相、常压输送流动相的液相色谱法称为经典液相色谱法。根据固定相的不同，经典液相色谱法又分为柱色谱法和平面色谱法。前文所述的茨维特色素分离就是最早的液相柱色谱法。经典柱色谱法分离周期比较长，柱效能比较低。按分离机制，经典柱色谱法可分为吸附柱色谱法、分配柱色谱法、离子交换柱色谱法和分子排阻柱色谱法。

一、液-固吸附柱色谱法

1. 分离原理

固定相是固体吸附剂的液相柱色谱法称为液-固吸附柱色谱法。吸附是指吸附剂与流动相两相的交界面上集中浓缩的现象。吸附剂一般是多孔性的固定颗粒，具有较大比表面积，其表面有很多吸附活性中心。溶质被吸附剂吸附的能力大小取决于吸附活性中心的多少及其吸附能力的强弱，用吸附平衡常数 K 衡量。通常极性强的物质 K 值大，易

被吸附剂吸附，随流动相流出的速度慢，保留时间长，后出柱。

2. 吸附剂

吸附柱色谱法常用的吸附剂有硅胶、氧化铝等，下面将讨论这些吸附剂的性质。

1）硅胶

硅胶是最常见的吸附剂，是具有硅氧交联结构、表面有许多硅醇基的多孔性微粒，通常用 $SiO_2 \cdot xH_2O$ 表示。

硅醇基是硅胶的吸附活性中心，能与极性化合物或不饱和化合物形成氢键而具有吸附性。因为多数活性羟基存在于硅胶表面较小的孔穴中，因此表面孔穴较小的硅胶吸附能力较强。硅胶表面的羟基能与水结合成水合硅醇基而失去活性，这一过程称为脱活性(deactivity)。但将硅胶加热到 100 ℃左右时，结合水会被可逆除去，硅胶恢复吸附能力。硅胶的吸附能力与含水量密切有关(见表 13-2)，含水量的增加可使其活性发生相应变化，含水量高，活性级数高，吸附能力弱，若含水量达 17%以上，则吸附能力几近消失。若将硅胶在 105～110 ℃加热 30 min，则硅胶吸附能力增强，这一过程称为活化(activation)。如果继续加热至 500 ℃，硅胶结构内的水(结构水)不可逆地失去，使硅醇基结构变成硅氧烷结构，吸附能力显著下降。

表 13-2　硅胶和氧化铝的含水量与活性关系

活性级数	Ⅰ	Ⅱ	Ⅲ	Ⅳ	Ⅴ
硅胶含水量/(%)	0	5	15	25	38
氧化铝含水量/(%)	0	3	6	10	15

硅胶具有微酸性，适用于分离酸性和中性物质，如有机酸、氨基酸等。

2）氧化铝

色谱用氧化铝是一种吸附能力极强的吸附剂，根据制备时 pH 值的不同可分为酸性、中性和碱性三种类型。其中中性氧化铝使用最多。

酸性氧化铝(pH 值为 4～5)适用于分离酸性化合物，如酸性色素、某些氨基酸及对酸稳定的中性物质。碱性氧化铝(pH 值为 9～10)适用于碱性(如生物碱)和中性化合物的分离，对酸性物质则难分离。中性氧化铝(pH 值为 7.5)适用于分离生物碱、挥发油、萜类以及在酸、碱中不稳定的苷类、酯、内酯等化合物。氧化铝的活性与其含水量也有关系(见表13-2)，其特性和氧化硅的类似。

3. 吸附剂和流动相的选择

吸附柱色谱的洗脱过程实质上是流动相分子与被分离组分分子竞争占据吸附剂表面活性中心的过程。具有强极性的流动相分子占据极性中心的能力就强，具有很强的洗脱作用，容易将样品组分从活性中心置换下来。非极性的流动相竞争占据吸附活性中心的能力就弱，洗脱作用也就弱。所以为使样品中吸附能力差别不大的各组分能很好地分离，就应该同时从样品的性质、吸附剂的活性方面考虑，选择合适的流动相。

1）被测物质的结构、极性与吸附能力

不同物质的结构不同，其极性也就不同，在吸附剂表面的吸附能力就不相同。

影响吸附能力的一般规律如下：

(1) 非极性化合物一般不被吸附剂吸附，如饱和烃类。

(2) 基本母核相同的化合物，引入的取代基的极性越强，极性基团越多，则整个分子的极性就越强，其吸附能力就越强。

(3) 分子中含不饱和键的化合物的吸附能力比含饱和键的化合物强，分子中不饱和键越多，则吸附能力就越强。

(4) 分子中取代基的空间排列对吸附能力也有影响。如能形成分子内氢键的化合物的极性要比不能形成分子内氢键的相应化合物的极性要弱，吸附能力相应的也减弱。

2) 吸附剂的选择

被分离的物质的极性较弱，则选用吸附能力较强的吸附剂；被分离物质的极性较强，则选用吸附能力较弱的吸附剂。

3) 流动相的极性

流动相的洗脱能力与其极性大小有关，极性越强，占据吸附中心的能力就强，吸附能力就越强。

在选择流动相时一般依据“极性相似相容”原理，即被分离物质的极性较强时，应选用极性较强的溶剂作为流动相；被分离物质极性较弱时，应选用极性较弱的流动相。在实际工作中，为得到极性合适的流动相，常采用多元混合流动相。

常用流动相极性大致顺序为：酸＞吡啶＞甲醇＞乙醇＞正丁醇＞乙酸乙酯＞乙醚＞二氯甲烷＞甲苯＞苯＞四氯化碳＞环己烷＞石油醚。

吸附柱色谱广泛应用于不同类型化合物或同分异构体的分离，也可用于表面活性剂、药物、石油烃的分离等。其缺点首先是非线性等温吸附引起的峰拖尾现象，其次就是固定相活性不够稳定，不能重复。

二、液-液分配柱色谱法

1. 分离原理

液-液分配柱色谱法的固定相和流动相均为液体（两相互不相溶），它是依据样品中的组分在两相间的溶解度的差异而实现分离的，由于溶解度是由组分在流动相和固定相之间的平衡分配系数来表示，所以被称作分配柱色谱法。液-液分配柱色谱法所用固定相是将一种极性或非极性固定液，通过一定方式将其吸附在惰性固相载体上；流动相是有机溶剂或水。样品中的组分在两相间进行分配时，在固定液中溶解度较小的组分较难进入固定液，在色谱柱中向前迁移速度较快，容易被流动相洗脱，先流出色谱柱；在固定液中溶解度较大的组分容易进入固定液，在色谱柱中向前迁移速度较慢，后流出色谱柱，从而达到分离的目的。样品中组分在两相中的分配服从分配定律：

$$K = \frac{c_{固定相}}{c_{流动相}} \tag{13-4}$$

在这里，K 被称为分配系数，K 值大的组分，保留时间长，后流出色谱柱，K 值的大小与分子结构、极性有关。在选择分离条件时，须使样品的各组分在固定相与流动相中的溶解度产生差别，即 K 值产生差别，才能分离。

根据固定相和流动相的相对极性的不同，可将分配柱色谱法分为正相分配柱色谱法和反相分配柱色谱法。

正相(NP)分配柱色谱法以极性物质作为固定相，以非极性物质如苯、正己烷等作为流动相。在正相洗脱过程中，被分离样品中极性小的组分难进入固定相，先流出；极性大的容易进入固定相，后流出。

反相(RP)分配柱色谱法以非极性物质作为固定相，以极性溶剂如水、甲醇等作为流动相，这时被分离组分的流出顺序是极性大的先流出，极性小的后流出。由于反相洗脱固定液更易流失，物理涂渍的液-液分配柱色谱法固定相已失去应用的价值，已完全被化学键合相所取代。

一般来说，在选择两相的极性时，正相分配柱色谱法选择固定相的极性大于流动相的极性即可实现分离，而反相分配柱色谱法选择固定相的极性小于流动相的极性即可实现分离。正相分配柱色谱法适宜于分离极性化合物，反相分配柱色谱法则适宜于分离非极性或弱极性化合物。

2. 液-液分配柱色谱法的固定相

液-液分配柱色谱法的固定相和气-液分配柱色谱法相同，也是在惰性载体上涂铺或键合一层固定液。前者称为涂层固定相，后者称为键合固定相。

1) 涂层固定相

涂层固定相是将固定液机械地涂铺于载体表面而成。常用的固定吸附剂如硅藻土、氧化铝、硅胶等都可以作为载体；常用的固定液有极性的如聚乙二醇(PEG)和 β,β'-氧二丙腈(ODPN)，非极性的如正十八烷(ODS)和异二十烷(SQ)等。以含水硅胶为固定相，以烷烃等为流动相，是正相液-液分配柱色谱法的代表。这种方法虽在 TLC 中还广泛应用，但因机械涂铺的固定液易流失，固定相的稳定性和重现性差，在 HPLC 中已被正相键合相色谱法所替代。

2) 键合固定相

鉴于机械涂铺的缺点，可采用固定液与载体之间形成化学键的方法避免固定液的流失。例如，用硅胶作为固定液载体，在硅胶表面利用游离的硅醇基(SiOH)与不同的有机化合物发生硅烷化反应，最常见的是发生如下反应：

硅胶表面（O—Si—OH、O—Si—OH、O—Si—OH） + $C_{18}H_{37}SiCl_3$ ⟶ 硅胶表面（—Si—O、—Si—O、—Si—O 三个 O 与 Si—$C_{18}H_{37}$ 相连）

形成 Si—O—Si—C 型键，把固定液的分子结合到载体表面上。采用化学键合的固定相表面无液坑，液层薄，传质速度快，固定液不易流失；固定液可以结合不同的官能团，能够改善分离效能；固定液不会溶于流动相，有利于进行梯度洗脱。

通过改变有机物的化合键的结构和极性，可以得到不同极性的键合固定相，以满足不同类型样品的分离要求。通常，增加键合碳链的长度，提高硅胶表面键合碳链的覆盖量和覆盖面积，可提高固定相的溶解能力，使被分离组分的保留值增大。另外，减小载体颗粒，增大比表面积也可以使被分离组分的保留值增大。增加载体上固定相的涂铺量，也会增大被分离组分的保留值。

3. 液-液分配柱色谱法的流动相

液-液分配柱色谱法的流动相是水或有机溶剂，选择合适的流动相的依据是溶剂的溶解度参数 δ 的大小，δ 越大，溶剂的溶解能力就越强。溶解度参数 δ 的大小与溶剂和溶质间的作用力大小有关。

1）正相分配柱色谱法流动相

在正相分配柱色谱法中，流动相通常是如正戊烷、正己烷、四氯化碳等非极性或极性较小的有机溶剂。增大溶解度参数 δ，即增大溶剂与固定相间的作用力，可使被测组分的保留值减小。

2）反相分配柱色谱法流动相

在反相分配柱色谱法中，流动相是以水为基本溶剂，然后再加入不同浓度的能溶于水的有机溶剂构成的。常用的有机溶剂有甲醇、乙腈、四氢呋喃等。通过改变有机溶剂的种类和浓度比，来改变流动相组成，从而改善分离效果。

液-液分配柱色谱法既能分离极性化合物，又能分离非极性化合物，如烷烃、烯烃、芳烃、稠环等化合物，特别是键合固定相的应用，扩大了液-液分配柱色谱法的应用范围，几乎所有类型的化合物都可以用液-液分配柱色谱法进行分离。

三、离子交换柱色谱法

1. 分离原理

离子交换柱色谱法是根据被分离组分离子交换能力的差别而实现分离的。其固定相为离子交换树脂，它由一个不溶性的、可渗透的聚合物骨架和一个可解离的官能团组成；流动相通常是含有一定离子强度、具有一定缓冲能力的水溶液。作为固定相的离子交换树脂上可解离的离子与流动相中具有相同电荷的溶质离子进行可逆竞争交换。由于样品中不同组分对离子交换树脂的交换能力不同，交换能力弱的离子易被流动相洗脱，先流出色谱柱；交换能力强的离子前行速度慢，后流出色谱柱，从而实现分离。

在离子交换柱色谱法中，流动相中某种离子与树脂上的一种离子相互交换的过程被称为离子作用，即溶液中的离子被交换到树脂上，而树脂上的离子被交换到溶液中。当树脂上所有可交换的离子都被交换后，树脂失去交换能力，即树脂失去活性。若用相应溶液对树脂进行处理，使树脂中被交换了的离子被置换回来，树脂的交换能力又被恢复，这样的过程称为树脂的再生。

交换和再生可用下式表示：

$$RA + B^{+} \longrightarrow RB + A^{+}$$

2. 离子交换树脂

离子交换柱色谱法所用的离子交换树脂由不溶性的、可渗透的聚合物骨架和可解离的官能团组成，具有网状立体结构，通常是一些多元酸或多元碱的高聚物。

1) 分类

离子交换树脂的种类很多，常用的是聚苯乙烯型离子交换树脂，它是以苯乙烯为单体，以二乙烯苯为交联剂聚合而成的，具有球形网状结构。若在其网状结构上引入可被交换的活性基团，如通过浓硫酸磺化引入磺酸基，就可制得聚苯乙烯型磺酸基阳离子交换树脂。根据引入的活性基团的不同，离子交换树脂可分为两大类。

(1) 阳离子交换树脂。

如果引入树脂骨架上的基团是和磺酸基一样的酸性基团，这些基团上的 H^+ 可以和溶液中的阳离子发生交换作用，这类树脂称为阳离子交换树脂。除磺酸基外，其他的酸性基团还有羧基、酚羟基等。不同的酸性基团的解离度不同，构成的交换树脂的交换能力也不同。根据酸性基团的解离度的强弱，阳离子交换树脂可分为强酸性阳离子交换树脂和弱酸性阳离子交换树脂。常用的阳离子交换树脂多为强酸性阳离子交换树脂。

(2) 阴离子交换树脂。

如果引入树脂骨架的基团是可解离的碱性基团，如伯氨基、仲氨基等，这类树脂用 NaOH 处理后，则转换成含有可与溶液中阴离子交换的 OH 型树脂，这类树脂称为阴离子交换树脂。阴离子交换树脂也分为强碱性阴离子交换树脂和弱碱性阴离子交换树脂。常用的阴离子交换树脂多为强碱性阴离子交换树脂。

2) 性能

常用交联度、交换容量来表征离子交换树脂的性能。

(1) 交联度。

离子交换树脂中交联剂的含量称为离子交换树脂的交联度(degree of cross linking)。通常用交联剂在原料中所占的质量分数来表示。

交联度会影响树脂的结构，交联度大，树脂形成的网状结构紧密，网眼小，选择性就高。但交联度也不能过大，否则网状结构过于紧密，网眼太小，阻碍溶液中离子进入树脂内部，使交换速度变慢，甚至使交换容量下降。一般情况下，阳离子交换树脂的交联度选8%，阴离子交换树脂的交联度选4%为宜。

(2) 交换容量。

单位树脂能参加交换反应的活性基团的量称为离子交换树脂的交换容量(exchange capacity)。通常用单位质量(g)的干树脂或单位体积(mL)溶胀后的树脂能交换离子的物质的量(mmol)来表示。

交换容量反映了离子交换树脂的交换能力，其大小取决于其所含有的酸性或碱性基团的数目，树脂的结构组成、溶液的酸碱度都会影响其交换容量。常用离子交换树脂的交换容量为 1～10 mmol/g。

四、分子排阻柱色谱法

1. 分离原理

分子排阻柱色谱法也称为凝胶柱色谱法，它是根据被分离组分分子体积大小进行分离的。分子排阻柱色谱法所用固定相是一种具有多孔性网状结构的颗粒状物质，习惯上称为凝胶，色谱分离过程就在这些多孔凝胶的表面进行的。与前述柱色谱完全不同，它的分离能力取决于凝胶颗粒的孔径大小与被分离物质分子的大小。当被测组分由流动相携带流经色谱柱时，分子直径大于凝胶所有孔径的大分子，不能进入凝胶孔内，被流动相带出色谱柱，先流出；与凝胶孔径相当的中等分子，能进入凝胶部分孔中，但不能进入较小孔中，以中等速度流出；小分子组分完全进入凝胶所有孔中，并渗透到凝胶内部而滞留，最后从色谱柱中流出。从整个色谱过程看，凝胶颗粒好像一个"反筛子"，分子体积大的先流出，分子体积小的后流出，这就是分子排阻柱色谱法的凝胶分子筛机制。

2. 分子排阻柱色谱法的固定相

分子排阻柱色谱法的固定相分为三种类型：软质凝胶、半软质凝胶和硬质凝胶。

1) 软质凝胶

多聚葡萄糖、聚丙烯酰胺属此类凝胶。这类凝胶机械强度低，耐压性差，只能用于常压液相色谱的固定相。

2) 半软质凝胶

交联聚苯乙烯属此类凝胶，能耐较高压力，适用于较宽的相对分子质量范围。

3) 硬质凝胶

多孔性硅胶和多孔玻璃珠属此类凝胶。这类凝胶具有恒定的孔径，渗透性好，耐高压，柱效能高，选择性强，对分子大小差别不大的混合物也能有很好的分离效果。

在选择合适的凝胶作为流动相时，要遵循以下原则：

(1) 凝胶要有一定的浸润性，能被流动相浸润，如果浸润性不好，则凝胶的孔隙不能被充分利用。

(2) 被分离组分的相对分子质量必须在凝胶的分离范围内。

相对分子质量范围在分子排阻柱色谱法中主要指排斥极限($K_p=0$)与全渗透点($K_p=1$)之间的相对分子质量范围。选择凝胶时应使样品的相对分子质量落入此范围内。如果一种孔径的凝胶不能满足需要，可以将几根不同分离范围的凝胶柱串联使用。

3. 分子排阻柱色谱法的流动相

作为分子排阻柱色谱法的流动相应能很好地溶解样品，润湿凝胶，并且黏度要低。根据样品性质的不同，水溶性样品选择水、缓冲溶液、乙醇等为流动相，称为凝胶过滤色谱(gel filtration chromatography)；非水溶性样品选择四氢呋喃、氯仿、甲苯和二甲基甲酰胺等有机溶剂为流动相，称为凝胶渗透色谱(gel permeation chromatography)。

分子排阻柱色谱法主要用于分离测定相对分子质量较大的物质，目前已广泛应用在天然药物化学、生物化学的物质分离，生物大分子物质的分离纯化，相对分子质量测定，平衡常数测定中。

第三节 薄层色谱法

色谱过程在固定相构成的平面层内进行的色谱法称为平面色谱法。根据固定相的形式不同，平面色谱法又分为薄层色谱法、纸色谱法和薄膜色谱法。平面色谱法具有仪器设备简单、费用低、分析速度快的优点，并且能同时分析多个样品，对样品预处理要求不高，样品不受沸点、热稳定性的影响。

薄层色谱法是将固定相均匀涂布在表面光滑的平板上，形成薄层而进行色谱分离和分析的方法。常用的平板有玻璃、金属和塑料平板。铺好固定相的板称为薄层板或薄板。按分离机制，薄层色谱法可分为吸附薄层色谱法、分配薄层色谱法和分子排阻薄层色谱法等；按分离效能，又分为经典薄层色谱法和高效薄层色谱法等。本节主要讨论经典薄层色谱法。

一、操作方法

1. 色谱参数

薄层色谱法是最重要的平面色谱，决定色谱性能的参数包括定性参数、相平衡参数和分离参数。

1）定性参数

定性参数一般以比移值 R_f 和相对比移值 R_r 表示。

（1）比移值 R_f。

在薄层色谱法中，比移值定义为在定时展开时，组分的迁移距离 L 与展开剂的迁移距离 L_0 之比。

$$R_f = L/L_0 \tag{13-5}$$

式中：L_0——由原点至展开剂前沿的距离；

L——由原点至某组分斑点中心（质量中心）的距离。

在定时展开的经典薄层色谱中，可以将 R_f 的值看成在一小段距离内的组分迁移速度的平均值 u 与展开剂迁移速度的平均值之比，即 $R_f = u/u_0$。由于被保留组分的迁移速度总是小于展开剂的迁移速度，即 $u < u_0$，被保留组分的迁移距离 L 也总小于展开剂的迁移距离 L_0，即 $L < L_0$，所以 R_f 值总小于 1。不被固定相保留的组分其迁移距离与展开剂的迁移距离相等，故 R_f 值等于 1。在实际操作中，R_f 的使用范围是 0.2～0.8，最佳范围是 0.3～0.5。

比移值是薄层色谱的基本定性参数，它体现了组分在色谱系统中的保留行为。比移值的大小取决于组分的性质、固定相的性质、展开剂的性质和温度。比移值的真实值需在满足以下条件时才能获得：展开过程是在封闭的条件下进行的，薄层板周围空气被展开剂蒸气所饱和，无边缘效应；在分离轨迹方向上，固定相和流动相是均匀的；展开剂的前沿位置明显，能正确测定。

（2）相对比移值 R_r。

由于 R_f 受较多因素影响，要想在不同条件下进行 R_f 值的比较是困难的。因此，建议采用相对比移值 R_r 作为定性参数，其定义式如下：

$$R_r = R_{f(a)}/R_{f(s)} = L_a/L_s \tag{13-6}$$

式中：$R_{f(a)}$、$R_{f(s)}$——组分 a 和参考物质 s 在同一薄层板上、同一展开条件下所测得的比移值；

L_a、L_s——组分 a 和参考物质 s 的斑点中心至原点的距离。

2）相平衡参数

相平衡参数包括分配系数和容量因子。

(1) 分配系数 K 与比移值 R_f 的关系。

分配系数是重要的相平衡参数，其与比移值的关系可用下式表示：

$$R_f = \frac{1}{1 + K\dfrac{V_s}{V_m}} = \frac{V_m}{V_m + KV_s} \tag{13-7}$$

式中：V_s、V_m——薄层板上固定相和展开剂的体积；

K——分配系数。

在实验条件一定时，V_s 和 V_m 固定，组分的比移值就只与分配系数有关，分配系数大的组分比移值就小，分配系数小的组分比移值就大。

(2) 容量因子。

容量因子(capacity factor)又称质量分配系数，它是指达到分配平衡后，组分在固定相和展开剂中的质量之比，用 k 表示，也是重要的相平衡参数。其定义式为

$$k = \frac{c_s V_s}{c_m V_m} \tag{13-8}$$

容量因子与比移值的关系为

$$R_f = \frac{1}{1+k} \tag{13-9}$$

3) 分离参数

分离参数包括分离度和分离数。

(1) 分离度。

分离度(resolution，R)是薄层色谱法最重要的分离参数。它指的是两相邻斑点中心距离与两斑点宽度(直径)之和的比值。

$$R = \frac{2d}{W_1 + W_2} \tag{13-10}$$

式中：d——两斑点中心的距离；

W_1、W_2——两斑点的宽度。

分离度与比移值的关系为

$$R = \frac{2l_0(R_{f2} - R_{f1})}{W_1 + W_2} \tag{13-11}$$

(2) 分离数。

分离数(SN)是指在相邻两斑点的分离度为 1.177 时，在 $R_f=0$ 和 $R_f=1$ 时两组分色谱斑点间能容纳的色谱斑点数。分离数是衡量薄层色谱分离容量的主要参数。

2. 薄层色谱法操作过程

薄层色谱法的操作过程包括薄层板的制备、点样、展开、斑点定位及定性定量分析。

1) 薄层板的制备

薄层板的制备的好坏是能否分离成功的关键。对薄层板的要求是吸附剂涂铺均匀，表面光滑，厚度一致。薄层板的制备包括载板的准备和板的制备。根据制备方法不同，薄层板又分为软板和硬板两种。

(1) 载板的准备。

薄层色谱法用的载板包括玻璃板、塑料膜和金属铝板，为了使吸附剂均匀地涂铺于板

面,要求载板表面光滑、平整、清洁。因此,使用前先用肥皂水或清洁液等洗涤载板,然后用水冲洗干净,烘干备用。最好用95%乙醇擦一次。若板上存有油污,则薄层不易铺成,即使铺成后也很容易发生薄层翘裂脱落现象。

(2) 软板的制备。

直接将吸附剂置于载板上并使之成为均匀的薄层,这是最简单的制板方法。

(3) 硬板的制备。

硬板又称为黏合薄层板,是将吸附剂涂铺于载板之前,先涂一层黏合剂,其作用是将吸附剂薄层固定在载板上。黏合剂的种类和用量会影响分离效果,所以使用时注意选择合适的黏合剂。

硬板的制备方法有倾注制板法、平铺制板法和机械涂铺制板法。倾注制板法是将适量调制好的吸附剂糊倒在准备好的载板上,用干净的玻璃棒均匀涂成一薄层即可。为使薄层更均匀,可对涂好的薄层板稍加振动。平铺制板法是将载板放置在光滑的操作平台上,然后在载板的两边加上玻璃条做边框,边框比载板高 0.25～1 mm,将调好的吸附剂糊倒在载板上刮平并振动均匀即可。这两种方法所制薄层板一般只用于定性分析。机械涂铺制板法是用自动铺板器将吸附剂糊均匀涂铺于载板上。此法可同时制备多块薄层板,所制板的吸附剂涂铺均匀,吸附剂用量一定,板的质量高,分离效果好,重现性好,常用于定量分析。

制好的薄层板需要进行活化。活化方法是先将铺好的薄层板自然晾干,然后放置在烘箱中在 105～110 ℃下烘 0.5～1 h,取出放置在干燥箱内备用。

2) 点样

点样前要进行点样液的制备,点样液的制备对点样非常重要。因此在制备点样液时要选择合适的溶剂来溶解样品。在选择溶剂时应选择甲醇、乙醇、氯仿等挥发性有机溶剂,最好选用与展开剂极性相似的溶剂,使点样后溶剂尽快挥发,减少斑点的扩散;尽量避免选择水,因为水不易挥发,易使斑点扩散。如是水溶性样品,可先用少量水溶解,然后用甲醇或乙醇稀释定容。

适宜的点样量会提高分离效果。点样量太大,会出现斑点过大或拖尾现象;点样量太小,不易检测。点样量的多少应根据薄层性能及显色剂的灵敏度而定,一般为几到几十毫克。

定性分离点样时用 0.5～1 mm 的点样毛细管,毛细管口要平整,或用平头的微量点样器,吸取一定量的点样液,轻轻点在薄层板上的点样线上即可。点样时,应使原点面积尽可能地小,原点扩散直径以不超过 3 mm 为宜。定量分析点样时要求点样量准确,重现性好,常用平头微量点样器或自动点样器。

3) 展开

将点好样品的薄层板与流动相接触,两相相对运动并带动样品运动迁移的过程称为展开。应根据点样后的薄层板的形状、性质选择合适的展开方式。软板的展开方式通常采用卧式,即在点样槽内将点样后的薄层板靠近点样点的一端浸入展开剂 0.5 cm 左右,然后把薄层板另一端垫高,使薄层板与水平面成 15°～30°的夹角,展开剂在毛细管的作用下自下而上地展开。硬板的展开方式通常采用立式,即在展开槽内将薄层板靠近点样点的一端浸入展开剂内，另一端斜靠在点样槽壁上，展开剂在毛细管的作用下缓慢上升沿薄层板展开。在将薄层板浸入展开剂时，应避免将点样线浸入展开剂。对于复杂的组分分离，常采用双向展开、多次展开等方式。上述两种方式都属于上行展开，除此之外还有下行展开、径向展开等展开方式。图 13-7 为薄层色谱展开装置。

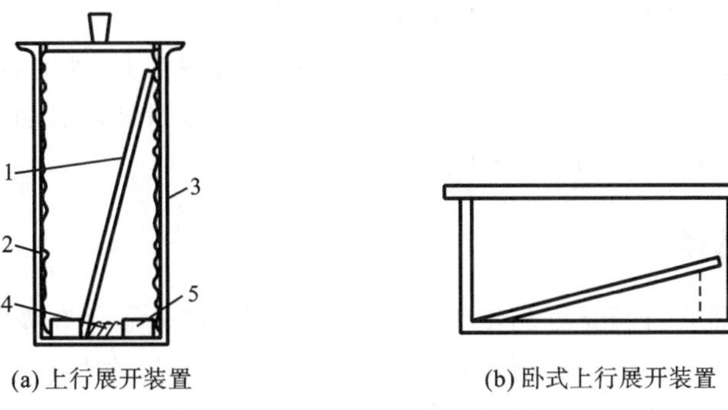

图 13-7　薄层色谱展开装置图

1—薄层板；2—滤纸；3—色谱缸；4—展开剂；5—玻璃块

展开过程必须在展开槽内进行，并保持展开槽恒温恒湿，保证良好的分离效果和重现性。展开过程需要注意的问题如下：

（1）色谱槽或色谱缸必须密闭良好。

为使色谱槽内展开剂蒸气饱和并维持不变，应检查玻璃槽口与盖的边缘磨砂处是否严实。否则，应该涂甘油淀粉糊（展开剂为脂溶性时）或凡士林（展开剂为水溶性时）使其密闭。

（2）注意防止边缘效应。

边缘效应是指同一组分的斑点在同一薄层板上出现的两边缘部分的 R_f 值大于中间部分的 R_f 值的现象。产生该现象的主要原因是色谱缸内溶剂蒸气未达到饱和，造成展开剂的蒸发速度在薄层板两边与中间部分不等。因此，在展开之前，通常将点好样的薄层板置于盛有展开剂的色谱缸内饱和约 15 min（此时薄层板不得浸入展开剂中）。待色谱缸内的空间以及内面的薄层板被展开剂蒸气完全饱和后，再将薄层板浸入展开剂中展开。

二、固定相的选择

薄层色谱法所用固定相为吸附剂，在吸附薄层色谱中，吸附剂的选择十分重要。吸附剂的好坏，直接决定分离能否顺利进行。和柱色谱法一样，选择吸附剂时，也是依据样品的性质和吸附剂吸附能力的强弱。常用的吸附剂有硅胶、氧化铝等。

薄层色谱法用的硅胶比柱色谱法用的硅胶粒度要小，其粒度为 10～40 μm，比表面积约为 500 m^2/g，比孔体积约为 0.4 mL/g，平均孔径约为 100 nm。常用硅胶的类型有硅胶 H、硅胶 G 和硅胶 HF_{254}。市售硅胶 H 不含黏合剂，铺制硬板时需加黏合剂，常用黏合剂有煅石膏（gypsum）、羧甲基纤维素钠（CMC-Na）。硅胶 G 是硅胶和煅石膏混合而成的。硅胶 HF_{254} 不含黏合剂，但含有无机荧光剂如锰激活的硅酸锌，在 254 nm 紫外光下呈强烈黄绿色荧光背景。此外尚有硅胶 GF_{254} 及硅胶 $HF_{254+366}$ 等。用含荧光剂的吸附剂制成

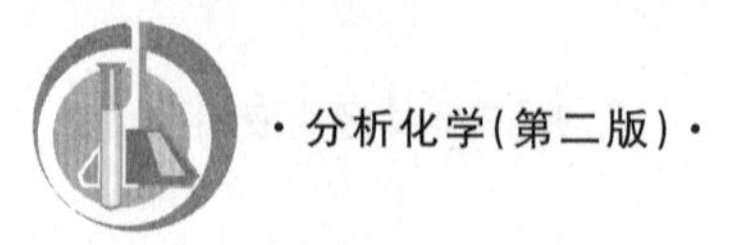

的荧光薄层板,适用于本身不发光且不易显色物质的研究。

氧化铝和硅胶类似,有氧化铝 H 和氧化铝 HF_{254} 等。

氧化铝呈微碱性,适用于碱性物质和中性物质的分离;硅胶则显微酸性,适用于酸性及中性物质的分离。如果在展开剂中加入少量的碱,调成一定 pH 值的展开剂,则可改变硅胶的酸碱性,适用于各种物质的分离要求。

吸附剂的颗粒大小对分离效果有显著影响。吸附剂颗粒大,则比表面积小,吸附能力就弱,展开过程就快,展开后斑点较宽,分离效果差。若吸附剂颗粒过小,则展开过程就慢。在操作时,要选择合适的颗粒大小。

三、展开剂的选择

薄层色谱法的展开过程是样品组分的分子与展开剂的分子争夺吸附剂表面活性中心的过程。展开剂选择是否恰当是薄层色谱分离好坏的重要条件之一,吸附薄层色谱条件的选择主要是展开剂的选择。选择的一般原则和吸附柱色谱法中流动相的原则类似,既要考虑待测样品组分的性质,又要考虑吸附剂的性质、展开剂的极性。

根据以上条件,设计了一个选择薄层色谱条件的简图(如图 13-8 所示)。该图中圆周的三部分分别代表选择薄层色谱的三个条件。若将这三角形中 A 角指向极性物质,则 B 角指向活度小的吸附剂,C 角指向极性展开剂,以此类推,就可以选择出合适的条件。

薄层色谱法中常用的溶剂,按极性由弱到强的顺序如下:石油醚＜环己烷＜二硫化碳＜四氯化碳＜三氯乙烷＜苯＜甲苯＜二氯甲烷＜氯仿＜乙醚＜乙酸乙酯＜丙酮＜乙醇＜甲醇＜吡啶＜水。

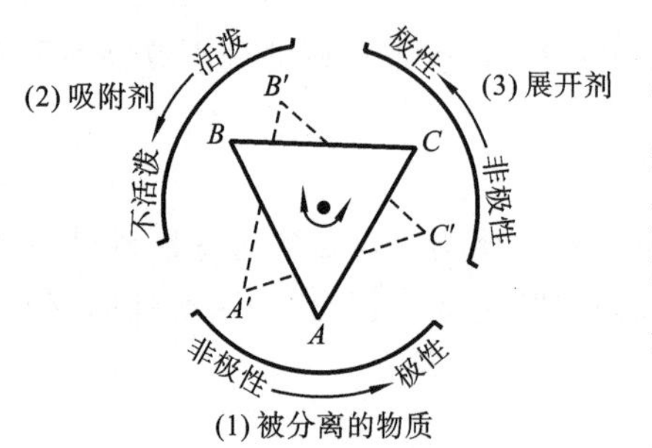

图 13-8　被分离物质的极性、吸附剂活度和展开剂极性间关系

用单一溶剂为展开剂时,由于溶剂组成简单,因而分离重现性好。但对于难分离的组分分离效果不好,往往需要二元、三元甚至多元溶剂作为展开剂。例如,某物质以单一溶剂苯为展开剂时,R_f 值太小,甚至留在原点,此时可以在此展开剂中加入一定量极性大的溶剂,如丙酮、乙醇等。视分离效果再适当改变溶剂的配比,如苯-乙醇为 9∶1、8∶2 及 7∶3等,直到获得满意的 R_f 值(0.2～0.8)为止。当用单一溶剂苯展开时,R_f 值太大,斑点出现在前沿附近,则可在展开剂中逐步加入适量极性小的溶剂,如石油醚、环己烷等以降低展开剂的极性,使 R_f 值符合要求。

多元混合展开剂中,不同的溶剂分别起不同的作用。占比大的溶剂,往往起到溶解待测组分和分离的作用,占比较小的溶剂则起到调整改善分离物质的 R_f 值等作用。例如,环己烷-丙酮-二乙胺-水(10∶5∶2∶5)的混合系统中,水的极性最大;环己烷极性小,可以降低展开剂的极性,调节 R_f 值;丙酮则起到混匀整个溶剂系统及降低展开剂的黏度的作用;少量二乙胺的加入可起到调整展开系统的 pH 值的作用,使分离的斑点清晰集中,减少拖尾现象。多元溶剂展开剂的极性可以通过各溶剂的介电常数 ε 来求算。

四、定性定量分析方法

1. 定位

薄层板展开后，对样品组分进行定性或定量分析前，需要对样品组分斑点在薄层板上的位置进行确定，即定位。常用的定位方法是在日光下，观察并画出有色物质的色斑，然后在波长为 254 nm 或 365 nm 的紫外灯下观察有无紫外吸收色斑或荧光色斑。也可根据不同组分的性质，通过喷洒适当显色剂进行显色，确定斑点位置。常用的显色方法如下：

（1）蒸气显色。

如将固体碘、浓氨水等易挥发性物质放在密闭容器内，蒸气达到一定浓度后，将薄层板放入其中显色。

（2）喷雾显色。

将显色剂配成一定浓度的溶液，用喷雾的方法均匀喷洒在薄层板上，有时需要加热，使无色斑点显色或较浅色斑点颜色加深，提高检测灵敏度。硬板采用此法。

喷显色剂时要注意：①薄层板上的展开剂应全部挥发至干，避免背景干扰；②所选喷雾器喷出的显色雾滴应细小均匀，保证薄层板上各斑点喷到的显色剂比较均匀；③控制好显色条件，如加热时间、温度等。

（3）浸渍显色。

浸渍显色是将薄层板的一端浸入显色剂中，待显色剂扩散到整个薄层后，取出，晾干或吹干，即可呈现斑点的颜色。软板采用此法。

常用的显色剂有碘、硫酸溶液、荧光黄溶液等。碘能和许多化合物发生显色反应，如氨基酸、肽类，生物碱、皂苷等。其优点是显色反应往往是可逆的，在空气中放置时碘升华挥发后，斑点可便于进一步处理。

专用显色剂是对某个或某类化合物显色的试剂。例如，三氯化铁的高氯酸溶液可显色吲哚类生物碱，茚三酮是氨基酸和脂肪族伯胺的显色剂，溴甲酚绿是酸性化合物的显色剂。

在实际工作中，应根据被分离组分的性质及薄层板的状况来选择合适的显色剂及显色方法。各类组分所用的显色剂可从有关手册或色谱法专著中查阅。

2. 定性分析

薄层板上斑点位置确定之后，便可计算 R_f 值。然后，将该 R_f 值与文献记载的 R_f 值相比较来鉴定各组分。但影响 R_f 值的因素很多，主要外因如下：

（1）吸附剂的性质。

吸附剂的种类和活度对物质的 R_f 值有较大影响。吸附剂表面性质、表面颗粒大小及含水量的多少，都会对吸附性能带来种种差异，从而影响 R_f 值的重现性。

（2）展开剂的性质。

展开剂的极性直接影响物质的移动距离和速度，故对 R_f 值影响很大。例如，在流动相中增加极性溶剂的比例，则亲水性物质的 R_f 值就会增大。在色谱缸中，溶剂蒸气的饱和程度对 R_f 值也有影响。如果在展开前未预先让蒸气饱和，则在展开过程中溶剂将不断从表面蒸发,造成展开剂比例改变,致使 R_f 值发生变化。

(3) 展开时的温度。

一般来讲,温度对吸附色谱的 R_f 值影响不大,但对分配色谱则直接影响分离效果。因此,温度对纸色谱的影响要比吸附薄层色谱大些,此外,展开方式、展开距离等因素也会给 R_f 值带来不同程度的影响。

因此,要使测定的条件与文献规定的条件完全一致比较困难。通常的方法是用对照法,即在同一块薄层板上分别点上样品和对照品进行展开、定位。如果样品的 R_f 值与对照品的 R_f 值相同,即 $R=1$,则可基本认为该组分与对照品为同一物质。有时为了进一步可靠起见,还应采用多种不同的展开系统进行展开。如果所得到的 R_f 值与对照品均一致,才可认定是同一物质。

3. 定量分析

薄层色谱法的定量分析采用仪器扫描直接测定较为方便、准确。但在某些情况下也可用一些简易的定量或半定量的方法。

1)目视比较法

将对照品配成浓度已知的系列标准溶液,同样品溶液点在同一块薄层板上展开(点样体积相同),显色后,目视比较样品色斑的颜色深度和面积大小与对照品中的哪一个最为接近,即可求出样品含量的近似值。本法适合于半定量分析或药物中杂质的限度检查。

2) 斑点洗脱法

将样品溶液以线状点在薄层板的起始线上,展开后,用一块稍窄一点的玻璃板盖着薄层板的中间,用以上定位方法定位出薄层板两边斑点。拿开玻璃板,将待测组分斑点中间条状部分的吸附剂定量取下(如采用刀片刮下或捕集器收集),用合适的溶剂将待测组分定量洗脱,然后按照目视比色法或分光光度法测定其含量。

样品斑点定位法及斑点的捕集方法见图 13-9。

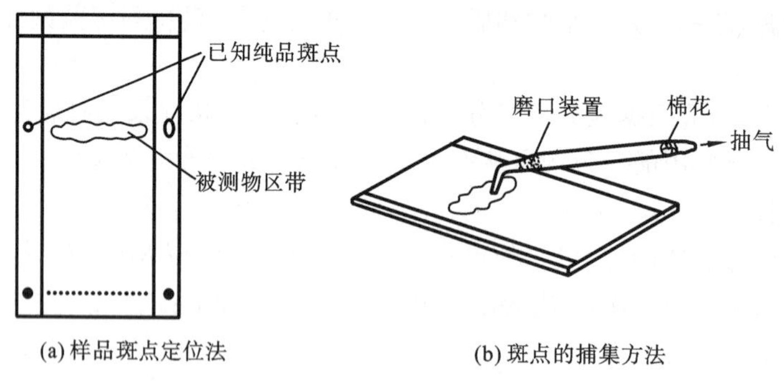

(a) 样品斑点定位法

(b) 斑点的捕集方法

图 13-9　样品斑点定位法及斑点的捕集方法

3) 薄层扫描法

随着分析技术的不断发展和完善,用薄层扫描仪直接测定斑点的含量已成为薄层色谱定量的主要方法。薄层扫描仪就是为适应薄层色谱和纸色谱的要求而专门对斑点进行扫描的定量仪器。它由光源、单色器、样品台、检测器和记录仪等构成，其光学系统有单光束、双光束和双波长三种。双波长薄层扫描仪是目前较为常用的一种，下面进行介绍。

（1）测定原理。

双波长薄层扫描仪的光学系统与双波长分光光度计相类似，其原理也相同。图13-10为 CS-910 型双波长双光束薄层扫描仪的简明原理图。

如图 13-10 所示，从光源 L（氘灯、钨灯和氙灯）发射出来的光，通过单色器 MC 分成两束不同波长（λ_1和 λ_2）的光。经斩光器 CH 遮断，使两束光交替通过狭缝，照射在薄层板 P 上。如采用反射法测定，则斑点表面的反射光由光电倍增管 PM_R接收；如采用透射法测定，则由光电倍增管 PM_T所接收。光电倍增管将光能量变为电信号输出，再由对数放大器转换为吸光度信号，此信号由记录仪记录，即可得到轮廓曲线或峰面积。

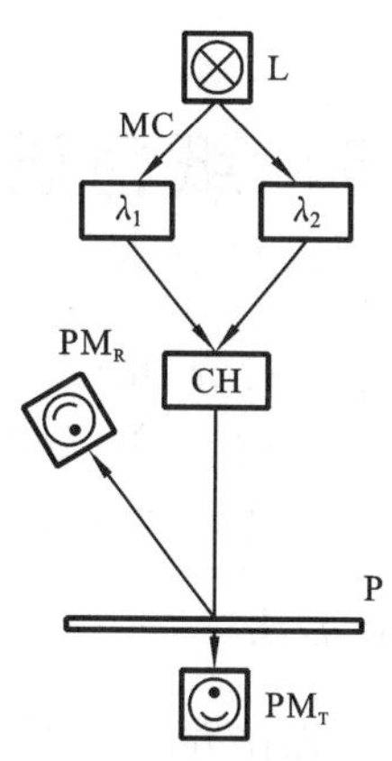

图 13-10　CS-910 型双波长双光束薄层扫描仪的简明原理图

L—光源；MC—单色器；
CH—斩光器；P—薄层板

（2）双波长选择。

在进行测量时，仪器先自动转到预先设定的参比波长处测出数据，并将此数据储存起来，再自动转到预先设定的样品波长处测定，然后自动计算出两个波长的吸光度差值。双波长法由于从测量值中减去了薄层色谱本身的空白吸收，在一定程度上消除了薄层不均匀而引起的基线波动，使测定结果准确度得以提高。

（3）测定方式。

薄层扫描法的测定方式有透射测定法和反射测定法。透射测定法测得的是透过薄层的光强度，这种方法受外界因素影响较大，因此在应用上受到了一定的限制。反射测定法测得的是薄层反射光的强度，受薄层厚度均匀性的影响较小，基线稳定，重现性较好，是应用较多的方法。

五、应用示例

薄层色谱法常用于合成药物反应速率或反应完成的监控、药物杂质的检查。

在进行杂质检查实验时，把一定量的样品溶液（例如，相当于样品 10%的溶液）点在薄层上，用展开剂展开并显色，同时用纯品作对照，如果样品不只显示出纯品位置一致的一个斑点，则表示含有杂质。进一步可用薄层作杂质的限量检查。如果已经知道显色剂对杂质的最小检出量为 0.1%，在薄层上点样后不显出杂质斑点，则杂质的量低于 0.1%，也就是样品的纯度不低于 99.9%。例如，甾体药物的合成和精工制作中，常含结构类似的杂质，即按上述方法控制其质量和杂质的限量。

（1）在毒物分析中检验是否是巴比妥安眠药中毒。

色谱条件中，吸附剂为硅胶，展开剂为氯仿-无水乙醇（36∶1），显色剂为硫酸汞-二苯偶碳酰肼，展开时间为 1 h。与标准品对照，依次检出巴比妥、苯巴比妥、戊巴比妥和异巴比妥。

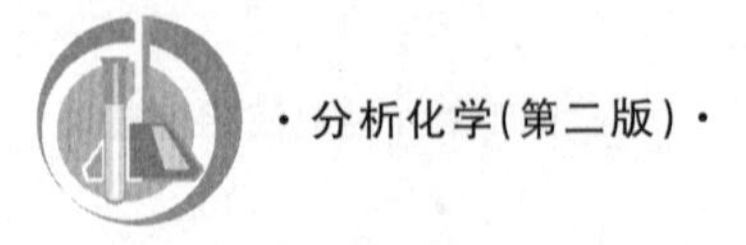

(2) 硫酸长春碱的纯度检测。

色谱条件中,吸附剂为硅胶 GF_{254},展开剂为石油醚-氯仿-丙酮-二乙胺(12∶6∶1∶1),在紫外灯 254 nm 波长下检测。取硫酸长春碱待测溶液和标准溶液各 5 μL,分别点在同一薄层板上,在展开槽内展开,晾干后,在紫外灯下检测,待测样品如含杂质斑点不得超过 2 个,其颜色与标准溶液的主斑点比较不能更深。

第四节 纸色谱法

纸色谱法(paper chromatography,PC)是以纸作为载体的色谱法。按分离原理它属于分配色谱法,具有简单、分离效能高、所需设备廉价、应用范围广等特点,因而在有机化学、分析化学、生物化学、药物分析等方面得到广泛应用。

一、操作方法

纸色谱的操作方法与薄层色谱法相似,主要有色谱滤纸的选择、点样、展开、斑点定位、定性与定量分析。

1. 色谱滤纸的选择

滤纸的质量是影响分离效果的重要因素之一。纸色谱法对色谱滤纸的要求如下:①色谱滤纸要纯,无明显的荧光斑点,灰分及金属含量低;②色谱滤纸应质地均匀,平整无折痕,边缘整齐,以保证展开剂展开速度均匀;③纸纤维应松紧适宜,厚度适宜,过于疏松则易使斑点扩散,过于紧密则展开速度太慢;④有一定的机械强度,当滤纸被溶剂润湿后,仍保持一定的机械强度。

选择滤纸时应结合分离对象、分离目的、展开剂的性质来考虑。通常样品中各组分间 R_f 值相差很小时宜选用慢速滤纸;反之,则选用快速或中速滤纸。厚型滤纸载量大,常用于定量或制备;用于定性鉴别时,应选用薄型滤纸。如果黏度过大,如正丁醇,可选用疏松的薄型快速滤纸;反之,宜选用结构紧密的厚型滤纸。

常用的滤纸为新华色谱滤纸(国内产品),国外产品多为 Whatman 1 号。

2. 点样

点样方法基本上与薄层色谱法相似。点样量取决于纸的厚薄程度及显色剂的灵敏度,一般是几微克到十几微克。

3. 展开

1) 展开剂的选择

展开剂的选择主要根据待测组分在两相中的溶解度和展开剂的极性来考虑,多数情况下是采用含水的有机溶剂。最常用的是 BAW 展开系统:正丁醇-乙酸-水(4∶1∶5 或 4∶1∶1)。必须注意的是,展开剂应预先用水饱和,否则,在展开过程中,会把固定相中的水夺去,使分配过程难以进行。

2) 展开方式

应根据色谱纸的形状、大小,选用合适的密闭容器。先用展开剂蒸气饱和容器内部,或预先将浸有展开剂的滤纸条贴在容器的内壁上，下端浸入展开剂中，使容器内能很快被展开剂蒸气所饱和。然后，将点好样的色谱纸的一端浸入到展开剂中进行展开。

纸色谱法通常采用上行法展开，让展开剂借助纸纤维毛细管作用向上扩散。该法应用广泛，但展开速度慢，一般要 5～8 h。也可以用下行法展开，借助于重力使溶剂由毛细管向下移动。对于成分复杂的混合物可以采用双向展开方式等。展开方式的选择，应视具体样品而定。应注意的是，即使是同一物质，如果展开方式不同，其 R_f 值也不一样。

纸层和薄层一样，在展开过程中尽量争取色谱条件恒定以获得良好的重现性。

4. 斑点定位

纸色谱法的斑点定位方法基本上和薄层色谱法相似，但纸色谱法不能使用腐蚀性显色剂，也不能在高温下显色。

5. 定性与定量分析

纸色谱的定性方法与薄层色谱完全相同，都是依据 R_f 值来鉴定物质。而定量方法则有所不同。纸色谱法定量早期多采用剪洗法，与薄层色谱法的斑点洗脱法相似。先将定位后的斑点部分剪下，经溶剂洗脱，然后用分光光度法定量。近年来，由于分析技术的发展，也可将滤纸上的样品斑点置于薄层扫描仪上直接进行扫描，根据扫描的积分值，计算出样品中某一组分的含量。

纸色谱法比柱色谱法操作简单。在分析水溶液成分，糖类、氨基酸类、无机离子等极性大的物质方面，其分离效果优于薄层色谱法。经典液相色谱法归纳如表 13-3 所示。

表 13-3 经典液相色谱法比较

	柱色谱法(CC)	薄层色谱法(TLC)	纸色谱法(PC)
操作步骤	装柱 加样 洗脱 定性分析 定量分析	薄层板的制备 点样 展开 斑点定位 定性与定量分析	色谱滤纸的选择 点样 展开 斑点定位 定性与定量分析
特点	适用于混合组分的分离与提纯	快速、灵敏、简便，常用于定性与定量分析	适用于极性大的组分的定性与定量分析

二、色谱原理

纸色谱法在分离原理上属于分配色谱。固定相一般为纸纤维上吸附的水，流动相为与水不相混溶的有机溶剂。

但在目前的应用中，也常用与水相混溶的溶剂作为流动相。因为滤纸纤维所吸收的 20%～60%的水分约有 6%能通过氢键与纤维上的烃基结合成复合物，所以这一部分水与水相混溶的溶剂(如丙酮、乙醇、丙醇等)仍能形成类似不相混溶的两相。纸除了吸附水以外，也可吸附其他极性物质，如甲酰胺、缓冲溶液等作为固定相。

被测组分在两相(固定相和流动相)之间进行分配时，由于各组分分配系数的不同而得到分离。

将滤纸剪成长条，在离纸的一端 2～3 cm 处点样，风干后将滤纸条悬挂在装有展开剂的密闭色谱缸内,使滤纸被展开剂蒸气饱和后,再将滤纸点有样品的底端浸入展开剂中(勿将原点浸在展开剂中),展开剂借助滤纸纤维毛细管作用缓缓流向另一端。在展开过程中,样品中各组分随流动相向前移动,即在两相间连续进行分配萃取。由于各组分在两相间的分配系数不同,经过一段时间后,各组分便被分开。取出滤纸条,画出溶剂前沿线,晾干,依照薄层斑点的检出方法进行定位后,便可进行定性与定量分析。

三、影响 R_f 值的因素

平面色谱(薄层色谱和纸色谱)上的 R_f 值如同柱色谱法的保留时间 t_R 一样,在一定条件下为一定值,可以作为鉴定物质的参数。物质 R_f 值的大小,主要由物质本身的结构和色谱的外因条件所决定。

1. 化学结构

化合物在两相中分配系数的大小取决于化合物的分子结构。一般来说,物质的极性大或亲水性强,在水中的分配量就多,则在以水为固定相的纸色谱中 R_f 就小;相反,如果物质的极性小或亲脂性强,则 R_f 值就大。例如,葡萄糖、鼠李糖、洋地黄毒糖都属于六碳糖类,但由于分子中所含极性官能团羟基数目不同,极性也就不同,因而 R_f 值也不同。它们的化学结构式如下:

```
     CHO              CHO             CHO
      |                |               |
     HC—OH         HO—CH              CH2
      |                |               |
  HO—CH            HO—CH             HC—OH
      |                |               |
     HC—OH             HC—OH         HC—OH
      |                |               |
     HC—OH             HC—OH         HC—OH
      |                |               |
     CH2OH             CH3            CH3
   (葡萄糖)          (鼠李糖)      (洋地黄毒糖)
```

葡萄糖醛酸、葡萄糖、鼠李糖和洋地黄毒糖的 R_f 值与结构的关系见表 13-4。

表 13-4　葡萄糖醛酸、葡萄糖、鼠李糖和洋地黄毒糖的 R_f 值与结构的关系

物　质	葡萄糖醛酸	葡萄糖	鼠李糖	洋地黄毒糖
分子中羟基数	4	5	4	3
亲脂性基团	无	无	CH_3	CH_2、CH_3
分子极性	最大	大	小	最小
R_f 值	最小	小	大	最大

从表 13-4 可以看出,只要知道物质的化学结构就可以判断其极性大小,根据极性大小,便可推测 R_f 值大小顺序。

2. pH 值

pH 值是影响 R_f 值的重要因素。弱酸弱碱的解离度受 pH 值的影响,解离度越大,极性越强,越易分配在极性强的一相,使组分在两相中的分配系数发生改变,从而引起 R_f 值的改变。

3. 温度

温度的变化会引起物质分配系数的改变，所以 R_f 值也随着变化。

4. 纸的性质

不同种类的色谱纸，它的厚度、均匀性、纸纤维的松紧度等都不同程度影响 R_f 值。

5. 展开距离

同样的展开剂，在同样的展开条件下，组分的展开距离不同，则 R_f 值不一样。展开距离越大，R_f 值越大；展开距离越小，R_f 值越小。

此外，色谱缸中有机溶剂蒸气未达饱和，对 R_f 值也会产生影响。因为有机蒸气未达饱和，流动相中的有机溶剂将继续挥发，流动相中的含水量就相对增加。总之，在色谱过程中，必须考虑上述各因素，尽可能保持恒定的色谱条件，以获得重现性好的 R_f 值。

四、应用示例

现以纸色谱法进行氨基酸的分离与鉴定为例进行说明。

由于各种氨基酸在结构上存在差异，导致极性各不相同，因此，它们在水相和有机相中溶解性也各不相同，分配系数大的氨基酸 R_f 值小，分配系数小的氨基酸 R_f 值大。氨基酸分离并显色后，将各氨基酸的 R_f 值与对照品的 R_f 值比较，可达到分离鉴定的目的。

色谱条件中，展开剂为正丁醇-乙酸-水（4∶1∶5），显色剂为 0.1％茚三酮的乙醇溶液，样品为乙氨酸标准溶液（2％水溶液）、丙氨酸标准溶液（1％水溶液）、亮氨酸标准溶液（1％水溶液）、乙氨酸-丙氨酸-亮氨酸混合溶液（1∶1∶1）、未知溶液。

1. 点样

用毛细管吸取氨基酸点样，待干后，将滤纸条悬挂在层析缸内饱和 30 min。

2. 展开

将点有样品的一端浸入展开剂约 1 cm 深处，当展开剂上升至距顶端 2～3 cm 时，取出滤纸条，画出前沿线，晾干。

3. 显色

将显色剂茚三酮试液喷于滤纸条上，电吹风加热，即可看到各种氨基酸斑点颜色。

4. 定性

框出各斑点，并找出斑点中心，量出斑点中心到原点的距离和溶剂前沿到起始线的距离，计算各种氨基酸的 R_f 值，并进行定性分析。

1. 色谱法按流动相和固定相的状态、分离原理和操作方式的不同分成不同的类别，本章主要介绍液相色谱法。

2. 液相色谱法按分离原理，可分为吸附、分配、离子交换和分子排阻等色谱法；按操作方式，可分为柱色谱法、薄层色谱法和纸色谱法。

目标检测

一、选择题

1. 色谱法按色谱原理不同可分为(　　)。

A. 气-液色谱法、气-固色谱法、液-液色谱法、液-固色谱法

B. 柱色谱法、薄层色谱法、纸色谱法

C. 吸附色谱法、分配色谱法、离子交换色谱法、凝胶色谱法

D. 气相色谱法、高效液相色谱法、超临界流体色谱法、毛细管电泳色谱法

E. 硅胶柱色谱法、氧化铝柱色谱法、大孔树脂柱色谱法、活性炭柱色谱法

2. 分配色谱法是依据物质的(　　)而进行的分离、分析方法。

A. 溶解性　　B. 离子交换能力　　C. 分子大小

D. 熔、沸点　　E. 极性

3. 下列物质不能作为吸附剂的是(　　)。

A. 硅胶　　B. 氧化铝　　C. 纤维素

D. 聚酰胺　　E. 活性炭

4. 溶剂按极性从大到小顺序排列正确的是(　　)。

A. 石油醚＜氯仿＜苯＜正丁醇＜乙酸乙酯

B. 甲醇＞水＞正丁醇＞乙酸

C. CCl_4＜$CHCl_3$＜苯＜丙酮＜乙醇

D. 丙酮＞乙酸乙酯＞$CHCl_3$＞苯

E. $CHCl_3$＞CCl_4＞苯＞乙醚＞石油醚

5. 在极性吸附剂柱色谱中，被分离组分的极性越强，则(　　)。

A. 在柱内保留时间越长　　B. 被吸附剂吸附得越不牢固

C. 吸附平衡常数越小　　D. 应选择极性越小的洗脱剂

E. 应选择极性越大的吸附剂

6. 对于凝胶柱色谱法，下列说法正确的是(　　)。

A. 凝胶柱色谱法只适用于小分子之间的分离

B. 凡是多孔物质都可用于凝胶柱色谱作固定相

C. 凝胶柱色谱法的分离效果取决于凝胶孔径的大小和被分离组分分子的大小

D. 被分离组分分子越小，越容易通过凝胶柱，柱内保留时间越短

E. 凝胶柱色谱法按分离原理不同，可分为凝胶渗透色谱法和凝胶过滤色谱法

7. 下列有关薄层色谱法的叙述错误的是(　　)。

A. 薄层色谱法具有快速、灵敏、仪器简单、操作简便的特点

B. 薄层色谱法中用于定性分析的主要数据是各斑点的 R_f值与 R 值

C. 吸附薄层色谱法中吸附剂的粒度应比吸附柱色谱法中的吸附剂粒度粗一些

D. 薄层色谱法是在薄层板上进行的一种色谱法

E. 薄层色谱法的分离原理与柱色谱法相似，所以又称敞开的柱色谱法

8. 下列各类型薄层板不属于硬板的是(　　)。
A. 氧化铝 CMC-Na 板　B. 硅胶 CMC-Na 板　C. 氧化铝 G 板
D. 硅胶 G 板　E. 硅胶 H 板
9. 在吸附薄层色谱法中，若降低展开剂的极性，则(　　)。
A. 组分的 R_f 值增大　B. 组分的 R_f 值减小　C. 展开速度加快
D. 分离效果更好　E. 各组分的 R_f 值不改变
10. 在吸附色谱法中，分离极性小的物质应选用(　　)。
A. 活度级别大的吸附剂和极性小的洗脱剂
B. 活性高的吸附剂和极性大的洗脱剂
C. 活性低的吸附剂和极性大的洗脱剂
D. 活度级别小的吸附剂和极性小的洗脱剂
E. 以上四种选择都不对
11. 纸色谱属于(　　)。
A. 气相色谱　B. 凝胶过滤色谱　C. 吸附色谱
D. 分配色谱　E. 离子交换色谱
12. 硅胶 G 板和硅胶 CMC-Na 板称为(　　)。
A. 干板　B. 软板　C. 硬板
D. 湿板　E. 以上四种选择都不对
13. 在纸色谱中，ΔR_f 值较大的组分间(　　)。
A. 斑点离开原点较近　B. 斑点离开原点较远　C. 分离效果差
D. 组分间分离得较开　E. 组分间分不开
14. 在下列因素中，对 R_f 值无影响的是(　　)。
A. 吸附剂的活性　B. 展开剂的用量　C. 展开时间与展开距离
D. 展开剂的极性　E. 展开方式
15. 纸色谱中的分离过程主要依据物质的(　　)。
A. 分子大小　B. 溶解性　C. 极性
D. 离子交换能力　E. 熔、沸点
16. 下列操作步骤中，纸色谱法和薄层色谱法不共有的是(　　)。
A. 点样　B. 展开　C. 斑点定位
D. 活化　E. 定性与定量分析

二、名词解释

柱色谱法　色谱法　薄层色谱法　纸色谱法　分配系数(K)　保留时间
载体(担体)　交联度　交换容量　比移值　相对比移值　边缘效应

三、填空题

1. 某物质的分配系数 K 越大，则在柱色谱中保留时间 t_R________，在纸色谱法或薄层色谱法中 R_f 值________。

2. 吸附色谱法中固定相为________，分配色谱法中固定相为________，需用________支撑。

3. 如果被分离组分极性较小,则应选择________的吸附剂和________的洗脱剂。

4. LSCC 与 LLCC 比较,其不同点主要有________、________、________。

5. 吸附色谱法的原理是____。

6. 分配色谱法的原理是____。

7. 吸附剂 Al_2O_3 和硅胶中含水量越高,活性越________,其吸附能力越________。

8. 分配色谱法中,所有固定相与流动相必须事先相互________。

9. 纸色谱法中固定相一般为________。

10. 在纸色谱法中,组分的极性越大,则 R_f 值越________,组分移动得越________。

11. 薄层色谱法的展开方式有________、________、________、________和________展开。

12. 薄层色谱法的操作步骤为________、________、________、________和________。

四、简答题

1. 以液-固吸附柱色谱法为例,简述色谱法的过程。

2. 简述分配系数与保留时间的关系。

3. 常用的吸附剂有哪些?其吸附性能如何?各适合于分离哪些类型的物质?

4. 在吸附色谱中,以硅胶为固定相,当用氯仿作流动相时,样品中某些组分保留时间太短,若改用氯仿-甲醇(1∶1),则样品中各组分的保留时间是变长还是变得更短?为什么?

5. 已知某混合物中 A、B、C 三组分的分配系数分别为 4.4、1.8 及 3.2,三组分在吸附薄层上的 R_f 值顺序如何?

6. 在 A 硅胶薄层板上,以苯-甲醇混合溶液(1∶3)为展开剂,某物质的 R_f 值为 0.50,在 B 硅胶薄层板上,用上述相同的展开剂,该物质的 R_f 值降为 0.40。A、B 两种硅胶薄层板,哪一块板上的吸附剂活性大些?

7. 简述柱色谱法的操作步骤和各步骤注意事项。

8. 简述薄层色谱法的操作步骤和各步骤注意事项。

9. 简述纸色谱法的操作步骤和各步骤注意事项。

五、计算题

1. 化合物 A 在薄层板上从原点到斑点中心的距离是 8.3 cm,而该薄层板的起始线到溶剂前沿的距离为 15.1 cm。化合物 A 的 R_f 值为多少?如果该薄层板起始线到溶剂前沿的距离为 12.0 cm,则化合物 A 的斑点在此薄层板上大约在何处?

(0.55,距起始线 6.6 cm 处)

2. 今有两种组分 A 和 B 的混合溶液,用纸色谱分离时,它们的 R_f 值分别是 0.43 和 0.65。现欲使分离后两斑点中心的距离为 2 cm,滤纸条应选用多长的?(设起始线距底边为 2 cm)

(应不小于 11.1 cm)

3. 已知 A 与 B 两物质的相对比移值为 1.3,当 A 物质在某薄层板上展开后,斑点中心距原点 9.25 cm,此时溶剂前沿到原点距离为 16 cm,若 B 物质在此板上同时展开,则 B 物质的展开距离应为多少?R_f 值为多少?

(7.1 cm,0.445)

第十四章

气相色谱法

用气体作为流动相的色谱法称为气相色谱法(gas chromatography,GC)。它是由惰性气体将汽化后的样品带入加热的色谱柱,并携带分子通过(渗透)固定相,达到分离的目的。

根据所用固定相状态的不同,气相色谱法分为气-固色谱法和气-液色谱法。气-固色谱法是用多孔性固体作为固定相,分离对象主要是在常温常压下为气体或低沸点的化合物,由于供选择的固定相少,分离的对象不多,因此应用不广泛;气-液色谱法是将高沸点的有机化合物(固定液)涂渍在惰性载体上作为固定相,分离对象主要是热稳定性能好的有机及无机化合物,由于供选择的固定液种类很多,选择性较好,因此应用很广泛。

第一节　气相色谱仪与色谱过程

一、气相色谱仪

气相色谱仪的型号和种类很多,但基本结构是一致的。它们均由气路系统、进样系统、分离系统、检测系统、温度控制系统和数据处理系统等六大系统组成。

样品中各组分能否分开,关键在于色谱柱;分离后能否灵敏、准确地测定各组分,则取决于检测器。因此,分离系统和检测系统是气相色谱仪的核心,色谱柱和检测器是气相色谱仪的关键部件。

1. 气路系统

气路系统包括载气、净化器、气体流速控制和测量装置,是流动相连续运行的密闭管路系统。通过该系统可获得纯净的、流速稳定的载气。气路系统必须气密性好、气体纯净、气流稳定且能准确测量。

1) 载气

选择不干扰样品分析的气体作为载气,常用的有 N_2、H_2、He 和 Ar 等。选择何种载气,主要由所用检测器的性质和分离要求决定。载气可以储存在高压钢瓶中,也可以由气体发生器提供。

2）净化器

载气的净化由装有气体净化剂的气体净化管来完成。常用的净化剂有活性炭、硅胶和分子筛。

3）气体流速控制和测量装置

由于载气的流速影响色谱分离，因此要求载气流速稳定。由稳压阀、稳流阀和流量计进行气体流速的控制和测量。

2. 进样系统

进样系统包括进样器和汽化室。其作用是把待测样品快速而定量地加到色谱柱柱头上，以便被流动相带入色谱柱中进行分离。进样量的大小、进样时间的长短和样品汽化速度等都会影响色谱分离效率和分析结果的准确性及重现性。

1）进样器

气体样品的进样，常用的是六通阀，它操作简便、重现性好，而且便于实现进样操作的自动化。液体样品的进样，多采用微量注射器，常用的规格有 1 μL、5 μL、10 μL 等；固体样品通常用溶剂溶解后，用微量注射器进样。

2）汽化室

汽化室的主要作用是将液体样品迅速、完全地汽化。它实际上是个加热器。对汽化室的要求是密封性好、热容量大、死体积小、对样品无催化效应。

3. 分离系统

分离系统包括色谱柱和色谱柱箱，其核心是色谱柱。色谱柱的作用是将待测样品分离为单个组分，而依次流出色谱柱。色谱柱安装在色谱柱箱内。

1）色谱柱

色谱柱主要有填充柱和毛细管柱两类。

填充柱是指在柱内均匀、紧密地填充固定相颗粒的色谱柱，由不锈钢或玻璃材料制成，一般内径为 2～4 mm，柱长 1～3 m，形状有 U 形和螺旋形两种。填充柱制备简单，可供选择的固定相种类多，柱容量大，分离效率也足够高，应用很普遍。

毛细管柱又称开管柱，内径为 0.2～0.5 mm，柱长几十米，甚至百米以上。毛细管材料可以是不锈钢、玻璃或石英。毛细管柱的突出特点如下：样品用量少、分析速度快、分离效能高。但毛细管柱的柱容量小，对检测器的灵敏度要求高。

2）色谱柱箱

色谱柱箱可以提供适宜的柱温。柱温对分离影响很大，所以要求柱箱温度梯度小、保温性能好、控温精度高、升温降温速度快。若使柱温在指定时间内以预定速度升温，即程序升温，则需用程序升温控制器。

4. 检测系统

检测系统包括检测器和测量电路。其作用是将各分离组分及其浓度的变化以易于测量的电信号显示出来，以便进行定性、定量分析。

1）检测器

检测器的作用是把色谱柱分离的样品组分，根据其物理或化学的特性，转变成电信号，经放大后，由记录仪记录成色谱图。检测器能灵敏、快速、准确、连续地反映样品组分的变化，从而达到定性和定量分析的目的。

气相色谱仪所用的检测器种类很多，应用最广的是热导池检测器（TCD）和氢火焰离子化检测器（FID），此外还有电子捕获检测器（ECD）、火焰光度检测器（FPD）等。

检测器可分为两类：浓度型检测器和质量型检测器。浓度型检测器是指检测器的灵敏度与被测组分的浓度成正比，如 TCD、ECD；质量型检测器是指检测器的灵敏度与单位时间进入检测器中组分的质量成正比，如 FID、FPD。

2）测量电路

不同的检测器其测量电路不同，如热导池检测器的测量电路包括直流稳压电源、惠斯通电桥、信号衰减和切换等，氢火焰离子化检测器的测量电路主要是微电流放大器。

5. 温度控制系统

温度控制系统对汽化室、色谱柱和检测器的温度进行控制。在气相色谱测定中，温度直接影响色谱柱的选择分离、检测器的灵敏度和稳定性。一般情况下，汽化室温度比柱温高 10～50 ℃，以保证样品瞬间汽化而不分解；柱温在室温至 450 ℃之间；检测器温度与柱温相同或略高于柱温，以防止样品在检测器中冷凝。

6. 数据处理系统

数据处理系统最基本的功能是将检测器输出的信号随时间的变化曲线（即色谱图）绘制出来。早期生产的气相色谱仪仅仅配置记录仪，20 世纪 60 年代开始配置数字积分仪，20 世纪 70 年代配置微处理机，20 世纪 90 年代开始配置性能齐全、操作简便的色谱工作站，从而大大扩展了色谱分离、分析技术的应用范围。

二、色谱过程

气相色谱仪分离、分析样品的基本过程如图 14-1 所示。由载气钢瓶供给的流动相载气，经减压阀降压，净化干燥管净化，由针形稳压阀调节到所需流速，得到稳定流量的载气；载气流经汽化室，将汽化后的样品带入色谱柱进行分离；分离后的各组分先后进入检测器；检测器按物质的浓度或质量的变化转变为一定的电信号，经放大后在记录仪上记录下来，得到色谱流出曲线（色谱图）。根据色谱图上各峰出现的时间，可进行定性分析；根据峰高或峰面积的大小，可进行定量分析。

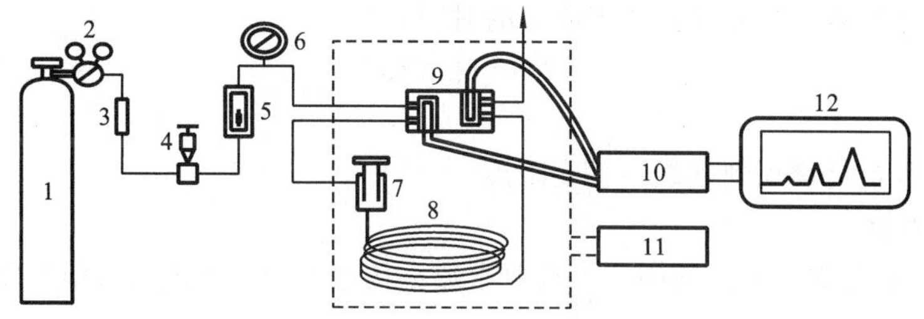

图 14-1　气相色谱仪流程图

1—载气钢瓶；2—减压阀；3—净化干燥管；4—针形稳压阀；5—流量计；6—压力表；7—汽化室；8—色谱柱；9—热导池检测器；10—放大器；11—温度控制器；12—记录仪

三、色谱流出曲线及常用术语

1. 色谱流出曲线

在色谱分析中，将分离后各组分的浓度由检测器转换为相应的电信号，以其为纵坐标，流出时间为横坐标所作的关系曲线，称为色谱流出曲线，也称色谱图，如图 14-2 所示。

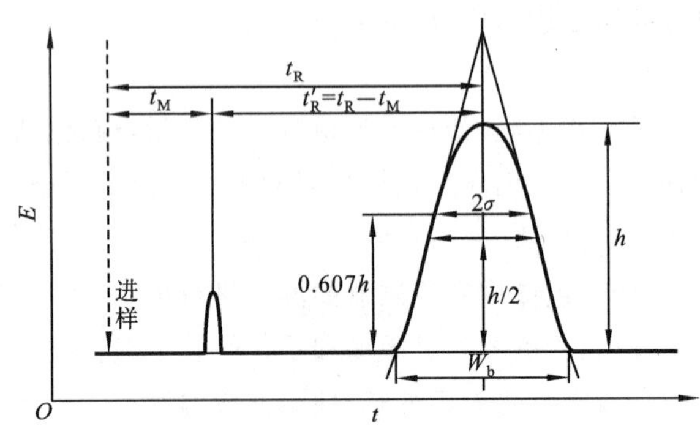

图 14-2 色谱流出曲线

在一定的进样量范围内，色谱流出曲线应该是正态分布，它是进行色谱定性、定量分析以及评价色谱分离情况的依据。

2. 常用术语

1）基线

基线是操作条件稳定后，无样品通过时检测器所反映的信号-时间曲线。稳定的基线是一条水平直线。

2）死时间

死时间(t_M)是不被固定相吸附或溶解的组分，即非滞留组分(如空气)从进样开始到色谱峰顶(即浓度极大)所对应的时间。

3）保留时间

保留时间(t_R)是组分从进样开始到出现色谱峰顶所需要的时间。

4）调整保留时间

调整保留时间(t'_R)是扣除死时间后的组分的保留时间。它表示该组分因吸附或溶解于固定相后，比非滞留组分在柱内多滞留的时间。

$$t'_R = t_R - t_M \tag{14-1}$$

5）峰高

峰高(h)是色谱峰顶到基线的垂直距离。

6）区域宽度

区域宽度是色谱流出曲线中一个重要参数。从色谱分离角度看，区域宽度越窄越好。通常，量度色谱峰区域宽度有三种方法。

(1) 半峰宽($W_{1/2}$)：色谱峰高一半处的宽度。

(2) 峰底宽(W_b)：色谱峰两侧拐点上的切线与基线交点之间的距离，也称基线宽度。

(3) 标准偏差(σ)：峰高 h 的 0.607 倍处色谱峰宽度的一半。标准偏差与半峰宽及峰

底宽的关系为

$$W_{1/2} = 2\sigma\sqrt{2\ln 2} \tag{14-2}$$

$$W_b = 4\sigma \tag{14-3}$$

7）峰面积

峰面积(A)是由色谱峰与基线所围成的面积。峰面积是色谱定量分析的基本依据。峰面积与峰高、半峰宽的关系为

$$A = 1.065hW_{1/2} \tag{14-4}$$

由色谱流出曲线可以解决以下问题：

(1) 依据色谱峰的位置(保留值)进行定性分析；

(2) 依据色谱峰的峰面积或峰高进行定量分析；

(3) 依据色谱峰的保留值以及区域宽度评价色谱柱的分离效能。

第二节 色谱基本原理

色谱分析首先要解决的是组分的分离问题，只有当各组分分离之后，才能进行定性和定量分析。关于样品在色谱柱中分离过程的基本理论有两个：一个是研究样品中各组分在两相间的分配情况，即以热力学平衡为基础的塔板理论；另一个是研究样品中各组分在色谱柱中的运动情况，即以动力学为基础的速率理论。

对于混合物样品，利用色谱法使组分得到分离的必要条件如下：相邻两组分的保留时间之差应足够大，即两相邻色谱峰有足够大的距离；区域宽度应足够小。

一、塔板理论简介

塔板理论是1941年由马丁(Martin)和詹姆斯(James)提出的半经验式理论，他们将一根色谱柱视为一个精馏塔，即色谱柱是由一系列连续的、相等的水平塔板组成的。每一块塔板的高度用 H 表示，称为塔板高度，简称板高。

塔板理论假设：在每一块塔板上，溶质在两相间很快达到分配平衡，然后随着流动相按一个一个塔板的方式向前转移。对一根长为 L 的色谱柱，溶质平衡的次数应为

$$n = \frac{L}{H} \tag{14-5}$$

式中：n——理论塔板数。

塔板理论指出以下几点：

(1) 当溶质在柱中的平衡次数，即理论塔板数 n 大于50时，可得到基本对称的峰形曲线。在色谱柱中，n 值一般是很大的，气相色谱柱的 n 为 $10^3 \sim 10^5$，因而这时的流出曲线趋近于正态分布曲线。

(2) 当样品进入色谱柱后，虽然各组分在两相间的分配系数有微小差异，经过反复多次的分配平衡后，仍可获得良好的分离。

(3) n 与半峰宽及峰底宽的关系式为

$$n = 5.54\left(\frac{t_R}{W_{1/2}}\right)^2 = 16\left(\frac{t_R}{W_b}\right)^2 \tag{14-6}$$

可看出,在 t_R 一定时,色谱峰越窄,说明 n 越大,H 就越小,柱效能越高。且 t_R、W_b、$W_{1/2}$ 需以同样单位(时间或距离单位)表示。

在实际工作中,常用有效塔板数 $n_{有效}$ 表示柱效能:

$$n_{有效} = \frac{L}{H_{有效}} = 5.54\left(\frac{t'_R}{W_{1/2}}\right)^2 = 16\left(\frac{t'_R}{W_b}\right)^2 \tag{14-7}$$

二、速率理论简介

速率理论是 1956 年由荷兰学者范第姆特(Van Deemter)提出的。该理论吸收了塔板理论中板高的概念,充分考虑组分在两相间的扩散和传质过程,从动力学的角度较好地解释了影响板高的各种因素。

范第姆特方程:

$$H = A + \frac{B}{u} + Cu \tag{14-8}$$

速率理论认为,板高 H 受涡流扩散项 A、分子纵向扩散项 $\frac{B}{u}$ 和传质阻力项 Cu 等因素的影响。当流动相的平均线速率 u 一定时,只有 A、B、C 较小时 H 才能较小,柱效能才会较高;反之,色谱峰将会展宽,柱效能将下降。

(1) 涡流扩散项。采用适当细粒度、颗粒均匀的固定相,并尽量填充均匀,可降低涡流扩散项,提高柱效能。空心毛细管柱由于没有填充载体,涡流扩散项为零。

(2) 分子纵向扩散项。分子纵向扩散项中的 B 称分子扩散系数:

$$B = 2\gamma D_g \tag{14-9}$$

式中:γ——柱内流动相扩散路径弯曲因子,它反映固定相颗粒对分子扩散的阻碍情况,为小于 1 的系数(空心毛细管柱的 $\gamma=1$);

D_g——组分在流动相中的扩散系数。

组分在气相中扩散速率比在液相中约大 10 万倍,所以液相中的分子纵向扩散可以忽略。对于气相色谱,采用相对分子质量较大的 N_2、Ar 为流动相并适当加大流动相流速,可降低分子纵向扩散项的影响。

(3) 传质阻力项。传质阻力项中的 C 称为传质阻力系数,C 由流动相传质阻力 C_m 和固定相传质阻力 C_s 组成:

$$C = C_m + C_s = \left(\frac{0.1k}{1+k}\right)^2 \frac{d_p^2}{D_g} + \frac{2k}{3(1+k)^2}\frac{d_f^2}{D_s} \tag{14-10}$$

从上式可看出,流动相传质阻力与固定相粒度 d_p 的平方成正比,与组分在气体流动相中的扩散系数 D_g 成反比。因此,用相对分子质量小的气体 H_2、He 为流动相和选用小粒度的固定相可使 C_m 减小,柱效能提高。C_s 与固定相液膜厚度 d_f 的平方成正比,与组分在固定相中的扩散系数 D_s 成反比。因此,固定相液膜越薄,扩散系数越大,固定相传质阻力就越小,但固定相液膜不宜过薄,否则会减少样品容量,减少柱的寿命。

第三节　气相色谱法的固定相

在色谱柱内不移动、起分离作用的物质称为固定相。气相色谱法的固定相可分为固体固定相和液体固定相两类。

一、固体固定相

固体固定相一般采用固体吸附剂，常用的固体吸附剂有强极性的硅胶、弱极性的氧化铝、非极性的活性炭与石墨化炭黑和具有特殊吸附作用的分子筛等。它们都具有多孔结构，比表面积很大，对各种气体吸附能力的强弱不同，可根据分析对象选用。它们主要用于分离和分析永久性气体及低沸点的有机化合物。吸附剂在使用前要进行活化处理。常用吸附剂见表 14-1。

表 14-1　常用吸附剂

名　称	主要化学成分	使用温度	极性	用　　途	活 化 方 法
硅胶	$SiO_2 \cdot xH_2O$	400 ℃以下	氢键型	分离永久性气体及低级烃	用 HCl 溶液（1＋1）浸泡 2 h，水洗至无氯离子，在 180 ℃烘干备用
氧化铝	Al_2O_3	400 ℃以下	弱极性	分离烃类及有机异构体	在 200～1 000 ℃烘烤活化，冷至室温备用
活性炭	C	300 ℃以下	非极性	分离永久性气体及低沸点烃	用苯浸泡，在 350 ℃用水蒸气洗至无混浊，在 180 ℃烘干备用
石墨化炭黑	C	500 ℃以上	非极性	分离气体及烃类	用苯浸泡，在 350 ℃用水蒸气洗至无混浊，在 180 ℃烘干备用
分子筛	$x(MO) \cdot y(Al_2O_3) \cdot z(SiO_2) \cdot nH_2O$	400 ℃以下	极性	特别适用于分离永久性气体和惰性气体	在 300～550 ℃烘烤 3～4 h

二、液体固定相

液体固定相由起支撑作用的载体（担体）和起分离作用的固定液组成。

1. 载体

载体也叫担体，是固定液的支持骨架，它是一种化学惰性的、多孔性的固体颗粒，能提供一个大的惰性表面，固定液可在其表面形成一层薄而均匀的液膜。

1）载体应具备的条件

载体应具备的条件如下：

(1) 具有多孔性，即比表面积较大，孔径分布均匀；

(2) 表面是化学惰性的,即表面无吸附性、无催化性且不与样品组分发生化学反应;

(3) 热稳定性好;

(4) 机械强度好,在制备和填充过程中不易破碎。

2) 载体的种类及性能

常用的载体有硅藻土型和非硅藻土型两类。

硅藻土型载体是天然硅藻土经煅烧等处理后获得的具有一定粒度的多孔性颗粒,是目前气相色谱中广泛使用的一种载体,按其制造方法的不同,又分为红色载体和白色载体两种。

红色载体因含少量氧化铁颗粒呈红色而得名,如 201 保温砖、202 保温砖、6201 保温砖、C-22 保温砖等。红色载体机械强度大、孔穴密集、孔径小、比表面积大、涂渍固定液量多。缺点是表面存在吸附活性中心,当与极性固定液配合使用时,可能造成固定液分布不均匀,从而影响柱效能。因而红色载体适用于涂渍非极性固定液,分离和分析非极性和弱极性化合物。

白色载体是由于在煅烧时加入了碳酸钠等助熔剂而产生白色的铁硅酸钠而得名,如 101 保温砖、102 保温砖等。白色载体机械强度不如红色载体,比表面积小、孔径较大、催化活性小、吸附性小、表面极性中心也显著减少,适用于涂渍极性固定液,分离和分析极性化合物。

非硅藻土型载体主要有玻璃微球载体、氟载体等。

3) 载体的预处理

载体主要起承担固定液的作用,其表面应该是化学惰性的。但实际应用中的载体总是呈现出不同程度的催化活性,特别是当固定液的液膜厚度较小、分离极性物质时,载体对组分有明显的吸附作用。其结果是色谱峰严重不对称,所以载体在使用前必须先经过化学处理,以改进孔隙结构,屏蔽活性中心。处理的方法有酸洗(除去碱性作用基团)、碱洗(除去酸性作用基团)、硅烷化(除去氢键结合力)、釉化(表面玻璃化,堵住微孔)等。

2. 固定液

固定液一般为高沸点的有机物,均匀地涂在载体表面,呈液膜状态。

1) 固定液应具备的条件

固定液应具备的条件如下:

(1) 化学稳定性好,对被测组分和载气呈化学惰性。

(2) 挥发性小,热稳定性高。否则易被载气带走或发生热分解而流失。

(3) 具有较高的选择性,即对沸点、极性和结构相近的物质有尽可能强的分离能力。

(4) 黏度适中,凝固点低,对载体表面有良好浸润性,便于涂渍均匀。

2) 固定液的种类

可用作固定液的高沸点有机物很多,目前固定液已达上千种,一些常用的固定液见表 14-2。

表 14-2 常用固定液

名 称	型 号	最高使用温度	分析对象
角鲨烷	SQ	150 ℃	气态烃、轻馏分液态烃
甲基硅油或甲基硅橡胶	SE-30	350 ℃	各种高沸点化合物
	OV-101	200 ℃	

续表

名　称	型　号	最高使用温度	分析对象
苯基(10%)甲基聚硅氧烷	OV-3	350 ℃	各种高沸点化合物，对芳香族和极性化合物保留值增大
苯基(25%)甲基聚硅氧烷	OV-7	300 ℃	
苯基(50%)甲基聚硅氧烷	OV-17	300 ℃	
苯基(60%)甲基聚硅氧烷	OV-22	300 ℃	
三氟丙基(50%)甲基聚硅氧烷	QF-1，OV-210	250 ℃	含卤化合物、金属螯合物、甾类
β-氰乙基(25%)甲基聚硅氧烷	XE-60	275 ℃	苯酚、芳胺、生物碱、甾类
聚乙二醇	PEG-20M	225 ℃	选择性保留分离含 O、N 官能团及 O、N 杂环化合物
聚己二酸乙二醇酯	DEGA	250 ℃	分离 C_1～C_{24}脂肪酸甲酯、甲酚异构体
聚丁二酸乙二醇酯	DEGS	220 ℃	分离饱和及不饱和脂肪酸酯、苯二甲酸酯异构体
1，2，3-三(2-氰乙氧基)丙烷	TCEP	175 ℃	选择性保留低级含 O 化合物，伯、仲胺，不饱和烃、环烷烃等

3）固定液的选择

固定液一般依据“相似相溶”原理来选择，即按被分离组分的极性或化学结构与固定液相似的原理来选择，其一般规律如下：

（1）分离非极性物质，一般选用非极性固定液。此时样品中各组分按沸点从低到高的顺序流出色谱柱。如果非极性混合物中含有极性组分，当沸点相近时，极性组分先出峰。

（2）分离极性物质，一般按极性强弱选用相应极性的固定液。此时样品中各组分按极性从小到大的顺序流出色谱柱。

（3）分离非极性和极性混合物，一般选用极性固定液。此时非极性组分先流出色谱柱，极性组分后流出色谱柱。

（4）对于能形成氢键的样品，如醇、酚、胺和水的分离，一般选用极性的或氢键型的固定液，此时样品中各组分按与固定液分子形成氢键能力大小顺序流出色谱柱，不易形成氢键的先流出色谱柱，最易形成氢键的最后流出色谱柱。

（5）对于复杂组分，一般可选用两种或两种以上的固定液配合使用，以增加分离效果。

由于色谱柱中的作用比较复杂，合适的固定液还必须通过实验来选择。

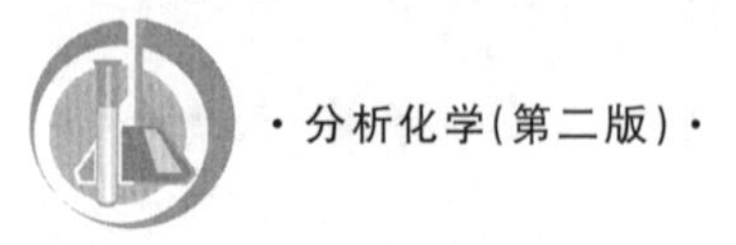

第四节　气相色谱检测器

气相色谱检测器是将载气里被分离的各组分的质量或浓度转换成电信号的装置。目前检测器的种类多达数十种。根据检测原理的不同,可将检测器分为质量型检测器和浓度型检测器。

一、质量型检测器

质量型检测器测量的是载气中某组分进入检测器的质量流速变化,即检测器的响应值与单位时间内进入检测器某组分的质量成正比,常用的有氢火焰离子化检测器和火焰光度检测器等。

1. 氢火焰离子化检测器

氢火焰离子化检测器(flame ionization detector,FID)简称氢焰检测器,如图 14-3 所示。它对有机物有很高的检测灵敏度,适宜于痕量有机物的分析。

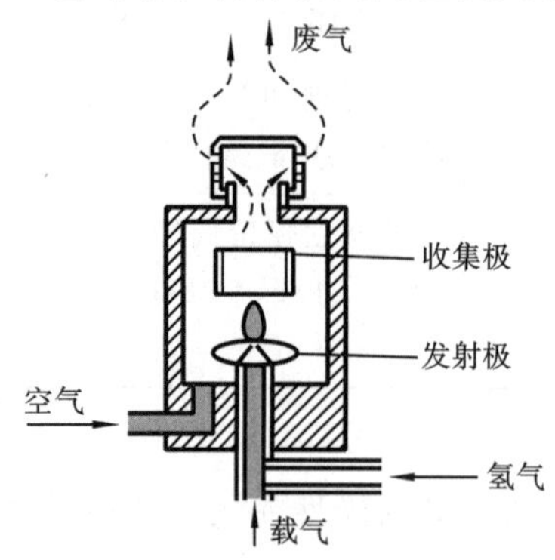

图 14-3　氢火焰离子化检测器示意图

氢火焰离子化检测器的主要部件是离子室。离子室一般由不锈钢制成,包括气体入口、气体出口、火焰喷嘴、发射极和收集极以及点火线圈等部件。在离子室下部,经分离后的被测组分被载气携带,从色谱柱流出,与氢气(燃气)混合后通过喷嘴,再与空气混合后点火燃烧,形成氢火焰。燃烧所产生的高温(约 2 100 ℃)使被测有机物组分解离成正、负离子。在火焰上方的收集极(正极)和发射极(负极)所形成的静电场作用下,离子流定向运动形成电流,经放大在记录仪上得到色谱峰。

氢火焰离子化检测器对能在火焰中燃烧解离的有机物都有响应,可以直接进行定量分析,是目前应用最广泛的气相色谱检测器之一。它的主要缺点是对在氢火焰中不解离的无机化合物,如永久性气体、水、一氧化碳、二氧化碳、氮氧化物、硫化氢等物质几乎不产生响应,因而不能检测这些物质。

2. 火焰光度检测器

火焰光度检测器(flame photometric detector,FPD)又称硫磷检测器,是对含硫、磷的化合物具有高选择性和高灵敏度的一种检测器。

火焰光度检测器主要由火焰喷嘴、滤光片和光电倍增管三部分组成。

硫和磷化合物在富氢-空气火焰中燃烧时生成化学发光物质,并能发射出特征波长的光,记录这些特征光谱,就能检测硫和磷。

以硫为例,当含硫样品进入氢火焰离子室,在富氢-空气火焰中燃烧时,发生下列反应:

$$RS + 空气 + O_2 \longrightarrow SO_2 + CO_2$$

$$2SO_2 + 8H \longrightarrow 2S + 4H_2O$$

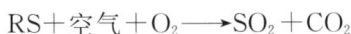

有机硫首先被氧化成 SO_2，然后被氢还原成 S 原子，S 原子在适当的温度下生成激发态的 S_2^* 分子（化学发光物质），当激发态 S_2^* 分子返回基态时发射出特征波长为 300～430 nm 的特征分子光谱：

$$S + S \longrightarrow S_2^*$$

$$S_2^* \longrightarrow S_2 + h\nu$$

这些发射光通过滤光片照射到光电倍增管上，将光转变为光电流，经放大后由记录仪记录，即得化合物色谱图。

二、浓度型检测器

浓度型检测器测量的是载气中某组分浓度瞬间的变化，即检测器的响应值与组分的浓度成正比，常用的有热导池检测器和电子捕获检测器等。

1. 热导池检测器

热导池检测器（thermal conductivity cell detector，TCD）是根据各种物质和载气的热导率不同而采用热敏元件进行检测的。它结构简单，性能稳定，通用性好，线性范围宽，价格便宜，是应用最广、最成熟的一种检测器。

热导池由池体（不锈钢制成）和热敏元件（钨丝）构成，又可分为双臂热导池和四臂热导池两种，如图 14-4 所示，目前普遍使用的是四臂热导池（有四根钨丝）。热导池具有参比池（臂）和测量池（臂），参比池仅允许载气通过，测量池通过的是携带被分离组分的载气。热导池检测器的工作原理如图 14-5 所示，进样前，钨丝通电，电桥处于平衡状态，即 $R_1R_{测}=R_2R_{参}$，桥路中无电压信号输出，记录仪走直线（基线）。进样后，样品气和载气混合通过测量池，而参比池流过的仍是载气，由于混合气体的热导率与载气的不同，测量池和参比池带走的热量不相等，使得 $R_{测}\neq R_{参}$，导致电桥失去平衡，因此有电压信号输出。信号与组分浓度有关，记录仪记录下组分浓度随时间变化的峰状图形。

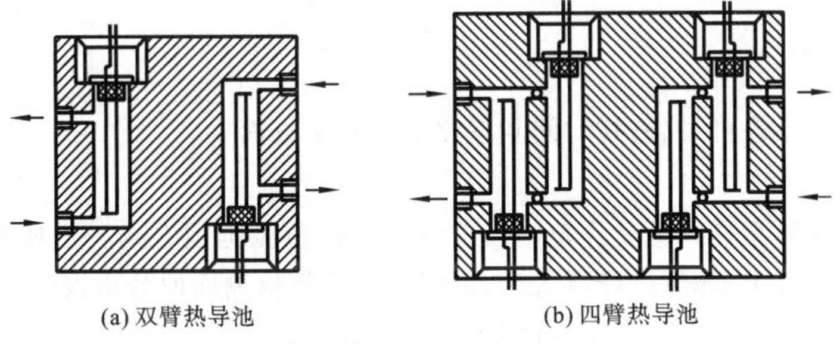

(a) 双臂热导池　　(b) 四臂热导池

图 14-4　热导池检测器结构示意图

2. 电子捕获检测器

电子捕获检测器（electron capture detector，ECD）是一种高选择性、高灵敏度的检测器，它对具有电负性（如含卤素、硫、磷、氮等）的物质有很高的检测灵敏度，且电负性越强，灵敏度越高。它广泛应用于食品、农副产品中农药残留量，大气及水质污染的分析。电子

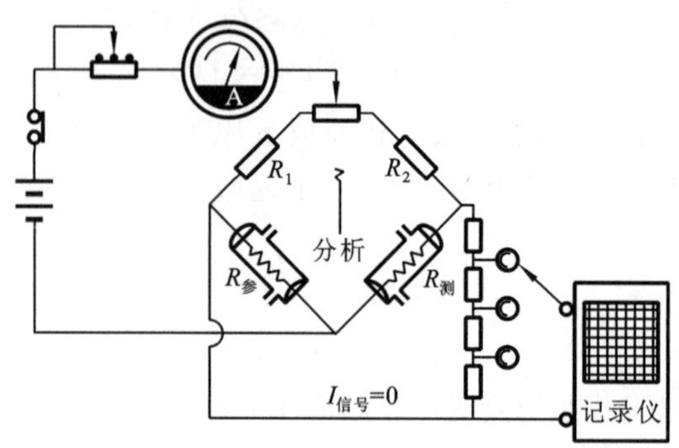

图 14-5　热导池检测器工作原理示意图

捕获检测器对电负性很小的化合物(如烃类化合物等),只有很小或没有输出信号。

电子捕获检测器与氢火焰离子化检测器相似,也有一个电源和一个电场。在检测器池体内有一个筒状β放射源作为阴极,一个不锈钢棒作为阳极。在两极施加直流或脉冲电压,当载气(一般为 N_2 或 Ar)进入检测器时,在放射源发射的β射线作用下发生解离,产生游离基和低能电子:

$$N_2 \xrightarrow{\beta\text{射线}} N_2^+ + e^-$$

这些电子在电场作用下,向阳极运动,形成恒定的电流即基流。当电负性物质进入检测器后,就能捕获这些低能电子,从而使基流下降,产生负信号(倒峰)。被测组分的浓度越大,倒峰越大;组分中电负性元素的电负性越强,捕获电子的能力越强,倒峰也越大。

在实际过程中,常通过改变极性使负峰变为正峰。

第五节　分离操作条件的选择

一、进样条件

进样条件包括进样量、进样时间和汽化温度三个方面。

1. 进样量

进样量应控制在柱容量允许范围及检测器线性检测范围之内。进样量太多,柱效能会下降而使分离效果不好;进样量太少,检测器又不易检测而使分析误差增大。液体样品一般进样 0.1～10 μL,气体样品一般进样 0.1～10 mL。

2. 进样时间

进样必须迅速,进样操作应在 1 s 内完成。若进样时间长,样品原始宽度将增大,会导致色谱峰扩张甚至变形。

3. 汽化温度

汽化温度是对液体样品而言的。液体样品进样后要求能迅速汽化,汽化温度应足以迅速汽化样品，又不至于引起样品的分解。汽化温度一般比柱温高 30～70 ℃或比样品组分最高沸点高 30～50 ℃。

二、载气条件

1. 载气种类

在气相色谱中，常用的载气是 H_2、N_2、Ar 和 He，载气种类的选择应从检测器的要求、载气对柱效能的影响和载气性质三个方面来考虑。

首先要考虑使用何种检测器，使用热导池检测器，则选用 H_2 或 He 作载气；使用氢火焰离子化检测器，则选用 H_2 或 N_2 作载气；使用火焰光度检测器，则选用 H_2 或 N_2 作载气；使用电子捕获检测器，则选用 N_2 作载气。

同时要考虑载气对柱效能的影响，根据范第姆特方程，当载气流速较小时，纵向扩散项起主要作用，采用相对分子质量大的载气（如 N_2、Ar）可减小纵向扩散项，提高柱效能；当载气流速较大时，传质阻力项起主要作用，采用相对分子质量小的载气（如 H_2、He）可减小传质阻力项，提高柱效能。

还要综合考虑载气的安全性、经济性及来源是否广泛等因素。

2. 载气线速度

对于已填充好的色谱柱，其他影响因素均已固定，影响分离效能的就只有载气的流速了。根据范第姆特方程可绘制出塔板高度与载气流速的关系曲线，如图 14-6 所示。从图中可看出，曲线最低点处对应的塔板高度最小，对应载气流速为最佳线速度。在实际工作中，为了缩短分析周期，在不影响组分分离的情况下，一般采用比最佳流速稍大的流速作为操作参数。

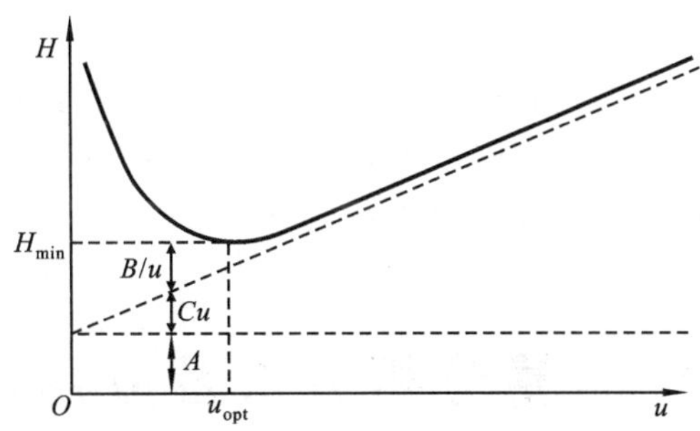

图 14-6 塔板高度与载气流速的关系曲线

三、温度条件

温度条件主要是柱温的选择，柱温是重要的色谱操作参数，它直接影响分离效能和分析速度。柱温应控制在固定液的最高使用温度（超过该温度时固定液易流失）和最低使用温度（低于该温度时固定液以固体形式存在）之间。

升高柱温可以缩短分析时间，改善气相和液相的传质速率，有利于提高柱效能，但各组分的挥发量增大，即在流动相中浓度增大，不利于分离；降低柱温可使色谱柱的选择性增大，但组分在两相中的扩散速率降低，分配不能迅速达到平衡，峰形变宽，柱效能下降，

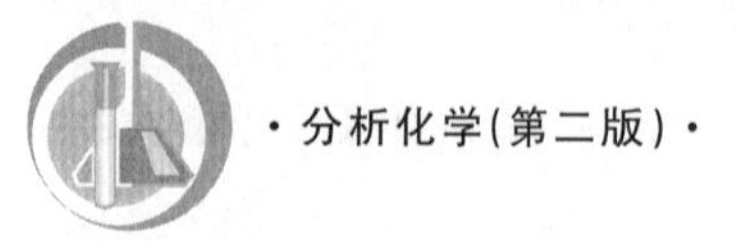

且分析时间长。在实际工作中，一般根据样品的沸点来选择柱温，即选择比各组分平均沸点低 20～30 ℃作为柱温，并在使最难分离的组分有尽可能好的分离前提下，采用较低的柱温，同时以保留时间适宜、峰形不拖尾为宜。

对于沸点范围较宽的样品，可采用程序升温法，即使柱温按预定的加热速度，随时间呈线性或非线性地增加，使不同沸点的组分都能在最佳柱温下进行分离。

四、检测器条件

对于各种类型检测器的要求是灵敏度高、敏感度低、响应速度快、线性范围宽、稳定性好，并以这些作为衡量检测器性能好坏的质量指标。

1. 灵敏度

检测器的灵敏度(*S*)也称响应值，是指单位量(浓度或质量)的物质经过检测器时产生信号的大小。

2. 敏感度

检测器的敏感度(*D*)也称检出限，是指产生两倍噪声信号时，单位体积载气带入检测器的最少物质的量(浓度型检测器：mg/mL)或单位时间进入检测器的最少物质的量(质量型检测器：g/s)。

3. 响应速度

检测器的响应速度是指检测器跟踪组分浓度变化的速度，通常是指进入检测器的组分输出达到 63%所需的时间。要求检测器能迅速地、真实地反映通过它的物质的浓度变化情况，即要求响应速度快。为此，检测器的死体积要小，电路系统的滞留现象和记录仪的全行程时间要短，一般要小于 1 s。

4. 线性范围

检测器的线性是指检测器内载气中组分浓度与响应信号成正比例的关系。检测器的线性范围是指进样量与检测器响应信号呈线性关系的范围，以最大允许进样量与最小允许进样量的比值表示，检测器的线性范围越宽越好。

第六节　定性、定量分析方法及应用示例

色谱分析法是分离混合物的方法，同时可用来对混合物进行定性和定量分析。

一、定性分析方法

气相色谱定性分析就是确定色谱图上各色谱峰所代表的物质。在色谱条件一定时，每种物质都有确定的保留值。因此，在相同色谱条件下，通过比较已知物和未知物的保留值，即可确定未知物是何物质。但不同的物质在同一色谱条件下，也可能具有相似或相同的保留值，此时对未知物进行定性就显得比较困难。这就要求事先对样品的来源做到心中有数。如果将色谱法与质谱法或其他光谱法联用，则是解决复杂混合物中未知物定性

分析的最有效的技术。

二、定量分析方法

在一定的色谱条件下，被测组分 i 的质量 m_i 或其在载气中的浓度 c_i 与检测器响应信号(峰面积 A_i 或峰高 h_i)成正比，即

$$m_i = f_i A_i \tag{14-11}$$

$$c_i = f_i h_i \tag{14-12}$$

上述两个式子是气相色谱定量分析的依据，式中 f_i 为组分 i 的定量校正因子。对质量型检测器，常用峰面积定量；对浓度型检测器，常用峰高定量。

1. 峰高和峰面积的测量

峰高是峰顶与基线之间的距离，峰面积是色谱峰与基线所围成图形的面积。在使用积分仪和色谱工作站测量峰高和峰面积时，仪器可直接打印出峰高和峰面积的结果。当使用记录仪记录色谱峰时，需要用手工的方法对色谱峰进行测量，再用有关公式计算峰面积。

对于对称的峰，近似计算公式为

$$A_i = 1.065 h_i W_{1/2} \tag{14-13}$$

式中：$W_{1/2}$——半峰宽。

对于不对称的峰，近似计算公式为

$$A_i = \frac{1}{2} h_i (W_{0.15} + W_{0.85}) \tag{14-14}$$

式中：$W_{0.15}$、$W_{0.85}$——0.15 倍和 0.85 倍峰高处的峰宽值。

2. 定量校正因子

气相色谱定量分析的依据是待测组分的量与其峰面积成正比例的关系。但是峰面积的大小不仅与组分的量有关，还与组分的性质及检测器性能有关，所以不能用峰面积直接计算组分的含量。因此引入定量校正因子，在计算时乘上定量校正因子，使组分的面积转换成相应的组分的含量。

1) 绝对校正因子

绝对校正因子(f_i)是指某组分 i 通过检测器的量与检测器对该组分的响应信号之比，即

$$f_i = m_i / A_i \tag{14-15}$$

但要精确测定进样量比较困难，准确测量峰面积或峰高，并严格控制色谱条件，也有一定困难，所以在实际测量中，一般采用相对校正因子。

2) 相对校正因子

相对校正因子(f'_i)是指组分 i 与基准组分 s 的绝对校正因子之比，即

$$f'_i = \frac{f_i}{f_s} = \frac{m_i A_s}{m_s A_i} \tag{14-16}$$

相对校正因子只与检测器类型有关。

3. 定量方法

1) 归一化法

将所有出峰组分的含量之和按 100%计,这种定量计算的方法称为归一化法。

(1) 使用条件:仅适用于样品中所有组分全部出峰的情况。

(2) 计算公式:

$$w_i = \frac{m_i}{m} \times 100\% = \frac{f_i A_i}{\sum_{i=1}^{n}(f_i A_i)} \times 100\% \tag{14-17}$$

(3) 特点:简便、准确,当操作条件(如进样量、流速等)变化时,对分析结果的影响比较小,最适合于工厂和一些具有固定分析任务的化验室使用。

2) 外标法

外标法也称标准曲线法,是利用样品中待测组分的纯物质配制一系列标准溶液,在一定的操作条件下进行色谱定量分析,制作 A-c 或 h-c 标准曲线。然后在完全相同的条件下进行样品分析,根据所得的峰面积或峰高,从曲线上查得待测组分的含量。

(1) 使用条件:适用于日常控制分析和大批量样品的分析。

(2) 特点:操作简便,不需要校正因子,但进样量要求十分准确,操作条件也需严格控制。其结果的准确度取决于进样量的重现性和操作条件的稳定性。

3) 内标法

内标法是将一定量的纯物质作为内标物,加到准确称取的样品中,根据待测组分 i(质量 m_i)和内标物 s(质量 m_s)在色谱图上相应峰面积的比,求出待测组分的含量。

(1) 使用条件:适用于只需测定样品中某几个组分,而且样品中所有组分不能全部出峰的情况。

(2) 计算公式:

$$\frac{m_i}{m_s} = \frac{f_i A_i}{f_s A_s}$$

$$m_i = \frac{f_i A_i}{f_s A_s} m_s$$

$$w_i = \frac{m_i}{m} \times 100\% = \frac{f_i A_i}{f_s A_s} \frac{m_s}{m} \times 100\% \tag{14-18}$$

常以内标物为基准,即 $f_s = 1.0$。

(3) 特点:准确度较高,操作条件和进样量的稍许变动对定量结果影响不大。但每次分析都要准确称取样品和内标物的质量,因而不适合于大批样品的快速分析。

三、应用示例

气相色谱法具有分离能力强、灵敏度高、分析速度快、操作方便和结果准确等特点,可以解决许多复杂样品的分析问题,因此在石油、化工、医药、食品、环境保护等领域有着广泛的应用。

1. 气相色谱法在石油、化工中的应用

石油产品包括各种气态烃、汽油与柴油、重油与石蜡等，早期气相色谱法的目的之一便是快速有效地分析石油产品。采用高效可逆吸附的气相色谱法，以氢火焰离子化检测器检测，通过归一化法计算，可以测定含烯汽油样品中饱和烃、芳烃及烯烃的组成。利用气相色谱法，以氢火焰离子化检测器检测，可在 2 min 内得到目前广泛使用的塑料食品包装袋中甲苯残留量的分析结果。

2. 气相色谱法在医药、食品中的应用

许多药物在提纯浓缩后，能直接或衍生化后进行气相色谱分析，其中主要有镇静催眠药、镇痛药、兴奋剂、抗生素、磺胺类等。食品中的各种组分、添加剂及污染物，尤其是农药残留量的测定广泛采用气相色谱分析。

3. 气相色谱法在环境保护中的应用

现代环境污染的重点是有机污染物的污染，因此气相色谱法在环境分析中起着非常重要的作用。如酚类是石化、印染、农药等行业的重要污染物，使用气相色谱法，以氢火焰离子化检测器检测，对地面水、工业污水等环境水质进行分析，在 8～12 min 内可检出六种酚；在聚乙烯等制品的生产中，广泛使用邻苯二甲酸二辛酯增塑剂，邻苯二甲酸二辛酯散布于大气中对人们的健康的影响已受到人们的关注，以氢火焰离子化检测器对大气中的邻苯二甲酸二辛酯进行气相色谱法测定，8 min 内可得到分析结果。

气相色谱专家系统

现代色谱仪的发展目标是智能色谱仪，智能色谱仪的核心是色谱专家系统。气相色谱专家系统是一个具有大量色谱分析方法和经验的计算机软件系统，它应用人工智能技术，根据色谱专家提供的专业知识、经验进行推理和判断，模拟色谱专家来解决那些需要色谱专家才能解决的气相色谱问题及进行复杂组分的定性和定量分析。

1. 气相色谱法是指以气体为流动相的仪器分析方法。

气相色谱法主要测定一些易挥发的低相对分子质量的有机化合物。

2. 气相色谱仪由气路系统、进样系统、分离系统、检测系统、温度控制系统和数据处理系统组成。

3. 气相色谱常用术语：基线、死时间、保留时间、调整保留时间、峰高、峰面积。

4. 样品在色谱柱中分离过程的基本理论有塔板理论和速率理论。塔板理论以热力学平衡为基础，研究样品中各组分在两相间的分配情况；速率理论以动力学为基础，研究样品中各组分在色谱柱中的运动情况。

5. 根据检测原理的不同,检测器分为质量型检测器和浓度型检测器。

质量型检测器常用的有氢火焰离子化检测器(FID)和火焰光度检测器(FPD),浓度型检测器常用的有热导池检测器(TCD)和电子捕获检测器(ECD)。

6. 气相色谱法的分离操作条件有进样条件、载气条件、温度条件和检测器条件等。

7. 气相色谱的定量方法主要有归一化法、外标法和内标法等。

目标检测

一、选择题

1. 气-液色谱分离主要是利用各组分在固定液上的(　　)不同。

A. 溶解度　　B. 吸附能力　　C. 热导率　　D. 解离度

2. 热导池检测器的基本原理是根据载气与被测物质蒸气的(　　)不同。

A. 相对极性　　B. 电阻率　　C. 热导率　　D. 挥发度

3. 下列色谱定量分析方法中,当样品中各组分不能全部出峰或在多组分中只需要测定其中某几个组分时,可选用(　　)。

A. 归一化法　　B. 外标法　　C. 标准曲线法　　D. 内标法

4. 镇静剂的气相色谱图在 3.50 min 时显示一个色谱峰,峰底宽度相当于 0.90 min 时的峰底宽度,在 1.5 m 的色谱柱中理论塔板数是(　　)。

A. 62　　B. 124　　C. 242　　D. 484

5. 氢火焰离子化检测器的原理是:样品分子在氢火焰中被(　　)成带电的粒子,然后被收集极收集成微弱的离子流。

A. 解离　　B. 还原　　C. 原子化　　D. 氧化

6. 以下不属于描述色谱峰宽的术语是(　　)。

A. 标准偏差　　B. 半峰宽　　C. 峰宽　　D. 容量因子

7. 以下不能用于衡量色谱柱效能的物理量是(　　)。

A. 理论塔板数　　B. 塔板高度　　C. 色谱峰宽　　D. 组分的保留体积

8. 用下列气体作载气时,灵敏度最高的是(　　)。

A. 氮气　　B. 氢气　　C. 空气　　D. 氦气

二、名词解释

死时间　　保留时间　　调整保留时间　　程序升温　　理论塔板数

三、填空题

1. 气相色谱仪由________、________、________、________、________和________等六大系统组成。

2. 气相色谱柱主要有________和________两类。

3. ________理论是研究在色谱分析中样品各组分在两相间的分配情况的理论。

4. 气相色谱分析中,常用的固体吸附剂有________、________、________、________和

________等。

5. 气相色谱法常用的定量方法有________、________和________等。

四、简答题

1. 简要说明气相色谱工作过程。

2. 常用的气相色谱检测器有哪些？简要说明其检测原理。

3. 气相色谱载体（担体）应具备哪些条件？

4. 怎样选择气相色谱法的分离操作条件？

五、计算题

1. 已知某组分的色谱峰底宽度为 40 s，死时间为 14 s，保留时间为 400 s，求理论塔板数和有效塔板数。（1 600 块，1 490 块）

2. 某试液中仅含有甲醇、乙醇和正丁醇，经气相色谱分析后，测得峰高分别为 8.90 cm、6.20 cm 和 7.40 cm，已知 f_i 分别为 0.60、1.00 和 1.37，求各组分的质量分数。（24.63%，28.60%，46.77%）

3. 用气相色谱法对苯甲酸工业粗产品的纯度进行测定，称取工业品苯甲酸 150 mg，溶于甲醇，加入内标物正庚烷 50 mg，进样后测得苯甲酸的峰面积为 176 mm^2，正庚烷的峰面积为 53 mm^2，用正庚烷作标准物质测定苯甲酸的相对校正因子为 0.85，试计算苯甲酸的含量。（94.09%）

第十五章 高效液相色谱法

第一节 概述

高效液相色谱法(high performance liquid chromatography,HPLC)是以经典液相色谱法为基础,引入气相色谱法的理论和实验技术,采用高效固定相、高压输液泵及在线检测手段而发展起来的现代分离、分析方法,该法具有分离效能高、分析速度快、灵敏度高及应用范围广等特点。

高效液相色谱法按分离机制的不同,分为液-固吸附色谱法、液-液分配色谱法(正相与反相)、化学键合相色谱法、离子交换色谱法、离子对色谱法及分子排阻色谱法。

1. 液-固吸附色谱法

液-固吸附色谱法使用固体吸附剂,被分离组分在色谱柱上的分离是根据固定相对组分的吸附能力不同进行的。其分离过程是一个吸附-解吸的平衡过程。常用的吸附剂为硅胶或氧化铝,粒度为5～10 μm。液-固吸附色谱法适用于分离相对分子质量为200～1 000的组分,大多用于非离子型化合物,离子型化合物易产生拖尾。常用于分离同分异构体。

2. 液-液分配色谱法

液-液分配色谱法是将特定的液态物质涂于载体表面或化学键合于载体表面而形成固定相,根据被分离的组分在流动相和固定相中溶解度的不同而进行分离。其分离过程是一个分配平衡过程。

涂布式固定相应具有良好的惰性;流动相必须预先用固定相饱和,以减少固定相从载体表面流失;温度的变化和不同批号的流动相常引起柱子的变化;在流动相中存在的固定相也使样品的分离和收集复杂化。由于涂布式固定相很难避免固定液流失,现在已很少采用。现在采用的多是化学键合固定相,如 C_{18}、C_8、氨基柱、氰基柱和苯基柱。

液-液分配色谱法按固定相和流动相的极性不同,可分为正相色谱法(NPC)和反相色谱法(RPC)。

1) 正相色谱法

采用极性固定相(如聚乙二醇、氨基与氰基键合相),流动相为非极性或极性较弱的疏水性溶剂(烷烃类如正己烷、环己烷),常加入乙醇、异丙醇、四氢呋喃、三氯甲烷等以调节组分的保留时间。常用于分离中等极性和极性较强的化合物(如酚类、胺类、羰基化合物及氨基酸类等)。

2)反相色谱法

一般用非极性固定相(如 C_{18}、C_8),流动相为水或缓冲溶液,常加入甲醇、乙腈、异丙醇、丙酮、四氢呋喃等与水互溶的有机溶剂以调节保留时间,适用于分离非极性和极性较弱的化合物。随着柱填料的快速发展,反相色谱法的应用范围逐渐扩大,现已应用于某些无机样品或易解离样品的分析。为控制样品在分析过程中的解离,常用缓冲溶液控制流动相的 pH 值。但需要注意的是,C_{18} 和 C_8 适用的 pH 值通常为 2.5~7.5,太高的 pH 值会使硅胶溶解,太低的 pH 值会使键合的烷基脱落。有报告新商品柱可在 pH 值为 1.5~10 的范围内操作。

3. 化学键合相色谱法

化学键合相色谱法是以化学键合相为固定相的色谱法,简称键合相色谱法(bonded phase chromatography,BPC),适用于所有类型的化合物,是应用较广的色谱法之一。其主要优点如下:均一性和稳定性好,在使用过程中不易流失,使用周期长,柱效能高,重现性好,能使用的流动相和键合相的种类很多,分离选择性好。

根据化学键合相与流动相极性的相对强弱,键合相色谱法分为正相键合相色谱法和反相键合相色谱法。

正相键合相色谱法采用极性键合相为固定相,如氰基、氨基或二羟基等键合在硅胶表面;以非极性或弱极性溶剂,如烷烃加适量极性调节剂(如醇类)作流动相;主要用于分离溶于有机溶剂的极性至中等极性的分子型化合物。组分的保留和分离的一般规律如下:极性强的组分的容量因子大,后洗脱出柱。

反相键合相色谱法采用非极性键合相为固定相,如十八烷基硅烷、辛烷基等化学键合相。流动相以水作为基础溶剂,再加入一定量与水混溶的调节剂,常用甲醇-水、乙腈-水等。对于其分离机制至今没有一致的看法,主要有吸附与分配的理论、疏溶剂理论、双保留机制模型等。

4. 离子交换色谱法

固定相是离子交换树脂,常用苯乙烯与二乙烯基苯交联形成的聚合物骨架,在表面末端芳环上接上羧基、磺酸基(阳离子交换树脂)或季铵基(阴离子交换树脂)。被分离组分在色谱柱上分离的原理是树脂上可解离离子与流动相中具有相同电荷的离子及被测组分的离子进行可逆交换,根据各离子与离子交换基团具有不同的电荷吸引力而分离。

缓冲溶液常用作离子交换色谱法的流动相。被分离组分在离子交换柱中的保留时间除与组分离子和树脂上的离子交换基团作用强弱有关外,还受流动相的 pH 值和离子强度影响。pH 值可改变化合物的解离程度,进而影响其与固定相的作用。流动相的盐浓度大,则离子强度高,不利于样品的解离,导致样品较快流出。

离子交换色谱法主要用于分析有机酸、氨基酸、多肽及核酸。

5. 离子对色谱法

离子对色谱法又称偶离子色谱法,是液-液分配色谱法的分支。它是根据被测组分离

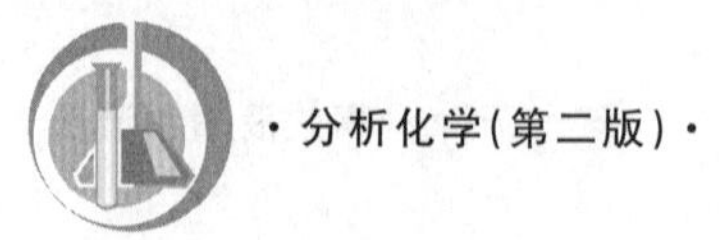

子与离子对试剂离子形成中性的离子对化合物后,在非极性固定相中溶解度增大,从而使其分离效果改善。它主要用于分析离子强度大的物质。

分析碱性物质常用的离子对试剂为烷基磺酸盐,如戊烷磺酸钠、辛烷磺酸钠等。另外,高氯酸、三氟乙酸也可与多种碱性样品形成很强的离子对。分析酸性物质常用四丁基季铵盐,如四丁基溴化铵、四丁基铵磷酸盐。

离子对色谱法常用 ODS 柱(即 C_{18}),流动相为甲醇-水或乙腈-水,水中加入 3~10 mmol/L 的离子对试剂,在一定的 pH 值范围内进行分离。被测组分保留时间与离子对性质、浓度、流动相组成及其 pH 值、离子强度有关。

第二节　高效液相色谱仪与色谱过程

一、高效液相色谱仪

现代高效液相色谱使用 5~10 μm 柱填料,为达到适用的流动相流速,高压泵须提供几十兆帕或数百个大气压力的柱前压。因此,高效液相色谱仪比其他类型的色谱仪更复杂和昂贵。高效液相色谱仪一般可分为四个主要部分,即液体输送系统、进样系统、分离系统和检测系统,还附有馏分收集及数据处理等辅助系统。图 15-1 所示是高效液相色谱仪的典型结构。

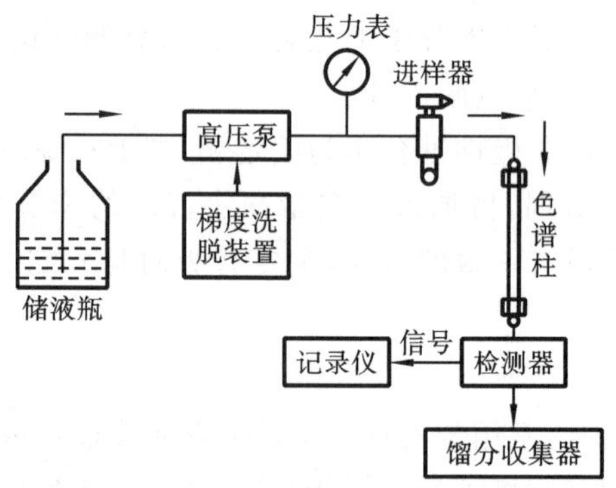

图 15-1　高效液相色谱仪的典型结构示意图

从图 15-1 可见,储液瓶中储存的载液(常需除气)经过过滤之后由高压泵输送到色谱柱入口。当采用梯度洗脱时,一般需用双泵(或多泵)系统来完成输送。样品由进样器注入输液系统,而后送到色谱柱进行分离。分离后的组分由检测器检测,输出信号供给记录仪或数据处理装置。如果需收集馏分作进一步分析,则在色谱柱一侧出口将样品馏分收集起来。

1. 液体输送系统

高效液相色谱仪的液体输送系统包括储液瓶、高压泵、梯度洗脱装置等。

1) 储液瓶

储液瓶又称为溶剂储存器,主要用来供给足够数量的符合要求的流动相以便完成分析工作。溶剂使用前必须脱气。溶剂脱气主要有两种方法:其一是在搅拌下用水泵抽真空或超声波脱气;另一种是通入氦气或氮气等惰性气体带出溶解在溶剂中的空气。前者不适于二元以上冲洗剂组成的流动相脱气,后者简单方便,适用于所有冲洗剂脱气。

2) 高压泵

高效液相色谱分析的流动相(载液)是用高压泵来输送的。由于色谱柱很细,填充剂的粒度小(常用 5～10 μm),因此阻力很大。为实现快速、高效分离,必须有很高的柱前压力,以获得高速的液流。从分析的角度出发,高压泵应满足以下基本要求:流量稳定,一般有 0.1～10 mL/min 的流量范围;提供(50～500)×10^5 Pa 的柱前液压;系统组件耐酸碱和缓冲溶液腐蚀(密封性良好的不锈钢或氟塑料);操作和检修方便,特别是流量调节、阀的清洗和更换等,要求简便易行。

高压泵按输液性能可分为恒压泵和恒流泵。按机械结构又可分为液压隔膜泵、气动放大泵、螺旋注射泵和柱塞往复泵四种,前两种为恒压泵,后两种为恒流泵。恒压泵可以输出稳定不变的压力。恒流泵可以输出稳定不变的流量,无论柱系统阻力如何变化都可保证其流量基本不变。

在实际色谱操作中,柱系统的阻力总是有变化的,如填料装填不均匀,由高压柱造成的缝隙逐渐减小,填料变形,环境温度变化及梯度冲洗时流动相黏度的变化等,都会造成柱系统阻力的改变。从这个角度看,恒流泵比恒压泵显得优越,目前使用很普遍。

柱塞往复泵是目前较广泛使用的一种恒流泵,其结构如图 15-2 所示。

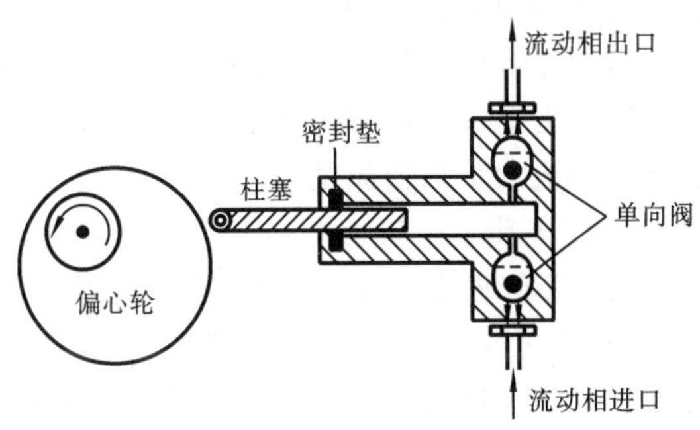

图 15-2 柱塞往复泵

3) 梯度洗脱装置

高效液相色谱中的梯度洗脱(gradient elution),又称为梯度洗提、梯度淋洗。和气相色谱中的程序升温一样,梯度洗脱给分离工作带来很大的方便,梯度洗脱装置已成为高效液相色谱仪中一个重要的不可缺少的部分。

所谓梯度洗脱,就是有两种(或多种)不同极性的溶剂,在分离过程中按一定程序连续地改变流动相的浓度配比和极性。采用梯度洗脱技术可以提高分离度,缩短分析时间,降低最小检出量和提高分析精度。梯度洗脱可分为低压梯度(又称外梯度)洗脱和高压梯度(又称为内梯度)洗脱。低压梯度洗脱采用比例调节阀,在常压下预先按一定的程序将溶剂混合后,再用泵输入色谱柱系统,也称为泵前混合。

图 15-3 所示为一种目前较为广泛采用的低压梯度洗脱流程。采用该流程可进行三

元梯度洗脱,重复性较好。其中电磁比例阀的开关频率由控制器控制,改变控制器程序即可得任意混合浓度曲线。

高压梯度洗脱装置由两台(或多台)高压输液泵、梯度程序控制器(或采用计算机及接口板控制)和混合器等部件所组成。将两种(或多种)极性不同的溶剂输入混合器,经充分混合后进入色谱柱系统。这是一种泵后高压混合形式。图 15-4 为高压梯度洗脱流程示意图。

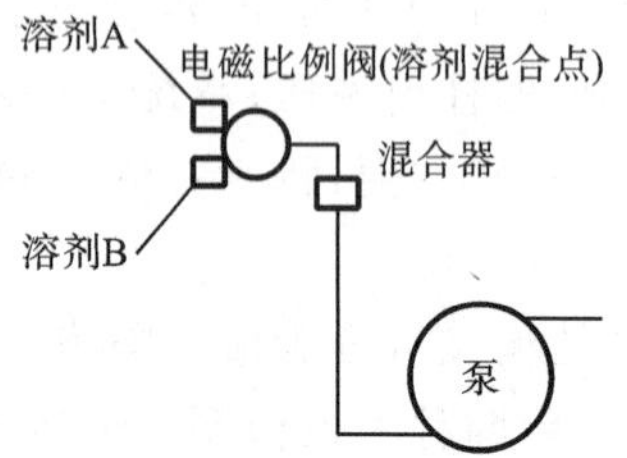

图 15-3　低压梯度洗脱流程示意图

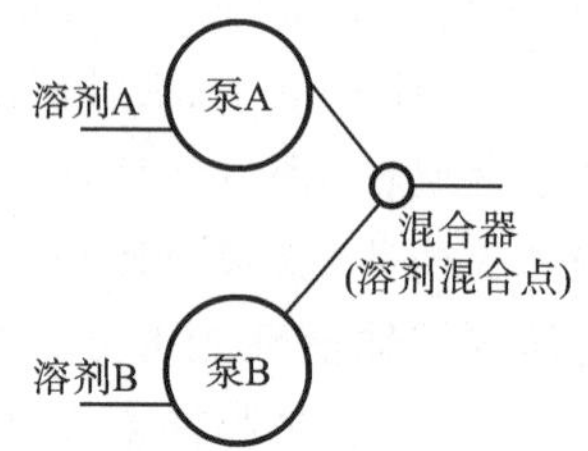

图 15-4　高压梯度洗脱流程示意图

2. 进样系统

通常高效液相色谱仪有三种进样方式。第一种是采用硅橡胶或亚硝基氟橡胶作隔垫片的进样口,用高效液相色谱仪专用注射器取一定体积的样品穿过垫片注入色谱柱的顶端。当色谱柱柱前压力超过 1.50×10^7 Pa 时,高压下注射进样可能引起溶剂泄漏,此时采用停流进样。这时打开流动相泄流阀,使柱前压力下降至零,注射器按前述方式进样后,关闭阀门使流动相恢复,把样品带入色谱柱。这种进样方式简单,但进样重现性差,应用逐渐减少。第二种是采用高压定量进样阀进样,通过进样阀(常用六通阀)直接向压力系统内进样而不必停止流动相流动。六通阀结构如图 15-5 所示。操作分两步进行。当阀处于准备状态(装样位置)时,1 和 6,2 和 3,4 和 5 连通,样品用注射器由 1 注入一定容积的定量管中。接在阀外的定量管根据进样量的大小按需选用。注射器要取比定量管容积稍大的样品溶液,多余的样品通过连接 2 的管道溢出。进样时,将阀芯沿顺时针方向旋转 60°,使阀处于进样位置(工作)。这时,1 和 2,3 和 4,5 和 6 连通,将储存于定量管中固定体积的样品送入柱中。此法进样准确,重现性好,适于进行定量分析。第三种是自动进样器进样。高效液相色谱仪装有计算机程序控制的进样器,操作者只需把装好样品的小瓶按一定次序放在样品架上,然后设定程序,带定量管的样品阀取样、进样、复位、样品管路清洗和样品盘转动等操作将按设定程序自动进行。此法适于大量样品自动化分析。

3. 分离系统

高效液相色谱法的分离过程是在色谱柱内进行的。这个分离系统包括固定相、流动相和色谱柱,分离效能取决于三者的精心设计和配合,目前,高效液相色谱法常采用的是直形的不锈钢柱,填料粒度为 5～10 μm。

4. 检测系统

高效液相色谱检测器是连续检测柱流出物中样品的浓度,完成色谱分析工作中定性、定量分析的重要部件,一个理想的检测器应具有灵敏度高、重现性好、响应快、线性范围宽、适用范围广、对流动相流量和温度波动不敏感、死体积小等特性。为了满足不同分析对象的

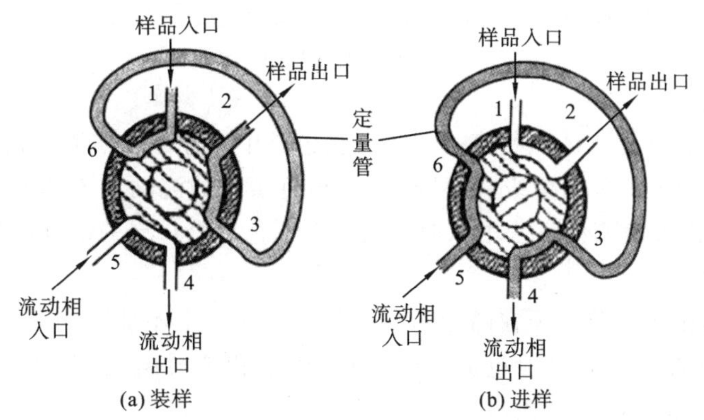

图 15-5　六通阀结构示意图

要求，往往需要多种类型的检测器。高效液相色谱检测器可分为通用型和选择型两大类。

通用型检测器对溶质和流动相的性质都有响应，如示差折光检测器、电导检测器等。这类检测器应用范围广，但受外界环境（如温度、流速）变化影响大，因而灵敏度低，且通常不能进行梯度洗脱。

选择型检测器，如紫外检测器、荧光检测器等，只要溶剂选择得当，仅对溶质响应灵敏，而对流动相没有响应，这类检测器对外界环境的波动不敏感，具有很高的灵敏度，但只对某些特定的物质有响应，因而应用范围窄，可通过采用柱前或柱后衍生化反应的方式，扩大其应用面。

二、色谱过程

色谱分离的基本原理是样品组分通过色谱柱时与填料之间发生相互作用，这种相互作用大小的差异使各组分互相分离而按先后次序从色谱柱流出。

高效液相色谱法的基本概念和理论与气相色谱法相似，所不同的是，高效液相色谱法的流动相是液体，气相色谱法的流动相是气体。由于液体和气体的性质不同，因而在应用色谱法基本理论时必须考虑方法本身的特点。其中最重要的是速率理论（即范第姆特方程）中，各项动力学因素对高效液相色谱峰展宽的影响与在气相色谱中有所不同。这种影响可分为柱内展宽和柱外展宽两类。

1. 柱内展宽

柱内展宽是由色谱柱内各种因素所引起的色谱峰扩展，可依据范第姆特方程（$H=A+B/u+Cu$）来讨论。

1）涡流扩散项

涡流扩散项是因同种组分分子在色谱柱中运动路径不同而引起的扩散：

$$A = 2\lambda d_p \tag{15-1}$$

此式含义与气相色谱法完全相同。高效液相色谱法中，为了减小 A 而采取以下措施：一是采用小粒度固定相（常用 3～5 μm 粒径），减小颗粒的直径 d_p；二是采用球形、粒度分布小的固定相，并用匀浆法装柱，减小填充因子 λ。

2）纵向扩散项

纵向扩散项是组分分子本身的运动所引起的纵向扩散。扩散的大小与组分分子在流动相中的扩散系数(D_m)成正比,与流动相的线速度(u)成反比。

$$B/u = C_d D_m/u \tag{15-2}$$

式中:C_d——常数。

由于液体的黏度比气体大很多,因此,液相色谱中组分分子在流动相中的扩散系数要比气相色谱中小 4～5 个数量级,而且高效液相色谱法的流动相流速通常是最佳流速的 3～5 倍。因此,高效液相色谱法中纵向扩散项对于色谱峰扩展的影响可以忽略不计。

3) 传质阻力项

传质阻力是由于组分分子在两相间的传质过程实际上不能瞬间达到平衡而引起的。高效液相色谱法的传质阻力项包括三个子项:固定相传质阻力(H_s)、流动相传质阻力(H_m)和滞留流动相中的传质阻力(H_{sm})。

$$Cu = H_s + H_m + H_{sm} \tag{15-3}$$

(1) 固定相传质阻力:主要发生在液-液分配色谱法中,其大小取决于固定液膜厚度(d_f)和组分分子在固定液内的扩散系数(D_s)。

$$H_s = C_s d_f^2 u/D_s \tag{15-4}$$

上式中 H_s的含义与气相色谱法中液相传质阻力项相同,式中 C_s为常数。

(2) 流动相传质阻力:由于组分分子随流动相进入色谱柱时,靠近固定相颗粒的分子流速较慢,而流路中心的分子流速较快而引起的。其大小与固定相颗粒大小(d_p)及组分分子在流动相中的扩散系数(D_m)有关。

$$H_m = C_m d_p^2 u/D_m \tag{15-5}$$

式中:C_m——常数。

显然,固定相颗粒越小,H_m就越小。

(3) 滞留流动相中的传质阻力:固定相的多孔性,使部分流动相滞留在固定相微孔内,微孔内的流动相称为滞留流动相。它们通常处于静止状态,故有滞留流动相或静态流动相之称。当流动相中的组分分子与固定相进行质量交换时,必须先扩散到滞留区。若固定相中的微孔既小又深,则滞留严重,此时传质速率就慢,对峰扩展影响就大。滞留流动相中的传质阻力与固定相粒度和孔径大小有关。

$$H_{sm} = C_{sm} d_p^2 u/D_m \tag{15-6}$$

式中:C_{sm}——常数,它与固定相颗粒微孔和容量因子有关。

以上各项讨论,可以归结为

$$H = 2\lambda d_p + C_d D_m/u + (C_s d_f^2 u/D_s + C_m d_p^2 u/D_m + C_{sm} d_p^2 u/D_m) \tag{15-7}$$

其中 $C_d D_m/u$ 项可以忽略不计。高效液相色谱法中的速率方程可简写为

$$H = A + Cu \tag{15-8}$$

综上所述,在液相色谱中要想提高柱效能,必须采用小而均匀的固定相颗粒,并填充均匀,以减小涡流扩散。而选用低黏度流动相如甲醇、乙腈等,并适当提高柱温,可增大 D_m值,有利于减少传质阻力。

2. 柱外展宽

速率理论研究的是色谱柱内峰展宽因素,而色谱柱外各种因素引起的峰展宽称为柱外展宽。柱外因素主要指低劣的进样技术和包括进样器连接管、接头、检测器在内的管路

体积(死体积)。死体积越大,对色谱峰展宽影响越大。

为了减少柱外因素对峰展宽的影响,必须尽量减小柱外死体积。如采用进样阀进样,使用“零死体积接头”连接管路各部件,并尽可能使用内腔体积小的检测器。

第三节　分离条件的选择

一、色谱柱的选择

色谱柱是色谱分离的核心,是色谱仪最重要的组件之一。色谱柱一般为内壁抛光的不锈钢管,偶有厚壁玻璃管,但只能耐 4.0×10^{6} Pa 以下压力。目前,高效液相色谱法常采用的是直形的不锈钢柱。色谱柱按内径大小可分为常规分析柱、制备或半制备柱、小内径或微径柱、毛细管柱四种类型。现在应用最多的分析柱长 25 cm,内径 4.6 mm,填料粒径 5 μm,其柱效能为每米 40 000～60 000 块理论塔板。

液相色谱柱发展的一个重要趋势是得到更快的分析速度和提高检测浓度。基本做法有两种:一是减小填料粒度(3～5 μm)以提高柱效能,这样可以使用更短的柱;二是减小柱径(内径小于 1 mm,空心毛细管液相色谱柱的内径只有数十微米),降低溶剂用量。

液相色谱柱能否获得高柱效能,主要取决于柱填料的性能,但也与柱床的结构有关。填料粒度大于 20 μm 的可用和气相色谱法相同的干法装柱,实际上这种已很少用。目前大多数采用 10 μm 以下填料,称为等密度匀浆湿法装柱。根据填料类型,常采用二氧六环、三氯甲烷、四氯化碳等有机溶剂作匀浆、润湿剂。装填高效液相色谱柱需有专门设备。大多数是根据需要购买不同规格、型号的商品色谱柱,其价格一般为每根1 000～5 000元。

为装填出高效柱,良好的装柱技术、高质量填料、小的死体积、合理的柱头结构等是获得高效柱的基本因素。

二、固定相的选择与分类

高效液相色谱法固定相的选择应符合下列条件:颗粒细且均匀;传质快;机械强度高,能耐高压;化学稳定性好,不与流动相发生化学反应。

固定相又称为柱填料,高效液相色谱法主要采用 3～10 μm 的微粒固定相,以及相应的色谱柱工艺和各种先进的设备,使用微粒填料有利于减小涡流扩散效应,缩短溶质在两相间的传质扩散过程,提高色谱柱的分离效能,故小粒径是保证高效能的关键,其中 5～10 μm 填料是目前使用最广泛的高效填料。

在高效液相色谱法中,流动相是有机溶剂或水溶液,在一定的线速度下,流动相对固定相表面有相当大的冲刷能力,另一方面,严格来讲,几乎没有一对完全互不溶解的液体存在,所以如果像气相色谱法那样把固定相涂渍在载体表面,固定相的流失是相当严重的。使用不被溶剂抽提的、以微粒硅胶为基质的化学键合固定相,即通过化学反应把某个适当的官能团引入硅胶表面,形成不可抽提的固定相,是近代高效液相填料的又一特点。

固定相(填料)可进行以下分类。

1. 按化学组成分类

填料可分为微粒硅胶、高分子微球和微粒多孔碳填料等类型。

3～10 μm 的微粒硅胶和以此为基质的各种化学键合相是目前高效液相色谱法填料中占主导地位的类型。这是由于硅胶具有良好的机械强度、容易控制的孔结构和表面积,较好的化学稳定性和表面化学反应专一等优点。而硅胶基质固定相的一个主要缺点是只能在 pH 值为 2～7.5 的流动相条件下使用。碱度过大,硅胶易于粉碎溶解;酸度过大,连接有机基团的化学键容易断裂。

高分子微球是另一类重要的液相色谱填料,大部分基体的化学组成是聚苯乙烯和二乙烯基苯的共聚物,也有聚乙烯醇、聚酯类型。高分子填料的主要优点是能耐宽的 pH 值范围(1～14),化学惰性好。一般来说,其柱效能比硅胶基质的低得多。

微粒多孔碳填料,优点在于完全非极性的均匀表面,是一种天然的"反相"填料,可在 pH>8.5 条件下使用,但机械强度较差,对强保留溶质柱效能较低,有待改进。

2. 按结构和形状分类

填料可分为薄壳型、全孔型和无定型。

薄壳型填料是在 4 μm 左右的玻璃球表面覆盖 1～2 μm 的硅胶层,形成许多向外开放的孔隙。这样孔浅了,传质快,柱效能得以提高。但柱负荷太小,所以很快就被 5～10 μm 全孔硅胶所代替。

在高效液相色谱法中使用的全孔硅胶,就形状来说,有球形的,也有非球形的。

3. 按填料表面改性与否分类

在无机吸附剂基质固定相的情况下,可分为吸附型和化学键合相两类。商品化学键合相填料主要有以下几种表面官能团:C_{18}、C_8、C_2、苯基、氰基、硝基、二醇基、醚基。另外,还有离子交换以及不对称碳原子的光学活性键合相等。

4. 按液相色谱的方法分类

反相、正相、离子交换和凝胶渗透色谱固定相是经常遇到的固定相种类。

在液相色谱中通常把使用极性固定相和非(或弱)极性流动相的操作称为正相色谱,把相应的固定相称为正相填料(如硅胶、氰基、氨基或硝基等极性键合相属于此列),把非极性或弱极性的固定相称为反相填料(如烷基、苯基键合相、多孔碳填料等)。当然,在液相色谱中,同一色谱柱,原则上可以使用性质相差很大的流动相冲洗,因而正相填料和反相填料的概念具有一定的相对性。

离子交换固定相的颗粒表面都带有磺酸基、羧基、季铵基、氨基等强、弱离子交换基团。这些基团可以和流动相中样品离子发生离子交换作用,使高分子样品中无机或有机离子或可解离化合物分离,以利于进行高聚物相对分子质量分布的测定。

分离中等极性和极性较强的化合物可选择极性键合相。其中氰基键合相对双键异构体或含双键数不等的环状化合物的分离有较好的选择性,而氨基键合相是分离糖类最常用的固定相。

分离非极性和极性弱的化合物选择非极性键合相,在反相离子抑制色谱及反相离子对色谱中也常选用非极性键合相。ODS是应用最广泛的非极性键合相，对于各种类型的化合物都有很强的适应能力。此外，短链烷基键合相能用于极性化合物的分离，而苯基键合相适用于分离芳香族化合物。

三、流动相的选择

在液相色谱法中，当固定相选定时，流动相的种类、配比显著地影响分离效果，因此流动相的选择非常重要。

对于液相色谱法而言，流动相又称为冲洗剂、洗脱剂或载液。它有两个作用：一是携带样品前进；二是给样品提供一个分配相，进而调节选择性，以达到满意的混合物分离效果。对流动相的选择要考虑分离、检测、输液系统的承受能力及色谱分离目的等各个方面。

高效液相色谱法对于流动相主要有如下要求：

(1) 黏度小。

溶剂黏度大，一方面液相传质慢，柱效能低；另一方面柱压降增加。流动相黏度增加一倍，柱压降也相应增加一倍，过高的柱压降给设备和操作都带来麻烦。

(2) 沸点低、固体残留物少。

固体残留物有可能堵塞溶剂输送系统的过滤器和损坏泵体及阀件。

(3) 与检测器相适应。

紫外检测器是高效液相色谱法中使用最广泛的一类检测器，流动相应当在所使用波长下没有吸收或吸收很少。当使用示差折光检测器时，应当选择折射率与样品差别较大的溶剂作流动相，以提高灵敏度。

(4) 与色谱系统的适应性。

仪器的输液部分大多是不锈钢材质，最好使用不含氯离子的流动相。

(5) 溶剂的纯度。

关键是要能满足检测器的要求和使用不同瓶(或批)溶剂时能获得重复的色谱保留值数据。实验中至少要使用分析纯试剂。另外，溶剂的毒性和可压缩性也是在选择流动相时应考虑的因素。

在选用溶剂时，溶剂的极性是重要的依据。例如：在正相液-液分配色谱法中，可先选中等极性的溶剂为流动相，若组分保留时间太短，表示溶剂的极性太大，则改用极性较弱的溶剂；若组分保留时间太长，则再选择极性在上述两种溶剂之间的溶剂；如此多次实验，以选得最适宜的溶剂。

为获得合适的溶剂强度，常采用二元或多元组合的溶剂系统作为流动相。通常根据所起的作用，采用的溶剂可分成底剂及洗脱剂两种。底剂决定基本的色谱分离情况，而洗脱剂则调节样品组分的滞留并对某几个组分具有选择性的分离作用，正相色谱中，底剂采用低极性的溶剂(如正己烷、苯、氯仿等)，而洗脱剂则根据样品的性质选取极性较强的针对性溶剂(如醚、酯、酮、醇和酸等)。在反相色谱法中，通常以水为流动相的主体，加入不同配比的有机溶剂作调节剂，常用的有机溶剂有甲醇、乙腈、二氧六环、四氢呋喃等。

正相键合相色谱法的流动相常采用在烷烃中加适量极性调节剂，如在正己烷中加入异丙醚组成二元流动相,通过调节极性调节剂异丙醚的浓度来改变溶剂的强度。若分离选择性不好,可改用其他的极性调节剂,或使用三元或四元溶剂系统。反相键合相色谱法中,流动相一般以极性最大的水为主体,加入一定量与水互溶的甲醇、乙腈和四氢呋喃等极性调节剂。一般情况下,甲醇-水具有满足多数样品的分离要求,黏度小且价格低等优点,因而是反相键合相色谱法中最常用的流动相。

反相离子抑制色谱法中的流动相通常是在反相键合相色谱法的流动相中加入少量抑制剂,调节流动相 pH 值为 2~8,抑制样品组分的解离,并增加它在固定相中的溶解度,以达到分离有机弱酸、弱碱的目的。常用的抑制剂为弱酸(常用乙酸)、弱碱(常用氨水)或缓冲盐(常用乙酸盐及磷酸盐)。而反相离子对色谱法的流动相是在极性流动相中加入离子对试剂,调节 pH 值为 2~8,以此实现对有机酸、碱及盐的分离。通常选用的离子对试剂的电荷与被分离组分的电荷相反,分析碱类或带正电荷的物质常用烷基磺酸盐或硫酸盐。分析酸类或带负电荷的物质常用四丁基铵磷酸盐(TBA)等。

四、检测器的选择

高效液相色谱检测器是用于连续检测被色谱系统分离后的柱流出物组成和含量变化的装置。其作用是将柱流出物中组成和含量转化为可供检测的信号,完成定性、定量分析的任务。

理想的高效液相色谱检测器应满足下列要求:第一,具有高灵敏度和可预测的响应;第二,对样品所有组分都有响应,或具有可预测的特异性,适用范围广;第三,温度和流动相流速的变化对响应没有影响;第四,响应与流动相的组成无关,可作梯度洗脱;第五,死体积小,不造成柱外谱带扩展;第六,使用方便、可靠、耐用,易清洗和检修;第七,响应值随样品组分量的增加而线性增加,线性范围宽;第八,不破坏样品组分;第九,能对检测的峰提供定性和定量信息;第十,响应时间足够快。

高效液相色谱检测器一般分为通用型检测器和选择型检测器。通用型检测器可连续测量色谱柱流出物(包括流动相和样品组分)的全部特性变化,通常采用差分测量法。这类检测器包括示差折光检测器、电导检测器和蒸发光散射检测器等。选择型检测器用以测量被分离样品组分某种特性的变化,这类检测器对样品中组分的某种物理或化学性质敏感,而这一性质是流动相所不具备的,或至少在操作条件下不显示。这类检测器包括紫外检测器、荧光检测器、安培检测器等。

1. 紫外检测器

紫外检测器(ultraviolet photometric detector,UV)又称紫外吸收检测器,紫外检测器的作用原理是基于被分析样品组分对特定波长紫外光的选择性吸收,组分浓度与吸光度的关系符合朗伯-比尔定律。紫外检测器有固定波长和可变波长两类,为扩大应用范围和提高选择性并选择最佳检测波长,常采用可变波长紫外检测器,实质上就是装有流通池的紫外分光光度计或紫外-可见分光光度计。常用纯溶剂的截止波长为:水 190 nm,乙腈 190 nm,甲醇 205 nm,正己烷 210 nm,四氢呋喃 225 nm,氯仿 245 nm。紫外检测器的优点是灵敏度高(最小检测浓度可达 10^{-9} g/mL)、对温度和流速不敏感,可用于等度或梯度洗脱且结构简单。缺点是不适用于对紫外光完全不吸收的样品,同时溶剂的选用受限制。

2. 示差折光检测器

示差折光检测器(differential refractive index detector,RID)又称折光指数检测器,

是除紫外检测器之外应用最多的液相色谱检测器，是一种通用型检测器。它是利用样品池和参比池之间折射率的差别来对组分进行检测，测得折射率差值与样品组分成正比。溶液的光折射率是溶剂（冲洗剂）和溶质（样品）各自的折射率乘以各自的物质的量浓度之和，溶有样品的流动相和流动相本身之间折射率之差能表示样品在流动相中的浓度。示差折光检测器按其工作原理可分成偏转式和反射式两种类型。这里以前者为例作一介绍。当介质成分发生变化时，其折射率随之发生变化，如入射角不变，则光束的偏转角是介质（如流动相）中成分变化（当有样品流出时）的函数。因此利用测量折射角变化值的大小，便可测定样品的浓度。

但由于高效液相色谱法通常采用梯度洗脱，流动相的成分不定，从而导致在参比流路中无法选择合适的溶剂，因此从实际应用来看，示差折光检测器不能用于梯度洗脱，因而不是严格意义的通用型检测器。由于折射率对温度的变化非常敏感，大多数溶剂折射率的温度系数约为 5×10^{-4}/℃，因此检测器必须恒温，以便获得精确的结果。

3. 荧光检测器

荧光检测器（fluorescence detector，FD）属于高灵敏度、高选择性的检测器，仅对某些具有荧光特性的物质有响应。许多化合物，特别是芳香族的化合物、生化物质等被入射的紫外光照射后，能吸收一定波长的光，使原子中的某些电子从基态中的最低振动能级跃迁到较高电子能态的某些振动能级。之后，电子由于在分子中的碰撞消耗一定的能量而下降到第一电子激发态的最低振动能级，再跃迁回到基态中的某些不同振动能级，同时发射出比原来所吸收的光频率更低、波长更长的光，即荧光。被这些物质吸收的光称为激发光，产生的荧光称为发射光，荧光的强度与入射光强度、量子效率和样品浓度成正比。

由卤化钨等产生 280 nm 以上的连续波长的强激发光，经透镜和激发滤光片将光源发出的光聚焦，将其分为所要求的谱带宽度并聚焦在流通池上，另一个透镜将从流通池中欲测组分发射出来的与激发光成 90°角的荧光聚焦，透过发射滤光片照射到光电倍增管上进行检测。

典型的荧光物质有多核芳烃、甾族化合物、植物色素、维生素、生物碱、儿茶酚胺、酶等。对许多不发荧光的物质，可以通过化学衍生法将其转变成发荧光的物质，然后进行检测。

4. 电导检测器

电导检测器（electrical conductivity detector，ECD）属于电化学检测器，是离子色谱法中使用最广泛的检测器。其作用原理是根据物质在某些介质中解离后所产生电导值的变化来测定解离物质含量。由于电导检测器的响应受温度影响较大，因此要求严格控制温度，一般在电导池内放置热敏电阻器进行检测。

在化学抑制型离子色谱体系中，背景电导值极低，可采用两电极电导检测器。但在单柱型离子色谱体系中，洗脱液背景电导值高，极化效应严重，此时应采用五电极式电导检测器或经改进的两电极式电导检测器。

五、条件检验

一般情况下，高效液相色谱分离方法的建立遵循以下步骤。

1. 了解样品的基本情况

样品的基本情况主要包括样品所含化合物的数目、种类（官能团）、相对分子质量、紫外光谱图以及样品基体(溶剂、填充物等)的性质、化合物在有关样品中的浓度范围、样品的溶解度等。

2. 明确分离目的

(1) 主要目的是分析还是回收样品组分?

(2) 是否已知样品所有成分的化学特性,或是否做定性分析?

(3) 是否有必要解析样品的所有成分?

(4) 如需做定量分析,精密度需多高?

(5) 本法适用单种样品分析还是许多种样品分析?

3. 了解样品的性质和需要的预处理

考察样品的来源形式,可以发现,除非样品是适于直接进样的溶液,否则,高效液相色谱法分离前均需进行某种形式的预处理。例如:有的样品需加入缓冲溶液以调节 pH 值;有的样品含有干扰物质或"损柱剂"而必须在进样前将其去除;还有的样品本身是固体,需要用溶剂溶解,为了保证最终的样品溶液与流动相的成分尽量相近,最好直接用流动相溶解(或稀释)样品。

4. 检测器的选择

不同的分离目的对检测的要求不同。如测单一组分,理想的检测器应仅对所测成分响应,而其他任何成分均不出峰。如目的是定性分析或是制备色谱,则最好用通用型检测器,以便能检测到混合物中的各种成分。仅对分析而言,检测器灵敏度越高、最低检出量越小越好。如目的是制备分离,则检测器的灵敏度没必要很高。

应尽量使用紫外检测器,目前一般的高效液相色谱仪都配有这类检测器,它使用方便且受外界影响小。如被测化合物没有足够的紫外生色团,则应考虑使用其他检测设备,如示差折光检测器、荧光检测器、电化学检测器等。如果实在找不到合适的检测器,才可以考虑将样品衍生化为有紫外吸收或有荧光的产物,然后再用紫外或荧光检测器检测。

5. 固定相和流动性的选择

1) 硅胶吸附色谱法

在硅胶吸附色谱法中,决定保留值和选择性的主要是溶质与固定相的相互作用,流动相的作用主要是调节溶质的保留值在一定范围内。在吸附色谱法中,可根据溶质的官能团选择适当的流动相的组分:

(1) 当样品溶质中只含有 —OH 、—COOH 、$—NH_2$ 、—NH— 这类质子给予体基团时,可选用异丙醇作为流动相的组分;

(2) 当样品溶质中含有 —COO— 、—CO— 、$—NO_2$ 这类只接受质子的基团时,可选用乙酸乙酯、丙酮或乙腈作为流动相的组分;

(3) 当样品溶质中只含有 —O— 和苯基这类极性作用较弱的基团时,可选用乙醚作为冲洗剂的组分。

2) 正相键合相色谱法

固定相的选择原则如下:

(1) 当样品溶质中只含有 —COO— 、$—NO_2$ 、—CN 这类质子接受体基团时,可选用氨基、二醇基这一类具有质子给予能力的固定相；

（2）当样品溶质中含有—NH_2、—NH—、—OH、—COOH等具有质子给予能力的基团时，可选用氰基、氨基和醇基键合固定相。

3）反相色谱法

在反相色谱法中，水是常用的流动相，C_{18}是常用的填充载体。反相色谱法流动相的选择原则如下：

（1）若样品溶质中含有两个以下氢键作用基团（如—COOH、—NH_2、—OH等）的芳香烃的邻、对位或邻、间位异构体，可选用甲醇-水作为流动相。

（2）若样品溶质中含有两个以上Cl、I、Br的邻、间、对位异构体或极性取代基的间、对位异构体以及双键位置不同的异构体，可选用苯基或C_{18}键合固定相、乙腈-水作为流动相。

（3）若样品溶质中含有—NH_2、—NH—等这一类基团时，应在反相色谱法的流动相中加入适量添加剂（如有机胺）来提高样品保留值的重现性和色谱峰的对称性。

（4）当实际过程中被分离溶质的k'值大于30（一般要求$1<k'<20$）时，应在反相色谱法系统的甲醇-水流动相中加入适量四氢呋喃、氯仿或丙酮，以使被分离溶质的k'值保持在适当范围内。当然，也可以通过减少固定相表面的键合碳链浓度或缩短碳链长度来达到减小k'值的目的。

6.分离方法的选择

根据样品的相对分子质量、化学结构、溶解度、极性等特性来选择合适的分离方法，如图15-6所示。

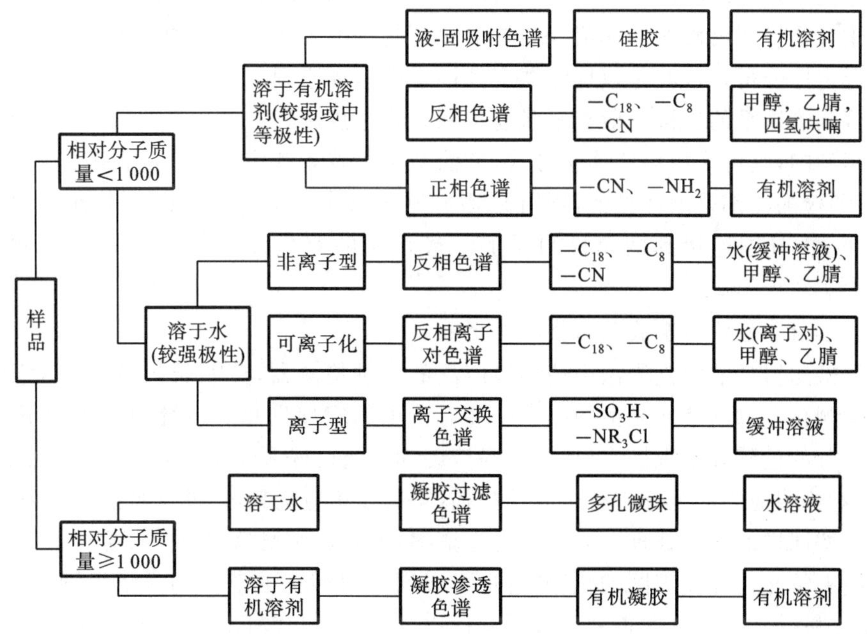

图15-6 高效液相色谱分离方法选择示意图

第四节　定性、定量分析方法及应用示例

一、定性分析方法

由于液相色谱法过程中影响溶质迁移的因素较多，同一组分在不同色谱条件下的保留值相差很大，即便在相同的操作条件下，同一组分在不同色谱柱上的保留值也可能有很大差别，因此，液相色谱法与气相色谱法相比，定性的难度更大。常用的定性方法有如下几种。

1. 利用已知标准样品定性

利用标准样品对未知化合物定性是最常用的液相色谱定性方法，该方法的原理与气相色谱的定性方法相同。由于每一种化合物在特定的色谱条件下(流动相组成、色谱柱、柱温等相同)，其保留值具有特征性，因此可以利用保留值进行定性。如果在相同的色谱条件下被测化合物与标准样品的保留值一致，就可以初步认为被测化合物与标准样品相同。若流动相组成经多次改变后，被测化合物的保留值仍与标准样品的保留值一致，就能进一步证实被测化合物与标准样品为同一化合物。

2. 利用检测器的选择性定性

同一种检测器对不同种的化合物的响应值是不同的，而不同的检测器对同一种化合物的响应值也是不同的。因此，当某一被测化合物同时被两种检测器检测时，两种检测器对被测化合物检测灵敏度的比值是与被测化合物的性质密切相关的，可以用来对被测化合物进行定性分析。这就是双检测器定性体系的基本原理。

双检测器体系的连接一般有串联连接和并联连接两种方式。若两种检测器中的一种是非破坏型的，则可采用串联连接方式，方法是将非破坏型检测器串接在破坏型检测器之前；若两种检测器都是破坏型的，则可采用并联连接方式，方法是在色谱柱的出口端连接一个三通，分别连接到两个检测器上。最常用的双检测器体系是紫外检测器和荧光检测器。

3. 利用紫外检测器全波长扫描功能定性

紫外检测器是液相色谱法中使用最广泛的一种检测器，全波长扫描紫外检测器可以根据被检测化合物的紫外光谱图提供一些有价值的定性信息。传统的方法如下：在色谱图上某组分的色谱峰出现极大值(即最高浓度)时，通过停泵等手段，使组分在检测池中滞留，然后对检测池中的组分进行全波长扫描，得到该组分的紫外-可见光谱图；再取可能的标准样品按同样的方法处理。对比两者光谱图，即能鉴别出该组分与标准样品是否相同。对于某些有特殊紫外光谱图的化合物，也可以通过对照标准谱图的方法识别化合物。此外，利用二极管阵列检测器得到的包括有色谱信号、时间、波长的三维色谱图，其定性结果与传统方法相比具有更大的优势。

二、定量分析方法

高效液相色谱的定量方法与气相色谱的定量方法相似，简述如下。

1. 归一化法

归一化法要求所有组分都能分离并有响应，其基本方法与气相色谱中的归一化法类似。由于液相色谱所用的检测器一般为选择性检测器，对很多组分没有响应，因此，液相色谱较少使用归一化法进行定量分析。

2. 外标法

外标法是以待测组分纯品配制标准样品，和待测样品同时作色谱分析来进行比较而定量的，其具体方法与气相色谱中的外标法类似。

3. 内标法

内标法是比较精确的一种定量方法。它是将已知量的参比物(称内标物)加到已知量的样品中，在进行色谱测定后，待测组分峰面积和参比物峰面积之比应该等于待测组分的质量与参比物的质量之比，求出待测组分的质量，进而可求出待测组分的含量，具体方法与气相色谱中的内标法类似。

三、应用示例

液-液分配色谱法既能分离极性化合物，又能分离非极性化合物，如烷烃、芳烃、稠环化合物、甾族化合物等；液-固吸附色谱法常用于分离极性不同的化合物，也能分离具有相同极性基团，但基团数量不同的样品，还适于分离异构体，这是因为异构体有不同的空间排列方式，因此吸附剂对它们有不同的吸附能力；正相键合相色谱法多用于分离各类中等极性化合物、异构体等，如燃料、炸药、芳香胺、酯、氨基酸、甾体激素、脂溶性维生素和药物等；反相键合相色谱法由于操作简单、稳定性与重复性好，已成为一种通用型液相色谱分析方法。

液相色谱与马丁和辛格

马丁 1910 年出生于英国伦敦，1932 年剑桥大学毕业，1935 年获得硕士学位，1936 年获得博士学位。辛格 1914 年出生于英国利物浦，1936 年剑桥大学毕业，1939 年获得硕士学位，1941 年获得博士学位。1938 年，他们制成第一台液相色谱仪。1952 年，马丁和辛格获诺贝尔化学奖。

本章小结

1. 高效液相色谱法是以经典液相色谱法为基础，引入气相色谱法的理论和实验技术，采用高效固定相、高压输液泵及在线检测手段而发展起来的现代分离、分析方法。

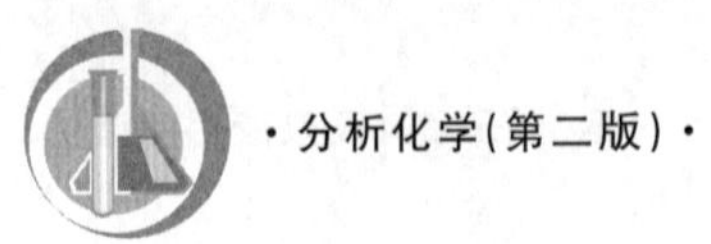

2. 高效液相色谱仪主要由液体输送系统、进样系统、分离系统和检测系统组成。

3. 高效液相色谱法按分离机制的不同,可分为液-固吸附色谱法、液-液分配色谱法、化学键合相色谱法、离子交换色谱法、离子对色谱法及分子排阻色谱法等。

4. 高效液相色谱法的分离操作条件包括色谱柱的选择、固定相的选择、流动相的选择、检测器的选择等。

5. 高效液相色谱的定量方法主要有归一化法、外标法和内标法等。

目标检测

一、选择题

1. 紫外检测器是液相色谱仪中最常用的一种检测器,其原理是依据(　　)。

A. 液体的密度　　B. 物质的热传导

C. 物质的电导率　　D. 液体对光的吸收

2. 液相色谱仪中,输送流动相的是(　　)。

A. 高位储液瓶　　B. 真空泵　　C. 高压输液泵　　D. 空气压缩泵

3. 在液相色谱分析中,色谱分离系统带来的误差是由于(　　)。

A. 样品的不均匀性　　B. 分离不完全或色谱峰拖尾

C. 溶解样品的溶剂与流动相不能互溶　　D. 基线不稳定

4. 在液相色谱分析中,一般不采用(　　)作为流动相的溶剂。

A. 丙酮和乙醚　　B. 乙醇和水　　C. 吡啶和二硫化碳　　D. 氯仿和苯

5. 液相色谱分析时,用微量注射器进样,必须做到(　　)。

A. 样品与流动相混合　　B. 进样时压力恒定

C. 扰动流量的平衡　　D. 直接注射到柱头中心

二、名词解释

梯度洗脱　　柱内展宽　　柱外展宽　　高分子微球　　通用型检测器

三、填空题

1. 高效液相色谱法按分离机制的不同,分为________、________、________、________、________和________。

2. 高压泵按输液性能可分为________和________,按机械结构可分为________、________、________和________。

3. 高效液相色谱仪有________、________和________三种进样方式。

4. 荧光检测器仅对某些具有________特性的物质有响应。

5. 高效液相色谱常用的定性方法有________、________和________等。

四、简答题

1. 简述高效液相色谱仪的组成及主要部件。

2. 高效液相色谱法对流动相有什么要求?

3. 高效液相色谱法主要有几种类型?分别适用于分离何种物质?

4. 高效液相色谱法常用检测器的类型有哪些？试述其检测原理及应用。

五、计算题

1. 核苷经液相色谱柱分离，用紫外检测器测得各个色谱峰，经鉴定为下列组分：

组分	死时间	尿苷	肌苷	鸟苷	腺苷	胞苷
t_R/min	4.0	30	43	57	71	96

如果在另一色谱柱中填充相同的固定相，但柱的尺寸不同，测得死时间为 5 min，某组分洗脱时间为 100 min，试说明这个组分是什么物质。 （鸟苷）

2. 在某反相液相色谱柱上，测得以下数据：

组分	去甲变肾上腺素	变肾上腺素	3-甲氧基酪胺	高香草酸
t_R/min	3.87	5.81	7.31	11.70

如果不被保留组分的 t_M＝33 s，计算每一组分对 3-甲氧基酪胺的相对保留值。

（0.59、0.94、1.00、1.99）

第十六章

其他分析方法简介

第一节　红外吸收光谱法

一、概述

红外分光光度法(infrared spectrophotometry,IR)是利用物质对红外光的吸收光谱而建立的定性、定量及测定分子结构的分析方法,又称红外吸收光谱法。当用一定频率的红外光照射物质时,红外光被物质分子吸收,产生分子振动能级和转动能级的跃迁,这种因分子的振动及转动能级的跃迁而产生的吸收光谱称为红外吸收光谱,亦称分子的振动-转动光谱。依据红外吸收光谱中吸收峰的峰位、峰强和形状可对有机化合物进行结构分析、定性鉴定和定量分析。

红外吸收光谱的突出特点是具有高度的特征性,除光学异构体外,每种化合物都有自己的红外吸收光谱。利用红外吸收光谱对物质的气、液、固态均可进行分析,且分析速度快、样品用量少。其不足之处是不能进行含水样品的分析,在定量分析方面的灵敏度不及紫外分光光度法。

二、红外线及红外吸收光谱

1. 红外光谱区划

在电磁波谱中,波长位于0.75～1 000 μm范围的电磁波,称为红外线。通常将红外线划分为三个区域,三种波长范围的红外线以及三种类型的能级跃迁,如表16-1所示。

表16-1　红外光谱区划

区　　域	波长/μm	波数/cm^{-1}	能级跃迁类型
近红外区(泛频区)	0.75～2.5	13 158～4 000	O—H、N—H、C—H键的倍频吸收区
中红外区(基本振动区)	2.5～50	4 000～200	振动,伴随着转动(基本振动区)
远红外区(转动区)	50～1 000	200～10	转动

红外吸收光谱主要是由分子中原子的振动能级跃迁产生的，跃迁时吸收的辐射能为0.05～1.0 eV，位于电磁波谱的中红外区。

2. 红外吸收光谱图的表示方法

红外吸收光谱图的纵坐标为透光度(T)或吸光度(A)，横坐标为红外光波长(λ)或波数(σ)。实际应用中多用 T-σ 或 T-λ 曲线描述。T-σ 或 T-λ 曲线上的"谷"是红外吸收光谱的吸收峰，即吸收峰峰顶向下。波数是波长的倒数，表示每厘米长的光波中波的数目。当波长以微米为单位时，波数与波长的关系是：

$$\sigma/\text{cm}^{-1} = \frac{10^4}{\lambda/\mu\text{m}} = \frac{1}{\lambda/\text{cm}} \tag{16-1}$$

红外吸收光谱图中，一般横坐标采用两种标度。以 2 000 cm^{-1} 为界，在小于 2 000 cm^{-1} 低频区较"疏"，为的是使密集的峰能够分开，在大于 2 000 cm^{-1} 的高频区较"密"，是为了不让 T-σ 曲线上的吸收峰过分扩张。

三、红外吸收光谱与紫外吸收光谱的区别

1. 光谱区域不同(形成原因不同)

红外吸收光谱和紫外吸收光谱一样，都是分子吸收光谱。但紫外吸收光谱光线波长短、频率高、能量大，引起分子中外层价电子能级的跃迁，并伴随分子的振动和转动能级的跃迁，故称为电子光谱；用红外光照射分子时，因波长长、能量小，只能引起分子的振动能级的跃迁并伴随转动能级的跃迁，而形成红外吸收光谱。

2. 应用范围不同

紫外吸收光谱吸收峰只适用于研究芳香族或具有共轭体系的不饱和脂肪族化合物及某些无机物。红外吸收光谱对所有的有机化合物(只要在振动中有偶极矩变化的)和某些无机物均能测得其特征红外吸收光谱。

3. 特征性不同

紫外吸收光谱主要是由分子中的 π 电子或 n 电子的跃迁所形成，多数物质的紫外吸收光谱的吸收峰较少，反映的是少数官能团的特性。而红外吸收光谱峰较密集，且倒峰较为复杂，信息量大，与分子结构密切相关。从乙酸乙酯的红外吸收光谱图中观测到许多的吸收峰，如图 16-1 所示。

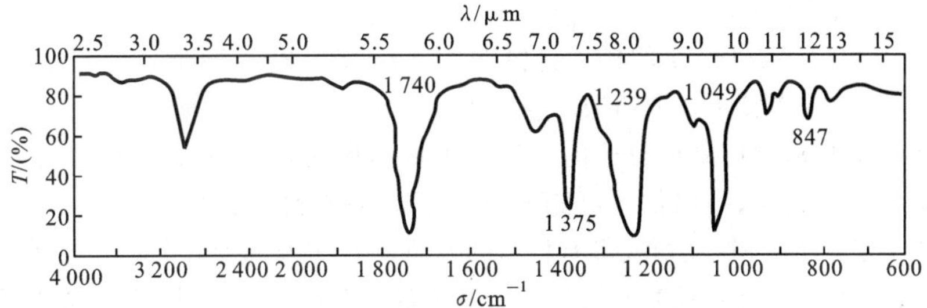

图 16-1　乙酸乙酯的红外吸收光谱图

四、基本原理

红外吸收光谱法主要研究物质结构与红外吸收光谱间的关系。一张红外吸收光谱图,可由吸收峰的位置(λ_{max}或σ_{max})及吸收峰的强度(ε)来描述。下面将吸收峰的产生原因、峰位、峰数、峰强及其影响因素简单讨论如下。

1. 分子的振动和红外吸收

把双原子分子的两个原子看成质量分别是m_1和m_2的两个刚性小球,原子间的化学键相当于连接两个原子的弹簧,原子以平衡点为中心,做沿着键轴方向的周期性伸缩振动,称为简谐振动。物质的结构不同,化学键力常数和原子质量各不相同,分子的振动频率也就不同,所以分子在振动时所吸收的红外光的频率也不同,不同物质分子将形成各有其特征的红外吸收光谱,这是红外吸收光谱产生的机理,也是有机化合物运用红外吸收光谱法进行定性鉴定和结构分析的理论依据。

2. 振动形式

双原子分子是最简单的分子,其振动形式只有一种,即沿键轴方向做相对的伸缩振动。对多原子分子,其振动形式主要有两类:伸缩振动和弯曲振动。

1) 伸缩振动

原子沿着键轴方向伸缩,使键长发生周期性变化的振动形式,称为伸缩振动。简言之,伸缩振动就是键长发生改变的振动。其振动形式又分为对称伸缩振动(ν_s)和不对称伸缩振动(ν_{as})两种。

2) 弯曲振动

使键角发生周期性变化的振动形式称为弯曲振动或变形振动,它可分为面内弯曲振动(β)和面外弯曲振动(γ)。

每一种振动形式,对应于一个振动能级,在发生跃迁时所需的能量不同,选择吸收红外光的频率也不同,即在红外吸收光谱图上出现相应的特征吸收峰。

3. 振动自由度与峰数

双原子分子只有一种振动形式即伸缩振动,多原子分子的振动较复杂,且多原子分子的振动形式,随着组成分子的原子数目的增加而增多,但基本上可以分解成许多简单的基本振动,如伸缩振动或各种弯曲振动。分子中基本振动的数目称为振动自由度(又称分子的独立振动的数目),通过它可以了解分子中可能存在的振动形式,以及可能出现的吸收峰数目。

$$\text{线性分子的振动自由度} = 3n-3-2 = 3n-5 \tag{16-2}$$

$$\text{非线性分子的振动自由度} = 3n-3-3 = 3n-6 \tag{16-3}$$

每一个振动自由度可看成分子的一种基本振动形式,有其自己的特征振动频率。所以由分子的振动自由度,可以估计可能出现的红外吸收峰的数目。

从理论上讲,每一种振动形式都有特定的振动频率,相应地会出现一个红外吸收峰。但实际上多数物质的分子吸收峰数目往往少于基本振动数目,如CO_2分子,它有四种基本振动形式,理论上讲会有4个吸收峰,但红外吸收光谱图上只出现了两个吸收峰,分别是2 349 cm^{-1}的不对称伸缩振动吸收峰和667 cm^{-1}的弯曲振动吸收峰,其原因有以下几个方面:

(1) 红外非活性振动。分子振动中偶极矩不发生变化的,不产生红外吸收峰,称为红外非活性振动。如 CO_2 发生对称伸缩振动的频率为 1 388 cm^{-1},但在红外吸收光谱图上未出现此吸收峰。由此可知,只有在振动过程中偶极矩变化不等于零的振动,才能产生红外吸收峰。

(2) 简并。振动频率相同的不同振动形式只能产生一个吸收峰,这种现象称为简并。如 CO_2 分子的面内弯曲振动频率为 667 cm^{-1},面外弯曲振动频率也为 667 cm^{-1},它们的峰位在红外吸收光谱图上重合。所以只能观测到一个吸收峰。

(3) 仪器性能的限制。当仪器的分辨率不够高时,对较弱的吸收峰不能测出。

4. 红外吸收峰的类型

1) 基频峰

分子吸收一定频率的红外光后,其振动能级由基态(振动量子数 $\nu=0$)跃迁至第一振动激发态($\nu=1$)时所产生的吸收峰($\Delta\nu=1$),称为基频峰或基频吸收带。CO_2 红外吸收光谱中有 2 349 cm^{-1} 和 667 cm^{-1} 两个基频峰。

2) 泛频峰

泛频峰包括倍频峰、合频峰和差频峰。

3) 特征峰

用于鉴别官能团存在并具有较高强度的吸收峰称为特征吸收峰,简称特征峰,此特征峰频率称为特征频率。如羰基 $-\overset{\overset{\displaystyle O}{\|}}{C}-$ 的伸缩振动吸收是红外吸收光谱中的最强峰,其吸收频率在 1 650～1 850 cm^{-1},最易识别。在红外吸收光谱解析中,常从特征峰入手认定官能团的存在。

4) 相关峰

某一官能团除有其特征峰外,还有一组其他的振动吸收峰,由某个官能团所产生的一组具有相互依存关系的吸收峰,称为相关吸收峰,简称相关峰。相关峰的数目与基团的活性振动数及光谱的波数范围有关,利用一组相关峰来确定某个官能团是否存在是红外吸收光谱解析中的一个原则。

五、吸收峰的峰位和峰强

1. 吸收峰的峰位

吸收峰的位置简称峰位,振动能级跃迁时所吸收的红外光的波长或波数,常用 λ_{max} 或 σ_{max} 来表示。红外吸收光谱上基频峰的位置变化,主要受化学键两端的原子质量、化学键力常数、内部因素及外部因素的影响。

2. 吸收峰的峰强

红外吸收光谱中吸收峰的强度简称峰强,是指一条吸收曲线上吸收峰(谱带)的相对强度或摩尔吸光系数的大小及相关因素。同一物质的摩尔吸光系数随仪器的不同而改变。

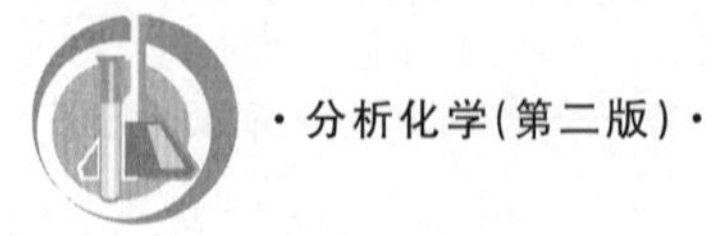

六、红外吸收光谱中的重要区域

化合物的红外吸收光谱是分子结构的客观反映,谱图中的吸收峰都对应着分子化学键或基团的各种振动形式。根据基团和频率的关系以及影响因素总结出的一些规律,一般将红外吸收光谱分为两个区域:一个是特征区;另一个是指纹区。

1. 特征区

习惯上将 1 250～4 000 cm^{-1}(2.5～8.0 μm)区间称为特征频率区,简称特征区。特征区的吸收峰较"疏",易辨认。在 1 250～4 000 cm^{-1}范围内大多是一些特定官能团的吸收峰,据此也称为官能团区,官能团的鉴定主要在这一区域内进行。

2. 指纹区

400～1 250 cm^{-1}(8.0～25 μm)的低频区称为指纹区。此区间的吸收峰主要有各种单键的伸缩振动和各种基团的弯曲振动。此区间内的光谱,如人的指纹一样,两个化合物的红外吸收光谱也绝不相同。指纹区的许多吸收峰为特征区吸收峰的相关峰,可用来确定化合物的细微结构。

七、红外分光光度计

红外分光光度计是用来测定物质红外吸收光谱的仪器。目前使用的红外分光光度计有两种,即光栅型红外分光光度计和干涉分光型傅里叶变换红外分光光度计。这里主要介绍光栅型红外分光光度计。

1. 红外分光光度计的主要部件

1) 光源(辐射源)

其作用是发射强度能满足需要的连续红外光谱。一般常见的光源有 Nernst 灯、硅碳棒及镍铬丝线圈等。

2) 单色器

单色器的主要作用是获得中红外区的单色光。色散元件目前多使用有反射的光栅。

3) 比色皿

比色皿(吸收池)有气体池和液体池两种:①气体池主要用于测量气体及沸点较低的液体样品;②液体池用于测量常温下不易挥发的液体样品及固体样品,有可拆式液体池、固定式液体池及可变层厚液体池等。为了使红外线通过,一般具有氯化钠或溴化钠岩盐窗片。

4) 检测器

检测器是利用不同导体构成回路时的温度差现象,将温度差转变成电位差的装置,有热电偶、高莱池(Golay cell)等。常用的检测器为真空热电偶。

5) 记录及显示装置

红外分光光度计须有绘图记录系统来绘制记录红外吸收光谱,且配有微型计算机。仪器的操作控制,谱图中各种参数的计算以及差谱技术、谱图检索等均可由计算机来完成。

2. 红外分光光度计的工作原理

双光束红外分光光度计的工作原理如图 16-2 所示。从光源发出的红外辐射分成两束相等的光线后，一束通过样品池，另一束通过参比池，扇形斩光器（光楔）使两束光交替地进入单色器中的光栅和检测器。检测器交替地接收这两束光。不进样时，两束光的强度相等，信号无变化，仪表指零，没有响应。进样后，测试光路有吸收，两边来的辐射强度不同，在检测器上产生与光强差成正比的交流信号电压，经放大器放大后，就可驱动记录笔伺服马达，记录样品吸收情况的变化。与此同时，光栅也按一定速度运动，使到达检测器上的红外入射光的波数也随着改变，这样由于记录纸与光栅的同步运动，就可绘出光吸收强度随波数变化的红外吸收光谱图。

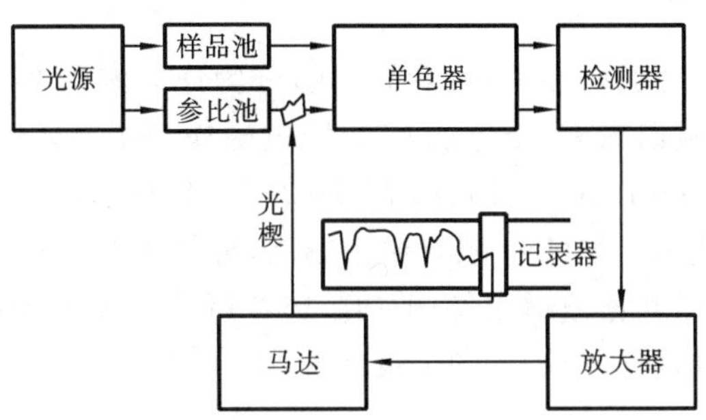

图 16-2　双光束红外分光光度计的工作原理图

第二节　核磁共振波谱法

一、概述

原子核在磁场中吸收一定波长（0.6～300 m）的无线电波，发生核自旋能级跃迁的现象，称为核磁共振（nuclear magnetic resonance，NMR）。核磁共振信号强度对照射波频率（即照射电磁波频率，又称射频）或外磁场强度作图所得图谱称为核磁共振波谱。用其来进行结构测定、定性及定量分析的方法称为核磁共振波谱法（NMR spectroscopy）。

核磁共振波谱主要有氢核磁共振波谱（简称氢谱，^{1}H-NMR）和碳核磁共振波谱（简称碳谱，^{13}C-NMR），其次还有^{15}N-NMR、^{19}F-NMR 和^{31}P-NMR。氢谱是目前应用最广泛的核磁共振波谱。核磁共振波谱主要有如下用途：

（1）测定有机化合物的化学结构及立体结构，研究互变异构现象，研究氢键、分子内旋转等。

（2）测定某些药物含量及纯度检查，测定反应速率常数，跟踪化学反应进程等。

（3）生物活性测定及药理研究。

由于核磁共振波谱法具有深入物体内部而不破坏样品的特点，因而在活体动物、活体组织及生化药品研究中广泛应用，如研究酶活性、生物膜的分子结构、药物与受体间的作用机制等。

（4）在医疗诊断中用于人体疾病诊察、癌组织与正常组织鉴别等。

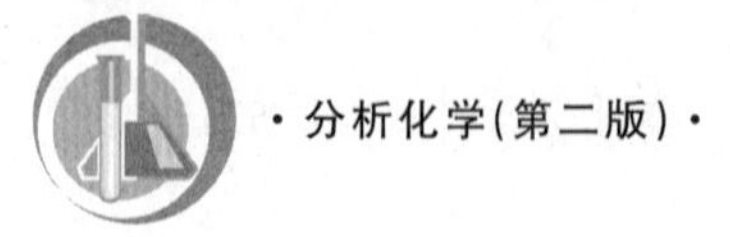

二、基本原理

原子核在外磁场中的自旋,就像陀螺在自转的同时,绕着重力轴进动一样。原子核在自旋的同时,也会绕着外磁场方向进动(回旋)。当采用频率等于核进动频率的电磁波照射进动核时,原子核就会吸收电磁波的能量($E=h\nu_0$),从低能级跃迁至高能级,即发生能级的跃迁(能级间的能量差为 ΔE),这就是共振吸收,其频率称为共振频率。

三、核磁共振波谱仪

核磁共振波谱仪的种类较多。按扫描方式,分为连续波(CW)方式和脉冲傅里叶变换(PFT)方式两种;按磁场来源,分为永久磁铁、电磁铁和超导磁铁三种;按照射频率(或磁感强度),分为 60 MHz(1.409 2 T)、90 MHz(2.113 8 T)、100 MHz(2.348 7 T)等。超导核磁共振波谱仪可达 600 MHz。照射频率越高,分辨率和灵敏度就越高,且简化了图谱,便于解析。一般核磁共振波谱仪结构如图 16-3 所示。其主要部件有磁铁、射频发生器、扫描发生器、信号接收器、样品管和记录系统等。

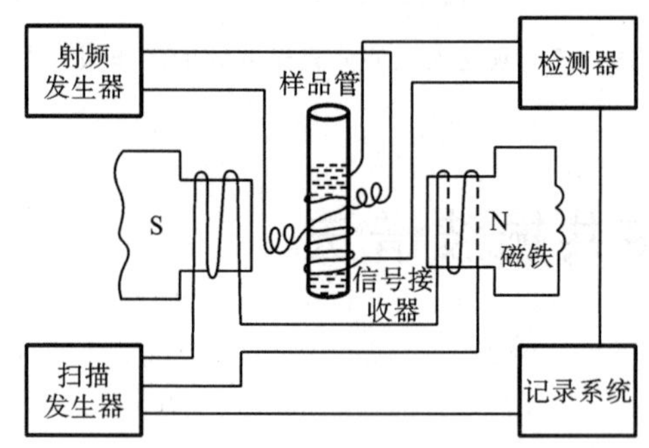

图 16-3 核磁共振波谱仪结构示意图

1) 磁铁

磁铁的作用是产生很强、很稳定、很均匀的磁场。

2) 射频发生器

射频发生器的主要作用是产生 60～300 cm 的无线电波,通过照射线圈作用于样品。

3) 扫描发生器

扫描发生器是绕在电磁铁上的线圈,通直流电后用来调节磁场强度。

4) 信号接收器

信号接收器是环绕样品管的线圈。其作用是接收核磁共振时产生的感应电流。照射线圈、接收线圈和磁场方向三者相互垂直,互不干扰。

5) 样品管

样品管用来盛放被测样品,插入磁场中,匀速旋转,以保障样品所受磁场强度均匀。

6) 记录系统

记录系统包括放大器、积分仪及记录器。检出的信号经放大后,输入记录器,并自动描绘波谱图。纵坐标表示信号强度,横坐标表示磁场强度或照射频率。记录的信号由一系列峰组成，峰面积正比于某类质子的数目。积分曲线自低磁场向高磁场描绘，以阶梯的形式重叠在峰上面，而每一阶梯的高度与引起该信号的质子数目成正比，如图 16-4 所示。

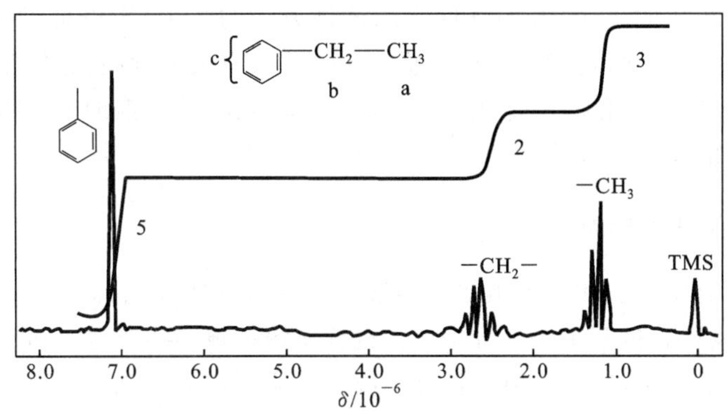

图 16-4　乙苯的核磁共振波谱图

四、波谱图与分子结构

1）峰面积与氢个数

氢谱中，每个峰面积的大小与产生该峰的氢核数目成正比。核磁共振波谱仪均附有积分仪，扫频或扫场时，在绘制波谱的同时会给出峰面积的积分值，如图 16-4 所示为乙苯的核磁共振波谱图。各积分线的垂直高度与其对应峰面积成正比。这样便可根据峰面积（或积分高度）确定与之对应的氢核数目，即氢分布。

2）自旋耦合和耦合常数

屏蔽效应可导致氢核共振吸收峰的位移。其实分子中磁核之间亦有相互作用，其结果是使共振峰发生分裂而形成多重峰。这种磁核的相互作用称为自旋-自旋耦合，简称自旋耦合。因自旋耦合使一个共振峰分裂为几个小峰的现象称为自旋裂分。自旋耦合是通过化学键上成键电子传递的，耦合常数的大小主要与耦合核间距离及电子云密度有关，而与外磁场强度无关。

3）一级谱图

一级耦合产生的核磁共振图谱为一级谱图。其特征如下：①核间干扰弱；②多重峰的峰距即为耦合常数；③多重峰的中间位置即为该组氢核的化学位移；④磁等价核（分子中其他任何核与一组化学等价核的耦合常数相等）与 n 个氢核（相邻碳上的）耦合时，裂分产生 $n+1$ 个峰；⑤各裂分峰的强度（峰高或峰面积）之比为二项式 $(a+b)^n$ 展开式各项的系数之比。

第三节　质谱法

一、概述

质谱法（mass spectroscopy，MS）是将物质经离子化、分离、检测获得离子强度，按质荷比(m/z)顺序进行成分和结构分析的一种分析方法。所用仪器是质谱仪(mass spectrometer,MS)。质谱是物质分子离子强度按质荷比大小顺序排列的质量谱,质谱中的每个峰表示一种质荷比的离子,峰的强度表示该种离子的多少,所以可以根据质谱峰的位置、强度等信息进行定性、定量和结构分析。质谱法具有灵敏度高、分析速度快、测定对象广等特点。质谱图主要用来:确定相对分子质量;鉴定化合物;推测未知物的结构;测定分子中 Cl 和 Br 等的原子个数等。

二、质谱仪及其工作原理

质谱仪主要有单聚焦和双聚焦两大类型。一般由进样系统、离子源、质量分离器、检测器、记录系统及计算机系统等部分构成。进样系统把被测物质送入离子源,离子源把样品物质分子解离成离子,质量分离器把这些离子按质荷比大小顺序分离开来,检测系统按顺序检测离子强度,记录系统将信号记录并打印。以上这些均由人指令计算机来完成。图 16-5 是一种单聚焦质谱仪的结构和原理示意图。

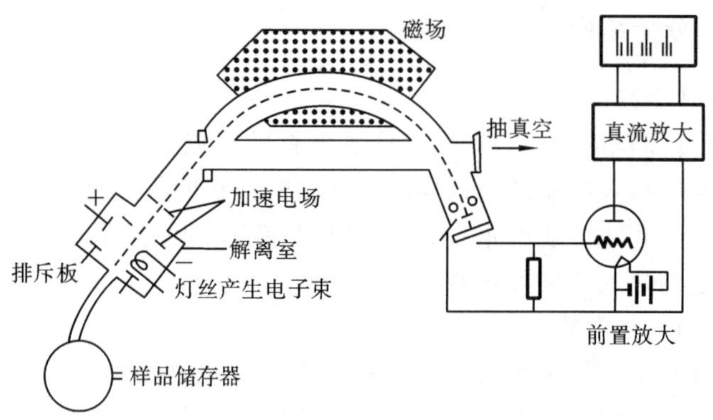

图 16-5　质谱仪结构和原理示意图

三、质谱图与离子类型

1. 质谱图

常见的质谱图如图 16-6 所示,称为棒图。这是以摄谱方式获得的质谱图,以质荷比为横坐标,纵坐标为离子的相对丰度。相对丰度又称为相对强度,即以质谱图中的最强峰(或最高峰)的高度为标准,定为 100%,将此峰称为基峰。以此最强峰的高度去除其他各峰的高度,所得分数(百分比)即为各离子的相对丰度。

2. 离子类型

1) 分子离子

分子失去一个电子所形成的离子称为分子离子,符号为 M^+,相应质谱峰称为分子离子峰。分子中不含 Cl 和 Br 时,分子离子峰一般出现在质谱图的右侧。分子离子峰的质荷比是确定相对分子质量和分子式的重要依据。

2) 碎片离子

分子离子发生化学键的断裂和重排所产生的各种离子均称为碎片离子,其相对丰度

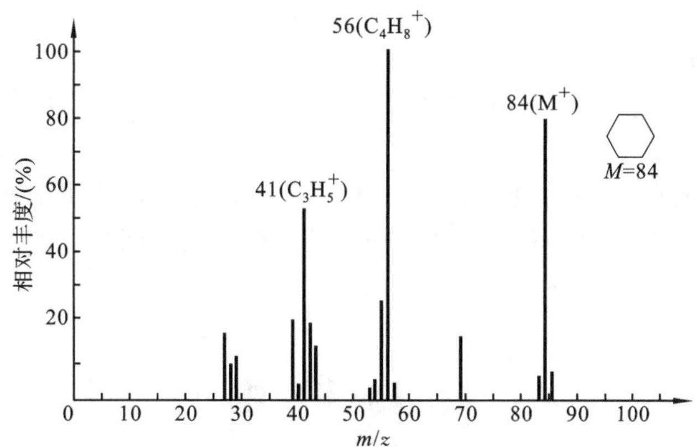

图 16-6 环己烷的质谱图(最高峰相对质量＝56,**最大** $m/z=84$)

随其稳定性的增强而增大。

3）亚稳离子

根据离子的稳定性或寿命,可将其分为三类:①在解离区形成后,能抵达检测器的离子为稳定离子(正常离子),其质谱峰较强,为棒状;②在解离区形成,但立即裂解的离子为不稳定离子,这种离子不产生离子峰;③产生于解离区,飞往检测器途中裂解的母离子称为亚稳离子,由它形成的离子峰称为亚稳峰。记录器能够记录到中途产生的离子,它是亚稳离子裂解释放能量的表征。

4）同位素离子

有机化合物一般由 C、H、O、N、S、Cl、Br 等元素组成,这些元素都有同位素,因此在质谱图中会出现比主峰高的峰。含有同位素的离子称为同位素离子,相应的质谱峰称为同位素离子峰。

四、质谱图在有机物分析中的应用

质谱图可以给出有机化合物结构的若干信息,质谱图的解析一般从高相对分子质量的物质的峰开始。先确定分子离子峰,以便确定相对分子质量,再用同位素丰度法或精密质量法确定分子式,最后根据主要碎片离子推测分子结构式。当然,结构式的最终确证要采用 UV、IR、NMR、MS 综合分析。随着标准质谱图的不断丰富,特别是质谱信息库的建立,这种应用将会更加方便、快速。

本章小结

1. 红外吸收光谱是物质吸收红外光后引起分子的振动与转动而产生的。

2. 分子的振动与转动只有引起偶极矩的变化才能产生吸收峰。

3. 谱图中的吸收峰都对应着分子化学键或基团的各种振动形式,在特征区和指纹区均能找到。

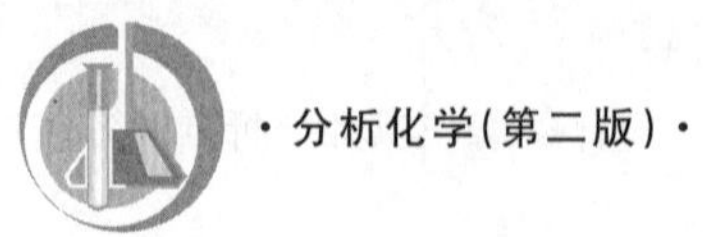

4. 核磁共振波谱是用适宜频率的电磁波照射物质时，吸收能量发生原子核能级的跃迁而产生的磁共振信号。

5. 核磁共振波谱法是结构分析的重要方法，已在化学、生物、医学等领域得到广泛应用。

6. 质谱法是采用高速电子束撞击气态分子，将分离出的阳离子加速导入质量分离器中，按质荷比的大小顺序收集和记录，得到质谱图，根据质谱图中峰的位置和强度可进行定性分析、结构分析和定量分析。

目标检测

一、选择题

1. 振动能级由基态跃迁至第一激发态所产生的吸收峰是(　　)。

A. 基频峰　　B. 泛频峰　　C. 差频峰　　D. 倍频峰

2. 产生红外吸收光谱的原因是(　　)。

A. 原子内层电子能级跃迁　　B. 分子振动-转动能级跃迁

C. 分子转动能级跃迁　　D. 分子外层价电子跃迁

3. 伸缩振动指的是(　　)。

A. 吸收频率发生变化的振动　　B. 键角发生变化的振动

C. 分子平面发生变化的振动　　D. 键长沿键轴方向发生周期性变化的振动

4. 以下现象可称为红外活性振动的是(　　)。

A. 振动能级跃迁所需能量较小　　B. 振动时分子的偶极矩发生变化

C. 化学键力常数较大的伸缩振动　　D. 原子折合质量较大的振动

5. 弯曲振动指的是(　　)。

A. 原子折合质量较小的振动　　B. 振动时分子的偶极矩无变化

C. 化学键力常数较小的振动　　D. 键角发生周期性变化的振动

6. 物质的红外吸收光谱特征参数可提供(　　)。

A. 物质的纯杂程度　　B. 物质分子中各种基团的信息

C. 相对分子质量的大小　　D. 物质晶体结构变化的信息

7. 核磁共振波谱法吸收的是(　　)。

A. 紫外光　　B. 红外光　　C. 无线电波　　D. 可见光

二、名词解释

红外非活性振动　　基频峰　　倍频峰　　特征区　　指纹区　　核磁共振波谱法　　质谱分析法　　相对丰度　　分子离子峰

三、填空题

1. 红外吸收光谱所用红外线的波长为________ μm，波数为________ cm^{-1}。

2. 红外吸收光谱图的横坐标常用________表示，纵坐标常用________表示。

3. 核磁共振波谱图的横坐标代表________，纵坐标代表________；核磁共振波谱法的缩写为________。

4. 质谱图的横坐标代表________，纵坐标代表________。

四、简答题

1. 红外吸收光谱与紫外吸收光谱的主要区别是什么？

2. 影响红外吸收峰强度的主要因素有哪些？

3. 红外吸收峰数少于振动自由度的原因是什么？

4. 氢核磁共振波谱能提供哪些信息？

5. 核磁共振波谱测定中常用哪些溶剂？如何选择溶剂？

6. 为什么严格地说分子离子峰的质荷比与相对分子质量尚有差别？

五、计算题

已知某红外线的 $\lambda = 10\ \mu m$，其波数是多少？ （$1\ 000\ cm^{-1}$）

第十七章

样品分析

样品分析过程通常包含以下几个步骤：样品的采取及预处理、干扰物质的分离和掩蔽、测定方法的选择、分析结果的计算与评价等。每个步骤都必须遵循准确、可靠、简便、快速的原则。

第一节 取样

在分析工作中，常需测定大批物料中某些组分的平均含量。但在实际操作中，只能从大批物料中取极少的部分作为样品，这就要求所采集的样品具有高度的代表性，其分析结果必须能反映整批物料的真实情况，分析样品的组成能代表全部物料的平均组成。因此在进行分析之前，必须对样品有一个较全面的了解，明确分析目的，针对不同物料的特点，采取相应的取样方法。

一、液体样品的采取

装在大容器里的液体物料，需要在容器的不同深度等量抽取，混合均匀即可作为分析样品。对于分装在瓶子里的液体物料（如各种饮料、酒类等），抽取一部分，然后从每个瓶中吸取一定量，混合均匀作为分析样品。注意，在取液体或气体样品时，所用的容器必须洗涤干净，再用所采取的样品冲洗数次，以免引入杂质。对于体液和药液的取样，在生化检验和药品检验中都有规定的方法。

二、气体样品的采取

对于气体样品的采取，要按实际情况选择相应的方法。例如，对大气污染物的测定，通常选择距地面 50～180 cm 高度（与人的呼吸位置相同）采样。对于烟道气、废气中某些污染物的分析，可在气源处将气体样品采入空瓶子或注射器中。

三、固体样品的采取

为了从大量固体物料中取得能代表其组成的少量样本，必须解决取样量、取样单元数和取样方法等问题。

1. 最低取样量

最低取样量是指为了保证样本的代表性，从大量物料中，至少要采取的样本质量（最低质量）。通常按下面的经验公式（也称采样公式）计算：

$$Q = Kd^2 \tag{17-1}$$

式中：Q——采取样品的最低取样量，kg；

K——实验因数，可由实验测得，通常为 0.1～0.5；

d——样品中最大颗粒的直径，mm。

［例 17-1］ 某一矿样，其 K 为 0.2，最大颗粒直径为 0.5 mm，其最低取样量为多少？若颗粒直径为 1 mm，其最低取样量又为多少？

解　　d=0.5 mm 时，有

$$Q=Kd^2=0.2\times0.5^2\ \text{kg}=0.05\ \text{kg}=50\ \text{g}$$

d=1 mm 时，有

$$Q=Kd^2=0.2\times1^2\ \text{kg}=0.2\ \text{kg}=200\ \text{g}$$

可见，样品颗粒直径越大，最低取样量就越多。实际操作中，尽量使颗粒直径越小越好。

2. 取样单元数

按上述最低取样量取自大量物料时，应先确定取样单元和取样单元数。

1）取样单元

根据物料的具体情况确定取样单元。如果是总体组成基本一致的均匀物料，如成批的瓶装药品或化学试剂，就可以将每个批号的产品或每几个批号的产品或同一批号中的各个大包装单位作为取样单元。例如：如果待分析的药品来自两个批号，可以把每个批号的药品作为一个取样单元；如果所有药品来自同一批号，就可以把这批药品的次级单位——件或瓶作为取样单元。如果要分析的物料是不均匀的固体，如中草药的原植物或其他含有不同组成的块或粒，可以把运输过程中的自然单元，如每卡车（车皮、船）、每捆包装物料作为取样单元。

2）取样单元数

取样单元数与样品的不均匀性和定量分析的允许误差有关。若样品的不均匀性增强，取样单元数应增加。在能获得足够准确度的前提下，取样单元数应尽量减少，以节约人力、物力。

实际工作中，样品的采取和处理方法应因物料的不同而有所选择。具体采集方法可参考各种产品的国家标准和部颁标准。中国化学制药工业协会、中国医药工业公司制定的《药品生产质量管理规范实施指南》，在“质量管理”中对抽样方法作了如下规定：凡原辅料总件数（桶、箱等）$N\leqslant3$ 时，每件分别抽样；N 为 4～300 时，抽样量为 $\sqrt{N}+1$；$N>300$ 时，抽样量为 $\frac{\sqrt{N}}{2}+1$。对于成品、半成品、副产品及特殊要求的原料等，需按具体情况另行规定。我国常用成批药材的取样量，在《中华人民共和国药典》附录中都有明确规定。

3.取样方法

确定了取样量和取样单元数后,应根据随机性和代表性的原则选取取样单元和确定各取样单元的取样量。随机性是指整体物料中各单元是互相独立的,都有被选作取样单元的机会,但这种机会的大小(概率)与它们在整体中所占的份额(权重)是一致的。所以按随机取样的方式能够使所取样品具有代表性。

1)组分分布较均匀物料的取样

像化学试剂、药物制剂等物料的取样,其取样单元基本一致,可按随机取样的方法取样。例如,要从五批药物制剂中抽取四批作取样单元,再从这四个取样单元中共采集10 g制剂作样品。如果各批制剂的量一致,就可以任意选取四批,并从每批制剂的任意部位各取2.5 g作样品。如果五批制剂的量不一致,例如,其质量比为3∶3∶2∶1∶1,则应从这五批制剂中按同一比例随机取样,即分别取3 g、3 g、2 g、1 g、1 g。

2)组分分布不均匀物料的取样

对于组分分布不均匀物料的取样,要采取分层取样的方法。先将取样过程分成几个层次,在各取样单元之间选取,然后再按随机取样的方法在各取样单元内选取,定量分析的关键是使取样保持一定的代表性。

第二节 样品的预处理

按前述方法取得的初步样品,颗粒大小和组成也是不均匀的,必须经过进一步处理,使之数量缩减,并成为十分均匀的微小颗粒,才能配成溶液用于测定。

一、样品的初步处理

样品的初步处理包括破碎、过筛、混匀和缩分等步骤,含有吸湿水的还要经过干燥处理。

1.破碎

对于不均匀且质地较硬的大块矿样,可用各种破碎机械(如腭式轧碎机、锤磨机、球磨机等)粉碎;对于质地较软且少量的样品,可手工操作,如用研钵研细。

2.过筛

在样品的破碎过程中应经常过筛,先用筛孔目数较小的筛子,随样品颗粒的逐渐减小,筛孔目数逐渐加大,反复破碎过筛,直至全部通过为止,不能将难破碎的大颗粒随意丢弃。

3.混匀和缩分

在破碎和过筛过程中,随着样品颗粒越来越细,应不断地混匀和缩分。对于较少量的样品,通常在纸上来回折叠翻动进行混合。多量样品的缩分常用“四分法”,即将粉碎后混合均匀的样品倒在与之不反应的钢板、玻璃板或光面纸上,堆成圆锥形,略微压平,然后通过中心分成四等份,把任意相对的两份弃去,将剩余的部分再反复进行类似的操作,直至剩余所需量为止。

4. 吸湿水的处理

有些固体原料样品含有吸湿水，要使分析结果可靠，必须提前将样品置于 100～105 ℃的干燥箱中烘至恒重。对于受热易分解的样品，可用减压干燥或风干的方法。烘干至恒重的样品要放在盛有硅胶的干燥器中保存。

二、样品的分解

经初步处理的样品分解制成溶液，才能用于分析测定。分解样品要完全，处理后的溶液中不得残留原样品的细屑或粉末，并且分解过程中被测组分不应挥发，不应引入干扰物质。根据样品的性质和特点，样品的分解分为溶解和熔融两种方法。

1. 溶解法

1）水溶法

凡能在水中溶解的样品，如无机盐类，应尽量用易纯制且价廉的水作为溶剂，直接制成溶液。

2）酸溶法

利用酸的酸性、氧化还原性及配位性质，将样品中欲测组分转入溶液。常用的无机酸包括：①盐酸，具有酸性、配位性，可溶解多数金属氧化物及碳酸盐；②硝酸，具有强氧化性，是难溶硫化物的良好溶剂；③硫酸，稀硫酸无氧化性而热的浓硫酸具有强氧化性，除 Ca、Sr、Ba、Pb 外，所有的硫酸盐都溶于水，硫酸沸点高（338 ℃），可在高温下用来分解矿石、有机化合物或用以除去易挥发的酸。

3）碱溶法

常用 NaOH 或 KOH 来溶解两性金属铝、锌及其合金以及它们的氧化物、氢氧化物等。

4）有机溶剂法

多数有机样品易溶于有机溶剂。有机溶剂的选择可依据“相似相溶”的原则及有机酸、碱互溶的规律。常用的有机溶剂有苯、甲苯、乙酸乙酯、乙酸、甲醇、乙醇、丙酮、乙醚、四氯化碳、乙酸酐、吡啶、乙二胺、二甲基甲酰胺等。为增加样品的溶解性，也可用它们的混合溶剂。

2. 熔融法

1）酸熔法

碱性样品宜采用酸性熔剂。最常用的是焦硫酸钾（$K_2S_2O_7$）或硫酸氢钾（$KHSO_4$），硫酸氢钾经灼烧后脱水，也可生成焦硫酸钾，两者的作用是一样的。

$$2KHSO_4 \rightleftharpoons K_2S_2O_7 + H_2O$$

当焦硫酸钾加热到 400 ℃左右时，会逐渐分解放出 SO_3，可与碱性或中性氧化物作用生成硫酸盐。如金红石与焦硫酸钾发生的反应为

$$TiO_2 + 2K_2S_2O_7 \rightleftharpoons Ti(SO_4)_2 + 2K_2SO_4$$

其他如 Al_2O_3、Cr_2O_3、Fe_3O_4、ZrO_2、钛铁矿、铬矿等皆可转化为硫酸盐而溶于水。

2）碱熔法

酸性样品宜采用碱熔法。常用的碱性熔剂有 Na_2CO_3、K_2CO_3、Na_2O_2、NaOH 和它们

的混合物等。这些熔剂除了自身具有碱性以外，在高温下起氧化作用，或依靠空气中的氧气起氧化作用，能把一些元素氧化成高价(如把 Cr^{3+}、Mn^{2+} 氧化为 Cr^{6+}、Mn^{7+})。它们可以分解硅酸盐、硫酸盐、天然氧化物等，使它们转化成易溶于酸的氧化物或碳酸盐，从而制得溶液。

熔融大都是在高温下进行的分解反应，为了使反应进行完全，通常加 6～12 倍的过量熔剂，这样可能引入较多杂质，熔融的高温也会使某些组分损失及熔器损坏等，故此法只有在使用熔剂溶解失败时才采用。

第三节　干扰物质的分离、掩蔽与测定方法的选择

一、干扰物质的分离和掩蔽

在对样品进行分析时，有些样品中的多种组分会互相干扰，使分析结果出现较大误差。因此，在测定某一组分之前，要采取一定的措施对干扰组分进行掩蔽。常用的掩蔽方法有沉淀掩蔽法、氧化还原掩蔽法、配位掩蔽法等。但有时加掩蔽剂也不能完全消除干扰，这就需要对干扰组分进行分离，才能进行准确的分析测定。常用的分离方法有沉淀法、挥发法、萃取法以及色谱法等。其中色谱法如纸色谱法、薄层色谱法和柱色谱法等对复杂样品的分离效果较好。近年来，仪器分析发展迅速，像气相色谱仪、高效液相色谱仪、薄层扫描仪等，一般不需要进行分离处理，就可直接进行定量分析。

二、测定方法的选择原则

科技的发展为分析化学提供了更多、更先进的测定方法。但是完美无缺适合于所有样品、任何组分的测定方法是不存在的。因此，在测定前必须对样品的组成、被测组分的性质和含量、测定的目的和要求、干扰组分的情况等方面进行统筹考虑，选择最适合的测定方法。测定方法的选择一般应遵循以下原则。

1. 测定方法应与被测组分含量相适应

常量组分的测定，一般应用滴定分析法或重量分析法，两种方法均可应用时，尽量使用简便、快速的滴定分析法。高纯物质的微量或痕量组分的测定，一般要考虑用灵敏度较高的仪器分析法。

2. 测定方法应与被测组分的性质相适应

全面掌握被测组分的性质是选择最佳测定方法的重要依据。如 Mn^{2+} 在 pH>6 时可与 EDTA 定量配位，可用配位滴定法测定；MnO_4^- 具有氧化性且呈现紫红色，可用氧化还原法或比色法测定；被测组分为中药中的某种生物碱成分时，应该考虑其碱性的强弱，若其 $K_b>10^{-6}$，则结合其含量可考虑用酸碱滴定法，若 $10^{-6}>K_b>10^{-10}$，就可考虑用非水溶液滴定法。若分子中有共轭双键，就可以考虑用紫外-可见分光光度法。

3. 测定方法应考虑共存组分的影响

如被测组分生物碱存在于某种中成药(片、丸等)中，在选用酸碱滴定法或非水溶液滴

定法时，要考虑被滴定溶液的颜色深浅，因为大部分中成药制成的溶液是有色的。若溶液颜色太深，则很难观察到指示剂的变色，最好考虑用电位法指示终点。若样品中存在两种以上生物碱，且它们之间的 K_b 值相差不大，则只能测定其生物碱总量。若要测定其中一种生物碱，则必须用一定方法把其他生物碱掩蔽或分离出去，再进行测定。

4. 测定方法应与具体要求相适应

根据化学分析的具体要求选择最好的测定方法。像成品分析、生化检验、药品检验等常量组分的测定，准确度是主要的；微量或痕量组分的分析，灵敏度是主要的；生产过程中的质量控制分析和环境检测，速度是主要的。此外，还应考虑设备条件、财力、试剂纯度、资料等因素，设计、选择切实可行的分析方法。

5. 测定方法选择示例

北美黄连中所含生物碱属于异喹啉类衍生物，主要包括北美黄连碱、小檗碱、北美黄连次碱等成分。现以其中含量最多的小檗碱含量测定为例，说明定量分析方法的选择。小檗碱结构如下：

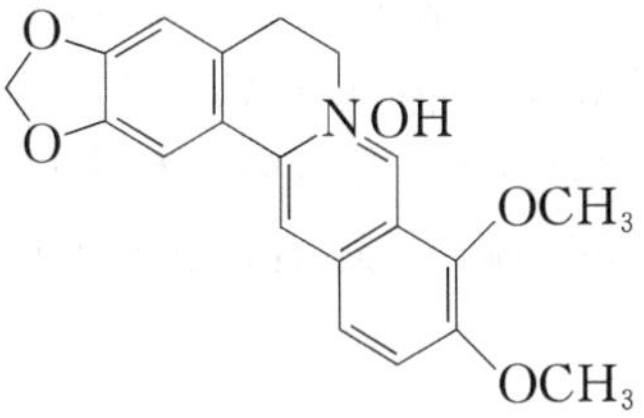

O O N OH OCH_3 OCH_3

通过它的化学结构和性质可以拟出一些可能的分析方法：

(1) 分子结构中含有氮原子，故小檗碱显碱性，其 $K_b > 10^{-6}$，可以采用酸碱滴定法直接测定。

先用有机溶剂提取北美黄连中的主要成分，然后用强酸进行滴定，此法的优点是仪器、操作方法简单。

(2) 分子结构中含有共轭双键，故在紫外区有吸收($\lambda_{max} = 254$ nm)，可以用紫外-可见分光光度法测定。

但几种生物碱结构相似，最大吸收处的波长很接近，相互干扰严重，为此可以先用薄层色谱法分离，收集小檗碱斑点，以氯仿提取，再用分光光度法测定。此法在处理时须很小心，且测量准确度较低。

若设备许可，用薄层扫描法测定比用收集斑点法的准确度高且省时。

(3) 高效液相色谱法。

此法对结构十分相似的生物碱有良好的分离效果，具有快速、灵敏、微量等优点。在恒定的高效液相色谱条件下，各种生物碱均有一定的保留时间，可作为定性鉴别的参数。因中药成分复杂，用此法鉴别生物碱成分，通常有几种固定相可供选择，流动相的选择范围更大，定量精密度和准确度都很高，但需要较昂贵的高效液相色谱仪。

综上所述，确定一个样品的分析方法时，必须对被测组分的性质、含量、干扰组分的性质等因素进行综合考虑，向着提高分析方法或仪器的灵敏度、准确度、选择性、自动化和智能化的目标发展。

第四节　分析结果的计算与评价

一、实验数据的记录

实验过程中所得的各种测量数据、现象、出现的问题都应及时如实记录下来，决不允许拼凑和伪造数据。记录实验数据时，保留的有效数字位数应和所用仪器的准确度相适应。如用万分之一分析天平称量时，应记录至 0.000 1 g，常量滴定管和移液管的读数应记录至 0.01 mL。

二、分析数据的处理

实验结束后，应对测得的原始数据进行处理，并说明数据处理的方法，如列出计算公式及表格等。对平行测定得到的实验结果 $X_1, X_2, \cdots, X_n$，应以算术平均值报告实验结果。对其中的可疑数据，可在计算平均值前用 Q 检验法或 G 检验法进行检验决定其取舍。为了说明实验数据的可靠性，应把分析结果的精密度用相对平均偏差或相对标准偏差表示出来；为了表示分析结果的准确度，还需把加样回收率表示出来。

三、实验报告

实验完毕，应及时、认真、如实地写出实验报告。实验报告的格式和内容参照实训指导。

本章小结

1. 气体、液体、固体样品的取样一定要有代表性。

2. 固体样品的破碎缩分用四分法，溶解样品时所选择的溶剂要能够把被测组分提取出来。

3. 分析方法的选择要综合考虑样品的组成、被测组分的性质和含量、测定的目的和要求、干扰组分的情况等因素。

4. 实验过程中要做好原始记录，在计算平均值和相对平均偏差或相对标准偏差之前，先对实验数据用 Q 检验法或 G 检验法检验其可靠性以决定其取舍。分析结果的准确度常用加样回收率表示。

目标检测

一、选择题

1. 某矿样的 K 值为 0.2，最大颗粒直径为 1 mm，其最低取样量为(　　)。

A. 10 g　　B. 50 g　　C. 100 g　　D. 200 g

2. 酸熔法常用的试剂是(　　)。

A. Na_2CO_3　　B. H_2O　　C. $K_2S_2O_7$　　D. HCl

3. 含吸湿水的固体原料宜在(　　)温度下烘至恒重。

A. <100 ℃　　B. >120 ℃　　C. 100～105 ℃　　D. 90～100 ℃

4. 用以分解矿石中的难熔硫化物的试剂最好选择(　　)。

A. HCl　　B. H_2SO_4　　C. HNO_3　　D. H_3PO_4

5. 若原辅料总件数 $N=400$ 件，则抽样量为(　　)。

A. 9　　B. 10　　C. 11　　D. 12

二、名词解释

最低取样量　　取样单元

三、填空题

1. 样品的初步处理包括________、________、________和________等步骤。含有吸湿水的还要经过________处理。

2. 样品的分解分为________和________两种方法。

3. 对于组分分布较均匀的物料，可按________的方法取样。对于组分分布不均匀的物料，要采取________的方法取样。

4. 受热易分解的样品的干燥可用________或________的方法，干燥至恒重的样品要放在盛有硅胶的________中保存。

5. 分解样品所用的有机溶剂的选择可依据________原则和________规律。

四、简答题

1. 简述样品的混匀和缩分的基本操作。

2. 样品的测定应遵循哪些原则？

3. 液体样品如何取样？

4. 为什么要在样品分析前对干扰物质进行分离和掩蔽？

5. 将大块矿石砸碎后，用筛子筛出部分极细粉末用于分析，这种取样方法是否合理？为什么？

五、计算题

1. 有一矿样，其 K 值为 0.2，若要求最后所得样品不超过 50 g，则样品通过筛孔的直径应为多少？　　(小于 0.5 mm)

2. 已知铅锌矿的 $K=0.1$，采取的原始样品最大颗粒直径为 3 mm。最少应采取多少克样品才具有代表性？　　(900 g)

模拟试题及参考答案

《分析化学》模拟试题(一)

班级__________ 姓名__________ 学号__________ 分数__________

一、单选题(共 30 分,每题 1 分,请把答案填入表内)

1	2	3	4	5	6	7	8	9	10
11	12	13	14	15	16	17	18	19	20
21	22	23	24	25	26	27	28	29	30

1. 电位法用两步法测定溶液的 pH 值,待测溶液与 pH 标准缓冲溶液的差值不应大于:

A. 2 个 pH 单位　B. 1 个 pH 单位　C. 3 个 pH 单位　D. 4 个 pH 单位

2. 用分光光度法进行定量分析时,若透光度 $T=100\%$,则吸光度 A 为:

A. 0.00　B. 0.10　C. 1.00　D. ∞

3. 分配柱色谱与吸附柱色谱的根本区别是:

A. 流动相不同　B. 操作形式不同　C. 分离机理不同　D. 样品不同

4. 下列措施属于减免偶然误差的是:

A. 空白实验　B. 对照实验

C. 增加平行测定次数　D. 校正仪器

5. 一个物质的最大吸收波长主要与下列何种因素有关:

A. 浓度　B. 温度　C. 自身结构　D. 液层厚度

6. 用 HCl 溶液测定硼砂含量时,用甲基红作指示剂,其终点颜色为:

A. 绿色　B. 黄色　C. 蓝色　D. 红色

7. 有两组数据，要比较它们的精密度有无显著性差异，则应用：

A. Q 检验法　B. G 检验法　C. t 检验法　D. F 检验法

8. 纸色谱法的原理是：

A. 吸附　B. 分配　C. 离子交换　D. 凝胶

9. 下列滴定分析所用玻璃仪器在洗净后使用前须用所装溶液荡洗 2～3 次的是：

A. 滴定管　B. 容量瓶　C. 锥形瓶　D. 试剂瓶

10. 电位法测定溶液的 pH 值时，所用的指示电极是：

A. 饱和甘汞电极　B. 银-氯化银电极　C. pH 玻璃电极　D. 标准氢电极

11. 一元弱碱能被强酸直接滴定的条件是：

A. $c_b K_b < 10^{-8}$　B. $c_b K_b < 10^{-9}$　C. $c_b K_b \leqslant 10^{-10}$　D. $c_b K_b \geqslant 10^{-8}$

12. 滴定管的读数误差为±0.02 mL，若滴定时用去 20.00 mL，则相对误差为：

A. ±10%　B. ±1.0%　C. ±0.1%　D. ±0.01%

13. 用 EDTA 滴定液测定水的硬度时，以铬黑 T 为指示剂，其终点颜色为：

A. 红色　B. 蓝色　C. 黄色　D. 绿色

14. 用来表示精密度的参数是：

A. 相对误差　B. 偶然误差　C. 标准偏差　D. 平均偏差

15. 高锰酸钾法测定 $FeSO_4$ 的含量时，须在下列哪种介质中进行：

A. H_2SO_4　B. HCl　C. HNO_3　D. $H_2C_2O_4$

16. 空白实验的作用主要是消除：

A. 方法误差　B. 试剂误差　C. 仪器误差　D. 操作误差

17. 在薄层色谱中，边缘效应的出现是由于：

A. 展开剂极性太小　B. 吸附剂失去活性

C. 展开剂极性太大　D. 展开剂未饱和

18. 若 HCl 的浓度偏低，测定硼砂的含量时会出现：

A. 正误差　B. 负误差　C. 正偏差　D. 负偏差

19. 某样品与标准品经薄层展开后，样品中某组分斑点中心距原点 9.0 cm，标准品斑点中心距原点 7.5 cm，展开剂前沿距原点 15 cm，则样品组分的 R_f 值为：

A. 0.6　B. 0.5　C. 0.8　D. 0.75

20. 当酸度计上的电表指针所指示的 pH 值与标准缓冲溶液的 pH 值不相符时，可通过调节下列哪种部件使之相符：

A. 零点调节器　B. 温度补偿器　C. 定位调节器　D. pH-mV 转换器

21. 下列测量值不是四位有效数字的是：

A. 0.210 0　B. 22.00　C. pH＝12.68　D. 40.00%

22. 银量法分类的依据是：

A. 指示剂不同　B. 溶解度不同

C. 相对分子质量不同　D. 反应过程不同

23. 用 EDTA 标准溶液测定金属离子含量时，为了控制溶液的 pH 值，需加入一定量的：

A. 酸　　B. 碱　　C. 盐　　D. 缓冲溶液

24. 一个弱碱放在下列哪种溶剂中可提高其碱性：

A. 甲醇　　B. 乙醇　　C. 水　　D. 冰乙酸

25. 下列哪种基准物质可用来标定 NaOH 溶液：

A. Na_2CO_3　　B. $Na_2B_4O_7 \cdot 10H_2O$

C. $Na_2C_2O_4 \cdot 2H_2O$　　D. 邻苯二甲酸氢钾

26. 对于药物中的微量元素，可直接采用的测定方法是：

A. 紫外分光光度法　　B. 红外吸收光谱法

C. 荧光法　　D. 原子吸收分光光度法

27. 高效液相色谱法用下面哪个参数进行定性分析：

A. 峰高　　B. 峰宽　　C. 标准差　　D. 保留时间

28. 原子吸收光谱法的背景干扰表现的形式为：

A. 火焰中被测元素发射的谱线　　B. 火焰中干扰元素发射的谱线

C. 光源产生的非共振线　　D. 火焰中产生的分子吸收

29. 用 HCl 标准溶液测定 Na_2CO_3 含量时，用酚酞作指示剂，滴至终点时用去 V_1 HCl 标准溶液，再用甲基橙作指示剂，继续滴至终点时又用去 V_2 HCl 标准溶液，则 V_1 与 V_2 的关系为：

A. $V_1 > V_2$　　B. $V_1 = V_2$　　C. $V_1 < V_2$　　D. $V_1 = 2V_2$

30. EDTA 与 Mg^{2+} 作用时，1 mol EDTA 可与多少 Mg^{2+} 作用：

A. 1 mol　　B. 2 mol　　C. 3 mol　　D. 6 mol

二、填空题(共 20 分，每空 1 分)

1. 酸碱滴定曲线的横坐标是________，纵坐标是________。

2. 在原子吸收光谱法中，由于吸收线半宽度很窄，因此测量________有困难，所以用测量________来代替。

3. 在分光光度法中，用标准曲线法定量，其横坐标代表________，纵坐标代表________。

4. 色谱的三个要素分别是________、________和________。

5. 在纸色谱中，若某组分的 $R_s = 1$，则表明组分与对照品可能是________。

6. 朗伯-比尔定律的数学表达式为________，其成立的条件是________和________；影响朗伯-比尔定律的主要因素有________和________。

7. 报告分析结果时，常用的三个参数分别是________、________和________。

8. 气相色谱仪有两类检测器，分别是________和________。

三、判断题(共 10 分，每题 1 分)

(　　)1. 常量分析所取样品的量为 0.1 g 以上。

(　　)2. 气相色谱法测定的是易挥发物质。

(　　)3. 使用热导池检测器时，必须在有载气通过热导池的情况下，才能对桥电路供电。

(　　)4. 用铁铵矾指示剂法的介质条件是碱性的。

(　　)5. 根据光吸收定律，溶液的物质的量浓度越大，其摩尔吸光系数越大。

(　　)6. 自然光下，物质的颜色与吸收光的颜色是互补关系。

(　　)7. 高效液相色谱法定量分析的依据是色谱峰面积与组分的含量成正比。

(　　)8. 新 pH 玻璃电极不用在蒸馏水中浸泡就可直接使用。

(　　)9. 一组分析结果的精密度高，准确度一定高。

(　　)10. 某样品的色谱图上出现三个色谱峰，该样品中最多有三个组分。

四、名词解释(共 15 分，每题 3 分)

1. 指示电极

2. 摩尔吸光系数

3. 逸出值

4. 终点误差

5. 反相色谱

五、简答题(共 10 分，每题 2 分)

1. 分光光度计的基本部件有哪些?

2. 酸碱滴定中选择酸碱指示剂的原则是什么?

3. 分光光度法定量分析中，标准曲线法的标准曲线不通过原点说明了什么?

4. 薄层色谱法的操作步骤有哪些?

5. 分光光度法中，吸收光谱曲线与标准曲线的区别是什么? 定量分析中采用最大吸收波长的光作为入射光的理由是什么?

六、计算题(共 15 分，第一题 5 分，第二题 10 分)

1. 称取 Na_2CO_3 与 NaOH 混合样品 0.400 0 g，加蒸馏水溶解，以酚酞为指示剂，用 0.220 0 mol/L HCl 溶液滴定至红色消失，用去 25.00 mL，加入甲基橙指示剂后，继续滴定至终点，又消耗 HCl 溶液 12.00 mL，计算样品中 Na_2CO_3 和 NaOH 的含量。(已知 Na_2CO_3 和 NaOH 的摩尔质量分别为 106.0 g/mol 和 40.00 g/mol)

2. 在一根 3 m 长的色谱柱上，分离 A、B 两组分，得到色谱数据如下：组分 A 的 $t_{R(A)}=14\ \text{min}$，$W_{b(A)}=1\ \text{min}$；组分 B 的 $t_{R(B)}=17\ \text{min}$，$W_{b(B)}=1\ \text{min}$，测得空气峰的保留时间为 60 s。试求：

(1) A、B 两组分的调整保留时间 $t'_{R(A)}$、$t'_{R(B)}$。

(2) 用组分 B 计算该色谱柱的有效理论塔板数 $n_{有效}$ 及有效板高 $H_{有效}$。

(3) 计算容量因子 k_A 及 k_B。

(4) 计算分离度 R。

《分析化学》模拟试题(二)

班级__________ 姓名__________ 学号__________ 分数__________

一、单选题(共 30 分,每题 1 分,请把答案填入表内)

1	2	3	4	5	6	7	8	9	10
11	12	13	14	15	16	17	18	19	20
21	22	23	24	25	26	27	28	29	30

1. 用 HCl 溶液测定 Na_2CO_3 时,近终点时加热煮沸溶液的主要目的是:

A. 杀死细菌　　B. 赶走 O_2　　C. 赶走 CO_2

D. 加快反应速率　　E. 使颜色清晰

2. 下列基准物质可用来标定 EDTA 溶液的是:

A. 无水碳酸钠　　B. 碘酸钾　　C. 重铬酸钾

D. 氧化锌　　E. 草酸钠

3. 用 HCl 溶液测定硼砂含量时,用甲基红作指示剂,其终点颜色为:

A. 红色　　B. 黄色　　C. 蓝色

D. 绿色　　E. 青色

4. 在下列物质中,标定 HCl 溶液应选用的基准物质是:

A. NaOH　　B. $Na_2C_2O_4$　　C. Na_2CO_3

D. 邻苯二甲酸氢钾　　E. NaI

5. H_2O 是 HCl、H_2SO_4、HNO_3 和 $HClO_4$ 四种酸的:

A. 均化溶剂　　B. 区分溶剂　　C. 非水溶剂

D. 酸性溶剂　　E. 碱性溶剂

6. 恒重是指对样品连续两次干燥或灼烧后其质量之差不超过:

A. 0.1 mg　　B. 0.2 mg　　C. 0.3 mg

D. 0.4 mg　　E. 0.5 mg

7. 电极反应属于:

A. 氧化反应　　B. 还原反应　　C. 氧化反应或还原反应

D. 氧化还原反应　　E. 非氧化还原反应

8. 在亚硝酸钠法中,能用重氮化滴定法测定的物质是:

A. 生物碱　　B. 季铵盐　　C. 芳伯胺

D. 芳仲胺　　E. 芳叔胺

9. 铬酸钾指示剂法的终点指示为：

A. 黄色沉淀　　B. 白色沉淀　　C. 绿色沉淀

D. 黑色沉淀　　E. 砖红色沉淀

10. 铁铵矾指示剂法须在哪种溶液中进行：

A. HCl　　B. 稀 HNO_3　　C. 浓 HNO_3

D. 稀 H_2SO_4　　E. 浓 H_2SO_4

11. 当酸度计上的 pH 读数与 pH 标准溶液的数值不相符时，可通过调节下列哪个部件使之相符：

A. 零点调节器　　B. 温度补偿器　　C. 定位调节器

D. pH-mV 转换器　　E. 量程选择开关

12. 分配色谱柱与吸附色谱柱的主要区别在于：

A. 柱内径　　B. 柱长　　C. 柱的材料

D. 固定相　　E. 柱温

13. 高效液相色谱用于衡量柱效能的参数是：

A. 峰宽　　B. 峰高　　C. 峰面积

D. 保留时间　　E. 保留体积

14. 气相色谱法中用于定性分析的依据是：

A. 半峰宽　　B. 基线宽度　　C. 保留时间

D. 死时间　　E. 峰高

15. 气相色谱仪中起分离作用的主要部件是：

A. 检测器　　B. 记录器　　C. 载气瓶

D. 进样器　　E. 色谱柱

16. 不纯的 $KMnO_4$ 样品与 $KMnO_4$ 标准样品各称取 0.100 0 g，分别用 1 000 mL 容量瓶定容，各取 10.0 mL 稀释至 50.0 mL，在 525 nm 波长处测得吸光度 $A_{样}=0.200$，$A_{标}=0.250$，样品中 $KMnO_4$ 的含量为：

A. 75%　　B. 80%　　C. 85%

D. 90%　　E. 82.5%

17. 某有机化合物在波长为 200～800 nm 光区内没有吸收，则该有机化合物可能为：

A. 苯甲醛　　B. 苯乙酮　　C. 苯乙烯

D. 1,3-丁二烯　　E. 环己烷

18. 红外吸收光谱所吸收的电磁波是：

A. 微波　　B. 无线电波　　C. 红外光

D. 可见光　　E. 紫外光

19. 某碱液 20.00 mL，用 0.100 0 mol/L HCl 标准溶液滴定至酚酞褪色，用去 16.00 mL，再用甲基橙作指示剂继续滴定至其变红色，又用去该 HCl 标准溶液 5.50 mL，则此碱液的组成是：

A. Na_2CO_3　　B. Na_2CO_3 与 NaOH　　C. Na_2CO_3 与 $NaHCO_3$

D. NaOH　　E. $NaHCO_3$

20. 下列现象中，可称为红外活性振动的是：

A. 振动能级跃迁所需能量较小　　B. 振动时分子的偶极矩发生变化

C. 化学键力常数较大的伸缩振动　　D. 原子折合质量较大的振动

E. 振动能级跃迁所需能量较大

21. 测定溶液的 pH 值时，用 pH 标准缓冲溶液进行校正的主要目的是消除：

A. 不对称电位　　B. 液接电位　　C. 温度

D. 不对称电位和液接电位　　E. 以上都不对

22. pH 玻璃电极在使用前务必在蒸馏水中浸泡，其主要目的是：

A. 清洗电极　　B. 活化电极　　C. 校正电极

D. 清除吸附杂质　　E. 保持一定温度

23. 用色谱法进行定量分析时，需要样品中每个组分都出峰的是：

A. 外标法　　B. 内标法　　C. 面积归一化法

D. 内标对比法　　E. 外标两点法

24. 酸式滴定管不能盛装的溶液是：

A. $KMnO_4$溶液　　B. HCl 溶液　　C. NaOH 溶液

D. NaCl 溶液　　E. $AgNO_3$溶液

25. EDTA 与金属离子反应时，有几个可供配位的键合原子：

A. 3　　B. 4　　C. 5

D. 6　　E. 7

26. 用基准物质配制标准溶液时，最后应定容于：

A. 量筒　　B. 容量瓶　　C. 锥形瓶

D. 试剂瓶　　E. 烧杯

27. 用 $KMnO_4$ 测定 $FeSO_4$ 含量时，采用的是自身指示剂法，其终点颜色为：

A. 红色　　B. 绿色　　C. 黄色

D. 蓝色　　E. 青色

28. 精密度常用下列什么参数来表示：

A. 相对误差　　B. 偶然误差　　C. 标准偏差

D. 平均偏差　　E. 系统误差

29. 准确度常用下列什么参数来表示：

A. 相对误差　　B. 偶然误差　　C. 标准偏差

D. 平均偏差　　E. 系统误差

30. 测定 H_3PO_4 含量时，先用甲基红作指示剂，用 NaOH 标准溶液滴定至终点时消耗 V_1，再用酚酞作指示剂，继续用 NaOH 标准溶液继续滴定，至终点时消耗 V_2，则 V_1 与 V_2 的关系为：

A. $V_1>V_2$　　B. $V_1=V_2$　　C. $V_1<V_2$

D. $V_1=2V_2$　　E. $2V_1=V_2$

二、填空题(共 20 分,每空 1 分)

1.测量液体的 pH 值时,pH 玻璃电极在仪器上接________极,与之对应的参比电极是________。

2.天平横梁的重心越靠近支点,天平越________,稳定性越________,示值变动性越________。

3.紫外吸收光谱的横坐标是________,纵坐标是________。

4.重量分析法中,换算因数的意义是________。

5.硅胶的含水量越大,吸附能力越________,活性级数越________。

6.电位法测定溶液的 pH 值用的两步法为仪器直读法,第一步为________,第二步为________;pH 标准缓冲溶液与被测溶液的 pH 值之差不能大于________,两者的温度之差不能大于________。

7.原电池中,在正极上发生________反应,负极上发生________反应。

8.分光光度计中光电管的主要功能是________,单色器的主要作用是________。

9.某物质的分配系数 K 越大,则在柱色谱中的保留时间________,在纸色谱或薄层色谱中的 R_f 值________。

三、判断题(共 10 分,每题 1 分)

(　　)1.荧光分析中激发光的波长小于荧光的波长。

(　　)2.载气是气相色谱中的流动相,而载体是气-液色谱的固定相。

(　　)3.在分配色谱中,所用的流动相与固定相应事先互相饱和。

(　　)4.根据其分析对象的不同,分析方法可分为无机分析和有机分析。

(　　)5.酸碱滴定突跃范围越小越好。

(　　)6.使用滴定管应首先检查是否漏水。

(　　)7.指示剂的变色范围越宽越好。

(　　)8.色谱柱和检测器是气相色谱仪的主要部件,前者是分离部件,后者是分析部件。

(　　)9.pH 玻璃电极仅对溶液中的 H^+ 有选择性响应。

(　　)10.溶质的酸碱性与其溶于何种溶剂没有关系。

四、名词解释(共 15 分,每题 3 分)

1.空白实验

2.置信区间

3.区分效应

4.载体(担体)

5.生色团

五、简答题(共 15 分,每题 3 分)

1.当吸光度读数太大时,可采取什么措施解决?

2.预测在正相色谱与反相色谱体系中,组分的出峰次序。

3.直接碘量法与间接碘量法的不同之处有哪些?

4.滴定分析中,若滴定液与被测物质反应太慢,可采用的措施有哪些?

5. 减免误差、提高分析结果准确度的方法有哪些?

六、计算题(共 10 分,任选一题)

1. 称取维生素 C(VC)样品 0.050 0 g,溶于 100 mL 0.01 mol/L H_2SO_4溶液中,再准确量取此溶液 2.0 mL,稀释至 100.0 mL,取此溶液用 1 cm 石英比色皿,在 254 nm 波长处测得吸光度值为 0.551,求样品中 VC 的含量。(已知:254 nm 波长处维生素 C 的吸光系数 $E_{1\,cm}^{1\%}=560$)

2. 称取基准物质 Na_2CO_3 0.150 0 g,加 50 mL 蒸馏水溶解后,加 4~5 滴甲基橙指示剂,用待标定的 HCl 溶液滴至终点,消耗 HCl 溶液 25.00 mL,计算:(1)HCl 溶液的浓度(c_{HCl});(2)HCl 溶液对 Na_2CO_3 的滴定度(T_{HCl/Na_2CO_3})。(已知 $M_{Na_2CO_3}=106.0$ g/mol)

《分析化学》模拟试题(三)

班级__________ 姓名__________ 学号__________ 分数__________

一、单选题(共 30 分,每题 1 分,请把答案填入表内)

1	2	3	4	5	6	7	8	9	10
11	12	13	14	15	16	17	18	19	20
21	22	23	24	25	26	27	28	29	30

1. 按被测组分含量来分,分析方法中常量组分分析是指所分析组分的含量:

A. <0.1%　　B. >0.1%　　C. <1%　　D. >1%

2. 试液取样量为 1~10 mL 的分析方法称为:

A. 微量分析法　　B. 常量分析法　　C. 半微量分析法　　D. 超微量分析法

3. 当置信度为 0.95 时,测得 Al_2O_3的 μ 置信区间为 35.21%±0.10%,其意义是:

A. 在所测定的数据中有 95%在此区间内

B. 若再进行测定,将有 95%的数据落入此区间内

C. 总体平均值 μ 落入此区间的概率为 0.95

D. 在此区间内包含 μ 值的概率为 0.95

4. 已知 $T_{NaOH/H_2SO_4}=0.004\,904$ g/mL,则氢氧化钠的物质的量浓度为:

A. 0.000 100 0 mol/L　　B. 0.005 000 mol/L

C. 0.500 0 mol/L　　D. 0.100 0 mol/L

5. 以下基准物质使用前干燥条件不正确的是:

A. 无水 Na_2CO_3　270~300 ℃　　B. ZnO　800 ℃

C. $CaCO_3$　800 ℃　　D. 邻苯二甲酸氢钾　105～110 ℃

6. 以 NaOH 滴定 H_3PO_4（$K_{a1}=7.6\times10^{-3}$，$K_{a2}=6.3\times10^{-8}$，$K_{a3}=4.4\times10^{-13}$）至生成 Na_2HPO_4 时，溶液的 pH 值应当是：

A. 7.7　　B. 8.7　　C. 9.8　　D. 10.7

7. 在用 HCl 溶液滴定 NaOH 时，一般选择甲基橙而不是酚酞作为指示剂，主要是由于：

A. 甲基橙水溶性好　　B. 甲基橙终点 CO_2 影响小

C. 甲基橙变色范围较狭窄　　D. 甲基橙是双色指示剂

8. NaOH 溶液标签浓度为 0.300 mol/L，该溶液从空气中吸收了少量的 CO_2，现以酚酞为指示剂，用 HCl 标准溶液标定，标定结果比标签浓度：

A. 高　　B. 低　　C. 不变　　D. 无法确定

9. 产生金属指示剂的封闭现象是因为：

A. 指示剂不稳定　　B. MIn 溶解度小　　C. $K'_{MIn}<K'_{MY}$　　D. $K'_{MIn}>K'_{MY}$

10. 在直接配位滴定法中，终点时，一般情况下溶液显示的颜色为：

A. 被测金属离子与 EDTA 配合物的颜色

B. 被测金属离子与指示剂配合物的颜色

C. 游离指示剂的颜色

D. 金属离子与指示剂配合物和金属离子与 EDTA 配合物的混合色

11. 用 EDTA 测定 SO_4^{2-} 时，应采用的方法是：

A. 直接滴定法　　B. 间接滴定法　　C. 返滴定法　　D. 连续滴定法

12. 已知 $M_{ZnO}=81.38$ g/mol，用它来标定 0.02 mol/L 的 EDTA 溶液，宜称取 ZnO 为：

A. 4 g　　B. 1 g　　C. 0.4 g　　D. 0.04 g

13. 在酸性介质中，用 $KMnO_4$ 溶液滴定草酸盐溶液，滴定应：

A. 在室温下进行　　B. 将溶液煮沸后即进行

C. 将溶液煮沸，冷至 85 ℃进行　　D. 将溶液加热到 75～85 ℃时进行

E. 将溶液加热至 60 ℃时进行

14. 在间接碘量法测定中，下列操作正确的是：

A. 边滴定边快速摇动

B. 加入过量 KI，并在室温和避免阳光直射的条件下滴定

C. 在 70～80 ℃恒温条件下滴定

D. 滴定一开始就加入淀粉指示剂

15. 间接碘量法要求在中性或弱酸性介质中进行测定，若酸度太高，将会使：

A. 反应不定量　　B. I_2 易挥发

C. 终点不明显　　D. I^- 被氧化，$Na_2S_2O_3$ 被分解

16. 在下列杂质离子存在下，以 Ba^{2+} 沉淀 SO_4^{2-} 时，沉淀首先吸附：

A. Fe^{3+}　　B. Cl^-　　C. Ba^{2+}　　D. NO_3^-

17. 下列条件中违反了形成非晶形沉淀的条件的是：

A. 沉淀反应易在较浓的溶液中进行　　B. 应在不断搅拌下迅速加沉淀剂

C. 沉淀反应宜在热溶液中进行　　D. 沉淀宜放置过夜，使沉淀陈化

18. 有利于减少吸附和吸留的杂质，使晶形沉淀更纯净的选项是：

A. 沉淀时温度应稍高　　B. 沉淀时在较浓的溶液中进行

C. 沉淀时加入适量电解质　　D. 沉淀完全后进行一定时间的陈化

19. 过滤需要烘干的沉淀用：

A. 定性滤纸　　B. 定量滤纸　　C. 玻璃砂芯漏斗　　D. 分液漏斗

20. 在目视比色法中，常用的标准系列法是比较：

A. 入射光的强度　　B. 透过溶液后的强度

C. 透过溶液后的吸收光的强度　　D. 一定厚度溶液的颜色深浅

21. 某有色溶液在某一波长下用 2 cm 比色皿测得其吸光度为 0.750，若改用 0.5 cm 和 3 cm 比色皿，则吸光度分别为：

A. 0.188、1.125　　B. 0.108、1.105　　C. 0.088、1.025　　D. 0.180、1.120

22. 紫外-可见分光光度法的适合检测波长范围是：

A. 400～760 nm　　B. 200～400 nm　　C. 200～760 nm　　D. 200～1 000 nm

23. 在光学分析法中，采用钨灯作光源的是：

A. 原子光谱　　B. 紫外光谱　　C. 可见光谱　　D. 红外光谱

24. 在分光光度法测定中，如样品溶液有色，显色剂本身无色，溶液中除被测离子外，其他共存离子与显色剂不生色，此时参比应选：

A. 溶剂空白　　B. 试液空白　　C. 试剂空白　　D. 褪色参比

25. 在示差光度法中，需要配制一个标准溶液作参比，用来：

A. 扣除空白吸光度　　B. 校正仪器的漂移

C. 扩展标尺　　D. 扣除背景吸收

26. 某化合物在正己烷和乙醇中分别测得最大吸收波长为 $\lambda_{max}=317$ nm 和 $\lambda_{max}=305$ nm，该吸收的跃迁类型为：

A. $\sigma\rightarrow\sigma^*$　　B. $n\rightarrow\sigma^*$　　C. $\pi\rightarrow\pi^*$　　D. $n\rightarrow\pi^*$

27. 在液相色谱法中，为了改变色谱柱的选择性，可以进行的操作有：

A. 改变流动相的种类或柱长　　B. 改变固定相的种类或柱长

C. 改变固定相的种类和流动相的种类　　D. 改变填料的粒度和柱长

28. 在气相色谱法中，为了改变柱子的选择性，可以进行的操作有：

A. 改变柱长　　B. 改变填料粒度

C. 改变流动相或固定相种类　　D. 改变流动相的流速

29. 可作为反相键合相色谱极性改性剂的是：

A. 正己烷　　B. 乙腈　　C. 氯仿　　D. 水

30. 一般反相烷基键合固定相要求的 pH 值为：

A. 2～10　　B. 3～6　　C. 1～9　　D. 2～8

二、多选题(共 10 分，每题 1 分，请把答案填入表内)

1	2	3	4	5	6	7	8	9	10

1. 准确度和精密度的关系为：

A. 准确度高，精密度一定高　　B. 准确度高，精密度不一定高

C. 精密度高，准确度一定高　　D. 精密度高，准确度不一定高

2. 在滴定分析法测定中出现的下列情况，系统误差有：

A. 样品未经充分混匀　　B. 滴定管的读数读错

C. 所用试剂不纯　　D. 砝码未经校正

3. 在下述情况中，对测定(或标定)结果产生正误差的是：

A. 以 HCl 标准溶液滴定某碱样，因所用滴定管未洗净，滴定时管内壁挂有液滴

B. 以 $K_2Cr_2O_7$ 为基准物质，用碘量法标定 $Na_2S_2O_3$ 溶液的浓度时，滴定速度过快，并过早读出滴定管读数

C. 用于标定标准浓度的基准物质，在称量时吸潮了(标定时用直接法滴定)

D. 以 EDTA 标准溶液滴定钙、镁含量时，滴定速度过快

4. 下列属于共轭酸碱对的是：

A. HCO_3^- 和 CO_3^{2-}　　B. H_2S 和 HS^-　　C. HCl 和 Cl^-　　D. H_3O^+ 和 OH^-

5. 欲测定石灰中的钙含量，可以用：

A. EDTA 滴定法　　B. 酸碱滴定法

C. 重量分析法　　D. 草酸盐-高锰酸钾滴定法

6. 沉淀完全后进行陈化是为了：

A. 使无定形沉淀转化为晶形沉淀　　B. 使沉淀更为纯净

C. 加速沉淀作用　　D. 使沉淀颗粒变大

7. 摩尔吸光系数很大，则表明：

A. 该物质的浓度很大　　B. 光通过该物质溶液的光程长

C. 该物质对某波长的光吸收能力很强　　D. 测定该物质的方法的灵敏度高

8. 在火焰原子化过程中，伴随着一系列的化学反应，下列反应不可能发生的是：

A. 裂变　　B. 化合　　C. 聚合　　D. 解离

9. 气相色谱分析中使用归一化法定量的前提是：

A. 所有的组分都要被分离开　　B. 所有的组分都要能流出色谱柱

C. 组分必须是有机物　　D. 检测器必须对所有组分产生响应

10. 衡量色谱柱效能的指标是：

A. 塔板高度　　B. 分离度　　C. 塔板数　　D. 分配系数

三、填空题(共 10 分，每空 0.5 分)

1. 原子空心阴极灯的主要操作参数是________。

2. NaOH 滴定 H_3PO_4，以酚酞为指示剂，终点时生成________。(已知 H_3PO_4 的各级解离常数：$K_{a1}=7.6\times10^{-3}$，$K_{a2}=6.3\times10^{-8}$，$K_{a3}=4.4\times10^{-13}$)

3. 在含有少量 Sn^{2+} 的 $FeSO_4$ 溶液中，用重铬酸钾法滴定 Fe^{2+}，应先消除 Sn^{2+} 的干扰，宜采用________。

4. 在碘量法中，淀粉是专属指示剂，当溶液呈蓝色时，这是________。

5. 气相色谱用内标法测定 A 组分时，取未知样 1.0 μL 进样，得组分 A 的峰面积为 3.0 cm^2，组分 B 的峰面积为 1.0 cm^2，取未知样 2.000 0 g，标准样纯 A 组分 0.200 0 g，仍

取 1.0 μL 进样,得组分 A 的峰面积为 3.2 cm^2,组分 B 的峰面积为 0.8 cm^2,则未知样中组分 A 的质量分数为________。

6. 标定 $KMnO_4$ 时,加入第 1 滴没有褪色以前,不能加入第 2 滴,加入几滴后,方可加快滴定速度,原因是________。

7. 用含有少量 Ca^{2+}、Mg^{2+} 的纯水配制 EDTA 溶液,然后于 pH=5.5 时,以二甲酚橙为指示剂,用锌标准溶液标定 EDTA 的浓度,最后在 pH=10.0 时,用上述 EDTA 溶液滴定样品中 Ni^{2+} 的含量,对测定结果的影响是________。

8. 气相色谱法中进样量过大会导致________。

9. 对大多数元素,日常分析的工作电流建议采用额定电流的________。

10. EDTA 与金属离子多是以________的关系配位。

11. 原子吸收光谱是由________而产生的。

12. 高效液相色谱法流动相脱气稍差易造成________。

13. 有一混合碱 NaOH 和 Na_2CO_3,用 HCl 标准溶液滴定至酚酞褪色,用去 V_1。然后加入甲基橙继续用 HCl 标准溶液滴定,用去 V_2。则 V_1 与 V_2 的关系为________。

14. 碘量法滴定的酸度条件为________。

15. 在气-液色谱固定相中载体(担体)的作用是________。

16. 在原子吸收分光光度法中,可消除物理干扰的定量方法是________。

17. 在气-液色谱中,色谱柱使用的上限温度取决于________。

18. 在用高锰酸钾法测铁中,一般使用硫酸而不是盐酸来调节酸度,其主要原因是________。

19. 在气相色谱分析中,样品的出峰顺序由________决定。

20. 测定水中钙硬度时,Mg^{2+} 的干扰可以用________消除。

四、名词解释(共 10 分,每题 2 分)

1. 共沉淀现象
2. 滴定
3. 交联
4. 梯度洗脱
5. 内标法

五、判断题(共 10 分,每题 1 分)

(　　)1. 化学计量点和滴定终点是一回事。

(　　)2. 凡是优级纯的物质都可用于直接法配制标准溶液。

(　　)3. 双指示剂就是混合指示剂。

(　　)4. 在平行测定次数较少的分析测定中,可疑数据的取舍常用 *Q* 检验法。

(　　)5. 溶液酸度越高,$KMnO_4$ 氧化能力越强,与 $Na_2C_2O_4$ 反应越完全,所以用 $Na_2C_2O_4$ 标定 $KMnO_4$ 时,溶液酸度越高越好。

(　　)6. 重量分析中对形成胶体的溶液进行沉淀时,可放置一段时间,以促使胶体微粒的胶凝,然后再过滤。

(　　)7. 目视比色法必须在符合光吸收定律的情况下才能使用。

(　　)8. 饱和碳氢化合物在紫外光区不产生光谱吸收，所以经常以饱和碳氢化合物作为紫外吸收光谱分析的溶剂。

(　　)9. 原子吸收光谱分析中的背景干扰会使吸光度增加，因而导致测定结果偏低。

(　　)10. 色谱定量时，用峰高乘以半峰宽为峰面积，则半峰宽是指峰底宽度的一半。

六、简答题(共 10 分，每题 2 分)

1. 化学计量点在滴定曲线上的位置与氧化剂和还原剂的电子转移数有什么关系？

2. Cu^{2+}、Zn^{2+}、Cd^{2+}、Ni^{2+} 等离子均能与 NH_3 形成配合物，为什么不能以氨水为滴定剂用配位滴定法来测定这些离子？

3. 有两位学生使用相同的分析仪器标定某溶液的浓度(mol/L)，结果如下：

甲：0.12，0.12，0.12(相对平均偏差为 0.00%)；

乙：0.124 3，0.123 7，0.124 0(相对平均偏差为 0.16%)。

如何评价他们的实验结果的准确度和精密度？

4. 在光度法测定中引起偏离朗伯-比尔定律的主要因素有哪些？如何消除这些因素的影响？

5. 色谱法有哪些类型？

七、计算题(共 20 分，每题 10 分)

1. 某铁矿石中铁的质量分数为 39.19%，甲的测定结果(%)是：39.12，39.15，39.18；乙的测定结果(%)是：39.19，39.24，39.28。试比较甲、乙两人测定结果的准确度和精密度(精密度以标准偏差和相对标准偏差表示)。

2. 0.500 g 钢样溶解后，在容量瓶中配成 100 mL 溶液。分取 20.00 mL 该溶液于 50 mL 容量瓶中，其中的 Mn^{2+} 氧化成 MnO_4^- 后，稀释定容。然后在 $\lambda=525$ nm 处，用 $b=2$ cm 的比色皿测得 $A=0.60$。已知 $\varepsilon_{525}=2.3\times10^3$ L/(mol·cm)，计算钢样中 Mn 的质量分数(%)。

《分析化学》模拟试题(四)

班级__________　姓名__________　学号__________　分数__________

一、单选题(共 30 分，每题 1 分，请把答案填入表内)

1	2	3	4	5	6	7	8	9	10
11	12	13	14	15	16	17	18	19	20
21	22	23	24	25	26	27	28	29	30

1. 比较两组测定结果的精密度，正确的是：

甲组：0.19%，0.19%，0.20%，0.21%，0.21%

乙组：0.18%，0.20%，0.20%，0.21%，0.22%

A. 甲、乙两组相同　　B. 甲组比乙组高

C. 乙组比甲组高　　D. 无法判别

2. 下列论述中错误的是：

A. 方法误差属于系统误差　　B. 系统误差包括操作误差

C. 系统误差呈现正态分布　　D. 系统误差具有单向性

3. 表示一组测量数据中，最大值与最小值之差的称为：

A. 绝对误差　　B. 绝对偏差　　C. 极差　　D. 平均偏差

4. 两位分析人员对同一含铁的样品用分光光度法进行分析，得到两组分析数据，要判断两组分析的精密度有无显著性差异，应该选用：

A. Q 检验法　　B. t 检验法　　C. F 检验法　　D. Q 和 t 联合检验法

5. 用酸碱滴定法测定工业醋酸中的 CH_3COOH 含量，应选择的指示剂是：

A. 酚酞　　B. 甲基橙　　C. 甲基红　　D. 甲基红-亚甲基蓝

6. 双指示剂法测混合碱，加入酚酞指示剂时，滴定消耗 HCl 标准溶液体积为 18.00 mL；加入甲基橙作指示剂，继续滴定又消耗了 HCl 标准溶液 14.98 mL，那么溶液中存在的物质是：

A. $NaOH+Na_2CO_3$　　B. $Na_2CO_3+NaHCO_3$

C. $NaHCO_3$　　D. Na_2CO_3

7. 测定水中钙硬度时，消除 Mg^{2+} 的干扰用的是：

A. 控制酸度法　　B. 配位掩蔽法　　C. 氧化还原掩蔽法　　D. 沉淀掩蔽法

8. 用 EDTA 标准溶液滴定金属离子 M，若要求相对误差小于 0.1%，则要求：

A. $c_M K'_{MY} \geqslant 10^6$　　B. $c_M K'_{MY} \leqslant 10^6$

C. $K'_{MY} \geqslant 10^6$　　D. $K'_{MY}\alpha_{Y(H)} \geqslant 10^6$

9. 产生金属指示剂的僵化现象是因为：

A. 指示剂不稳定　　B. MIn 溶解度小　　C. $K'_{MIn} < K'_{MY}$　　D. $K'_{MIn} > K'_{MY}$

10. 配位滴定法中，使用金属指示剂二甲酚橙，要求溶液的酸度条件是：

A. pH 值为 6.3～11.6　　B. pH=6.0

C. pH>6.0　　D. pH<6.0

11. 配制 I_2 标准溶液时，是将 I_2 溶于：

A. 水　　B. KI 溶液　　C. HCl 溶液　　D. KOH 溶液

12. 间接碘量法测定水中 Cu^{2+} 含量，介质的 pH 值应控制在使介质呈：

A. 强酸性　　B. 弱酸性　　C. 弱碱性　　D. 强碱性

13. 间接碘量法(即滴定碘法)中加入淀粉指示剂的适宜时间是：

A. 滴定开始时

B. 滴定至近终点，溶液呈稻草黄色时

C. 滴定至 I_3^- 的红棕色褪尽，溶液呈无色时

D. 在标准溶液滴定了近 50％时

E. 在标准溶液滴定了 50％后

14. 用莫尔法测定纯碱中的氯化钠，应选择的指示剂是：

A. $K_2Cr_2O_7$　　B. K_2CrO_4　　C. KNO_3　　D. $KClO_3$

15. 以铁铵矾为指示剂，用硫氰酸铵标准溶液滴定银离子时，进行的条件应该是：

A. 酸性　　B. 弱酸性　　C. 碱性　　D. 弱碱性

16. 过滤大颗粒晶体沉淀应选用：

A. 快速滤纸　　B. 中速滤纸　　C. 慢速滤纸　　D. 4＃玻璃砂芯坩埚

17. 下列测定过程中，必须用力振荡锥形瓶的是：

A. 莫尔法测定水中氯　　B. 间接碘量法测定 Cu^{2+} 浓度

C. 酸碱滴定法测定工业硫酸浓度　　D. 配位滴定法测定硬度

18. 下列测定中，需要加热的有：

A. $KMnO_4$溶液滴定 H_2O_2　　B. $KMnO_4$溶液滴定 $H_2C_2O_4$

C. 银量法测定水中氯　　D. 碘量法测定 $CuSO_4$

19. 碘量法测定 $CuSO_4$ 含量，样品溶液中加入过量的 KI，下列有关其作用的叙述错误的是：

A. 还原 Cu^{2+} 为 Cu^{+}　　B. 防止 I_2 挥发

C. 与 Cu^{+} 形成 CuI 沉淀　　D. 把 $CuSO_4$ 还原成单质 Cu

20. 用佛尔哈德法测定 Cl^- 时，如果不加硝基苯(或邻苯二甲酸二丁酯)，会使分析结果：

A. 偏高　　B. 偏低

C. 无影响　　D. 可能偏高，也可能偏低

21. 如果吸附的杂质和沉淀具有相同的晶格，这就形成：

A. 后沉淀　　B. 机械吸留　　C. 包藏　　D. 混晶

22. 邻二氮菲分光光度法测水中微量铁的样品中，参比溶液是采用：

A. 溶液参比　　B. 空白溶液　　C. 样品参比　　D. 褪色参比

23. 721 型分光光度计适用于：

A. 可见光区　　B. 紫外光区　　C. 红外光区　　D. 都适用

24. 测定 pH 值的指示电极为：

A. 标准氢电极　　B. pH 玻璃电极　　C. 甘汞电极　　D. 银-氯化银电极

25. 在电位滴定中，以 $\Delta E/\Delta V$ 对 V 作图绘制曲线，滴定终点为：

A. 曲线突跃的转折点　　B. 曲线的最大斜率点

C. 曲线的最小斜率点　　D. 曲线的斜率为零时的点

26. 正己烷、正己醇、苯在正相色谱中的洗脱顺序为：

A. 正己醇、苯、正己烷　　B. 正己烷、苯、正己醇

C. 苯、正己烷、正己醇　　D. 正己烷、正己醇、苯

27. 液体平均样品是指：

A. 一组液位样品　　B. 容器内采得的全液位样品

C. 采得的一组液位样品按一定比例混合而成的样品

D. 均匀液体中随机采得的样品

28. 对某一商品煤进行采样时，以下三者所代表的煤样关系正确的是：

A. 子样＜总样＜采样单元　　B. 采样单元＜子样＜总样

C. 子样＜采样单元＜总样　　D. 总样＜采样单元＜子样

29. 分样器的作用是：

A. 破碎样品　　B. 分解样品　　C. 缩分样品　　D. 混合样品

30. 从不均匀物料中采样时，可以：

A. 分层采样，并尽可能在不同特性值的各层中采出能代表该层物料的样品

B. 在物料流动线上采样，采样的频率应高于物料特性值的变化率，切忌两者同步

C. 在随机采样，也可非随机采样

D. 在任意部位进行，注意不带进杂质，避免引起物料的变化

二、多选题(共 10 分，每题 1 分，请把答案填入表内)

1	2	3	4	5	6	7	8	9	10

1. 基准物质应具备的条件有：

A. 稳定　　B. 具有足够的纯度

C. 易溶解　　D. 具有较大的摩尔质量

2. 下列物质中只能用间接法配制一定浓度的标准溶液的是：

A. $KMnO_4$　　B. NaOH　　C. H_2SO_4　　D. $H_2C_2O_4 \cdot 2H_2O$

3. 测定中出现下列情况，属于偶然误差的是：

A. 滴定时所加试剂中含有微量的被测物质

B. 某分析人员几次读取同一滴定管时读数不能取得一致

C. 滴定时发现有少量溶液溅出

D. 某人用同样的方法测定，但结果总不一致

4. 对于酸效应曲线，下列说法正确的有：

A. 利用酸效应曲线可确定单独滴定某种金属离子时所允许的最低酸度

B. 利用酸效应曲线可找出单独滴定某种金属离子时所允许的最高酸度

C. 利用酸效应曲线可判断混合金属离子溶液能否进行连续滴定

D. 酸效应曲线代表溶液的 pH 值与溶液中 MY 的绝对稳定常数的对数值($\lg K_{MY}$)以及溶液中 EDTA 的酸效应系数的对数值($\lg\alpha$)之间的关系

5. 提高配位滴定的选择性可采用的方法是：

A. 增大滴定剂的浓度　　B. 控制溶液温度

C. 控制溶液的酸度　　D. 利用掩蔽剂消除干扰

6. 下列关于沉淀吸附的一般规律，正确的是：

A. 离子价数越低，越易被吸附　　B. 离子浓度越大，越易被吸附

C. 沉淀颗粒越大，吸附能力越强

D. 能与构晶离子生成难溶盐沉淀的离子，优先被吸附

E. 温度越高，越有利于吸附

7. 紫外分光光度法对有机物进行定性分析的依据有：

A. 峰的形状　　B. 曲线坐标　　C. 峰的数目　　D. 峰的位置

8. 在原子吸收光谱法中，由于分子吸收和化学干扰，处理样品应尽量避免使用：

A. H_2SO_4　　B. HNO_3　　C. H_3PO_4　　D. $HClO_4$

9. 下列气相色谱操作条件中，正确的是：

A. 汽化温度越高越好

B. 使最难分离的物质对能很好分离的前提下，尽可能采用较低的柱温

C. 实际选择载气流速时，一般略低于最佳流速

D. 检测室温度应低于柱温

10. 高效液相色谱仪与气相色谱仪相比增加了：

A. 储液器　　B. 恒温器　　C. 高压泵　　D. 程序升温

三、填空题（共 10 分，每空 0.5 分）

1. 原子吸收分光光度法中，对于组分复杂，干扰较多而又不清楚组成的样品，可采用________定量。

2. 莫尔法测定 Cl^- 的含量，要求介质的 pH 值在 6.5～10.0 范围内，若酸度过高，则________。

3. 气相色谱仪除了载气系统、柱分离系统、进样系统外，其另外一个主要系统是________。

4. 用磺基水杨酸分光光度法测定铁，得到如下数据：

V_{Fe}/mL：	0.00	2.00	4.00	6.00	8.00	10.00
A：	0.00	0.165	0.312	0.512	0.660	0.854

根据上述数据所得的回归方程为________。

5. 使用 721 型分光光度计时，仪器在 100%处经常漂移的原因是________。

6. 双指示剂法测混合碱，加入酚酞指示剂时，消耗 HCl 标准溶液体积为 15.20 mL；加入甲基橙作指示剂，继续滴定又消耗了 HCl 标准溶液 25.72 mL，那么溶液中存在________。

7. 高锰酸钾法测定软锰矿中 MnO_2 的含量时，MnO_2 与 $Na_2C_2O_4$ 的反应必须在热的________条件下进行。

8. 在液相色谱法中，色谱柱内径一般在________ mm 以上。

9. 配位滴定中有时会使用 KCN 作掩蔽剂，在将含 KCN 的废液倒入水槽前应加入________，使其生成稳定的配合物以防止污染环境。

10. 个别测得值减去平行测定结果平均值，所得的结果是________。

11. 气-液色谱法中选择固定液的原则是________。

12. 在含有 0.01 mol/L 的 I^-、Br^-、Cl^- 溶液中，逐滴加入 $AgNO_3$ 试剂，先出现的沉淀是________。（$K_{sp(AgCl)} > K_{sp(AgBr)} > K_{sp(AgI)}$）

13. 当溶液中有两种离子共存时，欲以 EDTA 溶液滴定 M 而 N 不产生干扰的条件是________。

14. 在气相色谱法中，保留值反映了________之间的作用。

15. 在 Fe^{3+}、Al^{3+}、Ca^{2+}、Mg^{2+} 的混合溶液中,用 EDTA 法测定 Ca^{2+}、Mg^{2+},要消除 Fe^{3+}、Al^{3+} 的干扰,最有效可靠的方法是________。

16. 原子吸收分光光度法测定钙时,有 PO_4^{3-} 干扰,消除的方法是加入________。

17. 原子吸收分光光度计噪声过大,其原因可能是________。

18. 固定相老化的目的是________。

19. 选择不同的火焰类型主要是根据________。

20. 用气相色谱法进行定量分析时,要求每个组分都出峰的定量方法是________。

四、名词解释(共 10 分,每题 2 分)

1. 陈化
2. 标定
3. 交换容量
4. 保留时间 t_R
5. 吸附色谱法

五、判断题(共 10 分,每题 1 分)

(　　)1. 所谓终点误差,是由于操作者终点判断失误或操作不熟练而引起的。

(　　)2. 在没有系统误差的前提条件下,总体平均值就是真实值。

(　　)3. 用 NaOH 标准溶液标定 HCl 溶液时,以酚酞为指示剂,若 NaOH 溶液因储存不当吸收了 CO_2,则测定结果偏高。

(　　)4. 铬黑 T 指示剂在 pH 值为 7～11 范围内使用,其目的是减少干扰离子的影响。

(　　)5. $K_2Cr_2O_7$ 标准溶液滴定 Fe^{2+} 既能在硫酸介质中进行,又能在盐酸介质中进行。

(　　)6. 用佛尔哈德法测定 Ag^+,滴定时必须剧烈摇动。用返滴定法测定 Cl^- 时,也应该剧烈摇动。

(　　)7. 摩尔吸光系数越大,表示该物质对某波长光的吸收能力越强,比色测定的灵敏度就越高。

(　　)8. 仪器分析测定中,常采用校准曲线分析方法。如果要使用早先已绘制的校准曲线,应在测定样品的同时,平行测定零浓度和中等浓度的标准溶液各两份,其均值与原校准曲线的误差不得大于 5%,否则应重新制作校准曲线。

(　　)9. 原子吸收光谱法中常用空气-乙炔火焰,当调节空气与乙炔的体积比为4∶1时,其火焰称为富燃性火焰。

(　　)10. 气相色谱法定性分析中,在适宜色谱条件下标准物质与未知物质保留时间一致,则可以肯定两者为同一物质。

六、简答题(共 10 分,每题 2 分)

1. 氧化还原滴定中的指示剂分为几类?各自如何指示滴定终点?

2. Ca^{2+} 与 PAN 不显色,但在 pH 值为 10～12 时,加入适量的 CuY,可以用 PAN 作为滴定 Ca^{2+} 的指示剂,为什么?

3. 重量分析法对沉淀的要求是什么?

4. 吸收光谱曲线和标准曲线的实际意义是什么?如何绘制这两种曲线?

5. 液-液色谱法对流动相有哪些要求?

七、计算题(共 20 分,每题 10 分)

1. 测定铁矿石中铁的质量分数(以 $w_{Fe_2O_3}$ 表示),5 次结果分别为:67.48%,67.37%,67.47%,67.43%和 67.40%。计算:(1)平均偏差;(2)相对平均偏差;(3)标准偏差;(4)相对标准偏差;(5)极差。

2. 有一浓度为 2.0×10^{-4} mol/L 的显色溶液,当 $b_1=3$ cm 时测得 $A_1=0.120$。将其稀释一倍后改用 $b_2=5$ cm 的比色皿测定,得 $A_2=0.200$(λ 相同)。此时是否服从朗伯-比尔定律?

《分析化学》模拟试题(一)参考答案

一、单选题(共 30 分,每题 1 分,请把答案填入表内)

1	2	3	4	5	6	7	8	9	10
A	A	C	C	C	D	D	B	A	C
11	12	13	14	15	16	17	18	19	20
D	C	B	C	A	B	D	A	A	C
21	22	23	24	25	26	27	28	29	30
C	A	D	D	D	D	D	D	B	A

二、填空题(共 20 分,每空 1 分)

1. 标准溶液的加入体积(或中和百分率)　溶液的 pH 值
2. 积分吸收　峰值吸收系数
3. 溶液浓度　吸光度
4. 被分离的物质(样品)　固定相　流动相
5. 同一物质
6. $A=\varepsilon bc$　单色光　稀溶液　化学因素　光学因素
7. 平均值($\overline{x}$)　测定次数(n)　相对平均偏差($\overline{d}_r$)
8. 浓度型检测器　质量型检测器

三、判断题(共 10 分,每题 1 分)

1. √　2. √　3. √　4. ×　5. ×　6. √　7. √　8. ×　9. ×　10. ×

四、名词解释(共 15 分,每题 3 分)

1. 指示电极:在一定条件下,电极的电位值随被测物质的浓度变化而变化的电极。
2. 摩尔吸光系数:当物质的浓度为 1 mol/L,液层厚度为 1 cm 时的吸光度。
3. 逸出值:一组平行测量值中过大或过小的数值。
4. 终点误差:滴定终点与化学计量点不一致而产生的误差。
5. 反相色谱:流动相的极性大于固定相的极性的色谱。

五、简答题(共10分,每题2分)

1.答:光源、单色器、比色皿、检测器、读数显示器。

2.答:凡变色范围的全部或一部分在滴定突跃范围之内的指示剂均可。

3.答:说明有系统误差存在。

4.答:制板、点样、展开、显色、定性分析、定量分析。

5.答:区别如下:①坐标不同(吸收光谱曲线是 A-λ,标准曲线是 A-c);②曲线的形状不同(吸收光谱曲线是有峰有谷的曲线,标准曲线是一条过原点的直线);③用途不同(吸收光谱曲线是定性分析时用,标准曲线是定量分析时用)。定量分析中采用最大吸收波长的光作为入射光是为了提高测定的灵敏度。

六、计算题(共15分,第一题5分,第二题10分)

1.解:

$$w_{NaOH}=\frac{c_{HCl}(V_1-V_2)M_{NaOH}}{m_s}\times100\%=\frac{0.2200\times(25.00-12.00)\times40.00}{1000\times0.4000}\times100\%=28.6\%$$

$$w_{Na_2CO_3}=\frac{c_{HCl}\times2V_2\times\frac{1}{2}M_{Na_2CO_3}}{m_s}\times100\%=\frac{0.2200\times2\times12.00\times\frac{1}{2}\times106.0}{1000\times0.4000}\times100\%=70.0\%$$

2.解:

(1) $t'_{R(A)}=t_{R(A)}-t_M=(14-1)\ \text{min}=13\ \text{min}$, $t'_{R(B)}=t_{R(A)}-t_M=(17-1)\ \text{min}=16\ \text{min}$

(2)
$$n_{有效}=16\left(\frac{t'_{R(B)}}{W_{b(B)}}\right)^2=16\times\left(\frac{16}{1}\right)^2\approx4.0\times10^3$$

$$H_{有效}=\frac{L}{n}=\frac{3000}{4.0\times10^3}\ \text{mm}=0.75\ \text{mm}$$

(3)
$$k_A=\frac{t'_{R(A)}}{t_M}=\frac{13}{1}=13,\quad k_B=\frac{t'_{R(B)}}{t_M}=\frac{16}{1}=16$$

(4)
$$R=\frac{2(t_{R(B)}-t_{R(A)})}{W_{b(B)}+W_{b(A)}}=\frac{2\times(17-14)}{1+1}=3$$

《分析化学》模拟试题(二)参考答案

一、单选题(共30分,每题1分,请把答案填入表内)

1	2	3	4	5	6	7	8	9	10
C	D	A	C	A	C	C	C	E	C
11	12	13	14	15	16	17	18	19	20
C	D	A	C	E	B	E	C	B	B
21	22	23	24	25	26	27	28	29	30
D	B	C	C	D	B	A	C	A	B

二、填空题(共 20 分,每空 1 分)

1.负　饱和甘汞电极

2.灵敏　差　大

3.入射光的波长　吸光度

4.称量形式的质量与被测物质的质量之比

5.差　高

6.校准　测量　2 个 pH 单位　2 ℃

7.还原　氧化

8.把光子流转变成电子流　将复合光色散为单色光

9.越长　越小

三、判断题(共 10 分,每题 1 分)

1.√　2.√　3.√　4.√　5.×　6.√　7.×　8.√　9.√　10.×

四、名词解释(共 15 分,每题 3 分)

1.空白实验:只有试剂而无样品存在,与待测样品的方法步骤完全一致的实验,其目的是消除试剂对测定的影响。

2.置信区间:在一定置信度下,以测量平均值为中心,包括真值在内的可信范围。

3.区分效应:溶剂能将酸(碱)强弱区分开来的效应。

4.载体(担体):能够负载液体固定液的惰性固体支持物。

5.生色团:有机化合物分子结构中含有双键,能够产生 $\pi\rightarrow\pi^*$ 、$n\rightarrow\pi^*$ 跃迁,在紫外-可见光区产生吸收的原子团。

五、简答题(共 15 分,每题 3 分)

1.答:根据 $A=KcL$,当吸光度(A)读数太大时,可通过改变浓度(c)(稀释溶液)或改变光路直径(L)(换用厚度小的比色皿)来解决。

2.答:在正相色谱体系中,组分的出峰次序为:极性弱的组分,在流动相中溶解度较大,k 值小,先出峰;极性强的组分,在固定相中的溶解度较大,k 值大,后出峰。在反相色谱体系中,组分的出峰次序为:极性弱的组分,在固定相上的溶解度大,k 值大,后出峰;极性强的组分,在流动相中的溶解度大,k 值小,先出峰。

3.答:①滴定剂不同(直接碘量法的滴定剂是 I_2,间接碘量法的滴定剂是 $Na_2S_2O_3$);②加入指示剂的时间不同(直接碘量法滴定开始时即加入指示剂,间接碘量法是在近终点时加入指示剂);③终点的颜色不同(直接碘量法的终点是蓝色出现,间接碘量法的终点是蓝色消失)。

4.答:①加催化剂;②加热;③采用返滴定法(即增加反应物浓度)。

5.答:①增加测定次数;②选择适宜的分析方法;③校正仪器;④空白实验;⑤规范操作;⑥对照实验;⑦回收实验。

六、计算题(共 10 分,任选一题)

1.解:
$$(E_{1\,\text{cm}}^{1\%})_{样}=\frac{A}{cL}=\frac{0.551}{\frac{0.050\,0}{100}\times\frac{2.0}{100.0}\times 100\times 1}=551$$

$$w_{VC}=\frac{(E_{1\,cm}^{1\%})_{样}}{(E_{1\,cm}^{1\%})_{标}}\times100\%=\frac{551}{560}\times100\%=98.39\%$$

2. 解： $Na_2CO_3+2HCl = 2NaCl+CO_2\uparrow+H_2O$

(1)
$$\frac{1}{2}c_BV_B=\frac{m_A}{M_A}$$

$$\frac{1}{2}c_{HCl}\times25.00=\frac{0.1500}{106.0}\times1000$$

$$c_{HCl}=0.1132\ mol/L$$

(2)
$$T_{HCl/Na_2CO_3}=\frac{m}{V}=\frac{0.1500}{25.00}\ g/mL=0.006000\ g/mL$$

《分析化学》模拟试题(三)参考答案

一、单选题(共 30 分，每题 1 分，请把答案填入表内)

1	2	3	4	5	6	7	8	9	10
D	B	D	D	C	C	B	B	D	C
11	12	13	14	15	16	17	18	19	20
D	D	D	B	D	C	D	D	C	D
21	22	23	24	25	26	27	28	29	30
A	C	C	B	C	D	C	C	B	D

二、多选题(共 10 分，每题 1 分，请把答案填入表内)

1	2	3	4	5	6	7	8	9	10
AD	CD	AC	ABC	ACD	BD	CD	AC	ABD	AC

三、填空题(共 10 分，每空 0.5 分)

1. 灯电流
2. Na_2HPO_4
3. 氧化还原掩蔽法
4. 游离碘与淀粉生成物的颜色
5. 30%
6. Mn^{2+} 为该反应催化剂，待有足够 Mn^{2+} 才能加快滴定速度
7. 偏高
8. FID 熄火
9. 40%～60%
10. 1∶1

11. 气态基态原子对该原子共振线的吸收

12. 基线噪声增大，灵敏度下降

13. $V_1>V_2$

14. 弱酸

15. 提供大的表面以便涂上固定液

16. 标准加入法

17. 固定液的最高使用温度

18. Cl^-可能与高锰酸钾作用

19. 分离系统

20. 沉淀掩蔽法

四、名词解释(共10分，每题2分)

1. 共沉淀现象：在进行沉淀时某些可溶性杂质同时沉淀下来的现象。

2. 滴定：在用滴定分析法进行定量分析时，先将被测物质的溶液置于一定的容器(通常为锥形瓶)中，在适宜的条件下，再用一种标准溶液通过滴定管逐滴加到容器里，直到两者完全反应为止的操作过程。

3. 交联：在合成离子交换树脂的过程中，链状聚合物分子相互连接而形成网状结构的过程。

4. 梯度洗脱：在一定分析周期内不断变换流动相的种类和比例，使混合样品中各组分都以最佳平均分配值通过色谱柱的过程，它适于分析极性差别较大的复杂组分。

5. 内标法：将一定量的纯物质作为内标物质加到准确称量的样品中，根据样品和内标物质的质量以及被测组分和内标物质的峰面积求出被测组分的含量的方法。

五、判断题(共10分，每题1分)

1. × 2. × 3. × 4. √ 5. × 6. × 7. × 8. √ 9. × 10. ×

六、简答题(共10分，每题2分)

1. 答：氧化还原滴定曲线中突跃范围的长短和氧化剂与还原剂两电对的条件电极电位(或标准电极电位)相差的大小有关。电极电位差ΔE较大时，突跃较长。一般来讲，两个电对的条件电极电位或标准电极电位之差大于0.20 V时，突跃范围才明显，才有可能进行滴定，ΔE值大于0.40 V时，可选用氧化还原指示剂(当然也可以用电位法)指示滴定终点。当氧化剂和还原剂两个半电池反应中，转移的电子数相等，即$n_1=n_2$时，化学计量点的位置恰好在滴定突跃的中(间)点。如果$n_1\neq n_2$，则化学计量点的位置偏向电子转移数较多(即n值较大)的电对一方。n_1和n_2相差越大，化学计量点偏向越多。

2. 答：多数金属离子的配位数为4和6。Cu^{2+}、Zn^{2+}、Cd^{2+}、Ni^{2+}等离子均能与NH_3形成配合物，配位速率慢，且配位比较复杂，以氨水为滴定剂进行滴定反应的完全程度不高，不能按照确定的化学计量关系定量完成，无法准确判断滴定终点。

3. 答：乙的准确度和精密度都高。因为从两人的数据可知，他们是用分析天平取样。所以有效数字应取四位，而甲只取了两位。因此，从表面上看甲的精密度高，但从分析结果的精密度考虑,应该是乙的实验结果的准确度和精密度都高。

4.答:(1)物理因素有:①非单色光引起的偏离;②非平行入射光引起的偏离;③介质不均匀引起的偏离。(2)化学因素有:①溶液浓度过高引起的偏离;②化学反应引起的偏离。

采用性能较好的单色器;采用平行光束进行入射;改造吸光物质使之为均匀非散射体系;在稀溶液中进行;控制解离度不变;加入过量的显色剂并保持溶液中游离显色剂的浓度恒定等都可消除以上因素的影响。

5.答:气体为流动相的色谱法称为气相色谱法(GC),根据固定相是固体吸附剂还是固定液(附着在惰性载体上的一薄层有机化合物液体),又可分为气-固色谱法(GSC)和气-液色谱法(GLC)。液体为流动相的色谱法称为液相色谱法(LC)。同理,液相色谱法亦可分为液-固色谱法(LSC)和液-液色谱法(LLC)。超临界流体为流动相的色谱法称为超临界流体色谱法(SFC)。随着色谱研究工作的发展,通过化学反应将固定液键合到载体表面,这种化学键合固定相的色谱法又称为化学键合相色谱法(CBPC)。

七、计算题(共 20 分,每题 10 分)

1.解:甲 $\bar{x}_1 = \sum_{i=1}^{n} \frac{x_{1i}}{n} = \frac{39.12\% + 39.15\% + 39.18\%}{3} = 39.15\%$

$$\delta_{a1} = \bar{x}_1 - \mu = 39.15\% - 39.19\% = -0.04\%$$

$$S_1 = \sqrt{\frac{\sum_{i=1}^{n} d_{1i}^2}{n-1}} = \sqrt{\frac{(0.03\%)^2 + 0 + (0.03\%)^2}{3-1}} = 0.03\%$$

$$RSD_1 = \frac{S_1}{\bar{x}_1} \times 100\% = \frac{0.03\%}{39.15\%} \times 100\% = 0.08\%$$

乙 $\bar{x}_2 = \sum_{i=1}^{n} \frac{x_{2i}}{n} = \frac{39.19\% + 39.24\% + 39.28\%}{3} = 39.24\%$

$$\delta_{a2} = \bar{x}_2 - \mu = 39.24\% - 39.19\% = 0.05\%$$

$$S_2 = \sqrt{\frac{\sum_{i=1}^{n} d_{2i}^2}{n-1}} = \sqrt{\frac{(0.05\%)^2 + 0 + (0.04\%)^2}{3-1}} = 0.05\%$$

$$RSD_2 = \frac{S_2}{\bar{x}_2} \times 100\% = \frac{0.05\%}{39.24\%} \times 100\% = 0.13\%$$

由上面$|\delta_{a1}| < |\delta_{a2}|$可知,甲的准确度比乙高。由 $S_1 < S_2$、$RSD_1 < RSD_2$ 可知,甲的精密度比乙高。

综上所述,甲测定结果的准确度和精密度均比乙高。

2.解:

$$A = \varepsilon bc$$

$$c = \frac{A}{\varepsilon b} = \frac{0.60}{2.3 \times 10^3 \times 2}\ \text{mol/L} = 1.3 \times 10^{-4}\ \text{mol/L}$$

样品中锰的质量 $m = 1.3 \times 10^{-4} \times 0.05 \times 5 \times 54.94\ \text{g} = 1.786 \times 10^{-3}\ \text{g}$

$$w_{Mn}=\frac{m}{0.500\ g}\times100\%=\frac{1.786\times10^{-3}}{0.500}\times100\%=0.36\%$$

《分析化学》模拟试题(四)参考答案

一、单选题(共 30 分,每题 1 分,请把答案填入表内)

1	2	3	4	5	6	7	8	9	10
B	C	C	B	A	A	D	A	B	D
11	12	13	14	15	16	17	18	19	20
B	B	B	B	A	A	A	B	D	B
21	22	23	24	25	26	27	28	29	30
D	B	A	B	D	B	C	A	C	C

二、多选题(共 10 分,每题 1 分,请把答案填入表内)

1	2	3	4	5	6	7	8	9	10
ABD	ABC	BD	BCD	CD	ABD	ACD	AC	BC	AC

三、填空题(共 10 分,每空 0.5 分)

1. 标准加入法
2. Ag_2CrO_4沉淀不易形成
3. 检测系统
4. $y=-0.008+0.0851x$
5. 电源不稳定
6. $Na_2CO_3+NaHCO_3$
7. 酸性
8. 6
9. Fe^{2+}
10. 绝对偏差
11. 相似相溶原则
12. AgI
13. $K'_{MY}/K'_{NY}\geqslant10^5$
14. 组分和固定液
15. 配位掩蔽法
16. $LaCl_3$
17. 电压不稳定

18.除去固定相中残余的溶剂及其他挥发性物质

19.待测元素的性质

20.归一化法

四、名词解释(共10分,每题2分)

1.陈化:也称熟化,即当沉淀作用完毕以后,让沉淀和母液在一起放置一段时间。

2.标定:将不具备基准物质条件的这类物质配制成近似于所需浓度的溶液,然后利用该物质与某基准物质或另一种标准溶液之间的反应来确定其准确浓度的过程。

3.交换容量:表示每克干树脂所能交换的相当于一价离子的物质的量,它是表征树脂交换能力大小的特征参数,通常为3~6 mmol/g。

4.保留时间 t_R:样品从进样到柱后出现峰极大点时所经过的时间。

5.吸附色谱法:利用组分在吸附剂(固定相)上的吸附能力强弱不同而得以分离的方法。

五、判断题(共10分,每题1分)

1.× 2.× 3.√ 4.× 5.√ 6.× 7.√ 8.√ 9.× 10.√

六、简答题(共10分,每题2分)

1.答:氧化还原滴定中指示剂分为三类。

(1) 氧化还原指示剂。它是一类本身具有氧化还原性质的有机试剂,其氧化型与还原型具有不同的颜色。进行氧化还原滴定时,在化学计量点附近,指示剂或者由氧化型转变为还原型,或者由还原型转变为氧化型,从而引起溶液颜色突变,指示终点。

(2) 自身指示剂。它利用滴定剂或被滴定液本身的颜色变化来指示终点。

(3) 专属指示剂。它本身并无氧化还原性质,但它能与滴定体系中的氧化剂或还原剂结合而显示出与其本身不同的颜色。

2.答:pH值为10~12时在PAN中加入适量的CuY,可以发生如下反应:

$$\underset{\text{(黄绿色)}}{CuY + PAN} + M = MY + \underset{\text{(紫红色)}}{Cu\text{-}PAN}$$

Cu-PAN是一种间接指示剂,加入的EDTA与 Ca^{2+} 定量配位后,稍过量的滴定剂就会夺取Cu-PAN中的 Cu^{2+},而使PAN游离出来。若

$$\underset{\text{(紫红色)}}{Cu\text{-}PAN} + Y = CuY + \underset{\text{(黄绿色)}}{PAN}$$

则表明滴定达终点。

3.答:要求沉淀完全、纯净。

对沉淀形式的要求是溶解度要小,纯净、易于过滤和洗涤,易于转变为称量形式。

对称量形式的要求是沉淀的组分必须符合一定的化学式、有足够的化学稳定性、有尽可能大的摩尔质量。

4.答:吸收光谱曲线是分光光度法选择测量波长的依据,它表示物质对不同波长光吸收能力的分布情况。由于每种物质组成的特性不同决定了一种物质只吸收一定波长的光,因此每种物质的吸收光谱曲线都有一个最大吸收峰,最大吸收峰对应的波长称为最大吸收波长,在最大吸收波长处测量吸光度的灵敏度最高。在光度分析中,都以最大吸收波

长的光进行测量。

在选定的测定条件下，配制适当浓度的有色溶液和参比溶液，分别注入比色皿中，让不同波长的单色光依次照射此吸光物质，并测量此物质在每一波长处对光吸收程度的大小(吸光度)，以波长为横坐标，吸光度为纵坐标作图，即可得吸收光谱曲线。

标准曲线是微量分析常用的一种定量分析曲线。

首先在一定条件下配制一系列具有不同浓度吸光物质的标准溶液(称标准系列)，然后在确定的波长和光程等条件下，分别测量系列溶液的吸光度，绘制吸光度-浓度曲线，即为标准曲线。

5.答：① 与固定液不反应；② 对样品有良好的溶解性；③ 与检测器匹配；④ 使用黏度小、纯度高的流动相，使用前过滤、脱气。

七、计算题(共 20 分，每题 10 分)

1.解：(1) $\bar{x}=\sum_{i=1}^{n}\frac{x_i}{n}=\frac{67.48\%+67.37\%+67.47\%+67.43\%+67.40\%}{5}$

$=67.43\%$

$$\bar{d}=\frac{1}{n}\sum_{i=1}^{n}|d_i|=\frac{0.05\%+0.06\%+0.04\%+0+0.03\%}{5}=0.04\%$$

(2) $$\bar{d}_r=\frac{\bar{d}}{x}\times 100\%=\frac{0.04\%}{67.43\%}\times 100\%=0.06\%$$

(3) $$S=\sqrt{\frac{\sum_{i=1}^{n}d_i^2}{n-1}}=\sqrt{\frac{(0.05\%)^2+(0.06\%)^2+(0.04\%)^2+0^2+(0.03\%)^2}{5-1}}$$

$=0.05\%$

(4) $$RSD=\frac{S}{x}\times 100\%=\frac{0.05\%}{67.43\%}\times 100\%=0.07\%$$

(5) $$x_m=x_{max}-x_{min}=67.48\%-67.37\%=0.11\%$$

2.解：假设此时符合朗伯-比尔定律，$A=\varepsilon bc$，则摩尔吸光系数

$$\varepsilon_1=\frac{A_1}{b_1c_1}=\frac{0.120}{3\times 2.0\times 10^{-4}}\ \text{L/(mol·cm)}=200\ \text{L/(mol·cm)}$$

$$\varepsilon_2=\frac{A_2}{b_2c_2}=\frac{0.200}{5\times 1.0\times 10^{-4}}\ \text{L/(mol·cm)}=400\ \text{L/(mol·cm)}$$

$$\varepsilon_1\neq\varepsilon_2$$

即假设条件不成立，此时不符合朗伯-比尔定律。

附录A　常用相对原子质量

元素名称	元素符号	原子序号	相对原子质量	元素名称	元素符号	原子序号	相对原子质量
氢	H	1	1.008	铁	Fe	26	55.845
氦	He	2	4.003	钴	Co	27	58.933 2
锂	Li	3	6.941	镍	Ni	28	58.693 4
铍	Be	4	9.012	铜	Cu	29	63.546
硼	B	5	10.811	锌	Zn	30	65.39
碳	C	6	12.011	镓	Ga	31	69.723
氮	N	7	14.007	锗	Ge	32	72.61
氧	O	8	15.999 4	砷	As	33	74.921 6
氟	F	9	18.998 4	硒	Se	34	78.96
氖	Ne	10	20.179 7	溴	Br	35	79.904
钠	Na	11	22.989 8	氪	Kr	36	83.80
镁	Mg	12	24.305 0	铷	Rb	37	85.467 8
铝	Al	13	26.981 5	银	Ag	47	107.868
硅	Si	14	28.085 5	锡	Sn	50	118.710
磷	P	15	30.973 8	锑	Sb	51	121.760
硫	S	16	32.066	碲	Te	52	127.60
氯	Cl	17	35.453	碘	I	53	126.904
氩	Ar	18	39.948	氙	Xe	54	131.29
钾	K	19	39.098 3	铯	Cs	55	132.905
钙	Ca	20	40.078	钡	Ba	56	137.327
钪	Sc	21	44.955 9	钨	W	74	183.84
钛	Ti	22	47.867	铂	Pt	78	195.078
钒	V	23	50.941 5	金	Au	79	196.967
铬	Cr	24	51.996 1	汞	Hg	80	200.59
锰	Mn	25	54.938 0	铊	Tl	81	204.383

续表

元素		原子序号	相对原子质量	元素		原子序号	相对原子质量
名称	符号			名称	符号		
铅	Pb	82	207.2	氡	Rn	86	222
铋	Bi	83	208.980	钫	Fr	87	223
钋	Po	84	209	镭	Ra	88	226
砹	At	85	210	铀	U	92	238.029

附录 B　常用相对分子质量

分子式	相对分子质量	分子式	相对分子质量
$AgBr$	187.77	$H_2C_2O_4 \cdot 2H_2O$	126.07
$AgCl$	143.32	HCl	36.46
AgI	234.77	$HClO_4$	100.47
$AgNO_3$	169.87	HNO_3	63.02
Al_2O_3	101.96	H_2O	18.02
As_2O_3	197.84	H_2O_2	34.02
$BaCl_2 \cdot 2H_2O$	244.27	H_3PO_4	98.00
BaO	153.33	H_2SO_4	98.07
$Ba(OH)_2 \cdot 8H_2O$	315.47	I_2	253.81
$BaSO_4$	233.39	$KAl(SO_4)_2 \cdot 12H_2O$	474.38
$CaCO_3$	100.09	KBr	119.00
CaO	56.08	$KBrO_3$	167.00
$Ca(OH)_2$	74.10	KCl	74.55
CO_2	44.01	$KClO_4$	138.55
CuO	79.55	$KSCN$	97.18
Cu_2O	143.09	K_2CO_3	138.21
$CuSO_4 \cdot 5H_2O$	249.68	K_2CrO_4	194.19
FeO	71.85	$K_2Cr_2O_7$	294.18
Fe_2O_3	159.69	KH_2PO_4	136.09
$FeSO_4 \cdot 7H_2O$	278.01	$KHSO_4$	136.16
$FeSO_4 \cdot (NH_4)_2SO_4 \cdot 6H_2O$	392.13	$KHC_4H_4O_6$(酒石酸氢钾)	188.18
H_3BO_3	61.83	$KHC_8H_4O_4$(邻苯二甲酸氢钾,KHP)	204.22
CH_3COOH	60.05	KI	166.00

续表

分子式	相对分子质量	分子式	相对分子质量
KIO_3	214.00	$Na_2HPO_4 \cdot 12H_2O$	358.14
$KMnO_4$	158.03	$NaNO_2$	69.00
KNO_2	85.10	Na_2O	61.98
KOH	56.11	$NaOH$	40.00
K_2PtCl_6	486.00	$Na_2S_2O_3$	158.10
$MgCO_3$	84.31	$Na_2S_2O_3 \cdot 5H_2O$	248.17
$MgCl_2$	95.21	NH_3	17.03
$MgSO_4 \cdot 7H_2O$	246.47	NH_4Cl	53.49
$MgNH_4PO_4 \cdot 6H_2O$	245.41	$NH_3 \cdot H_2O$	35.05
MgO	40.30	$(NH_4)_3PO_4 \cdot 12MoO_3$	1876.35
$Mg(OH)_2$	58.32	$(NH_4)_2SO_4$	132.13
$Mg_2P_2O_7$	222.55	$PbCrO_4$	323.19
$Na_2B_4O_7 \cdot 10H_2O$	381.37	PbO_2	239.20
$NaBr$	102.90	$PbSO_4$	303.26
$NaCl$	58.44	P_2O_5	141.95
$Na_2C_2O_4$(草酸钠)	134.00	SiO_2	60.08
$NaC_7H_5O_2$(苯甲酸钠)	144.11	SO_2	64.06
$Na_3C_6H_5O_7 \cdot 2H_2O$(柠檬酸钠)	294.12	SO_3	80.06
Na_2CO_3	105.99	ZnO	81.38
$NaHCO_3$	84.01		

附录C　弱酸、弱碱在水中的解离常数

表 C-1　弱酸在水中的解离常数(25 ℃)

弱酸	分子式	K_a	pK_a
砷酸	H_3AsO_4	$6.30\times10^{-3}(K_{a1})$	2.20
		$1.00\times10^{-7}(K_{a2})$	7.00
		$3.20\times10^{-12}(K_{a3})$	11.50
亚砷酸	H_3AsO_3	6.00×10^{-10}	9.22
硼酸	H_3BO_3	$5.80\times10^{-10}(K_{a1})$	9.24

续表

弱　　酸	分　子　式	K_a	pK_a
碳酸	$H_2CO_3(CO_2+H_2O)$（如不计水合 CO_2，H_2CO_3 的 $pK_{a1}=3.76$）	$4.20\times10^{-7}(K_{a1})$	6.38
		$5.60\times10^{-11}(K_{a2})$	10.25
氢氰酸	HCN	6.20×10^{-10}	9.21
氰酸	HCNO	1.20×10^{-4}	3.92
铬酸	H_2CrO_4	$3.20\times10^{-7}(K_{a2})$	6.50
氢氟酸	HF	7.20×10^{-4}	3.14
亚硝酸	HNO_2	5.10×10^{-4}	3.29
磷酸	H_3PO_4	$7.60\times10^{-3}(K_{a1})$	2.12
		$6.30\times10^{-8}(K_{a2})$	7.20
		$4.40\times10^{-13}(K_{a3})$	12.36
焦磷酸	$H_4P_2O_7$	$3.00\times10^{-2}(K_{a1})$	1.52
		$4.40\times10^{-3}(K_{a2})$	2.36
		$2.50\times10^{-7}(K_{a3})$	6.60
		$5.60\times10^{-10}(K_{a4})$	9.25
亚磷酸	H_3PO_3	$5.00\times10^{-2}(K_{a1})$	1.30
		$2.50\times10^{-7}(K_{a2})$	6.60
氢硫酸	H_2S	$1.3\times10^{-7}(K_{a1})$	6.88
		$7.1\times10^{-15}(K_{a2})$	14.15
硫酸	H_2SO_4	$1.00\times10^{-2}(K_{a2})$	1.99
亚硫酸	$H_2SO_3(SO_2+H_2O)$	$1.30\times10^{-2}(K_{a1})$	1.90
		$6.30\times10^{-8}(K_{a2})$	7.20
硫氰酸	HSCN	1.40×10^{-1}	0.85
偏硅酸	H_2SiO_3	$1.70\times10^{-10}(K_{a1})$	9.77
		$1.60\times10^{-12}(K_{a2})$	11.80
甲酸(蚁酸)	HCOOH	1.80×10^{-4}	3.74
乙酸(醋酸)	CH_3COOH	1.80×10^{-5}	4.74
丙酸	C_2H_5COOH	1.34×10^{-6}	5.87
一氯乙酸	$CH_2ClCOOH$	1.40×10^{-3}	2.86
二氯乙酸	$CHCl_2COOH$	5.00×10^{-2}	1.30

续表

弱　酸	分子式	K_a	pK_a
三氯乙酸	CCl_3COOH	0.23	0.64
氨基乙酸盐	$^+NH_3CH_2COOH$	$4.50\times10^{-3}(K_{a1})$	2.35
	$^+NH_3CH_2COO^-$	$2.50\times10^{-10}(K_{a1})$	9.60
抗坏血酸	O=C—C(OH)=C(OH)—CH—CHOH—CH₂OH（O=C与CH成环）	$5.00\times10^{-5}(K_{a1})$	4.30
		$1.50\times10^{-10}(K_{a2})$	9.82
乳酸	$CH_3CH(OH)COOH$	1.40×10^{-4}	3.86
苯甲酸	C_6H_5COOH	6.20×10^{-5}	4.21
草酸	$H_2C_2O_4$	$5.90\times10^{-2}(K_{a1})$	1.22
		$6.40\times10^{-5}(K_{a2})$	4.19
d-酒石酸	CH(OH)COOH | CH(OH)COOH	$9.10\times10^{-4}(K_{a1})$	3.04
		$4.30\times10^{-5}(K_{a2})$	4.37
酒石酸	$H_2C_4H_4O_6$	$1.04\times10^{-3}(K_{a1})$	2.98
		$4.30\times10^{-5}(K_{a2})$	4.34
邻苯二甲酸	$C_6H_4(COOH)_2$（苯环邻位两个—COOH）	$1.10\times10^{-3}(K_{a1})$	2.95
		$3.90\times10^{-6}(K_{a2})$	5.41
柠檬酸	CH_2COOH | C(OH)COOH | CH_2COOH	$7.40\times10^{-4}(K_{a1})$	3.13
		$1.70\times10^{-5}(K_{a2})$	4.76
		$4.00\times10^{-7}(K_{a3})$	6.40
苯酚	C_6H_5OH	1.10×10^{-10}	9.95
乙二胺四乙酸(EDTA)	H_6Y^{2+}	$0.13(K_{a1})$	0.90
	H_5Y^+	$3.00\times10^{-2}(K_{a2})$	1.60
	H_4Y	$1.00\times10^{-2}(K_{a3})$	2.00
	H_3Y^-	$2.10\times10^{-3}(K_{a4})$	2.67
	H_2Y^{2-}	$6.90\times10^{-7}(K_{a5})$	6.16
	HY^{3-}	$5.50\times10^{-11}(K_{a6})$	10.26
环己烷二胺四乙酸(CyDTA)	环己烷邻位两个—N(CH₂COOH)₂	$3.72\times10^{-3}(K_{a1})$	2.43
		$3.02\times10^{-4}(K_{a2})$	3.52
		$7.59\times10^{-7}(K_{a3})$	6.12
		$2.00\times10^{-12}(K_{a4})$	11.70

续表

弱　酸	分 子 式	K_a	pK_a
乙二醇二乙醚二胺四乙酸(EGTA)	$CH_2—O—(CH_2)_2—N(CH_2COOH)_2$ | $CH_2—O—(CH_2)_2—N(CH_2COOH)_2$	$1.00\times10^{-2}(K_{a1})$	2.00
		$2.24\times10^{-3}(K_{a2})$	2.65
		$2.41\times10^{-9}(K_{a3})$	8.85
		$3.47\times10^{-10}(K_{a4})$	9.46
二乙基三胺五乙酸(DTPA)	$CH_2—CH_2—N(CH_2COOH)_2$ | $N—CH_2COOH$ | $CH_2—CH_2—N(CH_2COOH)_2$	$1.29\times10^{-2}(K_{a1})$	1.89
		$1.62\times10^{-3}(K_{a2})$	2.79
		$5.13\times10^{-5}(K_{a3})$	4.29
		$2.46\times10^{-9}(K_{a4})$	8.61
		$3.81\times10^{-11}(K_{a5})$	10.48
水杨酸	$C_6H_4(OH)COOH$	$1.00\times10^{-3}(K_{a1})$	3.00
		$4.20\times10^{-13}(K_{a2})$	12.38
磺基水杨酸	$HSO_3C_6H_3(OH)COOH$	$4.70\times10^{-3}(K_{a1})$	2.33
		$4.80\times10^{-12}(K_{a2})$	11.32
邻硝基苯甲酸	$C_6H_4NO_2COOH$	6.71×10^{-3}	2.17
硫代硫酸	$H_2S_2O_3$	$5.00\times10^{-1}(K_{a1})$	0.30
		$1.00\times10^{-2}(K_{a2})$	2.00
苦味酸	$HOC_6H_2(NO_2)_3$	4.20×10^{-1}	0.38
乙酰丙酸	$CH_3COCH_2CH_2COOH$	1.00×10^{-9}	9.00
邻二氮菲	$C_{12}H_8N_2$	1.10×10^{-5}	4.96

表 C-2　弱碱在水中的解离常数(25 ℃)

弱　碱	分 子 式	K_b	pK_b
8-羟基喹啉	C_9H_6NOH	$9.60\times10^{-6}(K_{b1})$	5.02
		$1.55\times10^{-10}(K_{b2})$	9.81
氨水	$NH_3\cdot H_2O$	1.80×10^{-5}	4.74
联氨	H_2NNH_2	$3.00\times10^{-6}(K_{b1})$	5.52
		$7.60\times10^{-15}(K_{b2})$	14.12
羟胺	NH_2OH	9.10×10^{-9}	8.04
		1.07×10^{-8}	7.97

续表

弱　碱	分 子 式	K_b	pK_b
甲胺	CH_3NH_2	3.02×10^{-4}	3.38
乙胺	$C_2H_5NH_2$	5.60×10^{-4}	3.25
二甲胺	$(CH_3)_2NH$	1.20×10^{-4}	3.93
二乙胺	$(C_2H_5)_2NH$	1.30×10^{-3}	2.89
乙醇胺	$HOCH_2CH_2NH_2$	3.20×10^{-5}	4.50
三乙醇胺	$(HOCH_2CH_2)_3N$	5.80×10^{-7}	6.24
乙二胺	$H_2NCH_2CH_2NH_2$	$8.50\times10^{-5}(K_{b1})$	4.07
		$7.10\times10^{-8}(K_{b2})$	7.15
吡啶	(吡啶环结构式, N)	1.70×10^{-9}	8.77
		2.04×10^{-9}	8.69
喹啉	C_9H_7N	6.30×10^{-10}	9.20

附录 D　配合物的累积稳定常数(18～25 ℃)

金 属 离 子		n	$\lg\beta_n$
氯配合物	Ag^+	1,2	2.32;7.23
	Cd^{2+}	1,2,…,6	2.65;4.75;6.19;7.12;8.80;9.14
	Co^{2+}	1,2,…,6	2.11;3.74;4.79;5.55;5.73;6.11
	Co^{3+}	1,2,…,6	6.7;14.0;20.1;25.7;30.8;35.2
	Cu^+	1,2	5.93;10.86
	Cu^{2+}	1,2,3,4	4.15;7.63;10.53;12.67
	Ni^{2+}	1,2,…,6	2.80;5.04;6.77;7.96;8.71;8.74
	Zn^{2+}	1,2,3,4	2.27;4.61;7.01;9.06
溴配合物	Bi^{3+}	1,2,…,6	4.30;5.55;5.89;7.82;—;9.70
	Cd^{2+}	1,2,3,4	1.75;2.34;3.32;3.70
	Cu^+	2	5.89
	Hg^{2+}	1,2,3,4	9.05;17.32;19.74;21.00
	Ag^+	1,2,3,4	4.38;7.33;8.00;8.73
氰配合物	Ag^+	1,2,3,4	—;21.1;21.7;22.6
	Cd^{2+}	1,2,3,4	5.54;10.54;15.26;18.78
	Cu^+	1,2,3,4	—;24.0;28.59;30.3

续表

金属离子		n	$\lg\beta_n$
氰配合物	Fe^{2+}	6	35
	Fe^{3+}	6	42
	Hg^{2+}	4	41.4
	Ni^{2+}	4	31.3
	Zn^{2+}	4	16.7
氟配合物	Al^{3+}	1,2,…,6	6.13;11.15;15.00;17.75;19.37;19.84
	Fe^{3+}	1,2,3	5.28;9.30;12.06
	Th^{4+}	1,2,3	7.65;13.46;17.97
	TiO^{2+}	1,2,3,4	5.4;9.8;13.7;18.0
	ZrO^{2+}	1,2,3	8.80;16.12;21.94
碘配合物	Bi^{3+}	1,2,…,6	3.63;—;—;14.95;16.80;18.80
	Cd^{2+}	1,2,3,4	2.10;3.43;4.49;5.41
	Pb^{2+}	1,2,3,4	2.00;3.15;3.92;4.47
	Hg^{2+}	1,2,3,4	12.87;23.82;27.60;29.83
	Ag^{2+}	1,2,3	6.58;11.74;13.68
硫氰酸配合物	Ag^{+}	1,2,3,4	—;7.57;9.08;10.08
	Cu^{+}	1,2,3,4	—;10.48;10.90;11.00
	Au^{+}	1,2,3,4	—;23;—;42
	Fe^{3+}	1,2	2.95;3.36
	Hg^{2+}	1,2,3,4	—;17.47;—;21.23
硫代硫酸配合物	Cu^{2+}	1,2,3	10.35;12.27;13.71
	Hg^{2+}	1,2,3,4	—;29.86;32.26;33.61
	Ag^{+}	1,2,3	8.82;13.46;14.15
乙酰丙酮配合物	Al^{3+}	1,2,3	8.60;15.5;21.30
	Cu^{2+}	1,2	8.27;16.34
	Fe^{2+}	1,2	5.07;8.67
	Fe^{3+}	1,2,3	11.4;22.1;26.7
	Ni^{2+}	1,2,3	6.06;10.77;13.09
	Zn^{2+}	1,2	4.98;8.81

续表

金属离子		n	$\lg\beta_n$
乙二胺配合物	Ag^{+}	1,2	4.70;7.70
	Cd^{2+}	1,2,3	5.47;10.09;12.09
	Co^{2+}	1,2,3	5.91;10.64;13.94
	Co^{3+}	1,2,3	18.7;34.9;48.69
	Cu^{+}	2	10.80
	Cu^{2+}	1,2,3	10.67;20.00;21.00
	Fe^{2+}	1,2,3	4.34;7.65;9.70
	Hg^{2+}	1,2	14.3;23.3
	Mn^{2+}	1,2,3	2.73;4.79;5.67
	Ni^{2+}	1,2,3	7.52;13.80;18.06
	Zn^{2+}	1,2,3	5.77;10.83;14.11
草酸配合物	Al^{3+}	1,2,3	7.26;13.0;16.3
	Co^{2+}	1,2,3	4.79;6.7;9.7
	Co^{3+}	3	20
	Fe^{2+}	1,2,3	2.9;4.52;5.22
	Fe^{3+}	1,2,3	9.4;16.2;20.2
	Mn^{3+}	1,2,3	9.98;16.57;19.42
	Ni^{2+}	1,2,3	5.3;7.64;8.5
	TiO^{2+}	1,2	6.60;9.90
	Zn^{2+}	1,2,3	4.89;7.60;8.15
磺基水杨酸配合物	Al^{3+}	1,2,3	13.20;22.83;28.89
	Cd^{2+}	1,2	16.68;29.08
	Co^{2+}	1,2	6.13;9.82
	Cr^{3+}	1	9.56
	Cu^{2+}	1,2	9.52;16.45
	Fe^{2+}	1,2	5.90;9.90
	Fe^{3+}	1,2,3	14.64;25.18;32.12
	Mn^{2+}	1,2	5.24;8.24
	Ni^{2+}	1,2	6.42;10.24
	Zn^{2+}	1,2	6.05;10.65

续表

金属离子		n	$\lg\beta_n$
硫脲配合物	Ag^{+}	1,2	7.4;13.1
	Bi^{2+}	6	11.9
	Cu^{+}	1,2,3,4	—;—;13;15.44
	Hg^{2+}	1,2,3,4	—;22.1;24.7;26.8
酒石酸配合物	Bi^{3+}	3	8.30
	Ca^{2+}	2	9.01
	Cu^{2+}	1,2,3,4	3.2;4.78;5.11;6.51
	Fe^{3+}	3	7.49
	Pb^{2+}	3	4.7
	Zn^{2+}	2	8.32
铬黑T配合物	Ca^{2+}	1	5.4
	Mg^{2+}	1	7.0
	Zn^{2+}	1,2	13.5;20.6
二甲酚橙配合物	Bi^{3+}	1	5.52
	Fe^{3+}	1	5.70
	Hf^{4+}	1	6.50
	Ti^{3+}	1	4.90
	Zn^{2+}	1	6.15
	ZrO^{2+}	1	7.60

说明：β_n 为配合物的累积稳定常数，即

$\beta_n = K_1K_2\cdots K_n$

$\lg\beta_n = \lg K_1 + \lg K_2 + \cdots + \lg K_n$

例如 Ag^{+} 与 NH_3 的配合物

$\lg\beta_1 = 3.32$　即　$\lg K_1 = 3.32$

$\lg\beta_2 = 7.23$ 即 $\lg K_1 = 3.32, \lg K_2 = 3.91$

附录 E　氨羧配位剂类配合物的稳定常数(18～25 ℃)

金属离子	$\lg K_{MY}$					
	EDTA	CyDTA	DTPA	EGTA	HEDTA	TTHA
Ag^{+}	7.32			6.88	6.71	8.67

续表

金属离子	$\lg K_{MY}$					
	EDTA	CyDTA	DTPA	EGTA	HEDTA	TTHA
Al^{3+}	16.3	17.63	18.6	13.9	14.3	19.7
Ba^{2+}	7.86	8.0	8.87	8.41	6.3	8.22
Be^{2+}	9.3	11.51				
Bi^{3+}	27.94	32.3	35.6		22.3	
Ca^{2+}	10.96	12.10	10.83	10.97	8.3	10.06
Cd^{2+}	16.46	19.23	19.2	16.7	13.3	19.8
Ce^{3+}	15.98	16.76				
Co^{2+}	16.31	18.92	19.27	12.39	14.6	17.1
Co^{3+}	36				37.4	
Cr^{3+}	23.4					
Cu^{2+}	18.80	21.30	21.55	17.71	17.6	19.2
Er^{3+}						23.19
Fe^{2+}	14.32	19.0	16.5	11.87	12.3	
Fe^{3+}	25.1	30.1	28.0	20.5	19.8	26.8
Ga^{3+}	20.3	22.91	25.54		16.9	
Hg^{2+}	21.80	25.00	26.70	23.2	20.30	26.8
In^{3+}	25.0	28.8	29.0		20.2	
La^{3+}		16.26				22.22
Li^{+}	2.79					
Mg^{2+}	8.7	11.02	9.30	5.21	7.0	8.43
Mn^{2+}	13.87	16.78	15.60	12.28	10.9	14.65
Mo^{5+}	28					
Na^{+}	1.66					
Nd^{3+}	16.61	17.68				22.82
Ni^{2+}	18.62	20.3	20.32	13.55	17.3	18.1
Pb^{3+}	18.04	19.68	18.80	14.71	15.7	17.1
Pd^{2+}	18.5					
Pr^{3+}	16.4	17.31				
Sc^{3+}	23.1	26.1	24.5	18.2		
Sm^{3+}						24.3

续表

金属离子	$\lg K_{MY}$					
	EDTA	CyDTA	DTPA	EGTA	HEDTA	TTHA
Sn^{2+}	22.11					
Sr^{2+}	8.73	10.59	9.77	8.50	6.9	9.26
Th^{4+}	23.2	25.6	28.78			31.9
TiO^{2+}	17.3					
Tl^{3+}	37.3	38.3				
U^{4+}	25.8	27.6	7.69			
VO^{2+}	18.8	19.4				
Y^{3+}	18.10	19.15	22.13	17.16	14.78	
Zn^{2+}	16.50	18.67	18.40	12.7	14.7	16.65
Zr^{4+}	29.5		35.8			

说明：EDTA 为乙二胺四乙酸；

CyDTA 为环己烷二胺四乙酸（或称 DCTA）；

DTPA 为二乙基三胺五乙酸；

EGTA 为乙二醇二乙醚二胺四乙酸；

HEDTA 为 *N*-*β*-羟基乙基乙二胺三乙酸；

TTHA 为三乙基四胺六乙酸。

附录 F　标准电极电位（18～25 ℃）

半电池反应	$E^{\ominus}/V$
$F_2(g)+2H^+ +2e^- \rightleftharpoons 2HF$	3.06
$O_3+2H^+ +2e^- \rightleftharpoons O_2+H_2O$	2.07
$S_2O_8^{2-}+2e^- \rightleftharpoons 2SO_4^{2-}$	2.01
$H_2O_2+2H^+ +2e^- \rightleftharpoons 2H_2O$	1.77
$PbO_2(s)+SO_4^{2-}+4H^+ +2e^- \rightleftharpoons PbSO_4(s)+2H_2O$	1.685
$Au^+ +e^- \rightleftharpoons Au$	1.68
$HClO_2+2H^+ +2e^- \rightleftharpoons HClO+H_2O$	1.64
$HClO+H^+ +e^- \rightleftharpoons 1/2Cl_2+H_2O$	1.63
$Ce^{4+}+e^- \rightleftharpoons Ce^{3+}$	1.61
$H_5IO_6+H^+ +2e^- \rightleftharpoons IO_3^-+3H_2O$	1.60

续表

半电池反应	$E^\ominus/V$
$HBrO+H^++e^-$ ══ $1/2Br_2+H_2O$	1.59
$BrO_3^-+6H^++5e^-$ ══ $1/2Br_2+3H_2O$	1.52
$MnO_4^-+8H^++5e^-$ ══ $Mn^{2+}+4H_2O$	1.51
$Au^{3+}+3e^-$ ══ Au	1.50
$HClO+H^++2e^-$ ══ Cl^-+H_2O	1.49
$ClO_3^-+6H^++5e^-$ ══ $1/2Cl_2+3H_2O$	1.47
$PbO_2(s)+4H^++2e^-$ ══ $Pb^{2+}+2H_2O$	1.455
$HIO+H^++e^-$ ══ $1/2I_2+H_2O$	1.45
$ClO_3^-+6H^++6e^-$ ══ Cl^-+3H_2O	1.45
$BrO_3^-+6H^++6e^-$ ══ Br^-+3H_2O	1.44
$Au^{3+}+2e^-$ ══ Au^+	1.41
$Cl_2(g)+2e^-$ ══ $2Cl^-$	1.359 5
$ClO_4^-+8H^++7e^-$ ══ $1/2Cl_2+4H_2O$	1.34
$Cr_2O_7^{2-}+14H^++6e^-$ ══ $2Cr^{3+}+7H_2O$	1.33
$MnO_2(s)+4H^++2e^-$ ══ $Mn^{2+}+2H_2O$	1.23
$O_2(g)+4H^++4e^-$ ══ $2H_2O$	1.229
$IO_3^-+6H^++5e^-$ ══ $1/2I_2+3H_2O$	1.20
$ClO_4^-+2H^++2e^-$ ══ $ClO_3^-+H_2O$	1.19
$AuCl_2^-+e^-$ ══ $Au+2Cl^-$	1.11
$Br_2(aq)+2e^-$ ══ $2Br^-$	1.087
$NO_2+H^++e^-$ ══ HNO_2	1.07
$HNO_2+H^++e^-$ ══ $NO(g)+H_2O$	1.00
$VO_2^++2H^++e^-$ ══ $VO^{2+}+H_2O$	1.00
$[AuCl_4]^-+3e^-$ ══ $Au+4Cl^-$	0.99
$HIO+H^++2e^-$ ══ I^-+H_2O	0.99
$[AuBr_2]^-+e^-$ ══ $Au+2Br^-$	0.96
$NO_3^-+3H^++2e^-$ ══ HNO_2+H_2O	0.94
$ClO^-+H_2O+2e^-$ ══ Cl^-+2OH^-	0.89
$H_2O_2+2e^-$ ══ $2OH^-$	0.88
$[AuBr_4]^-+3e^-$ ══ $Au+4Br^-$	0.87
Cu^++I^- ══ $CuI(s)$	0.86
$Hg_2^{2+}+2e^-$ ══ $2Hg$	0.845

续表

半电池反应	$E^{\ominus}/V$
$[AuBr_4]^- + 2e^- \longrightarrow [AuBr_2]^- + 2Br^-$	0.82
$NO_3^- + 2H^+ + e^- \longrightarrow NO_2 + H_2O$	0.80
$Ag^+ + e^- \longrightarrow Ag$	0.799
$Hg_2^{2+} + 2e^- \longrightarrow 2Hg$	0.793
$Fe^{3+} + e^- \longrightarrow Fe^{2+}$	0.771
$BrO^- + H_2O + 2e^- \longrightarrow Br^- + 2OH^-$	0.76
$O_2(g) + 2H^+ + 2e^- \longrightarrow H_2O_2$	0.682
$AsO_2^- + 2H_2O + 3e^- \longrightarrow As + 4OH^-$	0.68
$2HgCl_2 + 2e^- \longrightarrow Hg_2Cl_2(s) + 2Cl^-$	0.63
$Hg_2SO_4(s) + 2e^- \longrightarrow 2Hg + SO_4^{2-}$	0.615 1
$MnO_4^- + 2H_2O + 3e^- \longrightarrow MnO_2(s) + 4OH^-$	0.588
$MnO_4^- + e^- \longrightarrow MnO_4^{2-}$	0.564
$H_3AsO_4 + 2H^+ + 2e^- \longrightarrow HAsO_2 + 2H_2O$	0.559
$I_3^- + 2e^- \longrightarrow 3I^-$	0.545
$I_2(s) + 2e^- \longrightarrow 2I^-$	0.534 5
$Mo^{6+} + e^- \longrightarrow Mo^{5+}$	0.53
$Cu^+ + e^- \longrightarrow Cu$	0.52
$4H_2SO_3 + 4H^+ + 6e^- \longrightarrow S_4O_6^{2-} + 6H_2O$	0.51
$[HgCl_4]^{2-} + 2e^- \longrightarrow Hg + 4Cl^-$	0.48
$2H_2SO_3 + 2H^+ + 4e^- \longrightarrow S_2O_3^{2-} + 3H_2O$	0.40
$[Fe(CN)_6]^{3-} + e^- \longrightarrow [Fe(CN)_6]^{4-}$	0.356
$Cu^{2+} + 2e^- \longrightarrow Cu$	0.337
$VO^{2+} + 2H^+ + e^- \longrightarrow V^{3+} + H_2O$	0.337
$BiO^+ + 2H^+ + 3e^- \longrightarrow Bi + H_2O$	0.32
$Hg_2Cl_2(s) + 2e^- \longrightarrow 2Hg + 2Cl^-$	0.267 6
$HAsO_2 + 3H^+ + 3e^- \longrightarrow As + 2H_2O$	0.247
$AgCl(s) + e^- \longrightarrow Ag + Cl^-$	0.222 3
$SbO^+ + 2H^+ + 3e^- \longrightarrow Sb + H_2O$	0.212
$SO_4^{2-} + 4H^+ + 2e^- \longrightarrow SO_2(aq) + 2H_2O$	0.17
$Cu^{2+} + e^- \longrightarrow Cu^+$	0.159
$Sn^{4+} + 2e^- \longrightarrow Sn^{2+}$	0.154

续表

半电池反应	$E^{\ominus}/V$
$S+2H^{+}+2e^{-}=H_2S(g)$	0.141
$Hg_2Br_2+2e^{-}=2Hg+2Br^{-}$	0.139 5
$TiO^{2+}+2H^{+}+e^{-}=Ti^{3+}+H_2O$	0.1
$S_4O_6^{2-}+2e^{-}=2S_2O_3^{2-}$	0.08
$AgBr(s)+e^{-}=Ag+Br^{-}$	0.071
$2H^{+}+2e^{-}=H_2$	0.000
$TiOCl_2+2H^{+}+2Cl^{-}+e^{-}=[TiCl_4]^{-}+H_2O$	−0.09
$Pb^{2+}+2e^{-}=Pb$	−0.126
$Sn^{2+}+2e^{-}=Sn$	−0.136
$AgI(s)+e^{-}=Ag+I^{-}$	−0.152
$Ni^{2+}+2e^{-}=Ni$	−0.246
$H_3PO_4+2H^{+}+2e^{-}=H_3PO_3+H_2O$	−0.276
$Co^{2+}+2e^{-}=Co$	−0.277
$Tl^{+}+e^{-}=Tl$	−0.336 0
$In^{3+}+3e^{-}=In$	−0.345
$PbSO_4(s)+2e^{-}=Pb+SO_4^{2-}$	−0.355 3
$SeO_3^{2-}+3H_2O+4e^{-}=Se+6OH^{-}$	−0.366
$As+3H^{+}+3e^{-}=AsH_3$	−0.38
$Se+2H^{+}+2e^{-}=H_2Se$	−0.40
$Cd^{2+}+2e^{-}=Cd$	−0.403
$Cr^{3+}+e^{-}=Cr^{2+}$	−0.41
$Fe^{2+}+2e^{-}=Fe$	−0.440
$S+2e^{-}=S^{2-}$	−0.48
$2CO_2+2H^{+}+2e^{-}=H_2C_2O_4$	−0.49
$H_3PO_3+2H^{+}+2e^{-}=H_3PO_2+H_2O$	−0.50
$Sb+3H^{+}+3e^{-}=SbH_3$	−0.51
$HPbO_2^{-}+H_2O+2e^{-}=Pb+3OH^{-}$	−0.54
$Ga^{3+}+3e^{-}=Ga$	−0.56
$TeO_3^{2-}+3H_2O+4e^{-}=Te+6OH^{-}$	−0.57
$2SO_3^{2-}+3H_2O+4e^{-}=S_2O_3^{2-}+6OH^{-}$	−0.58
$SO_3^{2-}+3H_2O+4e^{-}=S+6OH^{-}$	−0.66
$AsO_4^{3-}+2H_2O+2e^{-}=AsO_2^{-}+4OH^{-}$	−0.67

续表

半电池反应	$E^\ominus/V$
$Ag_2S(s)+2e^- = 2Ag+S^{2-}$	−0.69
$Cr^{2+}+2e^- = Cr$	−0.91
$HSnO_2^- + H_2O+2e^- = Sn+3OH^-$	−0.91
$Se+2e^- = Se^{2-}$	−0.92
$[Sn(OH)_6]^{2-}+2e^- = HSnO_2^- + H_2O+3OH^-$	−0.93
$CNO^- + H_2O+2e^- = CN^- + 2OH^-$	−0.97
$Mn^{2+}+2e^- = Mn$	−1.182
$ZnO_2^{2-}+2H_2O+2e^- = Zn+4OH^-$	−1.216
$Al^{3+}+3e^- = Al$	−1.66
$H_2AlO_3^- + H_2O+3e^- = Al+4OH^-$	−2.35
$Mg^{2+}+2e^- = Mg$	−2.37
$Na^+ + e^- = Na$	−2.714
$Ca^{2+}+2e^- = Ca$	−2.87
$Sr^{2+}+2e^- = Sr$	−2.89
$Ba^{2+}+2e^- = Ba$	−2.90
$K^+ + e^- = K$	−2.925
$Li^+ + e^- = Li$	−3.042

附录 G　难溶化合物的溶度积(18～25 ℃)

难溶化合物	K_{sp}	pK_{sp}	难溶化合物	K_{sp}	pK_{sp}
$Al(OH)_3$(无定形)	1.3×10^{-33}	32.90	Ag_3PO_4	1.4×10^{-16}	15.84
Al-8-羟基喹啉	1.0×10^{-29}	29.00	Ag_2SO_4	1.4×10^{-5}	4.84
Ag_3AsO_4	1.1×10^{-22}	22.00	Ag_2S	2.0×10^{-49}	48.70
AgBr	5.0×10^{-13}	12.30	AgSCN	1.0×10^{-12}	12.00
Ag_2CO_3	8.1×10^{-12}	11.09	As_2S_3	2.1×10^{-22}	21.68
AgCl	1.8×10^{-10}	9.75	$BaCO_3$	5.1×10^{-9}	8.29
Ag_2CrO_4	1.2×10^{-12}	11.92	$BaCrO_4$	1.2×10^{-10}	9.93
AgCN	1.2×10^{-16}	15.92	BaF_2	1.0×10^{-6}	6.00
AgOH	2.0×10^{-8}	7.71	$BaC_2O_4\cdot2H_2O$	2.3×10^{-8}	7.64
AgI	9.3×10^{-17}	16.03	Ba-8-羟基喹啉	5.0×10^{-9}	8.30
$Ag_2C_2O_4$	3.5×10^{-11}	10.46	$BaSO_4$	1.1×10^{-10}	9.96

续表

难溶化合物	K_{sp}	pK_{sp}	难溶化合物	K_{sp}	pK_{sp}
$Bi(OH)_3$	4.0×10^{-31}	30.40	Cu_2S	2.0×10^{-48}	47.70
BiOOH①	4.0×10^{-10}	9.40	CuSCN	4.8×10^{-15}	14.32
BiI_3	8.1×10^{-19}	18.09	$CuCO_3$	1.4×10^{-10}	9.86
BiOCl	1.8×10^{-31}	30.75	$Cu(OH)_2$	2.2×10^{-20}	19.66
$BiPO_4$	1.3×10^{-23}	22.89	CuS	6.0×10^{-36}	35.20
Bi_2S_3	1.0×10^{-97}	97.00	Cu-8-羟基喹啉	2.0×10^{-30}	29.70
$CaCO_3$	2.9×10^{-9}	8.54	$FeCO_3$	3.2×10^{-11}	10.50
CaF_2	2.7×10^{-11}	10.57	$Fe(OH)_2$	8.0×10^{-16}	15.10
$CaC_2O_4 \cdot H_2O$	2.0×10^{-9}	8.70	FeS	6.0×10^{-18}	17.20
$Ca_3(PO_4)_2$	2.0×10^{-29}	28.70	$Fe(OH)_3$	4.0×10^{-38}	37.40
$CaSO_4$	9.1×10^{-6}	5.04	$FePO_4$	1.3×10^{-22}	21.89
$CaWO_4$	8.7×10^{-9}	8.06	$Hg_2Br_2$②	5.8×10^{-23}	22.24
Ca-8-羟基喹啉	7.6×10^{-12}	11.12	Hg_2CO_3	8.9×10^{-17}	16.05
$CdCO_3$	5.2×10^{-12}	11.28	Hg_2Cl_2	1.3×10^{-18}	17.88
$Cd_2[Fe(CN)_6]$	3.2×10^{-17}	16.49	$Hg_2(OH)_2$	2.0×10^{-24}	23.70
$Cd(OH)_2$(新析出)	2.5×10^{-14}	13.60	Hg_2I_2	4.5×10^{-29}	28.35
$CdC_2O_4 \cdot 3H_2O$	9.1×10^{-8}	7.04	Hg_2SO_4	7.4×10^{-7}	6.13
$Co_2[Fe(CN)_6]$	1.8×10^{-15}	14.74	Hg_2S	1.0×10^{-47}	47.00
$CoCO_3$	1.4×10^{-13}	12.84	$Hg(OH)_2$	3.0×10^{-26}	25.52
$Co(OH)_2$(新析出)	2.0×10^{-15}	14.70	HgS(红色)	4.0×10^{-53}	52.40
$Co(OH)_3$	2.4×10^{-44}	43.70	HgS(黑色)	2.0×10^{-52}	51.70
$Co[Hg(SCN)_4]$	1.5×10^{-6}	5.82	$MgNH_4PO_4$	2.0×10^{-13}	12.70
α-CoS	4.0×10^{-21}	20.40	$MgCO_3$	3.5×10^{-8}	7.46
β-CoS	2.0×10^{-25}	24.70	MgF_2	6.4×10^{-9}	8.19
$Co_3(PO_4)_2$	2.0×10^{-35}	34.70	$Mg(OH)_2$	1.8×10^{-11}	10.74
$Cr(OH)_3$	6.3×10^{-31}	30.20	Mg-8-羟基喹啉	4.0×10^{-16}	15.40
CuBr	5.2×10^{-9}	8.28	$MnCO_3$	1.8×10^{-11}	10.74
CuCl	1.2×10^{-6}	5.92	$Mn(OH)_2$	1.9×10^{-13}	12.72
CuCN	3.2×10^{-20}	19.49	MnS(无定形)	1.4×10^{-15}	14.85
CuI	1.1×10^{-12}	11.96	MnS(晶形)	2.5×10^{-13}	12.60
CuOH	1.0×10^{-14}	14.00	Mn-8-羟基喹啉	2.0×10^{-22}	21.70

续表

难溶化合物	K_{sp}	pK_{sp}	难溶化合物	K_{sp}	pK_{sp}
$NiCO_3$	6.6×10^{-9}	8.18	Sb_2S_3	2.0×10^{-93}	92.30
$Ni(OH)_2$（新析出）	2.0×10^{-15}	14.70	SnS	1.0×10^{-25}	25.00
$Ni_3(PO_4)_2$	5.0×10^{-31}	30.30	$Sn(OH)_4$	1.0×10^{-56}	56.00
α-NiS	3.0×10^{-19}	18.50	SnS_2	2.0×10^{-27}	26.70
β-NiS	1.0×10^{-24}	24.00	$SrCO_3$	1.1×10^{-10}	9.96
γ-NiS	2.0×10^{-26}	25.70	$SrCrO_4$	2.2×10^{-5}	4.65
Ni-8-羟基喹啉	8.0×10^{-27}	26.10	SrF_2	2.4×10^{-9}	8.61
$PbCO_3$	7.4×10^{-14}	13.13	$SrC_2O_4\cdot H_2O$	1.6×10^{-7}	6.80
$PbCl_2$	1.6×10^{-5}	4.79	$Sr_3(PO_4)_2$	4.1×10^{-28}	27.39
$PbCrO_4$	2.8×10^{-13}	12.55	$SrSO_4$	3.2×10^{-7}	6.49
PbF_2	2.7×10^{-8}	7.57	Sr-8-羟基喹啉	5.0×10^{-10}	9.30
$Pb(OH)_2$	1.2×10^{-15}	14.93	$Ti(OH)_3$	1.0×10^{-40}	40.00
PbI_2	7.1×10^{-9}	8.15	$Ti(OH)_2$③	1.0×10^{-29}	29.00
$PbMoO_4$	1.0×10^{-13}	13.00	$ZnCO_3$	1.4×10^{-11}	10.84
$Pb_3(PO_4)_2$	8.0×10^{-43}	42.10	$Zn_2[Fe(CN)_6]$	4.1×10^{-16}	15.39
$PbSO_4$	1.6×10^{-8}	7.79	$Zn(OH)_2$	1.2×10^{-17}	16.92
PbS	8.0×10^{-28}	27.10	$Zn_3(PO_4)_2$	9.1×10^{-33}	32.04
$Pb(OH)_4$	3.0×10^{-66}	65.50	ZnS	1.2×10^{-23}	22.92
$Sb(OH)_3$	4.0×10^{-42}	41.40	Zn-8-羟基喹啉	5.0×10^{-25}	24.30

注：①BiOOH 的 $K_{sp}=[BiO^+][OH^-]$

②$(Hg_2)_mX_n$ 的 $K_{sp}=[Hg_2^{2+}]^m[X^{-2m/n}]^n$

③$Ti(OH)_2$ 的 $K_{sp}=[Ti^{2+}][OH^-]^2$

附录 H　HPLC 常用固定相

固　定　相	色谱类型	常用流动相	分析对象
硅胶	吸附色谱(ISC)	烷烃加极性调节剂	各类稳定分子型化合物,分离几何异构体更有利
十八烷基键合相(ODS)	RLLC	甲醇-水或乙腈-水	各类分子型化合物
	RPLC	在 RLLC 溶剂中加 PIC 试剂并调至一定的 pH 值	各类有机酸、碱、盐及两性化合物
	ISC	在 RLLC 溶剂中加少量的弱酸、弱碱或缓冲盐并调至一定的 pH 值	3≤pH<7 的有机弱酸和 7<pH≤8 的有机弱碱及两性化合物
苯基键合相	RLLC	甲醇-水或乙腈-水	效果与 ODS 相似,但表面极性稍强
醚基键合相	NLLC 或 RLLC	同 ISC 或 RLLC	在用于 NLLC 时,分离苯酚异构体较好
氰基键合相	NLLC(多用)或 RLLC	同 ISC 或 RLLC	各类弱极性至极性化合物
氨基键合相	RLLC	乙腈-水	糖类分离等
	NLLC	同 ISC	同氰基键合相
阳离子交换剂(SCX)	IEC	缓冲溶液(一定的 pH 值及离子强度)	阴离子、生物碱、氨基酸及有机酸等
	IC(抑制柱为 SAX)	HCl 溶液	阳离子(主要是无机阳离子)分析
阴离子交换剂(SAX)	IEC	同上 IEC	阴离子、有机酸等
	IC(抑制柱为 SCX)	NaOH 溶液	阴离子分析(主要是无机阴离子)
凝胶	GFC	水溶液	水溶性高分子,如蛋白制剂、人工代血浆等
	GPC	有机溶剂	橡胶、塑料及化纤等

参考文献

[1] 于世林,苗凤琴. 分析化学[M]. 2 版. 北京:化学工业出版社,2006.

[2] 符明淳,王霞. 分析化学[M]. 北京:化学工业出版社,2005.

[3] 王令今,王桂花. 分析化学计算基础[M]. 2 版. 北京:化学工业出版社,2002.

[4] 周玉敏. 分析化学[M]. 北京:化学工业出版社,2002.

[5] 孙毓庆. 分析化学[M]. 北京:科学出版社,2003.

[6] 马长华,曾圆儿. 分析化学[M]. 北京:科学出版社,2005.

[7] 韩立路,吕方军,段文军. 分析化学[M]. 西安:第四军医大学出版社,2007.

[8] 王彤,赵清泉. 分析化学[M]. 北京:高等教育出版社,2003.

[9] 华中师范大学,东北师范大学,陕西师范大学,等. 分析化学[M]. 2 版. 北京:高等教育出版社,1986.

[10] 廖立夫,刘晓庚,邱凤仙. 分析化学[M].2 版.武汉:华中科技大学出版社,2015.

[11] 赵中一,邱海鸥. 分析化学辅导与习题详解[M]. 武汉:华中科技大学出版社,2008.

[12] 朱明华. 仪器分析[M]. 3 版. 北京:高等教育出版社,2000.

[13] 张圣麟. 化工分析[M]. 北京:化学工业出版社,2008.

[14] 何华,倪坤仪. 现代色谱分析[M]. 北京:化学工业出版社,2004.

[15] 孙毓庆. 分析化学[M]. 4 版. 北京:人民卫生出版社,2002.

[16] 胡育筑. 分析化学简明教程[M]. 北京:科学出版社,2004.

[17] 刘世纪. 实用分析化验工读本[M]. 2 版. 北京:化学工业出版社,2005.

[18] 魏培海,曹国庆. 仪器分析[M]. 北京:高等教育出版社,2007.

[19] 黄一石,吴朝华,杨小林. 仪器分析[M]. 2 版. 北京:化学

工业出版社,2008.

[20] 郭英凯. 仪器分析[M]. 北京:化学工业出版社,2006.

[21] 高职高专化学教材编写组. 分析化学[M]. 3 版. 北京:高等教育出版社,2008.

[22] 张永清. 化学分析工[M]. 北京:中国劳动社会保障出版社,2005.

[23] 李丽华,杨红兵. 仪器分析[M]. 2 版. 武汉:华中科技大学出版社,2014.

[24] 李发美. 分析化学[M]. 5 版. 北京:人民卫生出版社,2003.

[25] 谢庆娟. 分析化学[M]. 北京:人民卫生出版社,2003.

[26] 武汉大学化学系. 仪器分析[M]. 北京:高等教育出版社,2001.

[27] 武汉大学. 分析化学[M]. 5 版. 北京:高等教育出版社,2007.

[28] 王世渝. 分析化学[M]. 北京:中国医药科技出版社,2000.

[29] 郑用熙. 分析化学中的数理统计方法[M]. 北京:科学出版社,1986.

[30] 漆德瑶. 理化分析数据处理手册[M]. 北京:中国计量出版社,1990.

[31] 张正奇. 分析化学[M]. 北京:科学出版社,2001.

[32] 钟佩衍. 分析化学[M]. 北京:化学工业出版社,2001.